내가 깨달은 사物의 理치랑 현상들

— 내 사랑 물리 —

내가 깨달은 사物의 理치랑 현상들

— 내 사랑 물리 —

글/그림 김달우

전파과학사

머리말

"오늘은 아름다운 소식이 있는 날이거늘 우리가 침묵하고 있도다.
만일 밝은 아침까지 기다리면 벌이 우리에게 미칠지니
이제 떠나 왕궁에 가서 알리자." (열왕기하 7 : 9)

우리가 살고 있는 자연은 아름다운 비밀로 가득 쌓여 있다. 자연을 모르고 바라볼 때는 내 인생과 별 인연 없는 그냥 자연일 뿐이지만 알고 보면 우리 스스로가 자연의 일부라는 것이 가슴 깊이 느껴진다. 겨울에는 흰 눈이 내리고 날씨가 추워져 호수의 물은 꽁꽁 얼어붙는다. 그래서 더운 여름에는 헤엄쳐서 건너야 할 강도 추운 겨울이 되면 걸어서 건널 수 있게 된다. 이는 부드러운 물이 딱딱한 얼음이 되기 때문에 가능한 일로써 온도가 일으키는 조화이다. 그런데 물이 얼더라도 얼음 아래에서는 물고기들이 헤엄쳐 다니고 있다. 만일 물이 호수 밑바닥부터 얼기 시작하면 물 속에 있는 고기들은 추위에 노출되어 얼어 죽을 텐데 다행히 물은 위에서부터 언다. 이것은 물이 4℃일 때 가장 무거워진다는 특성 때문에 일어나는 자연의 축복이다.

겨울에 내리던 흰 눈은 여름에는 아무런 색이 없는 투명한 빗방울로 변화된다. 비가 내린 후 공중에 떠있는 작은 물방울들에 햇빛이 비치면 하늘에는 일곱 가지 색깔의 무지개가 뜬다. 우리는 모두 같은 무지개를 본다고 생각하지만 사실은 내가 보는 무지개와 옆 사람이 보는 무지개는 서로 다르다. 이것은 아무리 가까이 다가가도 무지개를 잡을 수 없다는 사실과도 관련이 있다. 이러한 자연의 신비함은 우리가 항상 접하는 일상이다.

이와 같이 우리의 생활은 그 자체가 자연의 연속이다. 처음에는 자연을 있는 그대로 받아들였으나 그 이치를 깨닫고는 자연을 이용하게 되었다. 세월이 가는데서 시간이란 개념을 가지게 되고, 이웃마을로 찾아가는 데서 공간이란 개념을 가지게 되었다. 그리고 시간과 공간을 별개의 요소로 생각하지 않고 이들을 하나로 묶음으로써 속도, 가속도 등의 운동의 개념을 도입하게 되었다. 이러한 개념은 자연의 비밀을 파헤칠 수 있는 강력한 무기가 되어 물리학이 발달되었다.

자연의 비밀은 과학이라는 열쇠로 하나 둘씩 벗겨져 이제는 많은 부분이 이미 비밀이 아니다. 그러나 이러한 비밀들은 공개되기는 했으나 진정으로 이해하기 위해서는 깨달음이 있어야 한다. 인생의 스승은 책이라고 하기도 하고 사람이라고도 하지만 진정한 스승은 자연이 아닐까? 다만 자연은 말없이 가르치므로 스스로 깨닫기 어려울 뿐이다. 그래서 이 책에서는 물리학의 본질을 파악하기 위해서 내가 생활하면서 얻은 일상 경험을 연계시키면서 물리학에 관한 직관적인 개념을 이해할 수 있게 하였다.

필자는 눈에 보이는 자연 현상을 보고 사물의 이치를 깨닫는 것이 너무 즐거워서 과학자 외에는 아무것도 되고 싶지 않았다. 그런데 이러한 비밀들을 알고 있으면서 침묵을 지키는 것은 도리가 아닌 것 같아 아직도 그 비밀을 이해하지 못하고 있는 이들에게 숨겨진 보물들을 파헤쳐서 나누어주는 기분으로 이 글을 썼다.

신출귀몰하던 도둑이 잡히자 도둑을 맞지 않는 방법을 한 기자가 묻자, 그 도둑이 말하기를 '도둑을 막으려면 도둑의 입장에서 생각하라'던 말이 떠오른다. 독자의 입장에서 글을 쓰려고 애를 썼다. 부족하지만 이 책을 읽으면서 사물의 이치를 깨닫는 즐거움을 느끼고 물리학의 근본을 통해서 깨닫고 자연의 비밀을 이해하며 우리가 얼마나 자연의 축복을 받고 있는지 느끼기 바라는 마음 간절하다. 아는만큼 보인다는 말이 있다. 새로운 이치를 깨우치고 나면 마치 전구를 켰을 때처럼 이미 알던 것을 갑자기 더 명확하게 본질까지 이해하게 되는 경우가 있다.

"최첨단 과학으로 포장된 우주 핵물리학이란 것을 내가 전혀 이해하지 못하듯이, 도저히 따라잡을 수 없을 것 같은 기분이 들 정도였다." 이 글은 의과대학을 졸업하고 석박사 과정을 수료한 한 의사가 <때론 나도 미치고 싶다>라는 수필집(이나미 지음)에서 포스트모더니즘을 이해할 수 없다며 솔직한 심정을 고백한 글이다. 의사이자 박사인 사람도 전혀 이해하지 못하겠다고 대표적으로 내세우는 물리학을 일반인들이 쉽게 이해할 수 있도록 하겠다는 나의 야심이 단순한 욕심에 그쳐지지 않기를 바란다.

이 책은 물리학의 모든 분야를 다루고 있으며 수학을 사용하지 않고 스토리 텔링 형식으로 서술하였다. 각각의 주제는 서로 독립적이기 때문에 어느 항목부터 읽어도 괜찮으므로 마음이 가는 이야기부터 읽으면 된다.

바다와 산이 모두 가까이 있는 마을, 지곡에서

2012년 7월

김 달 우

차 례

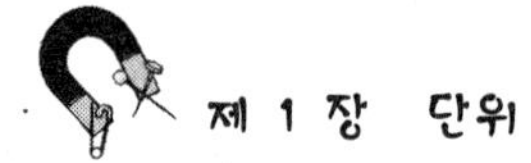

제 1 장 단위

제 2 장 운동역학

제 3 장 유체역학

제 4 장 파동역학

제 5 장 열역학

제 6 장 전자기학

제 7 장 광학

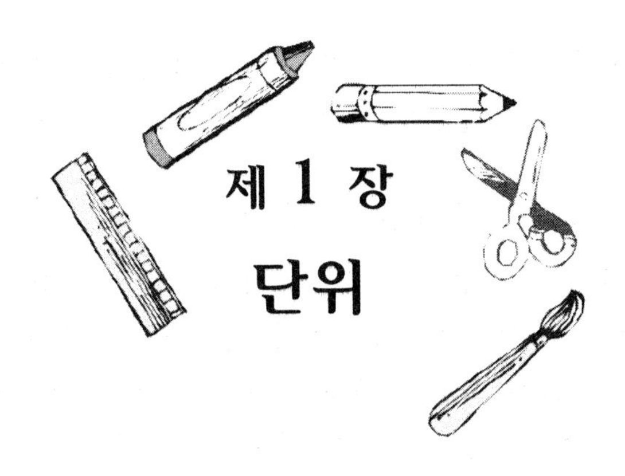

제 1 장
단위

임금님이 하사한 술잔

우리나라의 대표적인 애주가 중에 손순효(1427~1497)가 있다. 그는 조선 성종대의 문신으로 1457년(세조 3년)에 문과에 급제한 후 형조참의, 경상도 관찰사, 도승지, 형조판서, 대사헌 등을 역임하고 좌참찬에 이르렀다. 그는 성리학에 밝고 문장이 뛰어났으며 청렴하기로 이름이 높아 성종의 신망을 한 몸에 받았다. 청백리로서 임금의 총애를 받아 요직을 두루 거친 신분이지만 손순효는 항상 과음하는 술버릇이 있었다. 그래서 성종은 그의 과음을 걱정하여 "하루에 한 잔 이상은 마시지 말라"면서 작은 은잔 한 개를 하사했다. 손순효가 보기에 너무 조

그만 잔이라 은 세공장이를 시켜 은잔을 얇게 두드려 펴서 사발만 한 잔을 만들어 독주를 한잔씩 마셔 그 후로도 그는 여전히 술에 취해 있었다.

이와 같이 '한 잔'이라고 하더라도 서로 생각하는 잔의 크기가 다르면 잔에 담긴 술의 양도 자연히 달라지게 되므로 정확한 양을 나타내는 데는 잔의 크기가 필수적이며, 기본적인 양을 나타내기 위한 그릇의 크기는 모든 사람이 공통적으로 인정하는 정해진 크기여야 한다. 이것은 술의 양을 나타내는 잔뿐 아니라 길이, 시간, 질량, 온도 등에도 마찬가지로 적용되는 개념이며 이러한 기본적인 양을 단위라고 한다. 단위를 사용하여 어떤 대상을 측정할 때는 이에 적합한 기준이 있어야 하는데 예로부터 길이는 인체를, 시간은 천체의 움직임을, 그리고 무게는 곡식을 단위의 기준으로 정하였다. 이러한 여러 가지 단위들은 동서양에서 각각 별도로 고안되어 사용해 왔으며, 근래에 들어서 전 세계에서 통일된 단위를 지정하여 사용하고 있다.

길이

열 길 물 속은 알아도 한 치 가슴 속은 모른다

물이 맑으면 깊은 물 속에서 노니는 물고기의 모습도 선명하게 잘 보이지만 사람의 작은 가슴 속에는 무슨 생각을 품고 있는지 도저히 알 수 없을 때, '열 길 물 속은 알아도 한 치 가슴 속은 모른다'는 속담을 사용한다. 이 속담에 등장하는 '길', '치' 등은 신체의 여러 부위에서 유래된 길이의 단위이다. 이외에도 '자', '발' 등 과거에 사용되던 단위는 우리 몸의 각 부위를 기본단위로 사용하게 되었다. 그러나 인체보다 훨씬 긴 길이를 나타낼 때는 이에 버금가는 기준이 필요하다. 그래서 비교적 먼 거리인 오리, 십리 등은 우리가 사는 마을을 토대로 만들어졌다. 그러나 사람마다 신체의 크기가 다르고 마을 사이의 거리도 각각이므로 정확한 길이를 나타내기 위해서 최종적으로는 지구의 크기를 기준으로 삼아 길이의 단위를 정하였다.

세 치 혀로 나라를 구한다

서로 의견이 다른 사람들이 한 치의 양보도 없이 설전을 벌이는 것을 가끔 볼 수 있다. '한 치의 양보도 없다'는 말은 조금도 양보하지 않는다는 뜻이다. 또한 친척들 사이에 촌수가 조금 멀어지는 것을 '한 치 건너 두 치'라고 한다. 이외에도 일상회화에서 '치'라는 말이 많이 사용되고 있다. 말을 잘 하는 사람에게는 '세 치 혀를 잘 놀린다' 고 한다. 짧은 혀로 말을 잘 해서 일이 제대로 처리되었다는 뜻이다. 그래서 속담 중에는 '세 치 혀로 나라를 구한다'는 말도 있다. 피라미드는 '한 치의 오차도 없이' 정밀하게 만들어져 있다고 한다. 파렴치한들에게는 '한 치의 양심도 없다'고도 한다. '안개가 껴서 한 치 앞도 알 수 없다'라든지 '한 치의 실수도 용납할 수 없다', '한 치 앞도 알 수 없는 생사의 갈림길'이란 표현도 있다.

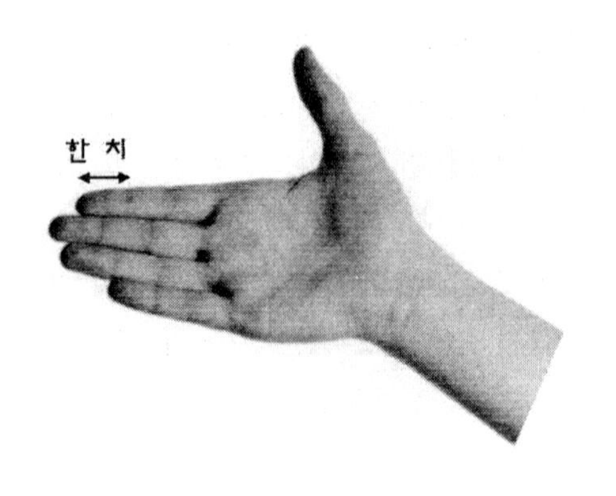

한 치란 얼마나 짧길래 아주 짧은 길이를 한 치라고 할까?

'치'의 기원을 따라 올라가면 '한 치'란 손가락 한 마디를 뜻한다. 우리 선조들은 신체의 관절 중 손가락 마디를 가장 짧은 것으로 보았던 것이다.

내 코가 석 자

우리 나라와 중국에서 공통적으로 사용하는 '자' 또는 '척'이란 단위의 근원은 팔꿈치에서 손목까지의 길이이다. 흔히 사용하는 속담 중에 아주 쉽다는 뜻으로 '삼척동자도 안다'는 말이 있다. 삼척동자란 키가 석 자인 어린이를 뜻한다. 낚시질을 할 때 큰 물고기를 잡으면 '월척(越尺)'을 낚았다고 하는데 정확한 의미는 크기가 한 척이 넘는다는 뜻이다. 또한 옛날 무사들이 옆구리에 차고 다니던 칼의 길이가 석 자 정도 되는 칼이었기 때문에 '석 자 칼이 사람을 해친다'는 말도 있다. 이외에도 큰 일을 이루는 데는 시간이 많이 필요하거나 노력을 많이 해야 된다는 뜻으로 '하루 추위가 세 척 얼음을 만들지 못한다'는 중국 속담도 있다.

'자'나 '척'은 실제 길이를 나타낼 때뿐 아니라 과장법으로도 많이 사용되고 있다. 흔히 사용하는 말 중에 나의 일도 감당하기 어려워 남의 사정을 돌볼 여유가 없다는 뜻으로 '내 코가 석 자'라는 말이 있다. 한문으로는 '오비삼척(吾鼻三尺)'이라고 한다. 먹는 것이 중요하다는 의미로 '수염이 석 자라도 먹어야 양반'이라는 속담도 있고, 중국의 경우는 과장법이 심해서 긴 수염을 나타낼 때 '수염이 삼천 척'이라고 한다.

수수께끼

한 자, 한 치 되는 집을 한문으로 쓰면 무슨 글자일까? 寺

(해설) 寺를 분석하면 열 한 치(十一 寸), 곧 한 자 한 치가 된다.

혀가 만 발이나 나왔다

남태평양의 섬 지방에 사는 마우리 족들은 상대방에게 적대감을 나타낼 때는 눈을 크게 뜨고 혀를 길게 빼서 겁을 주는 풍습이 있다. 이들은 혀가 길수록 더 용맹하다고 생각하기 때문이다.

우리나라에서는 힘든 일을 나타낼 때 혀를 비유적인 표현에 많이 사용하였다. 그래서 아주 힘들 정도로 일을 하였을 때는 "혀가 빠지도록 일을 하였다"고 하는데 이보다 좀 더 과장되게 표현할 때는 "혀가 만 발이나 빠져 나왔다"고 한다. 또한 불만이 많을 때는 입을 길게 내밀므로 불만이 많은 사람에게 "입이 댓 발이나 나왔다"고도 한다. 이처럼 '발'이란 단위는 단지 일상용어로만 많이 사용되고 있지만 예전에는 긴 끈의 길이를 재는 단위로 아주 유용하게 사용되었다. 실제로 과거에는 철물점에서 철사나 노끈을 팔 때나 포목점에서 옷감을 재는 단위로 '발'이란 단위를 많이 사용하였다.

'발'이란 양 팔을 뻗은 길이, 즉 두 팔을 벌렸을 때 한 쪽 손가락 끝에서 다른 쪽 손가락 끝까지의 길이이다. 그러므로 '발'이란 단위의 길이는 사람에 따라서 다르다. 똑 같은 한 발 길이의 철사를 사도 철물점에 따라 실제 길이는 많이 차이가 날 수 있다는 말이다.

열 길 물 속

'발'과 비슷한 길이지만 높이나 깊이를 나타낼 때 사용되는 것으로 '길'이란 단위가 있다. '길'은 사람의 머리 꼭대기에서 발 끝까지의 길이, 즉 사람의 키를 나타낸다. '길'이란 단위는 물의 깊이를 나타낼 때 많이 사용되었다. 그래서 사람의 머리 끝까지 잠기는 깊이를 '한 길 물 깊이'라고 하여 어린이들이 가까이 접근하는 것을 금지시켰다. 또한 아주 깊다는 의미로 '열 길 깊이'라는 말을 사용하였다.

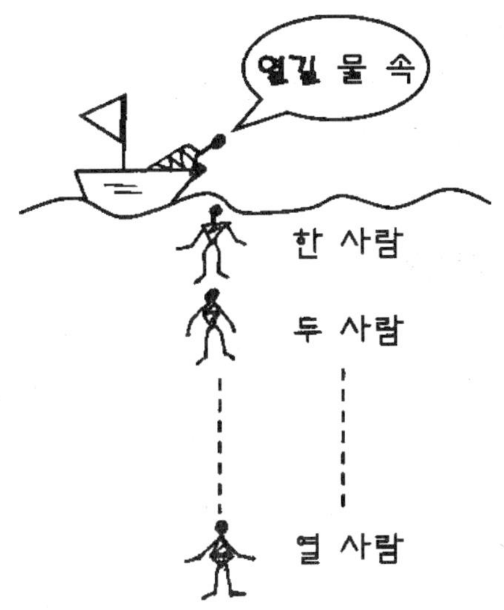

예를 들면 사람의 마음 속을 알기 어렵다는 뜻으로 '열 길 물 속은 알아도 한 길 사람 속은 모른다'는 속담이 있다. 서양에는 '길'에 해당하는 패톰(fathom)이라는 단위가 있다. 이 단위는 뱃사람들이 배를 운행할 때 물의 깊이를 파악하기 위한 목적으로 주로 사용되었다.

10보 앞으로

다리를 한번 들어 옮겨 놓을 때의 거리를 한 걸음이라고 하여 길이의 기준으로 삼았다. 걸음을 한자로 표현하여 보(步)라고도 한다. 예를 들어 화살을 쏠 때 과녁의 위치를 10보, 50보, 100보 등으로 나타내었으며 윌리엄 텔은 100보 앞의 과녁을 명중시키는 활의 명사수로 우리에게 알려져 있다. 군대에서는 요즘도 '5보 앞으로 가', '2보 뒤로 가' 등으로 대략적인 거리를 나타내는 데 쓰이고 있다.

뼘

우리는 일상생활에서 '뼘'이라는 단위를 많이 사용하고 있다. 한 뼘이란 다섯 손가락을 쭉 폈을 때 엄지손가락 끝에서

가운데 손가락 끝까지의 거리이다. '뼘'이란 단위는 길이를 정확히 알 필요가 있을 때는 사용하지 않고 길이를 어림짐작할 때 주로 사용하고 있다.

지척에 두고

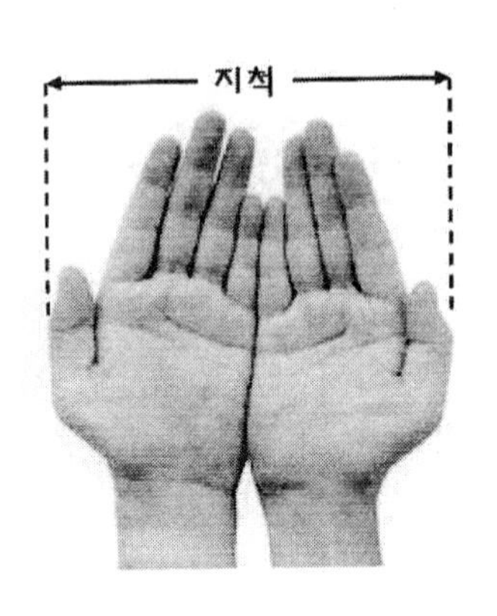

손가락이나 손바닥의 폭도 길이의 기준으로 사용되었다. 중국의 주공은 손가락 열 개의 폭을 '지척(指尺)'이라 하여 길이의 단위로 사용하였다. 요즘은 길이의 단위로 사용되지는 않고 일상용어에서 거리가 아주 가깝다는 의미로 사용되고 있다.

예를 들어 가까이 있으면서도 만나지 못하는 것을 '지척에 두고도 만나지 못한다'고 한다. 특히 그리운 님을 지척에 두고도 만나지 못하는 마음은 얼마나 아련할까 생각만해도 가슴이 찡해진다.

초가삼간과 육간대청

집의 크기를 나타낼 때는 팔 다리를 길게 뻗고 누울 수 있는 최소한의 길이를 단위로 정하였다. 이것을 '간' 이라고 한다. 흔히, 초가삼간이라고 하면 방이 세 칸 있는 초가집을 연상할지 모르지만 삼간이라고 하는 것은 방의 숫자가 아니라 집의 크기를 뜻한다. 한 간은 1.82m이며 가로, 세로가 모두 한 간이면 한 평 넓이를 뜻한다. 그러니까 초가삼간이라고 하는 것은 세 평(약 10㎡)짜리 아주 작은 초가집을 의미하는 말이다.

예전에는 사람들이 거주할 수 있는 가장 작은 집의 크기를 3간이라고 생각했다. 그래서 초가삼간은 가난과 평화의 상징처럼 예부터 우리네 귀에 익어오던 말이다. 예를 들어 '초가삼간'이라는 노래의 가사를 보면 '실버들 늘어진 언덕 위에 집을 짓고, 정든 님과 둘이 살짝 살아가는 초가삼간 세상살이 무정해도 비바람 몰아쳐도 정이든 내 고향, 초가삼간 오막살이 떠날 수 없네'. 또한 사소한 일 때문에 연연해 하다가 큰 일을 그르친다는 의미로 '빈대 잡으려다 초가삼간 태운다'는 속담도 있다.

이와는 반대로 부자의 대명사로 육간대청이라는 말을 사용한다. 육간대청은 기둥과 기둥 사이의 길이가 3간이고 폭이 2간, 즉 넓이가 여섯 간이 되는 넓은 마루를 말하는데 보통은 대청마루라고 한다. 가난한 사람은 집 전체의 크기가 3간에 불과한데 부잣집은 마루 크기만해도 6간이니 그 마루가 얼마나 크게 느껴질 것인가.

우리 나라의 대표적인 소리인 회심곡에 있는 가사를 일부 옮겨 쓰면 다음과 같다. '불효자의 거동 보소. 어머니가 젖을 먹여 육간대청 뉘어놓면 어머니의 가슴에다 못을 주느라고 어파득히 울음을 우니(중략), 선효자의 거동 보면 남과 같이 젖을 먹여 육간대청 아무렇게 던져놔도 육간대청이 좁다하고 둥글둥글이 잘도 논다.'

추사고택

육간대청이 있는 대표적인 주택으로는 추사고택이 있다. 조선 후기의 실학자이며 서예가인 추사 김정희(1786~1856)의 옛 집은 증조부 김한신에 의해 1750년경 건립되었다. 이 집은 본래 53간의 저택이었으나 지금은 그 절반 정도인 20여 간만이 남아 있다. 기본적인 주택 구조로는 안채와 사랑채, 사당, 그리고 대문채로 되어있다.

사랑채는 'ㄱ'자형 평면으로 대문 쪽에서부터 대청과 사랑방 2간이 이어지고 안채 쪽으로 꺾인 부분에 마루방 2간과 온돌 1간이 연접되어 있다. 방과 대청의 전면으로 반 간의 툇마루가 연결되고 사랑방 끝에 반 간을 내어 아궁이 함실을 두었다.

안채는 'ㅁ'자형으로 서쪽 중앙에 정면 3간, 측면 2간의 넓은 육간대청을 중심으로 양쪽에 익랑을 연결하였다. 안마당에 들어서면 안채를 에워싸고 있는 안벽과 문들을 많이 생략하여 밖에서 보는 것보다 개방적이다. 전체적인 배치 계획은 사랑채와 안채를 완전히 분리하고 넓은 마당을 만들어 여유스러운 모습이다.

우리 몸이 길이의 단위

이렇게 우리가 흔히 사용하는 길이의 단위인 '치, 자, 길, 발, 뼘' 등은 모두 신체 부위에서 유래되었다. 짧게는 손가락 마디부터 길게는 키에 이르기까지 여러 가지 신체 부위가 길이의 단위로 사용되었는데 이것은 표현해야 될 길이가 짧은 것부터 긴 것까지 천차만별이기 때문이다.

마을과 마을 사이

먼 거리를 나타낼 때는 신체 길이로 표현하기가 적합하지 않아 다른 대상을 찾아야 했다. 그래서 주변을 둘러보니 눈에 뜨이는 것이 이웃 마을이었다. 마을과 마을 사이의 거리를 길이의 단위로 삼자는 생각이 든 것이다. 요즘도 시골에서 흔히 볼 수 있는 풍경이지만 옛날에는 집 여러 채가 옹기종기 모여 한 마을을 이루고 거기서 조금 떨어진 곳에 다시 몇 집이 모여 또 다른 마을이 있었다. 그래서 윗마을, 아랫마을이란 말도 사용하곤 했다. 마을과 마을 사이의 거리는 일정하지는 않지만 걸어서 대략 5~6분 정도 걸리는 거리였으며 평균적으로 약 400m 내외였다. 그래서 마을 한 개를 지나는 거리를 '리(里)'라는 단위로 나타내었다.

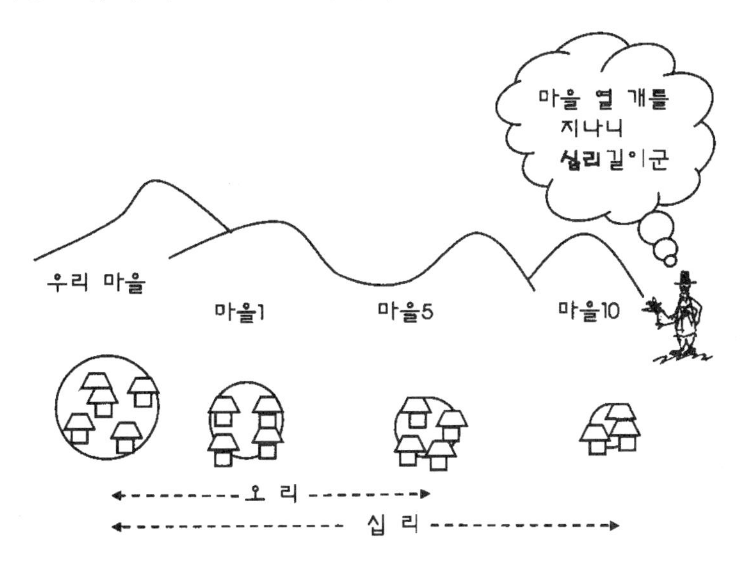

삼천리 금수강산

우리 나라는 예전부터 삼천리 금수강산이라고 한다. 한반도의 남쪽 끝에서 북쪽 끝까지 늘어선 마을의 수가 삼천 개이므로 삼천리(三千里)라는 것인데 이는 한반도의 대략적인 크기 1,200km와 잘 일치한다.

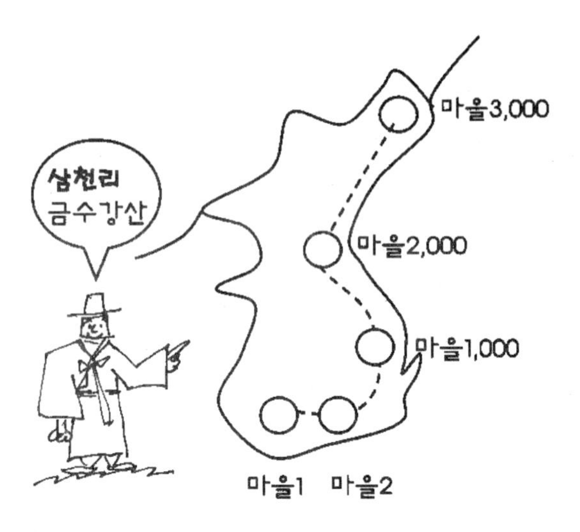

십리 절반 오리나무

이와 같이 '리(里)'라는 단위는 마을이라는 말에서 유래되었는데 보통 마을 다섯 개, 또는 열 개를 지나는 거리를 한 묶음으로 하여 '오리', 또는 '십리'라는 말을 많이 사용하였다. 속리산 입구에는 오리 숲이란 곳이 있다. 처음 듣는 사람들은 꽥꽥거리는 오리를 연상하지만 실제로는 가축 오리와는 관계 없고 숲의 길이가 5리가 된다는 뜻이다. '십리 절반 오리나무'라는 전래동요의 가사처럼 옛날에 거리를 나타내기 위해 이정표로 오리마다 지표목으로 '오리나무'를 심기도 하였다. 오리나무 중에는 사방사업을 할 때 많이 심어진 나무라 하여 사방오리나무라는 것도 있고, 헐벗은 산야가 씻겨 내려가는 것을 막기 위해 심었다 하여 물오리나무, 또는 산오리나무라고 하는 것도 있다.

두 마장 거리

성인의 경우 십리 길을 걷는 데는 보통 한 시간 정도 걸린다. 때로는 십리나 오리가 되지 못하는 1리, 2리 등의 비교적 짧은 거리를 나타낼 때는 '리'라는 단위 대신에 '마장'이란 단위를 사용하였다. 그래서 마을 두 개를 통과하는 거리를 두 리라고 하지 않고 두 마장이라고 하였다.

만리장성(萬里長城)

고대 중국에서는 이민족의 침입을 막기 위하여 만리장성을 축조하였는데 진시황 때 이를 더욱 보강하여 오늘 날과 같은 긴 성을 쌓았다. 이 성의 길이는 무려 4,000km 이상이나 되어 실제로 만리가 넘는다. 그래서 우리는 이 성을 만리장성이라 부르는데 중국인들은 만리란 말을 떼어버리고 그냥 장성(長城)이라고 부른다.

사흘 길

먼 거리를 나타낼 때 사흘 길이란 말을 쓰기도 한다. 걸어서 3일이 걸리는 거리라는 뜻이다. 이보다 짧은 거리를 나타낼 때는 이틀 길이라는 말도 쓰고 하룻길 또는 한나절 길이라는 말도 쓰며 더 짧은 거리로는 반나절 길이란 말도 쓴다. 이러한 거리 표현 방법은 시간을 이용해서 거리를 나타낸 것인데 정확하지는 않지만 대략적인 거리를 나타내는데 적합한 단위로 과거에 많이 사용되었다. 예전에는 하루에 보통 백리를 걸었으므로 하룻길이란 대략 40km를 의미한다.

요즘은 교통기관이 발달하여 서울에서 부산까지도 1일 생활권이란 말을 많이 사용한다. 과거에는 하룻길이란 40km 정도였지만 요즘은 서울에서 부산까지 왕복 800km가 하룻길이 되었으니 거리가 엄청나게 많이 늘어난 셈이다.

서울에서 수원까지는 하룻길?

정조 임금은 효성이 지극하여 억울하게 죽은 부친 사도세자의 능에 자주 성묘를 하였는데 당시의 법에 의하면, 왕은 하루에 100리 이상 갈 수 없도록 되어 있었다. 그런데, 한양에서 사도세자의 능이 있는 수원까지는 100리가 조금 넘었으므로 성묘를 다녀오려면 도중에서 하룻밤을 보내야 하였다. 그래서 민폐를 끼치지 않고 성묘를 다녀오기 위하여 "한양에서 수원까지의 거리를 100리로 한다"고 법을 개정하였다.

언뜻 보기에는 좀 이상하게 개정한 것 같지만, 가만히 생각해 보면 임금이라 하더라도 될 수 있는 한 법을 지키고 편의에 따라 법을 개정하지 않으려는 의지가 나타나 있다. "왕은 하루에 150리 이상 갈 수 없다"라는 식으로 개정하지 않고 위와 같이 개정하면, 한

양에서 수원에 갔다 올 때를 제외하고는 종전의 법을 그대로 지킬 수 있기 때문이다.

문학적 표현

김삿갓이 잘만한 데를 찾아 헤매다가 사정사정하여 겨우 어느 집의 쇠 죽 끓이는 아궁이에 들어가서 자게 되었는데 한밤 중에 너무 추워 잠을 깨서 신세 타령을 하였다.

天長九萬里 擧頭難 하늘은 구만리라도 머리 들 수가 없고
地廣三千里 脚植難 땅은 삼천리라도 다리 꽂을 데가 없다.

주인이 우연히 김삿갓의 시를 듣고는 놀라서 사랑방에 모시고 융숭하게 대접하였다는 일화가 있다. 이와 같이 '리', '척' 등의 단위는 문학적인 표현에서도 많이 사용되고 있다.

탐정소설에서는 전혀 사건의 실마리를 찾을 수 없을 때 사건이 오리무중(五里霧中)에 빠졌다고 한다. 마치 오리 앞쪽까지 안개가 낀 것처럼 앞이 전혀 보이지 않아 아무 것도 알 수 없다는 의미이다.

옛날에는 사랑하는 사람이 야속하게도 멀리 떠나가려 하면 '십리도 못 가서 발병 난다'고 애타는 마음을 표현하곤 했다. 즉 마을 열 개도 지나가기 전에 발병이 나서 갈 수 없을 것이라고 저주와 아쉬움이 섞인 마음을 나타내었다.

아주 먼 거리는 천리 길이라고 했다. 그래서 아무리 큰 일일지라도 작은 것에서부터 시작해야 한다는 뜻으로 '천리 길도 한 걸음부터'라는 속담을 많이 사용하고 있다. 마을에서 마을까지의 거리가 일리이니 천리란 거리는 마을 천 개를 지나가는 거리이다. 그러니

천리란 거리는 한 걸음 한 걸음 걸어서 가기에 얼마나 먼 거리였을까 짐작이 간다. 그래서 천리 거리는 상징적으로 아주 먼 거리를 나타낼 때 사용하기도 했다. 천리보다도 훨씬 더 멀다는 뜻으로 만리라는 말을 쓰기도 한다. 만리는 대단히 긴 길이이므로 실제 길이를 나타내기 보다는 상징적으로 쓰일 때가 많다. 예를 들어 '엄마 찾아 삼만리', '갈 길이 구만리'라는 표현이 있는데 이것은 실제 거리가 30,000리라든지 90,000리일 수도 있으나 일반적으로는 상상할 수 없을 정도로 아주 멀다는 것을 나타내는 말이다.

'리'라는 단위는 서양에서도 사용하였으며 성경책에도 이러한 표현이 있다. "누구든지 너를 억지로 오리를 가게 하거든 그 사람과 십리를 동행하고" (마태복음 6 : 41)

사자성어(四字成語)

'리', '척' 등의 길이 단위는 사자성어에서도 많이 사용되고 있다.

일사천리(一瀉千里) : 강물이 한번 흘러 천리에 이르는 것처럼 일이 거침없이 속히 진행됨.
불원천리(不遠千里) : 천리 길도 멀다고 여기지 않음.
육척지고(六尺之孤) : 14~15세의 고아 또는 나이 어린 후계자.

때로는 장대를 길이의 단위로 사용하기도 하였는데, 이와 관련된 사자성어로 기고만장(氣高萬丈 : 기세가 장대 만 개 길이만큼 높다. 즉, 기세가 아주 등등함) 이란 말도 있다.

유 머 어주구리(漁走九里)

옛날 한나라 때의 일이다. 어느 연못에 예쁜 잉어가 한 마리 살고 있었다. 그러던 어느 날, 어디서 들어왔는지 그 연못에 큰 메기 한 마리가 침입하였고 그 메기는 잉어를 보자마자 잡아 먹으려고 했다. 잉어는 연못의 이곳 저곳으로 메기를 피해 헤엄을 쳤으나 역부족이었고 도망갈 곳이 없어진 잉어는 초인적인 힘을 발휘하여 땅에 튀어 올라 지느러미를 다리 삼아 한참을 뛰기 시작했다.

그때 잉어가 뛰는 걸 보기 시작한 한 농부가 잉어의 뒤를 따랐고 잉어는 마을을 아홉 개나 지나가서야 멈추었다. 그러자, 그 농부는 이렇게 외쳤다. '어주구리'(漁走九里 : 고기가 9리를 가다). 그리고는 힘들어 지친 그 잉어를 잡아 집으로 돌아가 식구들과 함께 맛있게 먹었다는 얘기이다.

(1) 어주구리 : 능력도 안 되는 이가 센척하거나 능력 밖의 일을 하려고 할 때 주위의 사람들이 쓰는 말이다.

(2) 이 고사성어는 말 할 때 약간 톤을 높여 하면 상대방을 비꼬는 듯 한 의미가 된다.

한문에 나타난 길이

우리가 많이 사용하는 한자 중에는 길이와 관련된 글자도 있다. 손목 정도로 짧은 거리는 마디 촌(寸) 자를 사용하고, 발로 크게 걸어야 할 정도로 떨어진 거리는 거리 거(距), 도끼를 던져서 날아갈 정도의 거리는 가까울 근(近) 자를 사용하였다.

寸(마디 촌) : 손목 부근에 점을 찍어 손목 길이처럼 짧은 길이.

距(떨어질 거, 거리 거) : 발(足)로 크게(巨) 걸어야 할 정도로 떨어진 거리.

近(가까울 근) : 도끼(斤)를 던져 다다를(辶) 정도의 거리.

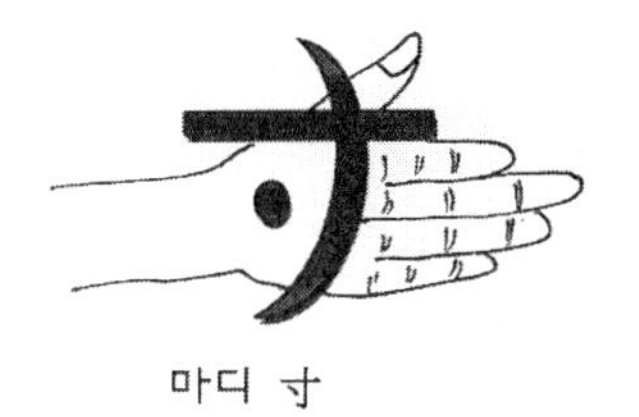

마디 寸

가까울 近

길이와 관련된 한자 말

길이를 나타내는 글자는 단어에서도 특별한 의미를 가지고 있다. 예를 들어 두 점 사이의 길이를 나타내는 사이 간(間) 자를 사용해서 나타낸 표현으로는 좌우간, 양단간, 여하간, 어중간 등 여러 가지가 일상 회화에서 사용되고 있다.

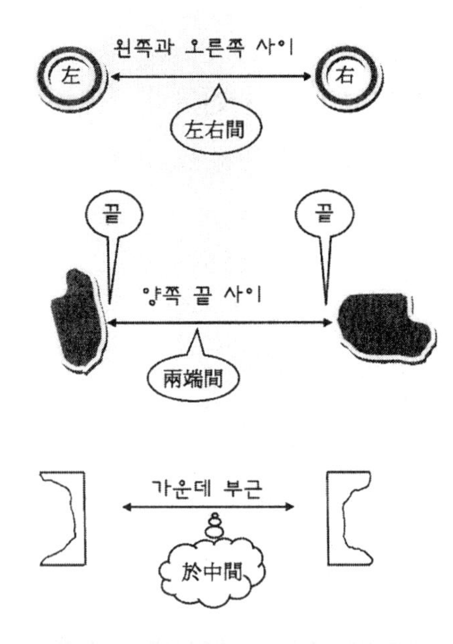

좌우간(左右間) : 어쨌든

양단간(兩端間) : 두 가지 중에

여하간(如何間) : 어떻게 해서든지

어중간(於中間) : 엉거주춤한 형편

노아의 방주

우리 나라에서 신체의 부위를 길이의 단위로 사용했듯이 서양에서도 길이를 나타낼 때 신체를 이용하여 여러 가지 단위를 만들어 사용하였다. 창세기 때 노아가 만든 방주는 큐핏(cupid)이라는 단위를 사용했다. "그 배는 이렇게 만들어라. 길이는 300큐핏, 너비는 50큐핏, 높이는 30큐핏으로 만들어라(창세기 6 : 15)." 큐핏이란 팔꿈치에서 손가락 끝까지의 길이이다. 그러니까 우리 나라에서 사용하는 자보다는 조금 더 긴 길이로써 약 45cm에 해당된다. 따라서 노아의 방주는 가로, 세로, 높이가 각각 135m, 22.5m, 13.5m에 해당하므로 대략 작은 항공모함 정도의 크기이다.

이집트에서는 약 5,000년 전에 피라미드를 만들었는데 그 당시에는 큐핏 단위에 맞추어 막대에 눈금을 그어 자로 사용했다. 근래에 들어서 서양에서는 왕의 신체를 기준으로 길이의 단위로 사용한 점이 일반인을 기준으로 한 동양과 다른 점이다.

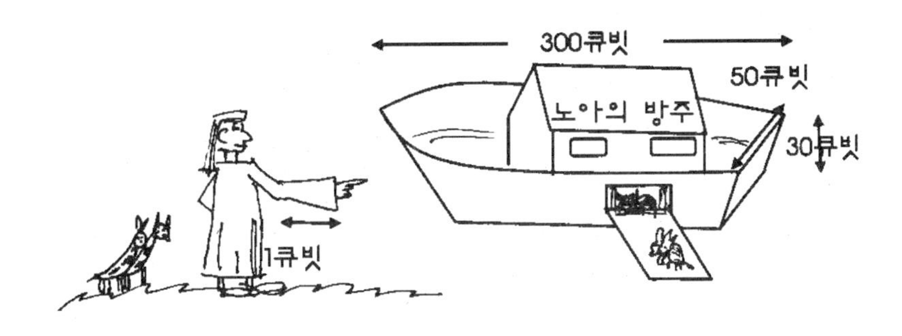

루이 14세의 발

서양 사람들이 키를 나타낼 때 사용하는 '피트(feet)'라는 단위는 프랑스의 루이 14세가 자신의 발 크기를 표준길이로 사용하도록 공표한 데서 유래되었다. '피트'는 발 뒤꿈치에서 발가락 끝까지의 길이를 단위로 정한 것이다.

미터법으로 환산하면 1피트는 30.3cm인데 발 크기가 그렇게 큰 사람은 거의 없는 것으로 보아 1피트는 실제로 루이 14세의 발 크기가 아니라 그의 신발의 크기였던 것으로 추정된다. 발 크기를 재겠다고 왕에게 신발과 양말을 벗으라고 할 수 없어 신을 신은 채로 발의 크기를 재었던 모양이다.

헨리 1세의 팔

서양에서는 운동장 크기를 나타낼 때 주로 '야드(yard)'라는 단위를 사용한다. '야드' 단위는 1120년에 영국의 헨리 1세가 만들었는데, 그는 자신의 코 끝에서 팔 끝까지의 길이를 1야드라고 정하고 이를 표준길이로 공표하였다. 이와 같이 서양에서는 절대왕정 시대에 왕의 신체를 길이의 표준단위로 정하여 사용하였다.

이집트의 탈라타트

고대 이집트인들은 석조 건물을 효율적으로 짓기 위하여 돌을 벽돌처럼 일정한 크기로 잘라서 사용하였다. 돌 벽돌의 길이는 세 뼘 크기로 표준화시켰다. 그래서 고대 이집트에서는 세 뼘 크기의 길이를 '탈라타트'라는 단위로 사용하였다.

신체를 토대로 한 동양과 서양의 길이 단위

이와 같이 과거에는 동양뿐 아니라 서양에서도 손, 발, 팔, 키 등의 각종 신체 부위를 이용한 길이의 단위가 제정되어 근래에까지 사용되어왔다.

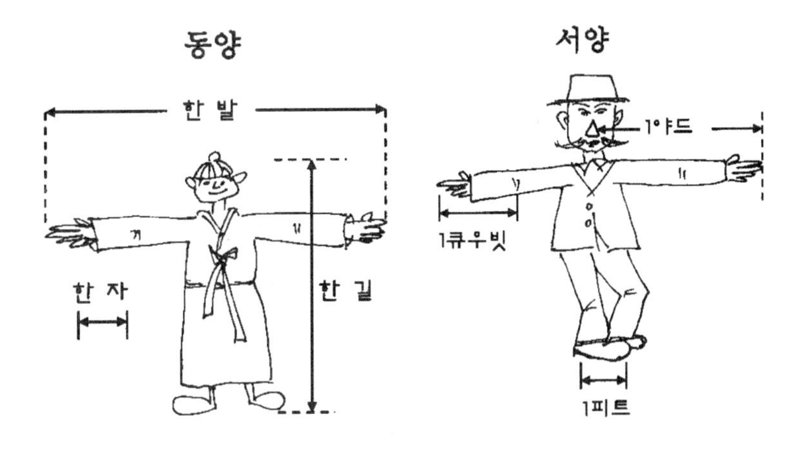

뱁새가 황새 따라 가려다 가랑이 찢어진다

처음에 단위를 정할 때는 인간의 신체 부위의 크기나 동작을 길이의 기준으로 삼는 것이 편리하게 여겨졌으나 사람마다 키도 다르고 팔, 다리의 길이도 다르니 각각의 단위가 정확한 길이를 나타내는 것은 근본적으로 불가능하였다. '뱁새가 황새 따라가려다 가랑이 찢어진다'는 속담과 같이 가랑이라고 똑 같은 가랑이가 될 수는 없는 것이다.

또한 먼 거리를 나타낼 때는 마을과 마을 사이의 거리를 길이의 기준으로 삼았으나 이들 거리 역시 좀 더 길 수도 있고 짧을 수도 있는 법이다. 이와 같이 사람마다 몸의 크기도 다르고 마을 사이의 거리도 각각 다르니 정확하게 길이를 나타내기 위해서는 보다 더 보편적인 길이의 표준이 필요하게 되었다. 그래서 모든 사람들이 보편적으로 사용할 수 있는 단위를 정하기 위해 시야를 더 넓혀 지구를 길이의 표준으로 삼자는 데에 착안하였다. 그리하여 지구 적도에서 북극까지의 거리의 1,000만분의 1을 1m라고 명명하고 이를 길이의 표준으로 삼기로 전세계가 약속을 하였다. 이렇게 하여 길이의 표준으로 사용하고 있는 미터라는 단위가 1799년에 탄생되었다. 최근에는 좀더 정밀하게 길이의 표준을 정하기 위하여 지구의 크기 대신에 빛이 진공 중에서 약 3억분의 1초 동안 진행한 거리를 1m라고 정의하였다.

미터의 탄생 일화

'미터'라는 단위가 탄생되는 데는 우여곡절이 많이 있었다. 1789

년, 프랑스 왕정이 무너지고 혁명정부가 섰을 때, 새로 국회의원이 된 페리고올은 세계 사람들이 공통으로 사용할 수 있는 길이의 단위를 정하자고 제안하였다. 그래서 위원회가 구성되고 학자들이 참여하여 의논한 결과 지구의 자오선을 기준으로 삼자는 데 의견을 모았다. 그런데 그 당시의 기술로 자오선을 재는 일이 쉽지 않았다. 그래서 여러 과학자들이 측량지역을 부분적으로 나누어 자오선의 길이를 측량하기로 하였다.

그 중 드램블이라는 학자는 측량을 위한 표지로써 프랑스의 케르크 마을의 높은 나무 위에 흰 깃발을 달았는데, 그 당시 흰 깃발은 국왕의 표지로 사용되던 것이라 프랑스 혁명정부의 적으로 오인을 받아 곤욕을 치르기도 하였다. 또 아라고라는 학자는 바레아스 제도로 측량하러 떠났다가 간첩으로 몰려 감옥에 갇히기도 했는데 그가 간신히 프랑스로 돌아왔을 때는 셔츠 밑에 감추어 두었던 측량한 종이는 너덜너덜한 상태였다.

이렇게 여러 과학자들이 고생한 끝에 자오선 길이를 정밀하게 측정했으며 이를 토대로 '미터'라는 길이의 기본단위를 정하였다. 이 길이는 온도에 따른 길이의 변화가 작은 백금으로 미터 원기를 만들어 표준길이로 사용하였다. 요즘은 빛이 진공 중에서 1/299,792,458초 동안 진행하는 거리를 1m로 규정하고 있다.

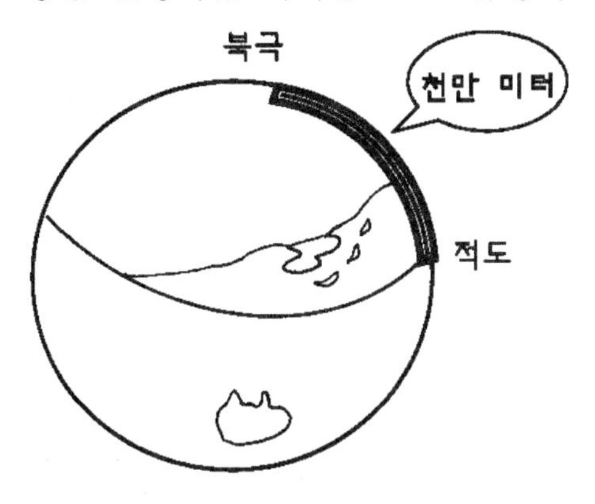

길이의 환산

동양과 서양에서 사용되었던 길이의 단위를 미터 단위로 환산하면 다음과 같다.

(동양)	(서양)
1치(촌 寸)=0.03m	1인치=0.0254m
1자=10치=0.303m	1피트=0.305m
1간=6자=1.82m	1야드=0.914m
1정=109m	1마일=1609m
1리=1296자=393m	1해리(nautical mile)=1,852m

아주 먼 거리

옛말에 바지랑대로 하늘의 크기를 잴 수 없다는 말이 있다. 광대한 하늘을 재려면 이에 버금가는 잣대가 필요하기 때문이다. 거리가 아주 멀거나 긴 것을 측량할 수 없는 것은 비교할 수 있는 잣대가 없기 때문이다. 얀 파브르(Jan Fabre)의 작품, '구름을 재는 남자'를 보면 짧은 막대기로 거대한 구름을 잰다는 것이 얼마나 무모한 짓인가를 알 수 있다. 또한, 별까지의 거리처럼 아주 먼 거리를 나타낼 때는 지상의 물체를 기준으로 하기에 너무 짧으므로 빛이 1년간 진행하는 거리를 기준으로 하여 1광년이라고 한다.

수수께끼

- 바닷물을 되로 되면 몇 되나 되는가? ……… 바다만한 되로 한 되

길이와 관련된 속담

- 척수 보아 옷 짓는다.
  → 몸의 치수에 따라 옷을 만든다는 말이니, 무엇이든 그 크기에 맞추어 한다는 말.
- 천 길 물 속은 알아도 계집 마음 속은 모른다.
  → 여자의 마음은 짐작하여 알기 힘들다는 말.
- 열 길 물 속은 알아도 한 치 사람 속은 모른다.
  → 사람 마음은 짐작하여 알기 어렵다는 말.
- 세 치의 혀가 칼보다 날카롭다.
  → 말이 칼보다도 더 무섭다는 뜻.
- 한 치 벌레에도 오 분 결기는 있다.
  → 아무리 약한 사람도 너무 업신여기면 대항한다.
- 여섯 자의 당당한 몸으로 세 치의 혀 놀림을 듣지 말라.
  → 사나이는 자기 주관으로 일을 해야지 남의 말을 너무 잘 들어서는 안 된다는 말.
- 자에도 모자랄 적이 있고, 치에도 넉넉할 적이 있다.
  → 무슨 일이든 방법에 따라 해결책이 생긴다는 말.
- 발 없는 말이 천 리 간다.
  → 말은 쉽게 퍼지니 언제나 말을 조심하라는 말.
- 사람이 서로 맞대고 말을 해도 그 마음 속에는 천 리가 가로막혀 있다.
  → 사람이 서로 사귀더라도 그 마음 속에는 서로 이해하지 못하는 것이 많다는 뜻.
- 천리마 꼬리에 붙은 쉬파리는 천 리를 간다.
  → 남의 세력을 잘 이용하여 출세한다는 뜻.
- 천리 방죽도 개미 구멍 때문에 무너진다.

→ 큰 일도 사소한 결함으로 인하여 실패하게 된다는 말.

- 천리 길도 문 앞에서 시작된다.

→ 천리 길도 문 앞에서 출발하듯이 무슨 일이나 가까운 데서 해나가야 한다는 뜻.

- 주둥이는 천 리를 갔는데 다리는 그대로 남아 있다.

→ 사람 걸음보다 소문이 훨씬 빠르게 퍼진다는 뜻.

- 하룻밤을 자도 만리 성을 쌓는다.

→ 잠깐 사귀어도 깊은 정을 맺게 된다는 말.

- 좋은 소문은 문밖에 나가지 않으나 나쁜 소문은 천 리 밖에까지 간다.

→ 좋은 소문은 퍼지지 않으나 나쁜 소문은 멀리 퍼진다는 뜻.

- 천리 길도 한 걸음부터.

→ 아무리 큰 일일지라도 작은 것에서부터 시작해야 한다는 말.

- 바지랑대로 하늘 재기/ 장대로 하늘 재기.

→ 도저히 이룰 수 없는 일을 비유하는 말.

→ 가능성이 없는 일을 무모하게 하는 어리석음을 나타내는 말

- 두레박 줄이 짧으면 깊은 우물물은 뜨지 못한다.

→ 작업 조건이 갖추어지지 않으면 일이 이루어지지 못한다는 말.

시간

배꼽시계가 식사 시간을 알린다

아침 밥을 먹고 몇 시간이 지나 다시 배가 고파지면 배에서 꼬르륵 소리가 난다. 점심 먹을 시간이 되었다는 것을 배가 알려주는 것이다. 우리가 시계를 보지 않고도 점심 시간을 알 수 있는 것은 음

식물이 소화되는데 걸리는 시간이 비교적 일정하기 때문이다. 그래서 시계가 없어도 밥 먹을 시간이 되었다는 것을 알 수 있어 이를 배꼽시계라고 한다. 이와 같이 어떤 일을 하는데 항상 일정한 시간이 걸리면 이러한 일을 시간의 단위로 삼을 수 있다.

처음에는 시간을 정할 때 우리 신체의 활동을 기준으로 생각하였다. 눈을 깜박이는 시간, 맥박이 뛰는 시간, 숨을 한 번 들이마시는 시간 등이 고려되었으나 이들 시간은 일정치 않아 시간의 단위로는 적합하지 않았다. 그래서 차 마시는 시간, 식사 시간 등의 생활 습관에 따른 시간을 단위로 사용하였으나 이 시간도 변화가 심하므로 대략적인 시간을 나타낼 수는 있으나 정확한 시간을 나타내는 데는 적합하지 않아 드디어는 지구의 자전과 공전을 이용하여 시간의 단위를 제정하였다.

달리의 그림 '기억의 영속'

물체의 길이는 눈에 보이니까 직관적으로 알 수 있지만 시간은 눈에 보이지 않으므로 알기가 쉽지 않고 측정하기도 어렵다. 화가 달리(Dali)는 '기억의 영속'이라는 그림에서 시계를 나뭇가지나 상자 위에 축 처진 형태로 얹어 놓아 시간을 시각적으로 영상화하였다.

옛 글에는 시간을 아껴 쓰라는 의미로 '소년이로 학난성 일촌광음 불가경'(少年易老 學難成 一寸光陰 不可輕 : 소년은 늙기 쉽고 학문을 이루기는 어려우니 한 조각 빛과 그림자도 가볍게 여기지 말라)이라고 하여 시간을 짧은 빛과 그림자로 시각화하였다. 이 외에도 애국가에서는 '동해 물과 백두산이 마르고 닳도록'이라고 하여 시간이라는 말은 전혀 사용하지 않았지만 동해의 물이 마르고 백두산이 닳아 없어지려면 끝없는 시간이 소요되는 것을 연상토록 해서 무한히 긴 시간을 나타내었다.

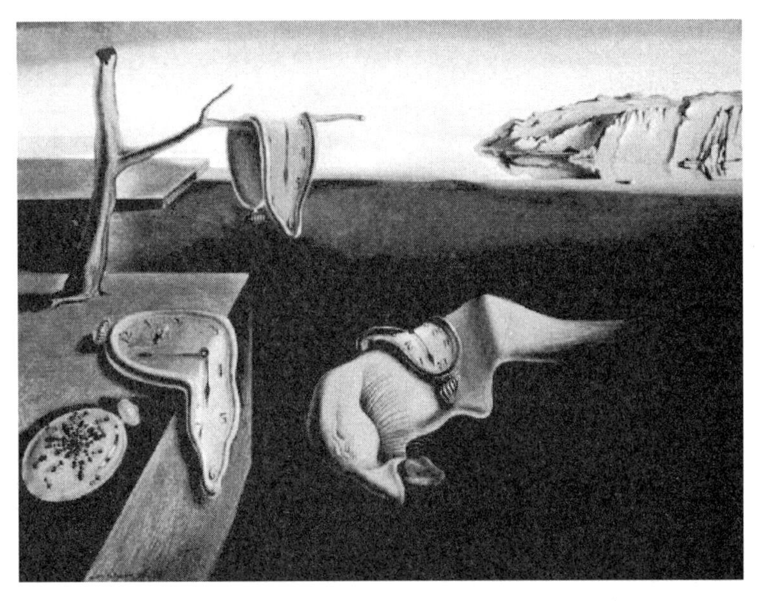

달리의 '기억의 영속'

시간은 돈이다

속담 중에 '시간은 돈이다'는 말이 있다. 시간은 눈에 보이는 것은 아니지만 돈처럼 소중하다는 의미이다. 이는 개념적인 시간을 눈에 보이는 돈으로 영상화하고 물질화한 표현이라 할 수 있다. 또 다른 속담 중에 '세월이 약이다'는 말도 있다. 시간이 가면 슬프거나 괴로운 일도 해결된다는 뜻으로 시간을 물질로 나타낸 표현이다.

7월은 쥴리어스 시저의 달, 8월은 아우구스투스 황제의 달

영어로 7월은 쥴라이(July), 8월은 오거스트(August)라고 한다. 이 말의 어원을 살펴보면 쥴라이는 로마 제국의 쥴리어스 시저(Julius Caesar), 오거스트는 아우구스투스(Augustus) 황제로부터 비롯되었다. 이와 같이 서양에서는 집권자들이 자신의 이름을 시간을 나타내는 달력에 사용하여 영원토록 존엄성을 나타내려 하였다. 또한 동양에서는 '건륭 2년', '세종 12년' 등 시간 앞에 황제나 왕의 이름이 들어간 연호를 붙여 시간을 신의 영역에서 황제의 영역으로 바꾸려고 하였다.

내 몸이 시계

옛날에는 신체의 부위를 길이의 단위로 사용했듯이 인체의 주기적인 동작을 기준으로 시간의 단위를 정하려고 시도하였다. 요즘에도 일상회화에서 아주 많이 사용되는 말로 순식간(瞬息間)이란 단어가 있다. 어떤 일이 급하게 발생했을 때 순식간에 일이 일어났다고 한다. 눈 한번 깜짝하는 시간, 또는 숨 한번 쉬는 정도의 아주 짧은 시간이란 뜻이다. 이와 유사한 뜻으로 순간(瞬間)이란 단어도 있다. 눈 깜짝할 사이의 대단히 짧은 시간이란 의미이다. 아직 시계가 발명되기 이전에는 0.1초 정도의 아주 짧은 시간을 눈의 깜박임이나 숨쉬기 등 우리 신체의 작용을 이용해서 표현하고자 했던 것이다.

중국에서도 눈 동작을 이용해서 짧은 시간을 나타냈는데 우리가 눈의 깜박임으로 짧은 시간을 나타낸 반면에 중국에서는 눈을 굴리는 것을 쟌유엔(轉眼)이라고 하여 아주 짧은 시간을 표현하고 있다.

신체의 또 다른 동작으로는 맥박을 사용하여 시간을 재려고 하였다. 그러나 사람마다 맥박이 다를 뿐 아니라 동일 인물이더라도 상황에 따라 맥박이 크게 달라지므로 맥박을 시간의 단위로 삼을 수는 없었다. 또한 배꼽시계도 실제로 시간을 나타내기에는 너무나 부정확하고 일관성이 없으므로 신체를 이용해서 시간을 표현하는 것은 적합하지 않다는 것을 깨닫고 새롭게 착안한 것이 사람들의 생활 습관이다.

유 머

낙하병이 비행기에서 뛰어내리는 훈련을 하고 있었다. 조교는 신병들에게 비행기에서 뛰어내리고 정확히 4초 후에 낙하산을 펴야 한다고 하였다. 그리고 시간을 재는 방법으로 '원 사우전드, 투 사우전드, 쓰리 사우전드, 포 사우전드' 까지 세고 낙하산을 펴라고 하였다. 드디어 실전의 시간이 되어서 낙하를 하였는데, 한 병사는 땅에 떨어질 때까지 낙하산을 펴지 못하고 있었다. 나중에 밝혀진 바에 의하면 그는 말더듬이였다. 그는 이렇게 시간을 재고 있었다. '와 와 완 사삿사 사우전 드, 투투투 사삿사 사우전 드, 쓰 쓰 쓰리…' .

생활 습관이 시계

우리의 일상생활 중에는 비교적 일정한 시간이 소요되는 것이 여러 가지 있다. 이들 중에는 식사 시간, 차 마시는 시간, 역마차가 달리는 시간, 연극의 막과 막 사이의 시간 등이 고려되었다.

다반사(茶飯事)

옛날에는 음식을 먹는 것처럼 차를 마시는 것도 일상적인 일로 간주되었다. 그래서 항상 있는 일이나 예사로운 일을 항다반사(恒茶飯事)라고 하였으며 요즘은 줄여서 '다반사'라는 말로 많이 사용하고 있다. 이러한 일상생활은 사람마다 차이는 있지만 대개 비슷한 시간이 걸린다. 그래서 차 한잔 마실 동안의 시간을 단위로 사용하였다. 이 시간을 다경(茶頃)이라 하는데 일 다경(一茶頃)은 보통 15분 내지 20분을 뜻한다.

밥 한 끼를 먹는데 걸리는 시간도 보통 비슷하므로 식사하는데 걸리는 시간도 사용했다. 이 단위가 식경(食頃)이며 약 30분 전후를 뜻한다.

막간을 이용해서

연극은 보통 3막이나 4막으로 구성되어 있으며 이에 따라 무대가 3~4번 바뀌게 된다. 무대장치를 바꾸기 위해서는 막과 막 사이에 휴식시간을 두는데 이 시간을 '막간(幕間)'이라고 한다. 이런 데서 연유하여 한 가지 일과 다른 일 사이의 틈새 시간을 보통 막간이라고 말하며 이 시간은 2~3분 정도를 의미한다.

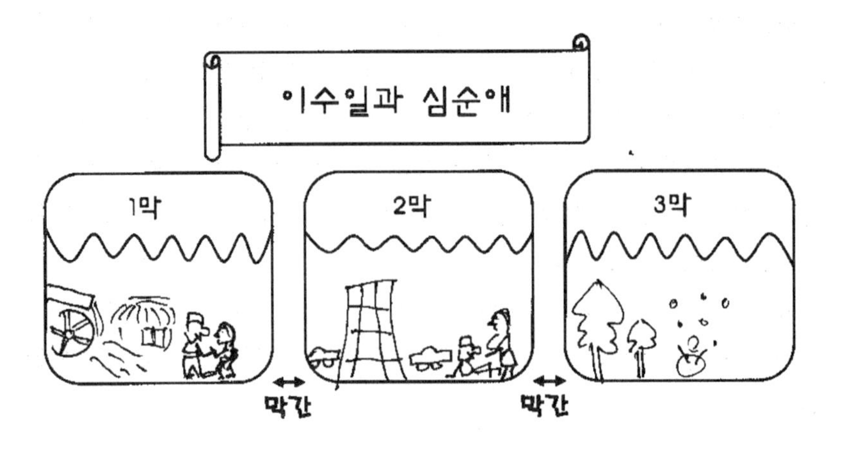

한참 동안

역마차가 한 역을 출발하여 다음 역에 도착할 때까지 걸리는 시간을 이용하기도 하였다. 그 시간 단위로는 옛날 말로 역을 의미하는 참(站)을 사용하였다. 중국에서는 지금도 역이나 정거장을 참(站 : 중국어 발음으로는 짠)이라고 한다. 즉, '한참 동안'이란 말은 역 한 구간을 통과하는 동안 걸리는 시간을 뜻한다. 옛날에는 이 시간이 약 30분에서 2시간 정도 걸리는 시간이었다. 역 사이의 거리가 일정하지 않으니 한 역을 통과하는데 걸리는 시간이 일정할 리가 없다. 그래서 요즘도 우리의 일상생활에서 흔히 사용되는 '한참 동안' 이란 말은 원래의 뜻은 잊혀진 채 정확히 몇 분이라든지 몇 시간이라고 정의할 수 없이 막연히 그냥 좀 긴 시간을 지칭할 때 사용된다.

♥ 몽골의 역마제도

칭기즈칸은 광범위한 영역에 걸쳐 정복이 이루어지자 동서의 원활한 교통을 위하여 얌(Yam)이라는 역전(驛傳)을 만들었다. 대상들의 무역로를 따라 약 100마일 간격으로 초소를 설치하였는데 이것이 13세기에 만들어진 아시아 최초의 역마제도이다.

♥ 일상생활을 토대로 한 시간

한 시진(時辰) - 약 2시간

한 식경(食頃) - 밥 한 끼를 먹을 동안, 약 30분

일 다경(一茶頃) - 차 한 잔을 마실 동안, 15~20분

♥ 원래의 뜻은 잊혀진 채 요즘도 많이 사용되는 말

한참(站) 동안 - 역 한 구간을 통과하는 시간

순식간(瞬息間) - 눈 깜짝하고 숨 한번 쉬는 시간

막간(幕間) - 연극에서 막과 막 사이 쉬는 시간

한문에 나타난 시간

불원간(不遠間) : 멀지 않은 거리를 가는 데 걸리는 시간으로써 '오래잖아' 란 뜻으로 쓰인다.

조만간(早晩間) : 아침과 저녁 사이를 뜻하는 시간으로써 '머지 않아' 란 뜻으로 쓰인다.

일반적인 시간의 의미를 나타내는 한자

時(때 시) : 해(日)의 위치에 따라 절(寺)에서 종을 쳐 시간을 알린다는 것을 표현한 글자이다. 일반적으로는 시중들기 위해 대기하는(寺) 사람이 해(日) 그림자를 엿보며 출사할 준비를 하는 모습을 나타낸 것으로 '시간'(時間)이라는 의미를 표현한 것이다.

曆(책력 력) : 강물이 넘쳐서 만들어진 기름진 언덕(厂)에 자란 벼(禾)가 차례로 베어지는 모습처럼 태양(日)이 뜨고 지며 세월이 가는 현상을 표현한 글자이다. (예) 陰曆 음력

更(지날 경) : 궁궐 성루의 천장에 매단 북이나 징(曰)을 종 대(一)로 치는 손(乂)을 표현한 글자

冥(어두울 명) : 덮이는 (冖)해(日) 때문에 오후 여섯(六)시부터는 어두워지는 것을 나타낸다.

짧은 시간의 의미를 나타내는 한자

間(사이 간) : 문 틈으로 얼핏 보이는 태양은 금방 지나간다. 이와 같이 문(門) 사이에 태양(日)이 머무는 것처럼 짧은 동안, 또는 문(門) 안으로 햇빛(日)이 들어오는 짧은 시간을 나타낸다.

閃(빛날 섬) : 약간 열린 문(門) 사이로 아주 빨리 지나가는 사람(人)의 모습처럼 짧은 동안을 형상화한 글자이다. (예) 섬광 閃光

秒(까끄라기 초, 작은 단위 초) : 벼(禾)가 조금(少) 망가진 것처럼 아주 짧은 시간, 또는 까끄라기처럼 작은 단위를 나타낸다.

暫(잠깐 잠) : 마차를 끌고 가던 말이 물에 빠져 위험한 지경에 이르게 되자 마차(車)를 연결한 줄을 도끼(斤)로 끊는 데 걸리는 아주 짧은 시간을 나타낸다. (예) 잠시 暫時

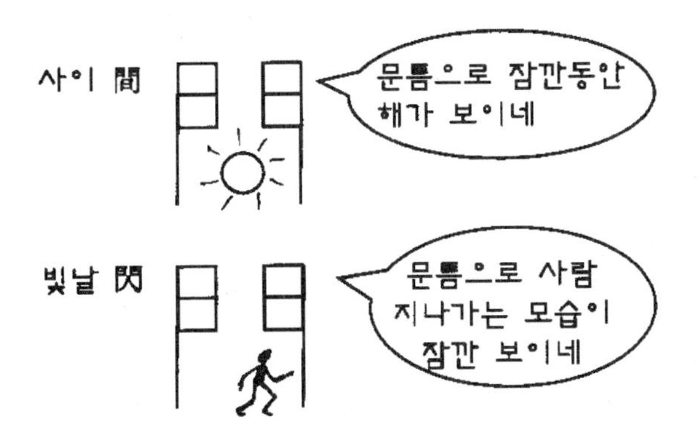

조금 긴 시간의 의미를 나타내는 한자

昨(어제 작) : 지나간 지 얼마 안된(乍) 발자국이 만들어진 날(日)로 어제라는 의미를 표현

旬(열흘 순) : 무덤에 들어가 누운 이(勹)의 숨 멈추는 대강의 시간(日)으로 단위를 표현하거나, 날(日)을 묶어 싼(勹) 단위로써 열흘을 의미하기도 한다.

(예) 上旬(상순) : 한 달 가운데 첫 열흘간의 사이, 旬報(순보) : 열흘 만에 한번씩 내는 신문 (漢城旬報)

긴 시간의 의미를 나타내는 한자

舊(옛적 구) : 수풀(艹) 속에 파놓은 구덩이(臼)에 새(隹)가 빠져 죽은 지 오래된 모습을 시간으로 표현한 글자이다. (예) 구랍(舊臘)

季(끝 계, 계절 계) : 한 해의 추수가 다 끝나고 아이(子)들이 떨어진 벼(禾) 이삭을 줍는 모습, 또는 벼(禾) 열매(子)가 익어감을 보고 계절을 짐작한다는 것을 표현한 글자이다. (예) 계절(季節), 사계(四季)

歲(해 세) : 여기저기 돌아다니며(步) 낫처럼 날카로운 도구를 이용하여 추수하는 사람(戌)을 표현함으로써 하(夏) 나라에서는 일년 농사와 더불어 한 해가 끝났음을 의미하였다. (예) 세배(歲拜)

年(해 년) : 추수한 벼(禾)를 들고 바쁘게 다니는 사람들(千)의 모습이나 발자국(止)을 표현함으로써 주(周) 나라에서는 한 해가 다 끝났음을 의미하였으며, 낮(午)이 숨은 듯(亠) 가고 오고 하여 해가 바뀌고 나이를 먹는다는 의미이기도 하다. (예) 금년(今年), 내년(來年), 세세년년(世世年年)

祀(제사 사) : 상(示) 앞에서 절하는 사람(巳)을 표현함으로써 상(商) 나라에서는 추수가 끝나고 지내는 제사로 1년을 의미하였다.

항상 같은 시간에 마을을 지나가는 칸트

개인적인 느낌으로는 시간이 빨리 지나갈 수도 있고 늦게 지나갈 수도 있겠지만 객관적으로 시간을 표현하기 위해서는 주기적 움직임을 이용하면 된다. 매일 아침 8시 반이 되면 우리 집 앞을 지나 산에 올라 가는 사람이 있다. 걸음걸이가 약간 어눌한데 항상 똑 같은 시간에 지나간다. 처음에는 그 사람이 지나갈 때 몇 번 시계를 보았는데 항상 같은 시간에 지나가기 때문에 이제는 그 사람이 지나가면 8시 반인 줄을 알게 되었다. 왜냐하면 그 사람은 매일 같은 시간에 우리 집 앞을 통과하기 때문이다. 어제도, 오늘도 그러했듯 내일도 그 사람이 지나가면 8시 반일 것이다.

유명한 독일의 철학자 칸트도 항상 같은 시간에 마을을 지나갔기 때문에 그 마을 사람들은 시계가 필요 없었다는 일화도 있다. 이렇게 일정한 시간마다 똑 같은 일이 반복되는 주기적인 일은 시간의 표준이 될 수 있다. 우리가 늘 경험하는 주기적인 일은 매일 해가 뜨고 지는 것, 매년 봄, 여름, 가을, 겨울이 오는 것 등이다. 그래서 옛날부터 지구의 자전과 공전을 시간의 표준으로 삼았다.

한나절과 반나절

해가 뜨고 지는 것은 매일마다 주기적으로 반복되므로 옛날부터 이것을 시간의 표준으로 삼았다. 즉 아침에 해가 떠서 다음날 아침에 다시 해가 뜰 때까지의 시간을 하루라고 하였으며, 이것이 보편적으로 많이 사용하는 시간의 단위이다. 또한 하루의 절반도 시간의 단위로 사용했는데 이를 한나절이라고 한다. 한나절이란 아침부터 저녁까지의 시간을 말하며 이 시간의 반을 반나절이라 하여 낮 시간 중 오전 또는 오후를 뜻한다. 한나절과 반나절은 지금도 일상생활에서 많이 사용하고 있다. 영어로는 한나절과 반나절을 각각 a half day, a quarter of a day 라고 하는 데서 알 수 있듯이 서양에서는 하루(a day)를 단위로 사용하였을 뿐 한나절을 단위로 사용하지는 않았다.

계절이 시계

지구를 이용하여 길이의 단위를 만들듯이 시간의 단위도 지구를 이용하여 만들었다. 지구의 자전과 공전이 주기적이라는 점, 즉 자전과 공전에 걸리는 시간이 거의 일정함에 착안하여 지구의 운동을 시간의 표준으로 사용하였다. 지구가 자전하는 시간을 하루 또는 1일이라 정하고, 지구가 태양의 둘레를 한 바퀴 도는 공전 시간을 1년이라 하였다. 기다리는 마음이 간절할 때는 짧은 시간도 길게 느껴진다는 뜻으로 '일일 여삼추'(一日如三秋)라고 한다. 하루가 마치 가을이 세 번 지나듯이, 즉 3년처럼 길게 느껴진다는 뜻이다. 가을이란 해마다 반복되는 계절이다. 따라서 날과 계절이 일정하게 반복되는 현상을 이용하여 1일을 시간의 단위로 삼았다.

그리고 이보다 짧은 시간의 단위로 1일의 1/24을 1시간, 1시간의 1/60을 1분, 1분의 1/60을 1초라고 하여 비교적 긴 시간에서 아주 짧은 시간에 해당하는 시간의 단위를 만들었다. 또한 1시간을 4등분한 시간, 즉 15분을 일각(一刻)이라 한다. 우리 나라에서는 시간을 나타낼 때 사용하지는 않고 일상용어에서 '일일 여삼추'와 같은 의미로 '일각 여삼추'(一刻如三秋)라 하여 문학적인 표현에 많이 사용되고 있다. 그러나 중국에서는 이커(一刻), 미국에서는 쿼터(quarter)라는 말을 15분이란 뜻으로 시간을 표현할 때 많이 사용하고 있다.

유 머 **백일장**

어느 선생님이 시골 학교에 부임해 국어 수업을 시작했다.
"여러분 중에 백일장에 나가본 학생은 손들어봐요!"
한 명도 손을 들지 않자 실망한 선생님이 다시 말했다.
"정말 아무도 백일장에 나가본 사람이 없어요?"
그러자 한 학생 왈,
"선생님, 우리 동네는 오일장인데요."
(여기서 오 일은 시골 장이 열리는 시간의 단위이다).

옛날 사람들의 시간

동양에는 해마다 띠라는 것이 정해져 있다. 쥐(子)를 비롯하여 소(丑), 호랑이(寅), 토끼(卯), 용(辰), 뱀(巳), 말(午), 양(未), 원숭이(申), 닭(酉), 개(戌), 돼지(亥) 등 열 두 동물을 이용하여 띠를 정하는데 이를 '12지(十二支)'라고 한다. 옛날에는 12지를 이용하여 하루를 12등분하여 자시, 축시, 인시 등으로 명명하였으며 이를 시간의 명칭으로 삼았다. 이와 같이 요즘은 하루를 24등분하여 '시간'이라는 단위를 사용하는데 반하여 옛날에는 하루를 12등분하여 2시간을 하나의 시간 단위로 사용하였다.

특히 밤에 해당되는 시간인 저녁 7시부터 새벽 5시까지는 경(更)

이라는 명칭을 붙여 구분하였다. 밤이 시작되는 술시(戌時)를 초경(初更)이라 하고, 새벽이 다가오는 인시(寅時)를 오경(五更)이라 하여 하룻밤을 5등분하여 밤 시간을 나타내었다. 이와 같이 예전에는 시(時) 또는 경(更) 등을 시간의 단위로 사용하였다. 옛날에 사용되던 시간 중 한밤중을 가리키는 자시(子時)는 오후 11시부터 오전 1시까지인데 그 중에서 밤 12시 정각을 자정(子正)이라고 한다. 또한 한낮을 가리키는 오시(午時)는 오전 11시부터 오후 1시까지인데 그 중 낮 12시 정각을 정오(正午)라고 한다. 이와 같이 12지를 사용한 시간은 요즘은 사용하지 않지만 자정이나 정오라는 말은 요즘도 많이 사용되고 있다.

이화에 월백하고 은한이 삼경인제

하얗게 핀 배꽃에 달이 환히 비치고 은하수는 돌아서 자정을 알리는 때에 배꽃 한 가지에 어린 봄날의 정서를 그린 이조년의 시에 다음과 같은 것이 있다.

이화(梨花)에 월백(月白)하고 은한(銀漢)이 삼경(三更)인 제,
일지 춘심(一枝春心)을 자규(子規)야 알랴만은
다정(多情)도 병(病)인양하여 잠못들어 하노라.(이조년, 1269~1343)

이 시에서는 자정을 삼경이란 말로 나타내었다.

♥ 하루를 12등분한 시간의 명칭

자시(子時) 오후 11시 - 오전 1시 (3경)
축시(丑時) 오전 1시 - 오전 3시 (4경)
인시(寅時) 오전 3시 - 오전 5시 (5경)
묘시(卯時) 오전 5시 - 오전 7시

진시(辰時) 오전 7시 - 오전 9시
사시(巳時) 오전 9시 - 오전11시
오시(午時) 오전 11시 - 오후 1시
미시(未時) 오후 1시 - 오후 3시
신시(申時) 오후 3시 - 오후 5시
유시(酉時) 오후 5시 - 오후 7시
술시(戌時) 오후 7시 - 오후 9시 (초경)
해시(亥時) 오후 9시 - 오후 11시 (2경)

♥ 밤을 나타내는 시간

초경(初更) 오후 7시 - 오후 9시 (술시)
이경(二更) 오후 9시 - 오후 11시 (해시)
삼경(三更) 오후 11시 - 오전 1시 (자시)
사경(四更) 오전 1시 - 오전 3시 (축시)
오경(五更) 오전 3시 - 오전 5시 (인시)

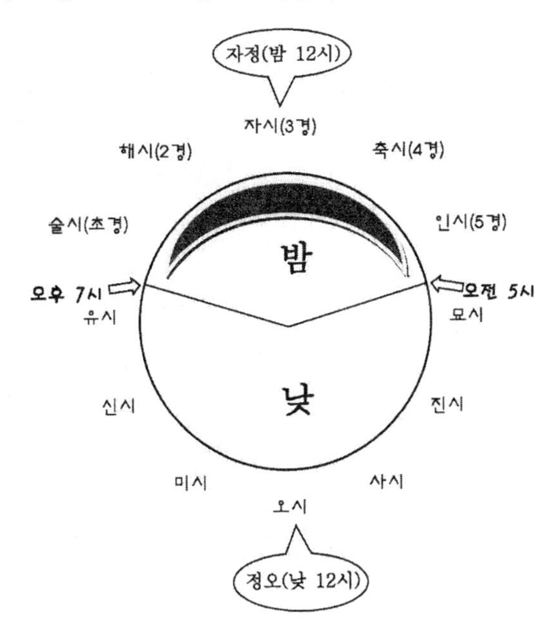

♥ 술 주(酒)자의 유래

닭이 잠자리에 들 시간인 오후 5~7시를 유시(酉時)라고 한다. 술(水)을 마시더라도 닭이 잠자리에 드는 유(酉) 시까지만 마시라는 데에서 유래된 글자이다.

모래시계로부터 원자시계까지

우리는 시간이라고 하면 시계를 떠올린다. 즉 시계란 시간을 시각적으로 이해하는 매개체인 셈이다. 시간을 재는 도구로 초기에는 막대기의 그림자를 이용하는 해시계로부터 시작하여 물시계, 모래시계 등이 고안되었다.

그러나 이들은 정확한 시간을 측정하는데 부적합하며 시간을 초 단위까지 정밀하게 측정하는 것은 추시계부터 가능하였다. 갈릴레이는 진자의 길이가 일정하면 추가 한 번 왕복하는데 걸리는 시간이 항상 일정하다는 진자의 등시성을 발견하였으며 이를 이용하여 추시계가 발명되었다. 그 후 용수철시계를 거쳐 요즘은 전자시계가 많이 사용되고 있는데 수정이 초를 만드는 기본 역할을 한다. 얇은 수정 막에 전기를 연결하면 자동적으로 떨림 현상이 일어난다.

1초는 이 떨림 현상을 이용해 만든다. 보통 시계에 사용하는 수정 막은 1초에 위 아래로 32,768번 진동하는 것을 사용한다. 수정 막이 32,768번째 떨릴 때 톱니바퀴 등 기계 부품을 이용하여 초침이 1초를 움직이도록 하거나 초에 해당하는 숫자를 하나 더하도록 하는 것이다. 수정 막의 진동수를 세는 역할은 반도체로 만

든 부품이 맡는다. 특히 우수한 정밀도가 요구되는 경우는 정밀도가 1/10억 보다 좋다고 알려진 원자시계를 이용한다.

원자시계는 외부에 의한 영향을 거의 받지 않는 원자의 진동주기를 이용한 것이다. 우리 나라 표준으로 사용하는 원자시계는 세슘 원자가 약 92억 번 진동하는 데 필요한 시간을 1초로 간주한다.

코리안 타임

육이오 사변이 나고 서양 사람들이 우리 나라에 왔을 때까지만 해도 우리 나라는 농경시대를 구가하고 있었다. 청춘 남녀들이 데이트 약속을 하는 것도 해가 진 후 물레방아간에서 만나자는 정도이니 정확한 시간에 대한 개념이 없던 시대였다. 서양 사람들이 여러 가지 의논을 하기 위해서 한국 주민들과 만날 약속을 하지만 주민들은 번번이 늦게 나타나서 낭패를 볼 때가 많았으며 그래서 그들이 붙여준 명칭이 '코리안 타임'이었다. 요즘은 우리 나라 사람들이 세계 어느 민족보다도 시간을 잘 지키는데, 그 때는 시간을 지키지 않는다고 알려진 것은 한편으로는 문화적인 요인도 있었지만 또 다른 중요한 이유는 그 당시에는 시계가 귀했기 때문이었다.

유 머 **소원**

옛날에 왕을 위해 열심히 일을 한 광대가 있었는데, 어느 날 돌이킬 수 없는 실수를 저질러 왕의 노여움을 사서 사형에 처해지게 되었다. 왕은 그동안 광대가 자신을 위해 노력한 것을 감안하여 마지막으로 자비를 베풀기로 마음먹고 이렇게 말했다.

"너는 큰 실수를 저질러 사형을 면할 수는 없다. 그러나 그 간의 정을 감안하여 너에게 선택권을 줄 것이니 어떤 방법으로 죽기를 원하는지 말하라."

그러자 광대가 말했다.

"그냥 늙어서 죽고 싶사옵니다."

자동 물시계-자격루

우리나라에서는 삼국시대부터 물시계가 사용되어 왔으나 정해진 시간에 종, 징, 북 등을 저절로 쳐서 시간을 알려주도록 만든 자동 물시계는 세종 16년(1434)에 장영실에 의해서 처음으로 발명되었는데 이 물시계가 자격루이다. 자격루는 물의 흐름을 이용해 두 시간에 한번씩 12지시마다 종을 울리고, 각각의 시간에 해당하는 동물 인형(자시의 쥐, 축시의 소 등)이 시보상자 구멍에서 튀어 오르도록 했다. 그리고 밤 시간인 5경에는 북과 징을 울리도록 하였다.

자격루는 크게 세 부분으로 나뉘는데 왼쪽에는 수압과 수위를 조절하는 수위 조절용 항아리, 중앙에는 두 개의 계량용 항아리, 오른쪽 부분에는 시간을 알리는 시보(자격) 장치가 있다. 보루각 안에는 층층이 다락마루를 놓아 맨 위 층에 용 모양의 도수관이 달린 커다란 저수조를, 그 밑에 단계적으로 수압 조절용, 수위 조절용 항아리들을 놓아 일정한 유량이 계량호에 유입되도록 한 다음, 계량호 안에 거북 모양의 부자를 넣고 그 위에 시간 눈금을 새긴 잣대를 꽂는 물시계를 만들었다.

자동 물시계의 제일 위에 있는 물 보내는 큰 그릇인 파수호에 물을 부어 주면, 그 물은 아래의 작은 물 보내는 그릇을 거쳐 같은 시간에 같은 양의 물이 제일 아래 길고 높은 물받이 통인 수수호에 흘러 든다. 수수호 통에 물이 고이면 그 위에 떠 있는 잣대는 점점 올라가 미리 정해진 눈금에 닿으며 그곳에 장치해 놓은 지렛대 장치를 건드려 그 끝의 쇠 구슬을 구멍 속에 굴려 넣어 준다. 이 쇠 구슬은 다른 쇠 구슬을 굴려주고, 그것들이 차례로 12시 로봇과 경점 로봇들이 연결된 여러 공이를 건드려 종, 징, 북을 울리기도 하고, 또는 인형이 나타나 시각을 알려 주는 팻말을 들어 보이기도 한다. 이 유물은 쇠 구슬이 굴러 조화를 일으키는 시보장치 부분은 없어진 채 지금은 물통 부분들만 남아 있다. 자격루는 국보 229호로 지정되어 있으며, 정확한 명칭은 '보루각 자격루'이다.

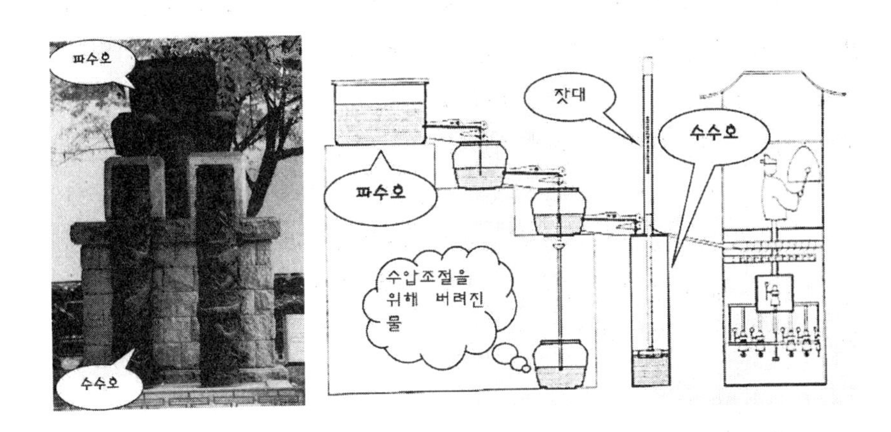

장영실의 출생과 관직

장영실은 기생의 소생으로 태어난 관노 출신이었으나 어려서부터 탁월한 재능을 발휘하여 세종의 부왕인 태종 때 발탁되어 궁중에서 일하게 되었다. 세종은 제련 및 축성, 무기, 농기구의 수리에 뛰어난 장영실을 가까이 두어 천문의기 제작 사업을 비롯한 과학 진흥 사업에 참여시키고자 하였다. 엄격한 신분제가 행해지던 당시에 노비 출신인 자를 궁중에 두어 관리로 중용케 한다는 것은 상식 밖의 일이었으나 장영실에게 임금의 의복을 만들고 대궐 안의 재물과 보물의 관리를 맡아 관리하는 상의원 별좌라는 직책으로 채용하였다.

장영실의 출생과 그가 관직에 등용되기까지의 과정에 대하여 기록된 「세종장헌대왕실록」에 수록된 내용은 다음과 같다. "안승선에게 명하여 영의정 황희와 좌의정 맹사성에게 의논하기를, '장영실은 그 아비가 본디 원나라 소항주 사람이고, 어미는 기생이었는데, 공교한 솜씨가 보통 사람에 비해 뛰어나므로 태종께서 보호하시었고, 나도 역시 이를 아낀다. 임인·계묘년 무렵에 상의원 별좌를 시키고자 하여 이조판서 허조와 병조판서 조말생에게 의논하였더니, 허조는 '기생의 소생을 상의원에 임용할 수 없다'고 하고, 조말생은 '이런 무리는 상의원에 더욱 적합하다'고 하여 두 사람의 의견이 일치하지 아니하므로 내가 굳이 하지 못하였다가 그 뒤에 다시 대신들에게 의논한즉, 유정현 등이 '상의원에 임명할 수 있다'하여 내가 그대로 따라서 별좌에 임명하였다. 장영실의 사람됨이 비단 공교한 솜씨만이 있는 것이 아니라 성질이 똑똑하기가 보통에 뛰어나서 매양 강무할 때에는 나의 곁에 가까이 모시어서 내시를 대신하여 명령을 전하기도 하였다."

수수께끼

안 먹을래야 안 먹을 수 없고
먹어도 배는 안 부르고
많이 먹으면 죽는 것은? ……………………………………… 나이

시간과 관련된 속담

- 밤 잔 원수 없고, 날 샌 은혜 없다.
  → 원수나 은혜는 세월이 가면 다 잊어 버리게 된다는 뜻.
- 십 년 세도 없고 열흘 붉은 꽃 없다.
  → 사람의 부귀영화는 쉴 새 없이 바뀌어 오래가지 못함을 비유하는 말이다.
- 십 년이면 산천도 변한다.

→ 세월이 흐르면 모든 것이 다 변한다는 뜻.

- 듣는 귀는 천 년이요, 말한 입은 사흘이다.

→ 언짢은 말을 들은 사람은 두고두고 잊지 않고 있지만, 말한 사람은 바로 잊어버리게 된다는 것을 비유하는 말이다.

- 개 꼬리 삼 년 두어도 황모되지 않는다.

→ 본시 바탕이 나쁜 것은 아무리 오래 두어도 좋아지지 않는다는 뜻.

- 하루를 살아도 천 년 살 마음으로 살랬다.

→ 미래에 대한 계획을 세우면서 살아야 한다는 뜻.

- 하루를 살아도 천 년을 죽은 것보다 낫다.

→ 비천하고 욕된 삶을 고통스럽게 이어간다 해도 죽는 것보다는 낫다.

- 하루 물림이 열흘 간다.

→ 한번 뒤로 미루기 시작하면 자꾸 더 미루게 된다는 뜻으며, 무슨 일이나 뒤로 미루면 안된다는 것을 이르는 말이다.

- 세살적 버릇 여든까지 간다.

→ 어릴 때 몸에 젖은 버릇은 늙도록 고치기 힘들다.

- 한 날 한 시에 난 손가락도 길고 짧다.

→ 세상의 모든 것이 똑같기는 힘들다.

- 한 집에서 삼 년 살고도 성도 모른다.

→ 가까운 사람을 등한히 하고 있다는 뜻.

- 장대 끝에서 삼 년 난다.

→ 몹시 어려운 환경에서 오랫동안 고생을 했다는 뜻.

- 새벽 달 보자고 초저녁부터 기다린다.

→ 무슨 일을 너무 일찍부터 서두른다는 뜻.

- 백 년을 살아야 삼만 육천 일이다.

→ 사람이 아무리 오래 산다 해도 헤아려 보면 짧다는 뜻.

- 구년 농사에 삼년 먹을 것은 남아야 한다.

→ 농사는 삼 년에 한 번 흉년 들 것을 예견해서 삼 년 농사에 일 년 양식이 남아돌도록 되어야 한다는 말.

- 부자 삼 대 못 가고 가난 삼 대 안 간다.

→ 빈부는 돌고 도는 것이기 때문에 부자도 오래 유지하지 못하며 가난한 사람도 오래 안 가서 부자가 될 수 있다는 뜻.

- 천 날 가뭄은 싫지 않아도 하루 장마는 싫다.

→ 가뭄의 피해보다 장마의 피해가 훨씬 크다는 뜻.

- 고려 때 공사는 삼 일마다 바뀐다.

→ 정치와 법령이 사흘도 못 가서 자주 바뀐다는 말

- 아침 먹고는 낮에 할 일을 생각하라.

→ 하루 할 일은 아침에 생각하여 계획을 세워서 하라는 뜻.

- 나이가 십 년 맏이면 형처럼 공경해야 한다.

→ 자기보다 나이가 십 년 이상이 많으면 형님과 같이 대접해야 한다는 말.

- 저래도 한때요 이래도 한때다.

→ 세월을 이렇게 보내나 저렇게 보내나 보내기는 매한가지란 말.

- 가는 날이 장날.

→ 무슨 일을 하려고 하던 차에 우연히도 뜻하지 않은 일을 당함을 비유하여 이르는 말.

- 시간은 금이다.

→ 시간은 매우 소중하니 시간을 아껴 쓰라는 말.

- 배꼽시계.

→ 배가 고픈 것으로 시간을 짐작할 수 있다는 말.

- 시간은 언제까지든 당신을 기다리는 것은 아니다.

→ 무슨 일이나 뒤로 미루면 안된다는 것을 이르는 말.

- 미래를 신뢰하지 마라.

→ 앞 일은 불확실한 법이니 현실에 충실하라는 말.

- 세월은 흐르는 물 같다.

→ 세월이 몹시 빠르다는 말, 세월은 한번 가면 다시 못 돌아온다는 말.

- 세월이 약이다.

→ 시간이 지나면 슬픔이 덜어진다는 말.

- 현재에서 미래는 태어난다.

→ 오늘을 충실하게 사는 사람이 미래를 보장받을 수 있다는 말.

- 제일 많이 바쁜 사람이 제일 많은 시간을 가진다.
  → 부지런히 노력하는 사람이 결국 많은 대가를 얻는다는 뜻.
- 한 시(時)를 참으면 백 날이 편하다
  → 세상살이란 한 때의 어려움, 한 때의 흥분 등을 꾹 참으면 앞날의 일이 편하게 된다는 말.
- 시간은 우정을 강하게 만들고 사랑은 약하게 만든다.
  → 오래될수록 우정은 더욱 돈독해지고 사랑은 변하기 쉽다는 말.
- 시간을 잘 맞춘 침묵은 말보다도 좋은 웅변이다.
  → 적절한 침묵은 좋은 말솜씨보다 설득력이 있다는 말.
- 시간이 모든 것을 말해준다.
  → 세월이 지나면 해결되지 않을 일이 없다는 말.

유 머 **밤 손님과 낮 손님**

예전에는 도둑들이 밤에 활동했으므로 도둑을 밤손님이라고 지칭하였으나 요즘은 낮에 빈 집을 터는 도둑들이 많으므로 낮손님이라고 불러야 한다는 주장도 있다.

질량

저울은 진실하고 중량은 같아야 하리라

네델란드 화가 퀸텐마시스는 '대금업자와 그의 부인' 이라는 그림에서 대금업자가 동전의 무게가 같은지를 일일이 달고 있는 모습을 묘사하였는데, 이 그림의 액자에는 "저울은 진실하고 중량은 같아야 하리라"는 문귀가 적혀 있다. 저울은 초기에는 금의 무게를 달기 위해서 발명되었는데 물체의 무게를 달기 시작한 것은 고대 이집트까

지 거슬러 올라간다.

금 한 돈과 쇠고기 한 근

아기가 태어나면 제일 먼저 무게를 단다. 또한 건강이나 미용을 위해서 사람들은 규칙적으로 저울 위에 올라서서 몸무게를 재고, 금이나 은과 같은 귀중품을 거래할 때나 시장에서 식료품을 구입할 때도 무게를 단다.

무게를 재려면 모든 사람들이 공감할 수 있는 기본단위가 있어야 되는데 동서양에 관계없이 무게의 단위는 곡식에서 시작되었다. 그 후 생활에 편리하게 여러 가지의 단위가 고안되었는데 우리 나라에서는 금의 무게를 나타낼 때는 '돈'이나 '냥'이란 단위를 사용하고, 쇠고기나 야채 등 음식물의 경우는 주로 '근'을 사용하였다. 그런데 용도에 따라 단위들이 새롭게 만들어져 그 종류가 너무 많을뿐 아니라 단위들 사이에 서로 연관성이 없기 때문에 사용하기 불편하게 되었다. 그래서 요즘은 용도와 무관하게 물을 사용한 기본단위를 만들어서 모든 나라에서 공통적으로 사용하고 있다.

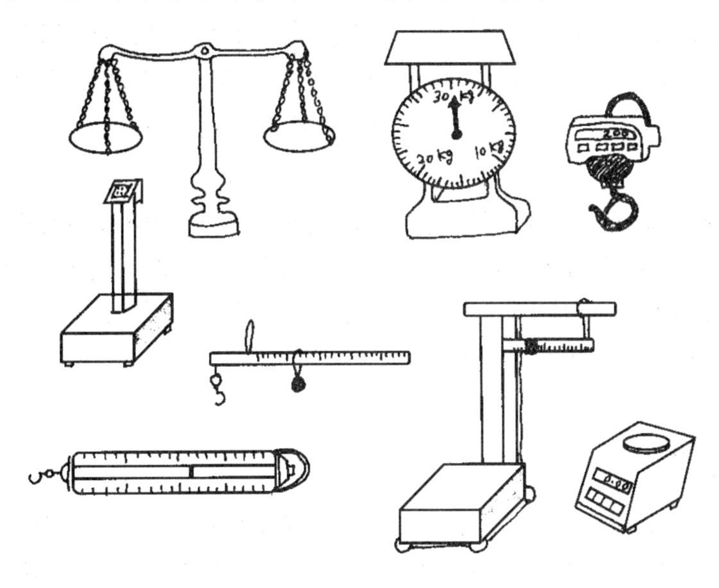

동양의 초기 도량형 제도

수수를 중국어로 고량이라고 하는데 중국 술의 대명사로 알려진 고량주는 수수로 만들었기 때문에 붙여진 이름이다. 이와 같이 중국에서는 수수를 곡식으로 사용할 뿐 아니라 술을 담그는 데도 많이 사용하였으므로 그들에게 가장 친숙한 수수 알갱이를 무게의 기본단위로 사용하였다. 한나라 때는 수수 알갱이

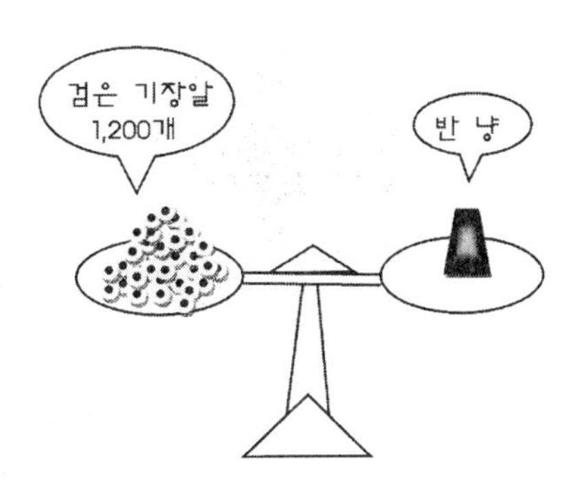

1,200개를 12수(銖)로 하여 무게의 기준으로 삼고, 24수를 한 냥으로 하였다.

당 나라 때는 이것의 세 배를 대냥(大兩)으로 하는 제도가 생겼으며, 열 돈에 해당되었다. 또한 냥은 약재의 무게 단위로 많이 사용되었는데, 한 냥은 4돈(약 15g)이 표준으로 사용되었으나, 약재에 따라서 4돈 4푼부터 5돈까지를 한 냥이라고 하였다.

♥ 중국 진(晉)나라 때의 한서(漢書) 율력지(律曆志)에서는 저울의 단위를 수(銖)에서 시작하고 양(兩)에서 짝 채우고, 근(斤)에서 밝히고, 균(鈞)에서 고르고, 석(石)에서 끝내어서 온갖 물건의 무게를 단다고 하여 수(銖)가 무게의 기본 단위임을 나타내었다.

동전 한 닢

무게를 나타내는 단위인 '돈'은 '전'(錢)이라고도 한다. 원래 '돈'이 무게의 단위로 쓰이게 된 것은 당나라 고조 무덕 4년(621년)에 개원통보(開元通寶)라는 동전의 중량을 한 돈 또는 한 닢이라 한 데서부터이다. 이것은 가장 작은 화폐의 단위였으므로 거지가 구걸할 때 외치는 "동전 한 닢 줍쇼"라는 말이 생기게 되었다.

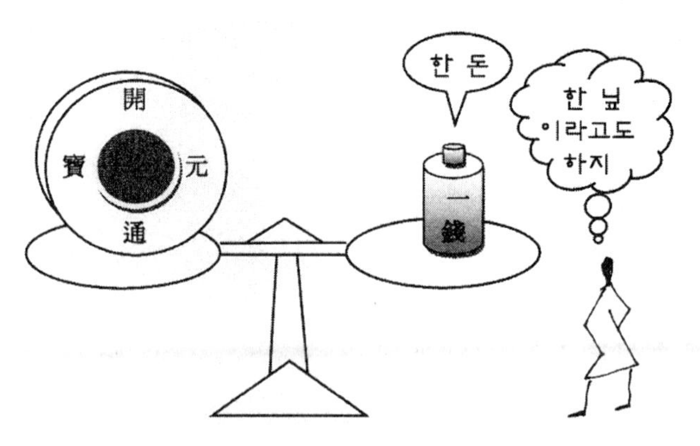

당나라에서는 한 돈은 4.175g이었으며 우리 나라에서는 4.012g이었는데 1902년부터 일본의 단위 제도에 맞추어서 한 근을 600g으로 고친 뒤로 한 돈은 3.75g으로 바뀌게 되었다.

동양의 무게 단위, 척관법

식품의 양은 작은 단위로는 '근', 큰 단위로는 '관'을 사용하였다. 이 단위는 옛날 중국에서 곡식의 일종인 기장의 일정한 무게를 기본단위로 정한 1천(泉, 돈쭝)의 1,000배를 한 관으로 정한 데서 유래했다. 그 후 당나라 고조가 주조한 개원통보가 무게의 기준인 관으로 정립되어 동전 1천 닢을 꿴 한 꾸러미를 기준으로 정한 무게 단위를 한 관이라고 하였다. 당시에 제정된 제도에 따르면 한 관의 무게는 4,175g이 되는데, 실제 개원통보 10닢의 무게는 37.301g이므로 실용된 한 관은 3,730g이 된다. 우리 나라에서는 조선 세종 때 동전 1천 닢의 무게를 한 관으로 정하였으나 중량 단위로 사용되지는 않았다. 그 뒤 민족 항일 기에 일본의 중량 단위가 도입되면서 관이 무게의 단위로 쓰이기 시작하였는데 한 관은 3.75kg으로 정하여졌다.

1근 = 16냥 = 600g

1관 = 1000돈쭝 = 100냥 = 3.75kg

근의 유래

근이란 단위는 고대 중국에서 생긴 것으로, 한나라 때에는 약 223g, 당나라에서는 이것의 약 3배였으며, 송나라 이후 600g으로 정립되었다. 이것은 16냥에 해당되는데 상품이나 지방에 따라서 한 근을 16냥인 600g으로 계산하는 경우와 10냥인 375g으로 계산하는 경우가 있다.

우리 나라의 고대 무게 단위

우리 나라에서는 삼국시대부터 저울을 사용하였으며 신라 진흥왕 때에는 무게 단위로 '근, 냥, 돈, 푼' 등이 쓰이고 있었다. 그러다가 국가적 표준으로서 저울을 관리한 것은 조선시대 태종 10년(1410년)이었으며 세종 대에 들어와 황종관에 의해 무게 단위의 표준을 정립하였다. 당시에는 황종관에 우물물을 가득 채워 그 물 무게를 88푼이라고 정하였고, 이에 따라 10리(釐)를 1푼(分), 10푼을 1돈(錢), 10돈을 1냥(兩), 16냥을 1근(斤)으로 정했다.

황종관

동양 음악에는 황종, 대려, 태주 등 모두 12음률이 있다. 황종관은 이러한 음율의 기본음인 황종음을 정하기 위해 만든 관(管)인데, 황종관의 길이를 정하기 위해서는 해주에서 생산되는 기장 중에서 크기가 중간치인 것을 골라 기장 한 알의 길이를 1분으로 하고, 10알을 쌓아서 1촌으로 정하였다. <악학궤범>에 의하면 황종관의 길이는 9촌(31.0cm), 둘레는 9분(3.10cm), 부피는 810분이고, 황종관에는 기장 1,200알이 들어갈 수 있다고 기록하고 있다.

도량형을 나타내는 상형문자로서의 한자(漢字)

斗(말 두) : 자루 달린 됫박의 모습
科(과정 과) : 찧지 않은 벼(禾)를 탈곡하고 정미하는 단계마다 옮겨주는데 쓰이는 자루 달린 됫박(斗)의 모습
料(되질할 료) : 정미한 쌀(米)을

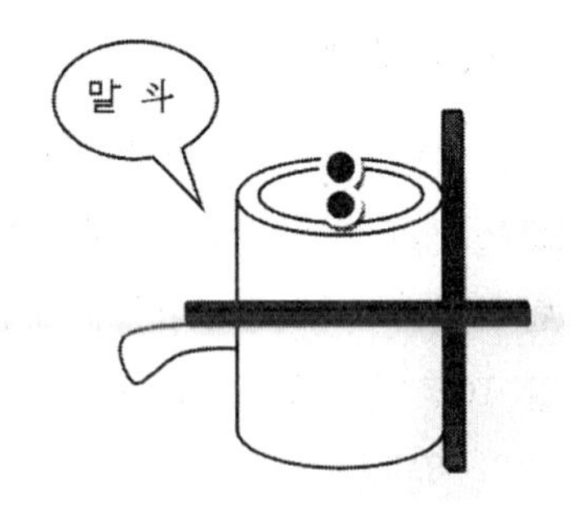

손잡이 달린 됫박(斗)으로 재는 모습

稱(저울대 칭, 일컬을 칭) : 벼(禾)를 담은 대나무 광주리나 저울(冉)을 손(爫)에 들고 무게를 가늠하는 모습, 또는 벼(禾)를 손(爫)으로 땅(土)에서 들어(冂) 무게를 다는 모습으로 중량을 일컫는다.

租(세금 조) : 옛날에는 세금을 곡식 중에서도 특히 벼로 냈다. 수확하면 벼(禾)로 또(且) 내야하므로 세금이란 의미를 나타낸다.

稅(세금 세) : 다른 곡식을 수확했어도 벼(禾)로 바꾸어(兌) 내는 것이라는 데서 세금이란 의미를 나타낸다.

중국인의 저울과 한국인의 덤 문화

중국인들은 야채나 과일을 팔고 사는데 저울질이 기본이다. 중국에서 물건을 거래하는 모습을 보면 우리의 재래시장에서 흔히 볼 수 있는 상인과 소비자 사이의 덤에 관한 실랑이를 볼 수가 없다. 예를 들어 중국인들의 경우 부추 500g을 사고자 하면 딱 500g만 준다. 그리고 사는 사람도 더 달라고 요구하지 않는다. 부추 500g을 정확히 달기 위해서 상인은 부추 서너 가닥을 저울에 올리기도 하고 또 덜어 내기도 한다.

우리의 경우는 무게를 저울로 달아서 팔기보다는 '한 단'에 얼마라고 값을 정하니 한 단이 클 수도 있고 작을 수도 있어 사는 사람은 부피만을 보고 덤을 요구한다. 덤은 파는 사람의 기분에 따라 다르지만 우리는 이 덤의 문화가 사람 사는 정이 있다면서 재래시장을 찾는 이유 중에 하나로 꼽고 있다.

마늘 한 접, 감 두 접

'접'은 무게 단위가 아니지만 예전부터 감이나 사과, 마늘 등은 백 개를 한 묶음으로 하여 '접'이란 단위로 그 양을 표현하였다. 그러나 갯수는 똑 같더라도 크기에 따라 양이 다르므로 요즘에는 이를 좀 더 정확히 나타내기 위해서 무게로 나타내는 경우가 많다. 그래서 감이나 사과 상자에는 백 개, 또는 이백 개를 담는 대신에 10kg, 또는 20kg 등의 무게 단위로 포장하는 경우가 많다. 그러나 시중에서는 아직도 마늘, 양파와 같이 덩이뿌리를 가진 야채는 무게보다는 개수를 나타내는 '접' 단위를 많이 사용하고 있다.

무게와 관련된 속담

- 백 톤의 말보다 일 그램의 실천
  → 말만 하고 실천하지 않으면 아무런 소용 없다는 뜻.
- 무게가 천 근이나 된다.
  → 매우 무겁다는 뜻.
- 장부 일언 중천금.
  → 대장부의 한 마디는 천금보다 무겁다는 뜻.

유 머

- 가슴의 무게는? ······································ 4근 (두근두근)
- 사람의 몸무게가 가장 많이 나갈 때는? ······················ 철들 때
- 황당무계란? ···························노란 당근 무게가 더 나간다.

서양의 무게 단위

영국에서는 밀을 주식으로 사용하였으므로 밀 알을 무게의 단위로 사용하였다. 밀 알 7,680개의 무게를 1파운드로 정하고 1파운드를 16등분하여 1온스로 정했으며 이것이 서양에서는 보편적인 무게 단위로 사용되고 있다.

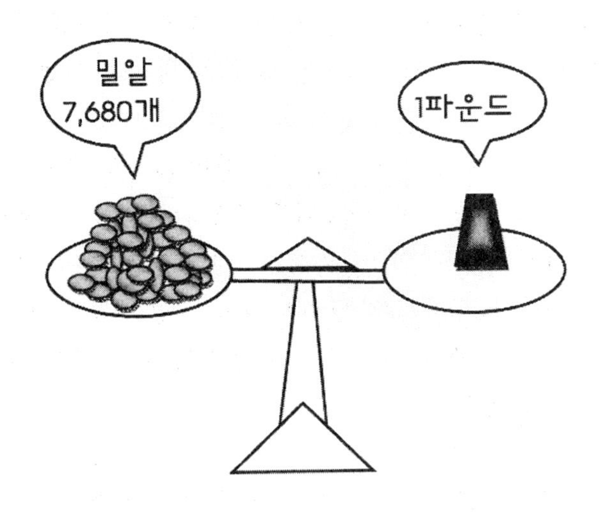

사금의 무게

고대 이집트에서는 사금이 중요한 재화였다. 그래서 이집트에서는 약 4,500년 전에 사금의 무게를 다는데 천칭이 사용되었으며, 약 2,300년 전부터는 대저울이 사용되기 시작하였다.

고대 이집트의 저울

물건의 무게를 달 수 있는 저울은 선사시대부터 사용되었다. 최초의 저울은 기원전 5,000년경 고대 이집트의 벽화에 오늘날의 천칭과 거의 같은 형태의 그림이 그려져 있을 뿐만 아니라, 이집트 선사시대 무덤에서 천칭의 일부분과 여기에 사용된 것으로 추측되는 돌로 만든 분동이 함께 출토되었다. 이 당시 천칭은 회전축이 달린 막대기의 양 끝에 접시를 매달아서 분동이나 물건을 올려 놓도록 하였다. 천칭으로 무게를 달려면 측정하고자 하는 물건을 한쪽 접시에 올려놓고 반대쪽 접시에는 균형을 이룰 때까지 추를 올려놓는다. 그리고 이 때 사용된 추의 무게를 더하여 물건의 무게를 측정하였다. 이러한 저울은 주로 금의 무게를 달기 위해 사용되었으므로 매우 정확해야만 했다.

그 후 기원전 3,000년경의 이집트 벽화에 그려진 천칭은 오늘날의 저울과 큰 차이가 없는 구조로, 매우 정밀한 무게를 측정할 수 있는 것으로 알려졌다. 기원전 1,500년경 이집트 제18대 왕조 시대의 천칭은 분동의 크기를 고려할 때 최소 0.5g 정도까지 무게를 측정하였을 것으로 생각된다. 그 후 천칭은 계속 발전되어 2~3세기 경에는 오늘날과 같이 핀으로 중앙의 지점을 지지하고, 좌우의 균형을 맞추기 위해 중앙에 지시바늘을 달기도 하였다. 이러한 천칭은 주로 약재나 귀금속, 보석 등을 계량하기 위하여 사용되었다.

로마 시대의 저울

천칭은 무게를 정확히 측정하지만 계량하고자 하는 물체와 같은 무게의 분동을 필요로 하므로 무거운 물체를 달기 위해서는 양쪽 무게를 지탱할 수 있는 튼튼한 지렛대를 필요로 하는 결점으로 인하여 큰 물체를 계량하는 데는 적합하지 못하였다. 그래서 이를 개량한 것이 로마 시대의 저울인데 이것이 오늘날의 대저울이다. 대저울은 지렛대에 눈금을 매기고 접시에 올려놓은 물체와 균형을 맞추기 위하여 추를 이동시켜 눈금을 읽음으로써 무게를 측정하였다. 이와 같은 구조는 무거운 물체도 작은 추로 측정이 가능하여 저울의 발전상 일대 혁신을 가져왔는데, 이 저울은 기원전 200년경에 이탈리아에서 위로(Wiro)가 발명한 것으로 전해지고 있다.

용수철 저울과 그 이후의 저울들

용수철을 이용한 스프링저울은 1770년경 영국에서 상거래에 사용되었다. 금속이나 수정의 가는 봉의 휨이나 비틀림을 이용한 토션밸런스(tortion balance)도 일종의 스프링저울에 해당되며, 작은 무게를 측정하기 위하여 1750년경에 고안되었다. 1774년 와이엇은 건초 등의 대형 물체의 무게를 달기 위하여 저울에 고리를 달아서 큰 짐을 계량하는 매달림 저울을 고안하였고, 미국의 페어뱅크스 형제는 이것을 개량하여 근대적인 판 수동저울로 발전시킴으로써 기관차와 같은 아주 무거운 물체도 계량할 수 있도록 하였다.

그 후 20세기에는 기계적인 방법 대신에 전기적 보정에 의해 측정되는 전자식 저울이 개발되었다. 전자저울 기술은 더욱 발전하여 자기회복력 기술의 원리를 이용한 초정밀 저울이 개발되었으며, 이것이 예전의 천칭을 대신하게 되었다. 한편, 저울의 정밀도를 높이기 위하여 천칭의 받침점, 중점 및 힘점에 끈을 매다는 대신 금속이나 돌 등으로 날과 날받이를 붙였다.

동양의 저울

동양에서도 기원전 2000년경 황허강 유역의 한민족이 도량형 제도를 이미 실시하였는데, 이때의 저울도 천칭과 같은 것이었다. 진(秦) 나라 때는 분동에 끈이 달려 있는 것으로 미루어 보아 대저울이 이미 사용된 것으로 추정되며, 우리 나라에서는 삼국시대부터 저울을 사용한 것으로 알려져 있다.

저울(秤)의 명칭에 얽힌 이야기

저울 추는 원래 권(權)이라고 하였는데, 중국 삼국시대의 영웅인 손권(孫權)의 이름을 피하여 칭추(秤錘)라고 한데서 비롯하여 저울을 칭(秤)이라고 말하게 되었다. 그래서 요즘도 저울을 천칭이라고 한다.

SI 단위

무게를 나타내는 단위는 나라마다 다르다. 이에 따른 불편을 해소하기 위하여 밀이나 수수 같은 곡식 대신에 보다 더 보편적인 물질인 물을 사용하여 국제적으로 공용되는 단위를 제정하였다. 그리하여 가로, 세로, 높이가 각각 10cm인 통에 가득 찬 물의 무게, 즉 물 1리터의 무게를 기본단위로 정하였으며 이를 1kg 이라고 하였다.

달에서는 가벼워진다

물체가 무거운 정도를 무게라고 하는데, 무게는 물체와 지구가 서로 잡아당기기 때문에 생기는 힘이다. 달에서는 물체와 달이 서로 잡아당기는 힘이 지구에서보다 작으므로 무게가 더 가벼워진다. 그러나 무게가 가벼워진다고 그 물체가 작아지는 것은 아니다. 우주 공간에서는 물체를 잡아당기는 힘이 전혀 없으므로 물체의 무게는 0이다. 그러나 무게가 없어진다고 해서 그 물체가 사라지는 것은 아니다. 몸무게가 많이 나가서 고민인 사람은 지구를 벗어나 달에 가면 가벼워진다. 그러면 관절에 무리가 가는 일은 없어지겠지만 몸매까지 S라인이 되는 것은 아니다. 뚱뚱한 사람은 여전히 뚱뚱하다.

가벼워진다고 질량이 변하는 것은 아니다

똑 같은 물체인데도 장소에 따라 무게가 달라지니까 무게란 그 물체의 고유한 성질은 아니다. 그래서 어디에서나 똑같은 값을 가질 수 있는 그 물체 고유의 양을 생각하게 된다. 물체의 무게는 중력에 의해 영향을 받으므로 무게를 중력가속도로 나누어 주면 그 물체의 고유한 값이 되는데 이를 '질량'이라고 한다. 따라서 물체의 질량은 어디서나 똑 같다.

온도

더운 곳에서 알을 낳으면 아들이 된다

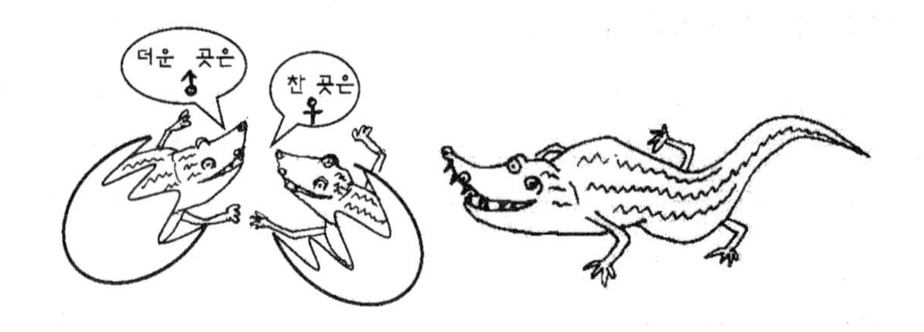

인류는 아주 오랜 옛날부터 추위와 더위에 민감하였다. 그래서 추운 겨울에는 옷을 여러 겹 껴입고, 더운 여름에는 시원한 계곡 물을 찾아 나섰다. 이와 같이 우리에게 온도는 대단히 중요한 의미를 가진다. 악어에게 있어서 온도의 의미는 인간에게 보다 더 심각하다. 왜냐하면 새끼 악어가 암컷이 될지 수컷이 될지는 알이 부화되는 온도에 따라 결정되기 때문이다. 악어는 온도가 높을 때는 수컷, 온도가 낮을 때는 암컷이 된다.

악어는 28℃ 이상에서 부화되는데 28~31℃에서는 암컷, 32~33℃에서는 수컷이 되고, 그 중간 온도인 31~32℃에서는 암컷과 수컷이 골고루 부화된다. 이와 같이 악어의 성별은 알이 부화될 때 결정된다. 따라서 부화 온도가 너무 높거나 낮으면 한 가지 성의 악어만 태어나게 되므로 지구 온난화나 빙하현상이 일어나면 악어는 종족 번식을 할 수 없어 멸종 위기에 처하게 된다.

추우면 입술이 파래진다

우리는 입술 색깔만 보아도 어느 정도 온도를 짐작할 수 있다. 날씨가 추워서 벌벌 떨고 있을 때는 입술이 파래진다. 입술은 각질화 정도가 약하기 때문에 평상시에는 혈관의 혈액이 비쳐 보이므로 붉게 보인다. 그런데 찬 공기에 피부가 노출되면 신체는 체열이 밖으로 달아나는 것을 막기 위해 피부에 있는 혈관을 수축하여 달아나는 열을 줄인다. 혈관이 수축하면 입술의 혈관을 흐르는 혈액의 흐름이 느려진다. 따라서 산소와 결합하여 붉게 보이던 동맥 피의 붉은 빛은 엷어지게 되고 반대로 이산화탄소와 결합하여 푸른색을 보이는 정맥 피의 색이 부각되어 결과적으로 입술이 새파랗게 보이게 된다. 그러나 입술의 색깔만으로 정확한 온도를 알 수는 없다.

저수지의 수위

비가 많이 와서 저수지에 물이 가득 차면 수위가 올라가고 가뭄이 들어서 물이 많이 빠져 나가면 수위가 내려간다. 여기서 '물'이라는 것은 일종의 물질이며 '수위'라는 것은 실체가 아니고 단순히 눈에 나타나는 현상일 뿐이다. 즉 물이라는 실체에 의해서 수위, 즉 물의 높이가 변화되는 현상이 일어난다. 이와 유사하게 열이 들어오면 온도가 올라가고 열이 빠져나가면 온도가 내려간다. 열은 일종의 에너지로써 실제로 존재하는 것이고 온도는 개념적인 것이다.

우리는 감각적으로 온도를 잘 느낀다. 겨울이 되어 온도가 낮아지면 추워진다고 하고, 여름이 되어 온도가 높아지면 더워진다고 한다. 그리고 물의 높이를 수위라고 하듯이 날씨가 더운 정도를 더위라고 하고 추운 정도를 추위라고 한다.

온도계의 발명

물체의 차고 더운 정도를 정량적으로 측정할 수 있는 온도계의 발명은 열에 대한 정량적인 개념 설정을 가능하게 하였다. 열에 관한 에너지 보존법칙과 엔트로피 법칙 등 열역학의 기본 법칙이 정립될 수 있었던 것은 온도계의 발명으로 가능하게 되었다.

갈릴레이 온도계

온도를 정량적으로 측정하는 최초의 온도계는 1592년 갈릴레이에 의해 발명되었다. 이 온도계는 액체로 채워진 밀봉된 둥근 파이프와 그 안에 들어 있는 비중이 조금씩 다른 유리 공들로 구성되어 있다. 유리 공 속에는 공기가 채워져 있어서 온도가 변화되면 공기의 팽창이나 수축 때문에 부력이 달라져서 유리 공의 무게와 부력의 크기가 정확히 일치하는 유리 공만 액체의 중간 위치에 정지해 있도록 되어 있다. 각각의 유리 공에는 액체의 중간에 놓일 때의 온도를 나타내도록 해당되는 온도를 일정한 간격으로 표시하여 놓았다.

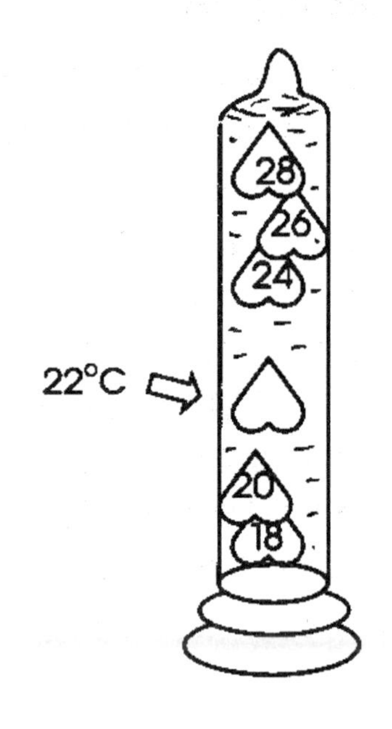

이와 같이 갈릴레이 온도계는 온도 측정을 위해 공기를 팽창 매질로 사용한 기체 온도계였는데, 액체 중에 정지해 있는 유리 공에 적힌 숫자가 온도를 나타낸다. 그러나 세밀한 온도 눈금이 없어서 정량적 측정은 사실상 불가능했다.

온도계의 눈금

갈리레이 이후, 기체 온도계가 액체 온도계로 대체되면서 정확한 온도 측정이 가능하게 되었다. 액체 온도계에서 많이 사용하고 있는 알코올은 온도에 따라 부피가 일정하게 변하는 특성을 가지고 있는데 알코올이 들어있는 용기에 좁은 유리 대롱을 연결하면 작은 부피 변화도 크게 확대되므로 정확하게 온도를 측정할 수 있다.

수은도 온도에 따라 부피가 일정하게 변하므로 수은을 이용하여도 온도를 측정할 수 있다. 이와 같이 열팽창률이 일정한 알코올이나 수은의 늘어나는 정도를 정확하게 눈금으로 나타낼 수 있게 됨에 따라 다양한 형태의 온도계가 고안되었다. 그리하여 1641년에는 공기 대신에 알코올을 사용한 알코올 온도계가 발명되었으며 1724년에는 수은이 온도계에 사용되었다. 또한 18세기 초에 이르러서는 무려 35 종류나 되는 다양한 온도 체계가 창안되었다. 그 가운데에서 스웨덴의 천문학자였던 셀시우스(Anders Celsius, 1701~1744)가 제안한 섭씨 온도와 네덜란드의 파렌하이트(Gabriel Fahrenheit, 1686~1736)가 제안한 화씨 온도 체계가 널리 사용되었다. 현재 주로 사용되고 있는 온도의 종류에는 섭씨 온도, 화씨 온도, 절대온도 등 세 가지가 있다.

섭씨 온도

우리 주변에서 가장 흔할 뿐만 아니라 생활에 가장 큰 영향을 주는 것이 물이다. 그래서 섭씨 온도 체계에서는 물의 어는점과 끓는점을 온도의 기준으로 삼았다. 그리하여 1기압에서 물의 어는점을 0℃, 끓는점을 100℃로 하고 그 사이를 100 등분하여 그 간격을 1℃로 하였다. 섭씨 온도는 과학적인 내용을 기술하는 데 적합한 것으로 인정되어 현재 전세계에서 보편적으로 많이 사용하고 있다. 그러나 섭씨 온도를 사용하면 추운 겨울의 온도가 영하(零下)로 내려가게 되므로 섭씨 온도가 제정될 당시에는 온도가 마이너스(—)로 된다는 것을 이해하지 못했을 뿐 아니라 거부감까지 느낀 사람들이 많았다. '섭씨(攝氏)'라는 이름은 셀시우스를 중국 음에 맞춘 '섭이사(攝爾思)'에서 유래되었다.

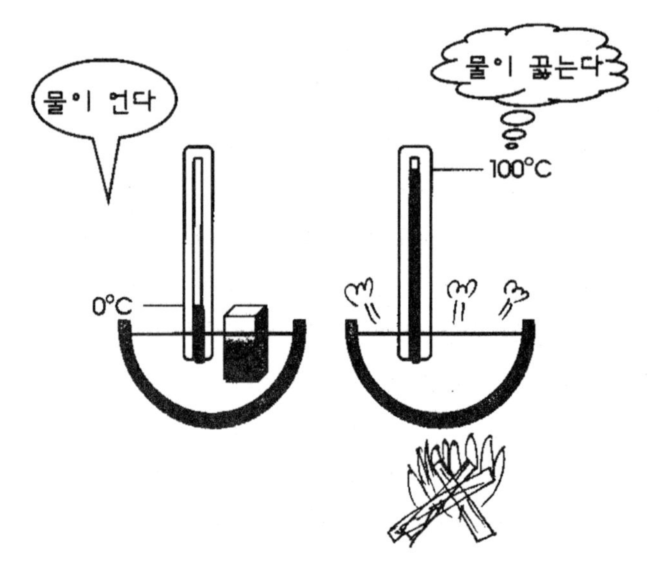

화씨 온도

사람들은 추위와 더위에 민감한데 착안하여 파아렌하이트는 1714년에 기온을 온도의 기준으로 삼아 사람들이 쉽게 이해할 수 있는 온도 체계를 고안하였다. 그는 자기가 살고 있는 지방의 가장 추운 날과 가장 더운 날의 온도를 기준으로 삼아 가장 추운 날의 온도를 0°, 가장 더운 날의 온도를 100°로 정하고, 그 사이를 100 등분하여 한 눈금의 간격을 1°F로 하는 화씨 온도 체계를 만들었다. 따라서 기온이 0에 가까운 작은 숫자일수록 추운 날씨이고 100에 가까운 큰 숫자일수록 더운 날씨를 뜻한다. 이와 같이 화씨 온도는 기온을 근거로 하여 만든 온도 체계이기 때문에 날씨를 이야기할 때는 화씨 온도로 말하면 쉽게 감이 잡히며 미국, 영국 등의 나라에서는 주로 화씨 온도를 사용하고 있다. 그러나 화씨 온도는 기온을 토대로 만들었기 때문에 과학적인 용도로는 적합하지 않다. '화씨(華氏)'란 명칭은 파렌하이트를 중국 음에 맞춘 '화륜해(華倫海)'에서 유래되었다.

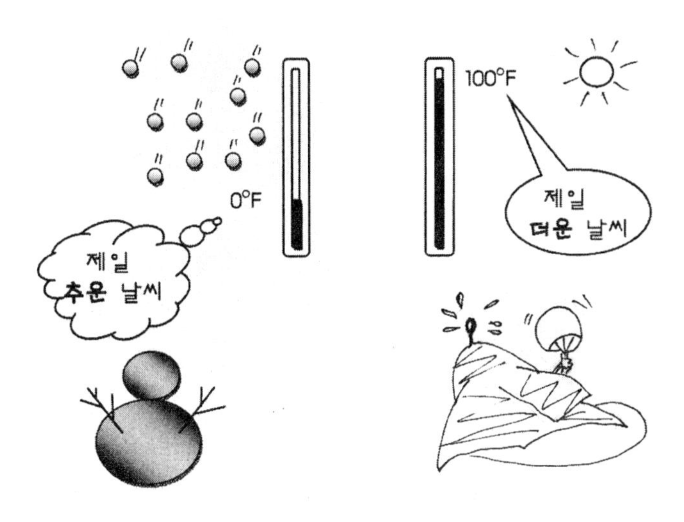

섭씨 온도와 화씨 온도의 관계

섭씨 온도의 근간이 되는 물의 어는점과 끓는점은 각각 0℃와 100℃로써 이들을 100등분한 것이 섭씨 온도의 한 눈금, 즉 1℃이다. 그런데 물의 어는점과 끓는점을 화씨로 환산하면 각각 32°F, 212°F로 이들을 180등분한 것이 화씨 온도의 한 눈금 1°F이다. 이와 같은 물의 어는 점과 끓는점의 온도 차를 섭씨 온도는 100등분하고, 화씨 온도는 180등분하여 한 눈금으로 사용하기 때문에 섭씨 온도의 한 눈금 1℃는 화씨 온도 1.8°F에 해당한다.

수수께끼

- 세상에서 가장 뜨거운 바다는 어디일까? …………………… 열 바다
- 세상에서 가장 추운 바다는 어디일까? ……………………… 썰렁해
- 추운 겨울에 가장 많이 찾는 끈은? ……………………… 따끈 따끈
- 먹을수록 덜덜 떨리는 음식은? ………………………………… 추어탕

절대온도

온도의 단위 중에는 이론적으로 가능한 가장 낮은 온도를 0°로 정한 것도 있다. 절대온도가 그것이다. 섭씨 온도뿐 아니라 화씨 온도도 아주 추울 때는 온도가 마이너스가 된다. 그러나 절대온도는 아무리 추워도 영하로 내려가지 않는다. 절대온도는 기체의 운동 상태를 기준으로 삼은 것인데, 절대온도가 0°라 함은 원자가 전혀 움직이지 않게 될 때의 온도를 뜻한다. 따라서 절대온도 0° 보다 낮은 온도는 있을 수 없다.

기본적으로 절대온도란 열역학법칙에서 이론적으로 결정된 최저온도를 기준으로 하여 온도 단위를 갖는 온도라고 할 수 있다. 섭씨 온도에서는 물을 기준물질로 정하여 1기압에서 물의 어는점을 0°, 끓는점을 100°로 하는데, 이 경우에 물이라는 물질에 특별한 의미가 있는 것은 아니다. 이를테면 알코올의 녹는점을 0°, 끓는점을 100°로 결정해도 전혀 지장이 없다. 이와 같이 특정한 물질의 성질에 의존하는 방법에서는 온도를 임의적으로 정의할 수는 없다. 그래서 물질의 종류에 관계없는 온도로서 열역학적으로 절대온도라는 것이 도입되었다.

절대온도를 측정하는 온도계

1780년에 샤를은 모든 기체는 온도가 증가할수록 부피가 증가한

다는 사실을 밝혀냈다. 기체의 부피팽창계수는 거의 비슷하기 때문에, 낮은 압력의 기체를 사용한다면 온도계에 사용되는 물질의 종류에 의존하지 않는 온도 스케일을 만드는 것이 가능하다. 이러한 발상을 토대로 하여 이제까지 액체를 넣어 제작해 왔던 온도계에 다시 기체를 사용하게 되었으며, 섭씨나 화씨처럼 두 개의 고정점 대신에 하나의 고정점을 갖는 온도 스케일을 만드는 것이 가능하게 되었다. 이 고정점은 물, 얼음, 수증기가 평형상태로 함께 존재하는 물의 3중점을 기준으로 하였다.

샤를의 법칙에 의하면 이상기체의 경우 일정한 압력 하에서 일정한 양의 기체를 가열하여 그 온도를 높이면 온도가 1℃ 상승할 때마다 기체의 부피는 1/273씩 증가한다. 따라서 섭씨 온도에 273을 더하면 절대온도가 된다. 절대온도의 눈금 간격은 섭씨 온도와 같으며 절대온도 0°는 0K라고 하는데 섭씨 온도로는 약 -273℃에 해당된다.

온도가 두 배이면 두 배로 뜨거울까?

절대온도는 1848년 켈빈이 도입하였으며, 켈빈 온도 또는 열역학적 온도라고도 한다. 절대온도 0은 기체의 부피가 일정할 때 압력과 온도가 서로 비례한다는 사실에서 외삽한 온도로 압력이 0이 되는 가상적인 온도이다. 압력이 0이라는 것은 분자의 운동이 완전히 멈춘 상태이다. 그러나 기체는 매우 낮은 온도에서 액화되거나 응고되므로 실제로 압력이 0인 조건을 관측할 수는 없다.

분자의 운동에너지가 커짐에 따라 온도는 점점 증가한다. 즉, 열에너지는 분자의 운동에너지이며, 물체의 온도가 올라간다는 것은 물체를 이루고 있는 분자들의 운동이 더 활발해졌다는 것을 의미하는 것이다. 절대온도 외의 대부분의 온도는 상대적인 개념을 갖고 만들었기 때문에 과학적인 계산을 하기에 무리가 따른다. 쉽게 말하면 10℃의 2배를 20℃로 볼 수 없다. 그러나 절대온도는 섭씨나 화씨 온도 등과는 달리 물질의 성질에 의존하지 않으며 100K의 2배는 200K로 보아도 무방하다.

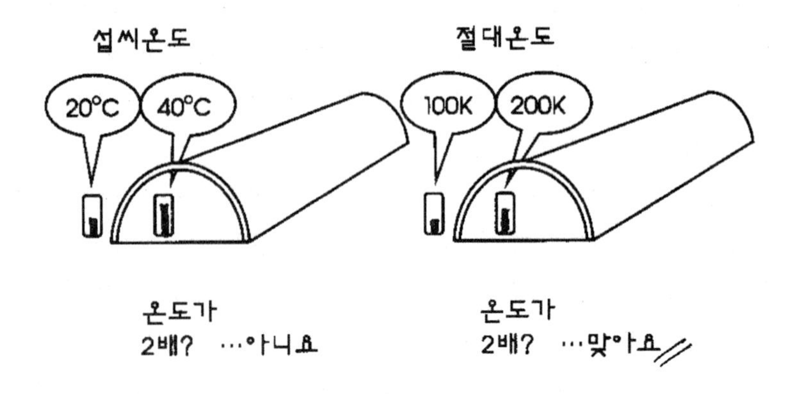

온도의 끝은 어디인가?

뜨거운 경우는 온도가 수천만도 이상으로 높은데 차가운 경우는 얼음 0℃, 드라이아이스 -78.5℃, 액체 공기 -194℃, 액체 헬륨 -269℃ 등이다. 이는 분자의 운동 상태가 빠른 경우는 대단히 빠를 수 있으므로 높은 온도는 아주 높을 수 있지만 운동 상태가 느린 경우는 운동을 전혀 하지 않는 정지상태가 가장 낮은 온도이기 때문에 한계가 있다. 그러면 온도는 어디까지 내려갈 수 있을까? 온도란 분자의 운동 상태를 복합적으로 표현한 물리량이며 분자의 운동 상태가 활발하면 온도가 높고, 운동이 느리면 온도가 낮다. 따라서 열역학적인 계가 최저의 에너지 상태에 있는 온도가 가장 낮은 온도이다. 이론적으로 가장 낮은 경우의 온도는 절대온도로 0K라고 하며 이는 -273℃ 이다.

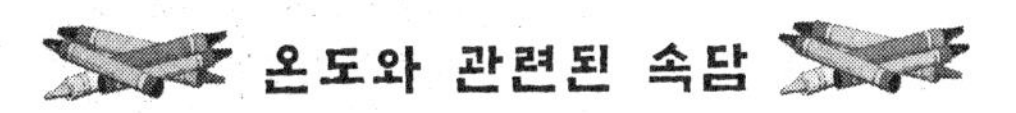

온도와 관련된 속담

- 여름 벌레는 얼음 이야기를 못한다.
  - → 얼음을 보지 못한 여름 벌레마냥 사람도 식견이 좁다는 말.
- 더위 먹은 사람은 겨울에도 찬 바람을 쐬인다.
  - → 한번 놀란 일이 있으면 그 다음부터는 항상 경각심을 가지게 된다는 말.
- 끓는 국에 맛 모른다.
  - → 급한 일을 당하게 되면 정확한 판단을 하기 어렵다는 말.
  - → 아무 영문도 모르고 함부로 행동한다는 말.
- 병 속에 담긴 물이 어는 것을 보면 겨울이 온 것을 알 수 있다.
  - → 사소한 일을 보고서도 큰일을 추리해서 알 수 있다는 뜻.

지는 해를 보면 지구의 크기를 잴 수 있다

해질 무렵 해변가에 앉아서 지는 해를 보고 있노라면 태양이 점차 바다 속으로 가라앉다가 결국은 보이지 않게 된다. 그런데 해가 수평선 너머로 지는 순간 자리에서 벌떡 일어나면 해가 아직도 바다 위에 약간 떠 있음을 보게 된다. 왜냐하면 자리에서 일어나면 눈 높이가 높아져서 더 멀리까지 볼 수 있기 때문이다. 그러다가 잠시 후에 해는 다시 수평선 너머로 사라지게 된다. 이러한 일은 지구가 둥글기 때문에 일어나는 현상인데, 만일 지구가 둥글다는 사실을 알면 지구의 둘레를 한 바퀴 돌면서 직접 측정하지 않고도 지구의 크기를 아주 쉽게 잴 수 있는 방법들이 있다.

지구는 둥글다

요즘은 인공위성에서 찍은 지구의 모습을 보고 누구든지 지구가 둥글다는 것을 알고 있다. 그러나 옛날 사람들은 지구를 벗어날 수 없었으므로 대부분의 사람들은 지구가 평평하다고 생각했으며 간혹 지구가 둥글다고 생각한 사람들도 있었다. 그 중에는 막연히 지구가 둥글다고 상상한 사람도 있지만 타당한 과학적인 근거를 가지고 그렇게 생각했던 사람들도 있었다.

지금부터 약 2,400년 전에 피타고라스는 기하학적으로 구(球)가 가장 완전한 형태이므로 지구는 둥글다고 생각했다. 그 이후 기원전 240년경에 에라토스테네스는 배를 타고 바다에 가서 보면 별의 높이가 배의 위치에 따라 다르게 보인다는 뱃사람들의 이야기를 듣고 그것이야말로 지구가 둥글다는 증거라고 생각했다. 왜냐하면 지구가 평평하다면 별은 어디서나 같은 높이로 보일 것이기 때문이다.

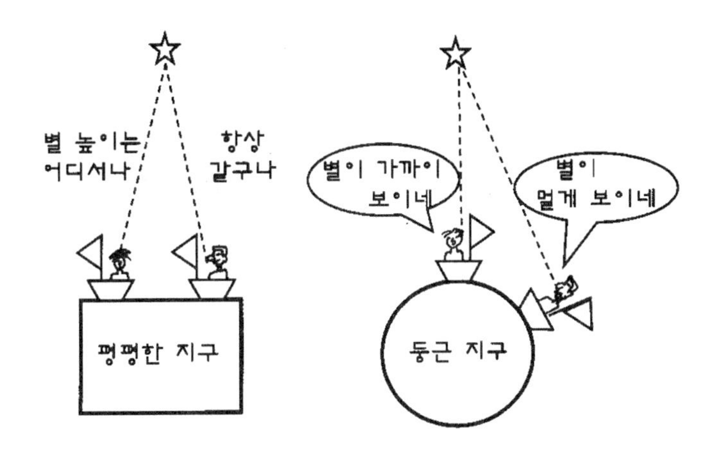

컬럼버스와 마젤란의 항해

지구가 둥글다는 것은 굳이 배를 타고 멀리 나가지 않더라도 바닷가에 앉아서 배가 부두로 돌아오는 모습을 보면 알 수 있다고 주장한 사람들도 있었다. 배가 수평선 저 멀리에 있을 때는 돛대의 꼭대기 부분만 보이지만 배가 다가옴에 따라 선체가 그 모습을 드러내는 것을 보면 지구가 둥글다는 증거라는 것이다.

그 후 지구가 둥글다는 것을 증명하기 위하여 15세기에 컬럼버스는 기존의 동쪽 항로 대신에 서쪽으로 항해하여 인도에 도달하려 하였다. 그는 이 일에는 성공하지 못하였으나 예상치도 않은 신대륙을 발견하는 성과를 거두었다. 그 뒤를 이어 16세기에는 마젤란이 스페인을 출발하여 서쪽으로 계속 항해한 결과 다시 원위치로 되돌아옴으로써 지구가 둥글다는 것이 증명되었다.

컬럼버스의 서인도 항로

컬럼버스는 지구가 둥글다는 신념을 가지고 있었으므로 먼 바다를 항해하는데 두려움이 없었다. 요즘은 고유가 시대라 여러 나라들이 유전 개발에 열을 올리듯이 그 당시에는 후추, 카레 등의 향신료의 가치가 대단히 커서 황금이나 보석과 동일하게 취급되었으며 향신료는 부의 상징이었다. 따라서 인도와 말레이시아 부근의 향신료 군도를 포함한 여러 지역을 소유하는 것은 세계무역과 권력의 장악을 의미하였다. 이때는 아프리카의 남단에 있는 희망봉을 거쳐 인도양으로 향하는 유럽의 동쪽 항로를 통해서 향신료가 풍부한 인도로 가서 무역을 하였다. 그러나 동쪽 항로는 이미 포르투갈이 장악한 상태이기 때문에 스페인은 서쪽 항로를 개척할 필요성을 느끼고 있었다.

그러나 그 당시는 지구가 평평하다고 생각해서 서쪽으로 계속 항해하면 배가 지구에서 떨어질까 두려워 지중해를 벗어나는 것도 꺼려했던 시대였다. 컬럼버스는 지구가 둥글기 때문에 서쪽으로 항해해도 결국은 인도에 도달할 수 있으며 어쩌면 기존의 동쪽 항로보다 더 빨리 인도에 도달할 수도 있을 것이라는 기대를 하였다.

그는 스페인의 이사벨 여왕의 원조를 얻어 1492년 8월 3일, 세 척의 배를 이끌고 인도로 향한 서쪽 항해를 시작하였다. 몇 달의 항해 끝에 그의 함대는 대서양을 건너 목적지라고 생각되는 육지에 도착하였다. 그러나 콜럼버스가 도착한 곳은 미국의 동남쪽에 위치하고 있는 바하마 제도의 한 섬이었다. 그는 네 번이나 항해하며 그

곳을 탐사하였음에도 불구하고 자신이 발견한 땅이 인도라고 생각했으므로 그가 개척한 서쪽 항로는 서인도 항로라고 불리게 되었다.

그러다가 1497년 브라질을 탐험한 아메리고 베스푸치의 항해기로 신대륙이 널리 알려진 뒤에야 신대륙의 이름은 탐험가의 이름을 따서 아메리카가 되었다. 결국 컬럼버스는 지구를 서쪽으로 돌아 항해하면서 인도를 발견하지는 못했지만 그보다 훨씬 중요한 아메리카 대륙 발견이라는 커다란 성과를 거두었다.

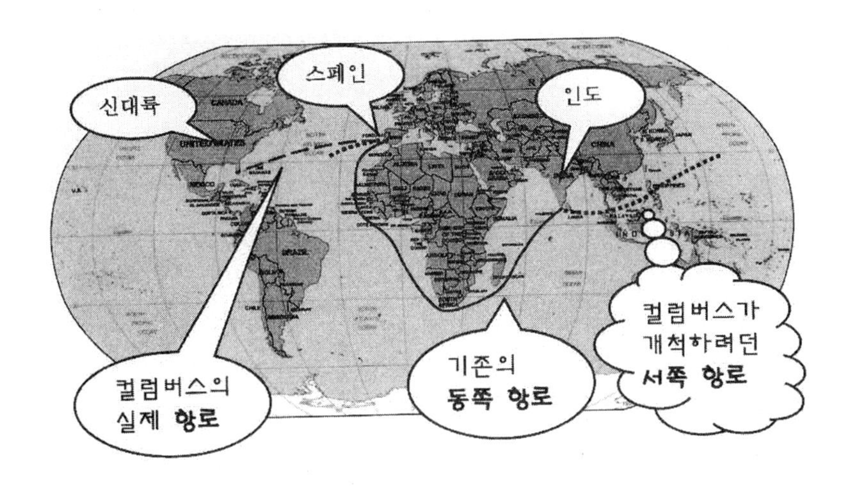

마젤란의 세계일주

콜럼버스가 아메리카 대륙을 발견한 후에도 스페인은 인도로 진출하기 위한 항로를 개척하기 위하여 노력하였다. 이때 등장한 인물이 마젤란이다. 마젤란은 콜럼버스가 발견한 아메리카 대륙을 지나 서쪽으로 계속 항해하면 인도에 도달할 수 있다는 신념을 가지고 있었다. 다섯 척의 배에 승선한 마젤란 일행 265명은 1519년 9월 20일 스페인 산루카르데바라메다 항을 출발하여 다음 해에 남아메리카 대륙 끝에 있는 마젤란 해협을 통과하여 태평양으로 나왔다.

이들은 처음 접하는 태평양을 조그만 바다라고 잘못 생각하여 준비를 소홀히 한 탓에 항해에 큰 어려움을 겪었으나 결국은 태평양을 북상하여 필리핀 제도에 도착하였다. 이곳에서 원주민과 전쟁 중 마젤란은 목숨을 잃었으며 남은 일행은 계속해서 서쪽으로 항해하여 목적지인 말레이시아 서부 해안에 있는 말루쿠 제도에 도착하여 향료를 싣고, 계속해서 서쪽으로 항해하여 아프리카의 남단에 있는 희망봉을 돌아 1522년 9월 6일 산루카르데바라메다 항으로 되돌아왔다. 이로써 사상 최초의 세계일주 항해가 성공적으로 마무리 지어졌으며 지구가 둥글다는 것이 증명된 것이다.

수수께끼

발 바닥 한 가운데가 패인 이유는? ……………… 지구가 둥글기 때문

최초로 지구의 크기를 측정한 에라토스테네스

원은 기하학적으로 간단한 형태이므로 지구가 둥글다는 사실을 알면 지구를 한 바퀴 돌지 않더라도 아주 쉽게 지구의 크기를 잴

수 있다. 에라토스테네스(Eratosthenes, BC 273~192)는 고대 천문학자이며 지리학자였다. 그는 지구가 둥글다고 믿고 두 도시의 위도를 측정함으로써 지구의 둘레를 측정하는데 성공하였다. 그 당시에는 이집트의 대도시 알렉산드리아의 남쪽으로 800km 가량 떨어져 있는 곳에 시에네라는 작은 도시가 있었다.

에라토스테네스는 알렉산드리아에 막대기를 수직으로 세우고 시에네의 우물에 그림자가 생기지 않는 태양의 남중 시각에 알렉산드리아에서 그림자의 길이를 측정하면 알렉산드리아와 시에네의 위도를 구할 수 있다고 생각하였다. 태양이 남중하는 하지 때, 태양은 시에네의 바로 위에 있어 우물에는 그림자가 생기지 않았다. 그러나 그 순간에 알렉산드리아에서는 그의 예측대로 막대의 그림자가 생겼다. 지구가 둥글기 때문에 이런 현상이 생긴다고 생각한 그는 알렉산드리아에서 막대의 길이와 그림자의 길이를 측정하여 태양광선이 막대기의 끝을 스쳐 지나간 때의 각도를 구하였다. 그 결과 두 도시 사이의 위도 차는 7°12'이라는 것을 알게 되었다. 지구가 둥글다면 적도에서 북극점까지의 위도 차가 90°가 된다는 사실을 이용하여 그는 간단한 계산을 통해서 지구의 둘레를 구하였다.

에라토스테네스의 지구 둘레 측정 방법

지구가 둥글다고 가정하면 두 지점의 위도와 두 지점 사이의 거리에는 간단한 비례 관계가 성립한다.

7°12' : 360°=800km : X

이러한 비례식을 통하여 당시에 에라토스테네스가 구한 지구의 둘레는 39,690km였는데 이는 요즘 최신 측량술을 이용하여 측정한 지구의 둘레 40,077km와 거의 일치하고 있다.

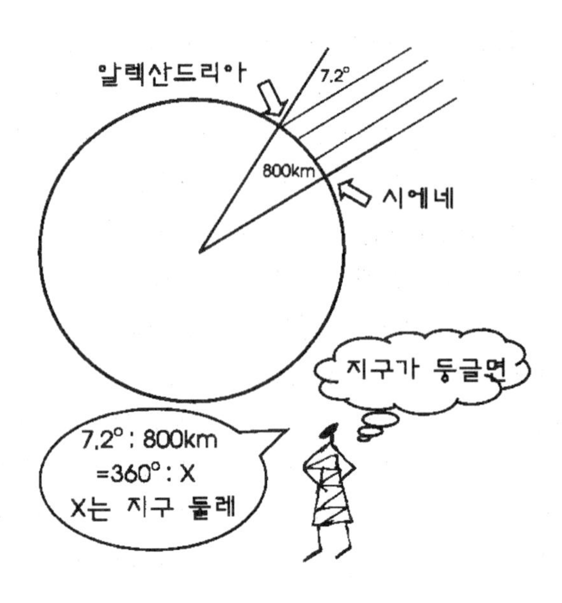

앉은 자리에서 재는 지구의 크기

에라토스테네스는 두 지점에서 막대 그림자의 길이를 동시에 재어서 지구의 크기를 측정하였는데 우리는 한 자리에서도 지구의 크기를 잴 수 있다. 해질 무렵 해안가에 앉아서 해가 지는 모습을 바라보면 해가 수평선 아래로 사라지게 된다. 바로 이 순간 자리에서 일어나면 다시 물 위에 약간 모습을 나타낸 해를 볼 수 있다. 그리고 몇 초가 지나면 해는 다시 수평선 아래로 사라지게 된다. 여기서 사람의 키와 해가 다시 질 때까지의 시간, 이 두 가지만 측정하면 발을 한 발자국 옮기지 않고도 지구의 크기를 구할 수 있다.

앉은 자리에서 재는 지구의 크기 계산

만일 일몰을 측정하는 관측자의 앉아 있을 때와 서 있을 때의 눈 높이 차가 170cm이고 각각의 경우 두 순간의 일몰의 시간 차가 11.1초라면 지구의 크기는 얼마일까?

해가 처음 지는 순간, 태양의 꼭대기를 향한 시선은 관측자가 서 있는 지점의 지표면과 접선 방향이고 해가 두 번째 지는 순간에는 앉아있는 사람의 지표면과 접선 방향이 된다.

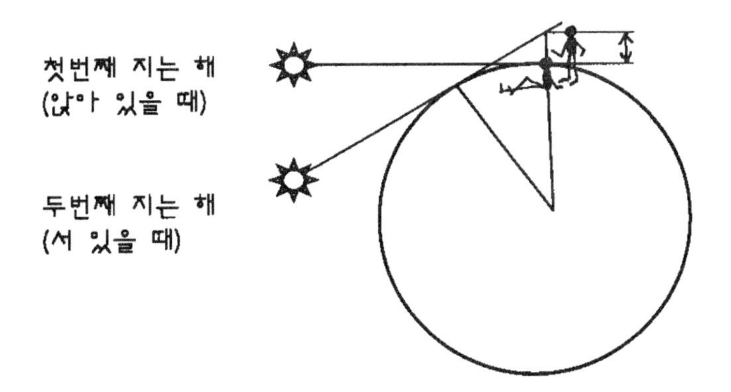

관측자의 측정을 토대로 하여 피타고라스의 정리를 적용하여 계산하면 지구의 반지름은 5,220km가 된다. 이러한 계산은 지구가 둥글다고 가정하면 지구의 둘레 전체를 직접 측정하지 않고도 잴 수 있다는 장점이 있다. 실제로 지구의 반지름은 6.37×10^6m이며 앞의 측정치는 20% 이내의 오차범위를 가지고 있다.

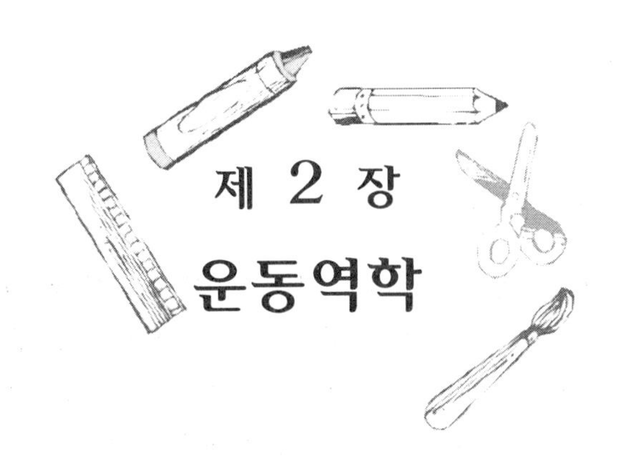

제 2 장
운동역학

다들 힘 내

작가 신달자 씨가 어느 망해가는 작은 회사로부터 강연을 청탁받았는데 강연 후 회식 자리에서 들은 건배 구호는 너무나 감동적이었다고 한다.

사장 : 내 힘 들다.
직원들 : 다들 힘 내!

우리는 일상생활에서 힘이라는 말을 많이 사용한다. 힘이라는 것은 모든 활동의 원천이며 힘이 없으면 모든 동작은 한 순간에 정지된다. 우리 주변에서 일어나는 모든 종류의 운동은 그 운동을 일으키는 힘이 자연에 이미 존재하고 있기 때문이다.

운동선수들은 힘과 아울러 각자의 운동 종목에 적합한 체형을 가지고 있어야 한다. 장대높이뛰기 선수는 키가 크고 날씬한 몸매가 유리하고, 씨름 선수는 뚱뚱한 체형이 유리하다. 일상생활에서 사람들의 걷는 모습도 체형과 밀접한 관련이 있다. 일반적으로 키가 큰 사람들은 발걸음을 천천히 내딛고 키가 작은 사람들은 발걸음을 빨리 내딛는다. 또한 빨리 뛸 때는 팔을 오므리고 뛰지 팔을 쭉 펴고 뛰지는 않는다. 이것은 마치 시계의 추가 길면 천천히 흔들리고 추가 짧으면 빨리 흔들리는 것과 유사하다. 우리의 팔은 시계추와 같은 역할을 하는 것이다.

관성

털어서 먼지 안 나는 사람 없다

정부의 고위 관료를 선출할 때는 국회에서 인사청문회를 실시한다. 인물의 적임 여부를 따지기 위해서 과거의 행적을 낱낱이 뒤져 공개하는데, 크고 작은 잘못과 아울러 조그만 실수까지 모조리 털어내게 된다. 그냥 보면 청렴결백하고 유능해 보이는 사람도 청문회를 한번 거치면 온갖 비리가 나오고 무능함이 드러나게 마련이다. 그래서 누구든 파헤치면 잘못이 드러난다는 것을 비유해서 '털어서 먼지 안 나는 사람 없다'는 속담도 있다.

실제로 깨끗해 보이는 옷도 막대기로 털면 먼지가 난다. 막대기로 두들겨서 털 때는 막대기가 옷을 부분적으로 강제 이동시키지만 먼지는 제자리에 가만히 있으려고 하므로 옷에서 먼지가 분리되어 털어지는 것이다. 옷을 세차게 흔들 때도 마찬가지로 옷은 움직이지만 먼지는 정지한 채로 있으므로 먼지가 털어진다. 이와 같이 정지해 있는 물체는 계속해서 정지 상태를 유지하려는 성질이 있다.

김유신과 명마

변화를 하지 않으려는 성질은 사람들의 습관으로 나타나는 경우가 많다. 그래서 사람은 죽을 때까지 평소에 하던 버릇을 고치지 못한다는 의미로 '한량이 죽어도 기생 집 울타리 밑에서 죽는다'는 속담이 있다. 신라의 삼국통일에 결정적인 역할을 한 김유신 장군은 이런 오명을 들을 뻔 하다가 강한 의지력으로 기생집 울타리를 벗어났다. 그는 젊은 시절에 좋아 지내던 기생이 있었다. 그 기생의 이름은 천관이었는데 김유신은 술에 취하면 천관의 집에 가서 밤을 보내곤 했다. 그가 술을 마시는 날은 말을 타고 항상 천관의 집을 향하였으므로 그의 영리한 말은 나중에는 그쪽으로 고삐를 당기지 않아도 으레 그녀의 집으로 향하였다. 그러다가 김유신은 자신의 과오를 반성하고 다시는 천관의 집을 찾아가지 않기로 스스로 다짐을 했다.

오랜 기간 동안 천관의 집에 출입을 삼가던 김유신은 어느 날 술에 취해서 말 위에서 잠이 들었는데 나중에 말이 도착한 곳에서 눈을 떠보니 그곳은 발걸음을 끊겠다고 굳게 마음먹었던 천관의 집이었다. 그는 눈물을 머금고 가장 아끼던 말의 목을 칼로 내리치고 천관의 집에서 발길을 돌렸다는 일화가 전해져 내려오고 있다. 사람이나 짐승들도 이렇게 늘 하던 행동은 습관적으로 일어난다. 김유신의 명마는 습관성이 상당히 큰 말이었던 모양이다.

나무는 쓰러진 곳에 그냥 있으리라

사람이나 동물들이 무의식적으로 습관적인 행동을 하듯이 돌멩이 같은 무생물도 자신의 운동 상태를 계속 유지하려는 성질이 있다. 그래서 외부에서 어떠한 물리적인 상태가 변화하려고 할 때 그와 관련된 주변 환경은 변화하지 않으려고 하는 성질이 있다. 예를 들면 움직이는 물체는 계속해서 움직이려 하고 정지해 있는 물체는 계속 정지해 있으려 한다. 이와 같이 운동 상태를 그대로 유지하려는 성질을 관성이라고 한다. 마당 한 구석에 있는 돌은 누가 옮기지 않는 한 항상 그 자리에 있는 것은 정지하고 있는 물체는 항상 정지한 채로 있으려는 성질 때문이다. '나무가 남으로나 북으로나 쓰러지면 그 쓰러진 곳에 그냥 있으리라' (전도서 11 : 3)는 말이 있는

데, 이것은 관성을 나타내는 적합한 표현이라 할 수 있다.

요지부동(搖之不動)

커다란 바위는 아무리 밀어도 꿈쩍하지 않는다. 이렇게 힘을 주어서 흔들어도 움직이지 않는 것을 '요지부동'이라 한다. 이와 같이 요지부동이란 원래의 상태를 그대로 유지하는 것이니 관성이 아주 큰 것을 나타내는 말이라고 할 수 있다. 그 반면에 가벼운 물체는 조금만 건들어도 심하게 움직인다. 이런 경우 '요동친다'는 말을 한다. 즉 요동(搖動)친다는 말은 작은 힘에도 물체가 심하게 흔들리어 움직이는 것이니 관성이 아주 작은 경우이다. 이와 같이 무거운 물체는 관성이 크고 가벼운 물체는 관성이 작다.

줄다리기에는 뚱보가 유리하다

무게가 무거울수록 운동 상태를 변하지 않으려는 성질이 강한 특성 때문에 줄다리기를 할 때는 체중이 무거운 사람이 유리하다. 씨름에서도 무거운 사람이 유리하며 상대방 선수를 원 밖으로 밀어내는 일본 씨름인 스모의 경우도 그렇다. 그래서 스모 선수들은 살을 많이 쪄서 체중이 무겁게 하려고 한다. 또한 미식 축구의 경우 축구공을 들고 달리는 공격수는 몸집이 작고 날랜 반면, 상대방 선수를 막는 수비수들은 체중이 많이 나가는 선수들로 구성되어 있다. 그래서 수비수 중에는 냉장고라는 별명을 가진 선수가 있을 정도이다.

돌부리에 걸려 넘어진다

길을 가다가 돌부리에 발이 걸리면 넘어지기 쉽다. 특히 빨리 걸을 때는 더욱 넘어지기 쉽다. 이는 길을 걸을 때 발이 돌에 걸리면 발은 순간적으로 정지되지만 몸은 계속해서 앞으로 나가려고 하기 때문이다. 이와 같이 운동 상태를 계속해서 유지하려는 관성 때문에 여러 가지 어려운 일들을 겪게 된다. 달리기 선수가 결승선에서 갑자기 서기가 힘이 들고, 달리는 자동차가 브레이크를 밟아도 즉시 정지하지 못하는 것도 이러한 관성 때문이다.

♥ 마누라 음식 솜씨

지방 식당에서 어느 아저씨가 짜디짠 소금 국과 설익은 밥을 시켰다.

주인 : 출장 오신 것 같은디, 워째 못 먹을 음식을 시킨다요?

손님 : 마누라 음식 솜씨가 그리워서 그렇소.

음식이 맛이 있든 없든 늘 먹던 음식이 입에 맞는 법이다. 그래서 해외 여행을 하며 가장 힘들게 느껴지는 것이 바로 음식이다. 어릴 때부터 먹던 음식은 입에 익었기 때문에 새로운 음식만 하루 세끼 내내 먹는 것은 쉽지 않다. 이와 같이 오래된 생활과 습관은 좀처럼 없어지지 않는다는 뜻으로 '놀던 계집이 결딴나도 엉덩이 짓은 남는다' 는 속담이 있다. 평소에 늘 바람을 피우던 여자가 나쁜 행실이 들켜서 혼이 나더라도 다시 또 바람을 피우게 된다는 말이다. 몸에 밴 습관은 좋든 싫든 버리기 어려운가 보다.

개는 몸을 흔들어 물을 턴다

개가 물에 들어갔다가 밖으로 나오면 몸을 한바탕 흔들어서 온 사방에 물을 튀긴다. 또한 물로 목욕을 시켜주어도 몸을 흔들어서 물을 털어내는데 이러한 동작은 모두 관성을 이용해서 물을 터는 것이다.

삽질하기

막대기를 두들겨서 먼지를 터는 것처럼 관성을 이용하면 일상생활에서 여러 가지의 일을 할 수 있다.

예를 들어 삽질을 할 때 삽으로 모래를 퍼 옮길 수

있는 것은 사람의 동작에 의해서 삽과 함께 앞으로 움직이던 모래가 삽이 정지한 후에도 계속해서 앞으로 진행하려는 관성을 가지고 있기 때문이다.

멸치 그물 털기와 은행 털기

고기잡이 배가 그물로 멸치를 잡으면 항구로 돌아와서 멸치를 털어낸다. 어부들이 그물을 잡고 위 아래로 흔들면 그물에 끼어 있던 멸치들이 그물에서 떨어져 나온다. 이것은 그물을 위로 올릴 때 멸치는 그물과 함께 위로 올라가지만 그물을 아래로 움직일 때도 멸치는 관성 때문에 계속해서 위로 올라가려고 하므로 멸치가 그물에서 떨어지게 되는 것이다. 따라서 그물을 세게 흔들수록 멸치를 더 강한 힘으로 뜯어내는 효과가 있다.

은행나무에서 은행을 털 때는 나무를 세게 흔들거나 장대로 나무를 쳐서 은행을 딴다. 나무를 흔들면 나뭇가지는 흔들리지만 은행 열매는 제자리에 있으려는 성질 때문에 은행이 떨어지게 된다. 밤이나 매실을 딸 때도 마찬가지 방법으로 관성을 이용한다.

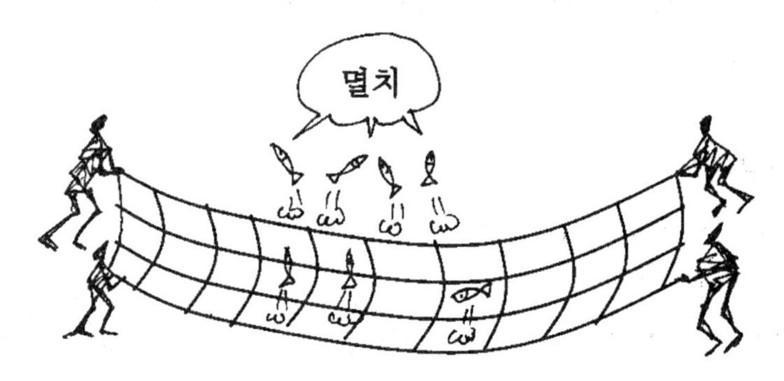

쇠 망치를 손잡이에 박기

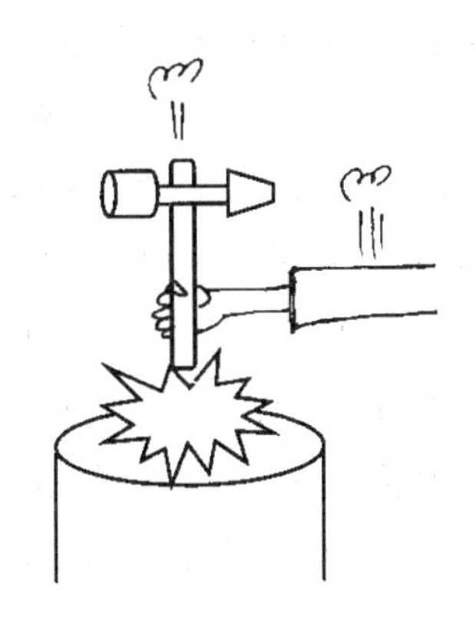

망치를 잡고 손잡이 부분을 바닥에 내려치면 망치의 쇠 부분이 나무 손잡이에 더욱 깊게 박히는 것도 마찬가지 이치이다. 쇠 부분은 아래로 내려오는데 나무 손잡이가 갑자기 정지하기 때문이다.

대패의 날 길이 조정

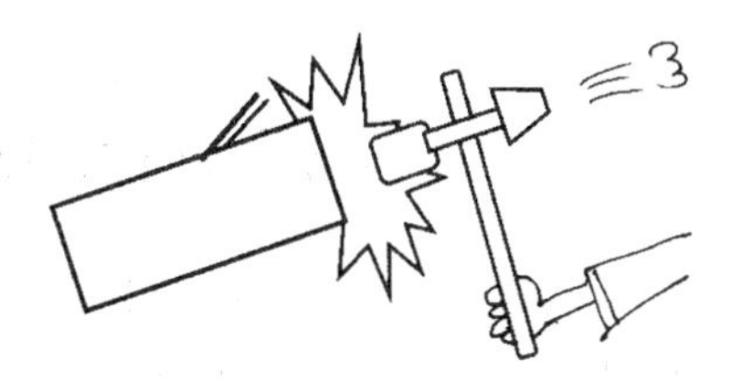

대패의 날 길이를 조정할 때는 망치로 대패 모서리를 치면 된다. 이는 이불의 먼지를 터는 것과 마찬가지 이치이다. 망치로 대패의 몸통을 두들기면 대패의 날은 제자리에 그대로 있으려고 하는데 몸통은 갑자기 이동하게 되므로 대패 날의 위치가 변경된다.

지진이 나도 지진계의 펜은 움직이지 않는다

종이 위에 동전을 올려 놓고 종이를 서서히 잡아당기면 동전은 종이와 함께 움직인다. 그러나 종이를 갑자기 잡아당기면 종이만 빠져나가고 동전은 컵 속에 떨어진다. 이것은 동전은 제자리에 있으려 하는데 동전을 받치고 있던 종이만 갑자기 빠져 나가기 때문이다.

나무 토막 여러 개를 쌓아놓고 그 중 한 나무 토막의 옆을 급히 치면, 얻어맞은 나무 토막만 튕겨져 나가고 나머지는 그대로 있다. 이것은 나무 토막은 제자리에 있으려 하는데 그 중 한 개의 나무 토막만 옆으로 힘을 받아 떨어지기 때문이다.

지진계가 수평, 상하 진동을 기록하는 것도 관성의 법칙을 이용한 것이다. 지진이 일어나 지진계가 흔들리더라도 지진계의 펜은 항상 일정한 위치에 놓이게 되므로 지진파를 나타낼 수 있게 된다.

관성과 관련된 속담

- 세 살 버릇 여든까지 간다.
- 집에서 새는 바가지 밖에서도 샌다.
- 술 안주만 보면 끊은 술이 생각난다.
- 놀던 계집이 결딴나도 엉덩이 짓은 남는다.

줄이 끊어지는 곳

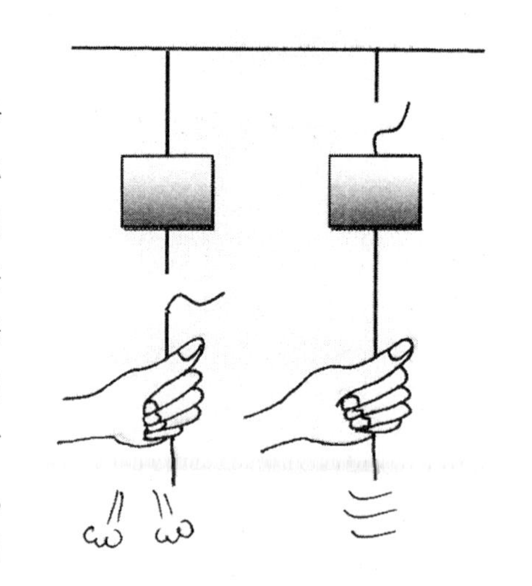

쇳덩어리의 양쪽을 끈으로 묶은 후 위쪽 끝을 천장에 매달고 아래쪽 끈의 끝을 잡아당기면 위쪽 끈이 끊어질까 아래쪽 끈이 끊어질까? 끈이 어디에서 끊어지는 지는 잡아당기는 방법에 따라서 다르다. 끈을 천천히 잡아당기면 위쪽 끈이 끊어지고, 급히 잡아당기면 아래쪽 끈이 끊어진다.

그 이유는 끈을 천천히 잡아당기면 위쪽 끈에는 아래서 당기는 힘과 쇳덩어리 무게를 합친 힘이 작용하여 아래 끈에 걸리는 힘보다 더 큰 힘을 받게 되어 위쪽 끈이 끊어진다. 그러나 끈을 갑자기 잡아당기면 쇳덩어리는 끈에 매달려 있던 관성 때문에 위로 당겨지는 관성력을 받게 되어 아래쪽 끈에 걸리는 전체 힘이 그만큼 커져 아래쪽 끈이 끊어진다.

한지에 걸린 각목베기

얇은 종이에 각목을 얹어놓고 위에서 누르면 종이는 쉽게 찢어지지만 각목은 전혀 부러지거나 변형되지 않는다. 그러나 종이에 얹힌 각목을 칼로 세게 내리치면 각목은 두 동강이 나지만 종이는 전혀 찢어지지 않는다. 흔히 차력술이나 검술도장에서 이러한 각목베기 시범을 하는 데 이것은 관성을 이용한 묘기이다.

덜컹거리는 비포장 도로

비포장 도로 위를 자동차가 달릴 때는 가만히 서 있을 수 없을 정도로 몸이 심하게 흔들린다. 이는 우리 몸을 받치고 있는 자동차가 덜컹거리기 때문에 자동차에 고정되어 있는 하체는 자동차와 함께 움직이지만 상체는 가만히 있으려고 하므로 상체와 하체가 별도로 움직이기 때문에 몸이 심하게 흔들리는 것이다.

급정거와 급발진

포장이 잘 된 도로에서도 자동차가 급정거하거나 급발진하면 몸이 균형을 잃는다. 예를 들어 달리고 있던 차가 충돌을 하거나 갑자기 정지하면 우리는 앞으로 넘어진다. 급정거를 할 경우, 자동차는 멈추게 되나 자동차 안에 있는 사람은 차와 함께 계속해서 달리려는 관성을 가지고 있기 때문이다. 몸은 앞으로 나가려 하지만 차에 놓여 있는 발은 갑자기 정지하므로 상체가 앞으로 당겨지는 힘을 받기 때문이다.

일반적으로 도로 위에서 빠른 속도로 달리는 자동차를 정지시키기 위해서 브레이크를 밟으면 그 자동차는 곧바로 정지하지 않고 어느 정도 앞으로 밀려 나가다가 정지하게 된다. 이것도 관성 때문에 생기는 현상이다. 만일, 도로 위에 눈이나 물이 얼어 있어서 도로 면의 마찰이 작으면 자동차는 더욱 멀리까지 미끄러지게 된다.

이와 반대로 차가 갑자기 출발하면 몸은 제자리에 가만히 있으려고 하는데 발은 차와 함께 앞으로 이동하므로 우리 몸은 뒤로 넘어진다. 이와 같이 차가 급정거하거나 급발진하면 몸이 균형을 잃는 것은 우리 몸은 자동차의 갑작스런 변화에 관계없이 현재의 운동 상태를 그대로 유지하려고 하는 관성을 가지고 있기 때문에 생기는 현상이다.

자동차 사고가 나면 목부터 보호하라

교통사고가 나면 자동차가 급정거된다. 이런 경우 관성에 의해서 우리의 몸은 자동차와 같은 속도로 앞으로 진행하다가 급히 정지되므로 큰 힘을 받게 된다. 특히 목은 여러 개의 원형 뼈가 겹쳐져서 이루어져 있으므로 마치 나무 토막 여러 개를 쌓아놓은 것과 유사하게 이러한 충격력에 의해 어긋나기 쉽다. 그래서 교통사고가 나면 처음에는 느끼지 못하지만 하루나 이틀 정도 지나면 목이 심하게 아파옴을 느낄 경우가 많다.

커브를 도는 자동차

자동차가 커브를 돌 때 몸이 바깥쪽으로 밀린다. 이것은 원심력 때문이라고 생각하기 쉬우나 사실은 관성 때문이다.

즉 자동차는 커브를 그리지만 몸은 똑바로 앞으로 가려고 하는 관성을 가지고 있기 때문이다. 만일 이 경우 자동차 안에 서 있으면 자동차의 회전에 따라 하체는 자동차와 함께 회전운동을 하는데 몸은 직선운동을 하려는 관성력을 가지고 있어 몸이 균형을 잃게 된다.

무게를 비교하려면 흔들어 보세요

무게가 비슷한 두 물체 중 어느 것이 더 무거운지를 그냥 맨손으로 구분하기는 쉽지 않다. 그러나 물체를 위, 아래로 흔들어보면 쉽게 구분할 수 있다. 물체를 흔들어서 속도의 변화, 즉 가속도가 생기도록 하면 질량이 더 큰 물체는 관성이 더 크므로 속도의 변화에 저항하는 힘이 더 크다. 즉, 물체를 흔들어보면 무거운 물체가 흔들림이 더 작고 묵직하게 느껴지는 반면, 가벼운 물체는 흔들림이 커서 가볍다는 것이 더 쉽게 느껴진다.

눈을 감고도 위, 아래를 구분할 수 있다

우리의 몸 안에는 관성을 이용하여 중력을 감지하는 센서가 있다. 귓속에 들어있는 청각 감각기관인 전정기관이 그것이다. 전정을 이루는 반고리관은 우리가 머리를 옆으로 흔드는 것, 앞뒤로 흔드는 것 그리고 회전하는 것 등 머리를 돌릴 때마다 신호를 뇌에 전달하여 방향을 알도록 해 준다. 전정 안에 있는 이석(耳石)은 돌 가루와 비슷한 것으로 관성을 크게 받고 가속, 감속 신호를 처리함과 동시에 몸의 어떤 부분이 위에 있고 아래에 있는지를 중력에 대해 반응하여 신호를 처리한다.

회전의자

비 오는 날 우산 손잡이를 돌리면 우산 표면에 맺혀 있는 물방울은 우산이 만드는 원과 접선 방향으로 날아간다. 그 이유는 우산 표면에는 물방울을 붙들어 두는 힘이 작용하지 않으므로 물방울은 관성에 따라 접선 방향의 운동을 계속하기 때문이다. 마찬가지로 놀이공원에 있는 회전의자에 앉아서 안전벨트를 매지 않는다면 우리 몸은 회전의자에 고정되어 있지 않으므로 관성에 따라 직선운동을 하려는 관성을 가지고 있으므로 의자 바깥으로 튕겨 나가게 된다. 따라서 회전운동을 하는 대부분의 놀이기구에서는 반드시 안전띠를 착용해야 한다.

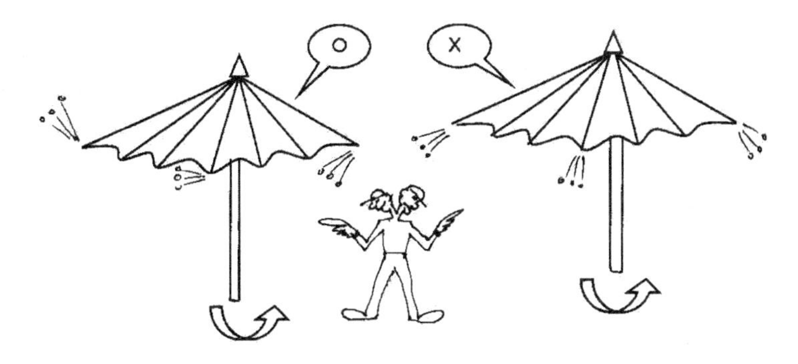

갈릴레이의 사고 실험(思考實驗)

물체를 수평면 위에서 밀면 물체는 앞으로 진행하다가 마찰이라는 외부 요인 때문에 정지하게 된다. 갈릴레이는 마찰이 없는 경우의 운동을 파악하기 위하여 수평면 대신에 경사면에 물체를 놓았을 때 어떤 일이 벌어질까 생각했다. 우선, 경사면의 한 점에 물체를 놓으면 같은 높이까지 올라갈 것이다. 경사를 완만하게 만들면 역시 같은 높이까지 올라갈 것이므로 더 멀리 나아갈 것이다. 따라서 곡면을 점점 내려서 면이 수평이 되게 하면 물체는 원래의 높이까지 올라가기 위해 한없이 멀리 나아갈 것이다. 그러기 위해서는 속도가 줄어들지 않는 등속운동을 할 것이다.

갈릴레이는 이러한 사고 실험을 통해 마찰이 없으면 물체는 수평면에서 처음과 같은 속도로 계속 등속직선운동을 한다는 결론에 도달했다. 뉴튼은 이러한 갈릴레이의 사고 실험을 정리해서 다음과 같은 결론을 내렸다. "물체에 외부에서 힘이 작용하지 않거나, 작용하는 힘의 합력이 0일 때 정지하고 있는 물체는 계속 정지해 있고 운동하고 있는 물체는 계속 등속직선운동을 한다."

이와 같이 물체는 현재의 운동 상태, 즉 정지 또는 등속운동을 계속 유지하려는 관성을 가지고 있다. 관성은 물체의 질량과 관계가 있으며 질량이 클수록 관성은 더욱 강하게 나타난다. 반면에 질량이 작으면 조금만 힘을 가해도 정지해 있던 물체가 움직이고, 움직이던 물체는 정지하거나 운동속도와 운동방향이 쉽게 변하므로 관성이 작다는 것을 알 수 있다.

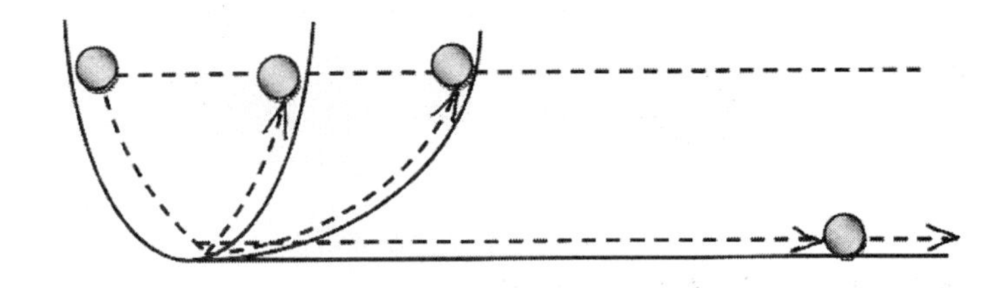

엘리베이터를 타고 오르내리면 몸무게가 변한다

움직이는 엘리베이터 안에서 몸무게를 달면 몸무게가 늘 수도 있고 줄 수도 있다. 엘리베이터가 정지해 있거나 일정한 빠르기로 움직일 때는 가속도가 없기 때문에 몸무게가 변하지 않지만 엘리베이터가 가속도 운동을 할 때는 관성력을 받아 몸무게가 늘거나 줄어든다.

예를 들어 엘리베이터가 위로 올라가기 시작할 때는 가속도 방향이 위쪽이므로 몸무게가 증가하고, 이와는 반대로 엘리베이터가 아래로 내려가기 시작할 때는 가속도 방향이 아래쪽이므로 몸무게는 감소하게 된다. 극단적인 경우, 엘리베이터의 끈이 끊어져서 자유낙하하면 몸무게는 0이 된다. 즉 몸무게가 없으므로 공중에 떠있는 무중력 상태가 된다.

이와 같이 물체가 자신의 관성 때문에 느끼는 가상적인 힘을 관성력이라 하는데 이 힘은 물체의 운동 상태가 변할 때 느껴진다. 관성력의 크기는 물체의 질량과 가속도를 곱한 것과 같고, 방향은 가속도 방향과 반대이다. 엘리베이터의 경우는 상하 방향으로 이동하므로 관성력은 수직 방향으로 작용하며 자동차는 수평방향으로 이동하므로 관성력은 수평방향으로 작용한다.

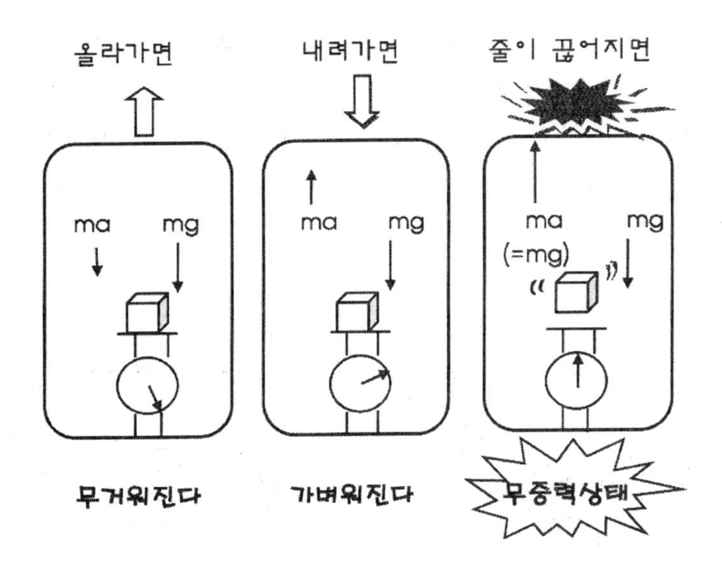

비행기가 난기류를 만나면 관성계가 깨진다

비행기가 상공에서 일정한 속도로 조용히 날고 있을 때는 움직이는 느낌이 들지 않고 그냥 정지해 있는 것 같다. 이 때는 커피를 테이블 위에 놓아도 흔들리지 않고, 들고 있던 동전을 가만히 놓으면 바로 아래에 떨어진다. 즉 등속직선운동하는 공간에서는 정지한 공간에서 일어나는 물체의 운동과 동일하게 뉴튼의 운동 법칙이 적용된다. 이와 같이 등속직선운동을 하는 공간을 관성계라고 한다.

일정한 속도로 달리는 자동차도 관성계이다. 이 때는 자동차 안에서 있어도 넘어지거나 몸이 흔들리지 않는다. 그래서 운전을 잘하는 기사들은 가속도를 작게 하여 차를 부드럽게 운전한다. 천천히 출발하고 서서히 정지하면 관성력이 작아서 몸의 흔들림이 적고 안정적이다. 그러나 자동차가 급정거를 하거나 급하게 커브를 틀면 관성력이 커지므로 몸의 균형을 잡기 힘들다.

자동차는 평평한 도로 상에서 움직이므로 수평방향의 관성력만 있지만 비행기는 3차원 공간을 날아가므로 비행기의 관성력은 수평방향뿐 아니라 수직방향으로도 작용한다. 따라서 비행기가 난기류를 만나면 좌우상하로 흔들리면서 커피가 쏟아지고 테이블 위에 있던 물건들이 흔들릴뿐 아니라 오금이 저린다. 이런 때는 관성계가 아니므로 동전을 떨어뜨리면 어디로 떨어질지 예측하기 힘들며 뉴튼의 운동법칙도 적용되지 않는다.

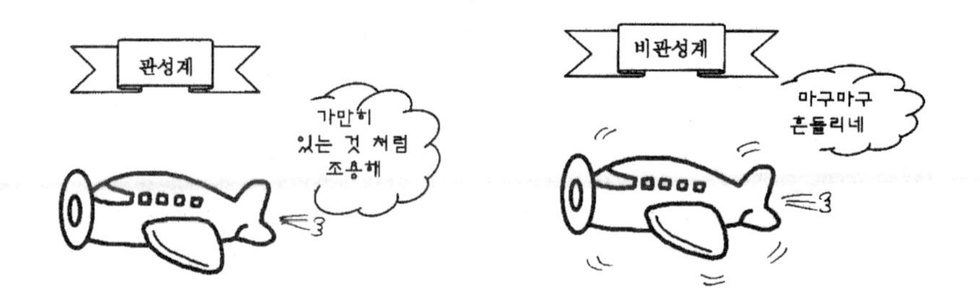

작용－반작용

손바닥도 마주쳐야 소리가 난다

서로 맞서는 사람이 있으니까 싸움이 일어난다는 뜻으로 '손바닥도 마주쳐야 소리가 난다'는 속담이 있다. 만일 한 손바닥만을 치면 그냥 허공을 휘젓는 셈이 되니 아무런 소리가 나지 않지만 두 손바닥을 마주 치면 서로 부딪쳐서 소리가 나게 마련이다. 손으로 벽을 칠 경우도 마찬가지이다. 벽을 치면 손이 아픈데, 이것은 우리가 벽을 치는 것과 똑 같은 힘으로 벽이 우리 손을 치기 때문이다. 따라서 벽을 세게 칠수록 손이 더 아프게 된다.

노를 앞으로 저으면 배는 뒤로 간다

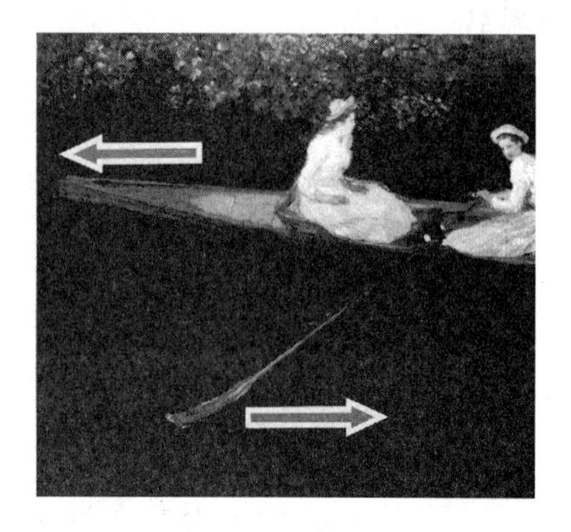

호수에 배를 띄우고 노를 저으면 배가 나아간다. 노가 움직이는 힘이 물을 통해서 배에 전달되기 때문이다.

이 때 노를 저어서 노가 물을 앞으로 밀면 배는 뒤로 나가고 뒤로 밀면 앞으로 나간다. 이와 같이 노가 물을 미는 방향과 배가 나가는 방향은 서로 반대이다. 물에서 수영을 할 수 있는 것도 팔 다리로 물을 뒤로 밀면 물이 몸을 앞으로 밀기 때문에 가능하다.

진흙탕에서는 점프할 수 없다

농구 선수가 점프할 때 발로 땅을 아래로 밀면, 땅은 발을 위로 밀게 되므로 공중으로 뛰어오르게 된다. 그러나 진흙탕 속에서는 땅을 미는 힘의 일부가 진흙탕에 흡수되어 발이 땅을 아래로 미는 힘보다 땅이 발을 위로 미는 힘이 약하므로 높이 점프할 수 없다.

허공에서는 걸을 수 없다

사람이 땅 위를 걸을 때 발이 지면을 뒤로 밀면 지면은 발을 앞으로 밀기 때문에 사람이 앞으로 나아간다. 그러나 허공에서는 발을 뒤로 밀어도 공기가 발을 앞으로 밀어줄 수 없기 때문에 공중에 떠 있는 상태에서는 걸을 수 없다. 미끄러운 얼음판 위에서 걷기가 힘든 것도 마찬가지 이유로 발이 얼음판을 뒤로 밀지만 얼음판은 발을 충분히 앞으로 밀지 못하기 때문이다. 또한 빙판길에서 자동차 바퀴가 헛도는 것도 빙판이 바퀴의 회전에 따른 힘을 되돌려줄 수 없기 때문이다.

로프에 매달리기

암벽등반을 할 때 절벽 위에서 로프를 나무에 걸치고, 아래에 있는 사람이 로프를 잡아당기면서 올라가려면 나무가 그 사람의 무게를 지탱할 수 있어야 한다. 만일 나무가 이보다 약하면 나무가 부러지거나 뿌리채 뽑혀버려서 사람이 로프에 매달릴 수가 없게된다.

절벽 위에서 로프를 잡고 있을 경우도 아래에 매달려 있는 사람의 몸무게 이상의 힘으로 줄을 잡고 있어야 한다. 이것은 로프의 양 끝에 위와 아래방향으로 같은 크기의 힘이 작용되기 때문이다.

용수철 저울 당기기

두 개의 용수철 저울을 서로 연결한 후, 그 중 한 개를 잡아당기면 당겨진 용수철만 늘어나는 것이 아니라 다른 한 개의 용수철도 똑 같이 늘어난다.

이것은 두 용수철이 똑 같은 힘을 서로 반대방향으로 작용한다는 증거이다.

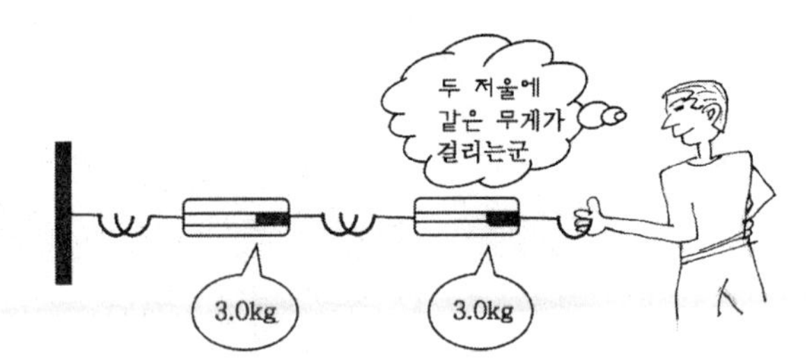

그네를 당겨라

그네에 앉아서 옆에 있는 그네를 잡아당기면 옆 그네가 당겨지지만 내 그네도 옆 그네 쪽으로 당겨진다. 즉 그네에 있는 사람들은 서로 반대방향으로 같은 크기의 힘을 작용한다. 따라서 뚱뚱한 사람과 홀쭉한 사람이 서로 잡아당기면 뚱뚱한 사람은 조금만 잡아당겨지고 홀쭉한 사람은 많이 당겨지게 된다.

줄배

사라져가는 것들 중에는 줄배가 있다. 줄배란 강을 가로질러 매어놓은 줄을 잡아당기며 가는 배인데 요즘도 오지마을에서는 줄배를 타고 건너야 되는 곳이 간혹 있다. 줄배는 배에 타고 있는 사람이 줄을 잡아당기면 그 반작용으로 배가 움직인다.

수레와 도개

대형 옹기를 제작할 때는 점토를 물에 개어 빚어 코일 형태로 쌓는데 이러한 코일링 후에는 흙타래가 잘 접착될 뿐 아니라 그릇 벽이 고르고 부드러워지게 하기 위하여 옹기벽을 두드려가면서 형태를 만들어 간다.

이때 질그릇의 바깥벽과 안쪽벽을 두들겨 다져줄 때 사용하는 도구로 수레와 도개가 있다. 이들 중 질그릇 밖에서 두드리는 넓적한 도구를 수레라고 하고, 안에서 받쳐주는 둥근 형태의 도구를 도개라고 한다. 이들은 항상 함께 사용된다. 만일 수레로 옹기의 바깥쪽을 두드리는데 도개로 안쪽에서 받쳐주지 않으면 그릇은 깨지기 때문이다. 이와 같이 수레가 바깥벽에서 힘을 작용시키면 도개는 이와 같은 크기면서 반대방향의 힘을 안쪽벽에서 받쳐주므로 옹기의 벽이 균일한 두께로 제작될 수 있다.

로켓, 대포, 소총

로켓이 공중으로 올라가는 것은 가스가 아래로 분출되면서 로켓을 위로 밀기 때문이다. 대포나 총을 쏘면 대포의 포신이나 총이 뒤로 밀리는 현상도 총알이 앞으로 나가면서 총을 뒤로 밀기 때문이다. 그래서 소총 사격을 할 때 개머리판을 어깨에 밀착시키지 않으면 어깨는 두들겨 맞는 것처럼 충격을 받게 된다. 사격 조교가 개머리판을 어깨에 밀착시키라는 이유가 여기에 있다.

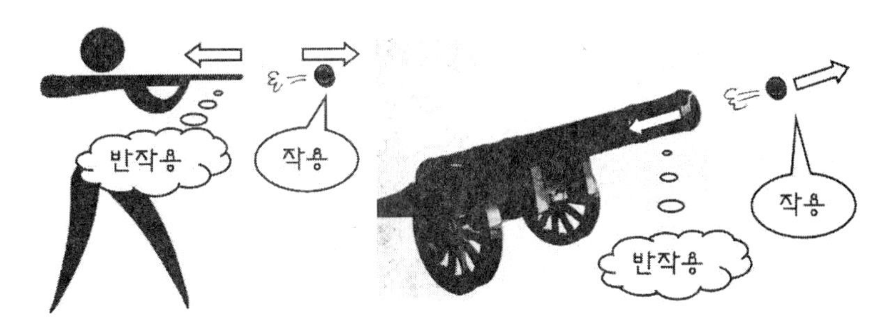

소도 언덕이 있어야 비빈다

사람도 의지할 데가 있어야 발판으로 삼아 무슨 일을 할 수 있지, 의지할 데가 없으면 성공할 수 없다는 뜻으로 "소도 언덕이 있어야 비빈다"는 속담이 있다. 실제로 소가 일어나기 위해서는 소가 미는 것과 같은 크기의 힘으로 언덕이 받쳐주어야 한다.

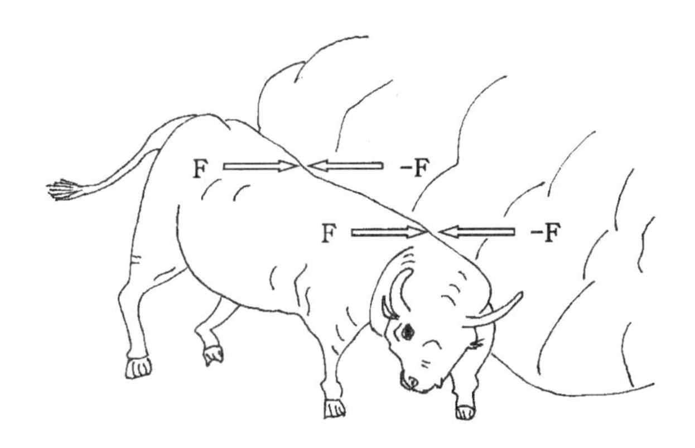

땅에서 넘어진 자 땅을 짚고 일어난다

땅에 넘어졌다가 일어날 때는 손으로 땅을 짚고 힘을 주는데 이 때 손으로 땅을 미는 힘만큼 땅도 손을 밀어주기 때문에 쉽게 일어날 수 있다. 그러나 딱딱한 땅이 아니라 늪지에 넘어졌다면 손으로 땅을 짚어도 늪이 손을 밀어주지 못하므로 땅 짚고 일어나기가 쉽지 않다.

다리 위에서 공 던지기

야구공 한 개를 들고 있으면 안전하지만 두 개를 들고 있으면 버틸 수 없을 정도로 약한 다리 위에서 공을 저글링하면서 다리를 건널 수 있을까? 이 경우 한 손으로 공을 받으면서 다른 한 손으로 공을 위로 던지므로 손에는 항상 야구공 한 개씩만 들려 있게 되므로 다리를 안전하게 건널 수 있을 것 같다. 그러나 하늘로 던져지는 공은 위로 향하는 힘을 받을 때 그 반작용으로 우리 몸을 아래로 밀므로 실제로는 공 두 개를 들고 있는 셈이므로 다리는 무너진다. 따라서 저글링을 하면서 다리를 건너는 것은 불가능하다.

작용-반작용과 관련된 속담

- 가는 말이 고와야 오는 말이 곱다.
- 손바닥도 마주쳐야 소리가 난다.
- 빨래 해줘서 좋고 발 하얘 좋다.
- 누이 좋고 매부 좋다.

유머 놈과 선생의 차이

백정이 최하층 천민 계급이었던 옛날에 나이 지긋한 백정이 장터에서 푸줏간을 하고 있었는데 어느 날 양반 두 사람이 고기를 사러 왔다.

첫 번째 양반이 말했다.

"야, 이놈아! 고기 한 근 다오."

"예, 그러지요." 그 백정은 대답하고 고기를 떼어주었다.

두 번째 양반은 상대가 비록 천한 백정이지만, 나이 든 사람에게 함부로 말을 하는 것이 미안해서 점잖게 부탁했다.

"이 보시게, 선생. 여기 고기 한 근 주시게나."

"예, 그러지요, 고맙습니다." 그 백정은 기분 좋게 대답하면서 고기를 듬뿍 잘라주었다.

첫 번째 고기를 산 양반이 옆에서 보니, 같은 한 근인데도 자기한테 건네준 고기보다 갑절은 더 많아 보였다. 그 양반은 몹시 화가 나서 소리를 지르며 따졌다.

"야, 이놈아! 같은 한 근인데, 왜 이 사람 것은 많고, 내 것은 왜 이렇게 적으냐?"

그러자 그 백정이 침착하게 대답했다.

"네, 그거야 손님 고기는 놈이 자른 것이고 이 어른 고기는 선생이 자른 것이니까요."

역시 가는 말이 고와야 오는 말이 고운 법이다.

몸무게를 잴 때는 저울 눈금이 흔들린다

저울에 돌멩이를 올려 놓으면 저울 바늘이 금방 돌멩이의 무게를 가리키지만 사람이 저울 위에 올라서면 저울 바늘이 계속 흔들린다. 특히 어린이의 몸무게를 잴 때는 저울 눈금을 읽기가 힘들 정도로 많이 흔들린다. 몸 전체가 저울 위에 올라가 있으면 저울 위에 얹힌 무게는 일정할 텐데 왜 저울 눈금이 자꾸만 움직일까?

저울 위에 올라서면 지구의 중력 때문에 우리 몸은 저울을 아래로 밀고 그 반작용으로 저울은 사람을 위로 민다. 이때 아래로 미는 힘과 위로 미는 힘의 크기가 같아지면 저울 위에서 균형을 이루게 된다. 그런데 만일 저울 위에서 발꿈치를 든다면 사람의 무게 중심이 위로 움직이므로 위쪽 방향으로 힘이 생긴다. 따라서 저울은 그 힘만큼 위쪽으로 밀게 되어 그 반작용으로 저울 눈금은 사람의 몸무게보다 큰 값을 나타낸다.

저울 위에서 발꿈치를 들어 올릴 때뿐 아니라 몸을 비틀 때도 몸의 중심이 이동하여 저울에 힘이 작용하게 되므로 눈금이 변한다. 실제로 우리 몸은 저울 위에서 미세한 움직임을 나타내므로 저울 눈금이 계속 흔들리게 되며, 어린이들은 움직임이 많아 눈금이 더욱 심하게 흔들린다.

낙하할 때는 누가 더 무거울까

뚱뚱한 사람은 홀쭉한 사람보다 더 무겁다. 그런데 절벽에서 떨어질 때는 뚱뚱한 사람과 홀쭉한 사람 중 누가 더 무겁다고 느낄까?

우리가 몸무게를 느끼는 것은 땅 바닥이 몸무게를 받쳐주기 때문인데 절벽에서 떨어질 때는 우리 몸을 받쳐주는 힘이 없기 때문에 아무도 자기 몸무게를 느끼지 못한다. 따라서 낙하할 때는 뚱뚱한 사람이나 홀쭉한 사람이나 몸무게는 0이다

줄 끊어진 엘리베이터 안에서 점프하기

고층에서 엘리베이터 줄이 끊어지면 땅바닥에 떨어질 때 엄청난 충격을 받게 된다. 만일 엘리베이터가 땅에 충돌하기 직전에 엘리베이터 안에 있는 사람이 점프를 했다가 엘리베이터가 땅에 닿은 직후에 착지하면 안전할까? 얼핏 생각하면 가능할 것 같기도 하지만 사실은 불가능한 일이다. 줄이 끊어지면 엘리베이터는 거의 자유낙하를 하게 되므로 엘리베이터가 땅에 떨어질 때는 엄청난 속력으로 떨어진다.

충격을 받지 않고 착지하려면 사람도 엘리베이터와 똑같은 속도로 위로 점프해야 하는데 이것은 불가능하다. 만일 점

프를 할 수 있다고 가정하더라도 이 때는 자유낙하 할 때와 마찬가지의 충격, 즉 우리 몸이 추락하면서 받는 작용과 동일한 크기의 반작용을 받으므로 절대로 안전할 수 없다.

망가진 저울로는 무게를 잴 수 없다

용수철이 망가져서 저울이 고장나면 물체가 저울을 아래로 누르더라도 용수철이 그 물체를 위로 떠 받치지 못하므로 물체의 무게를 나타낼 수 없게 된다. 즉 작용에 대항할 수 있는 반작용이 없기 때문에 무게를 잴 수 없는 것이다.

병 속에서 날아다니는 벌의 무게는?

살아 있는 벌이 들어 있는 병을 저울에 올려 놓고 무게를 다는 경우를 생각해 보자. 처음에는 벌들이 바닥에 앉아 있었는데 무게를 다는 도중에 벌들이 모두 병 속을 날아다녔다면 저울에 나타난 눈금은 어떻게 변화 되었을까?

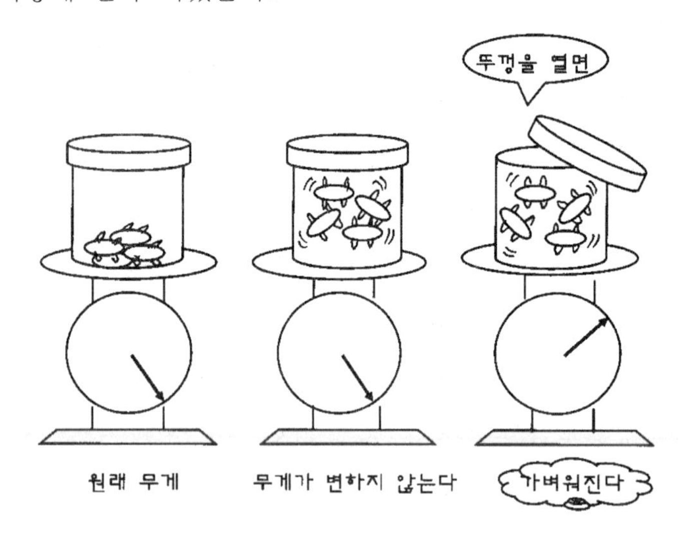

이 경우 저울의 눈금은 뚜껑이 있을 때와 없을 때에 따라 다르다. 벌들이 날아오르면 뚜껑이 없는 병일 때는 벌의 무게만큼 가벼워지지만, 뚜껑이 있을 때는 벌의 반작용에 의해서 무게의 변화가 없다.

작용-반작용의 법칙

힘을 받는 물체가 있다면 힘을 주는 물체도 있게 마련이다. 따라서 힘은 상호간의 작용이지 단독으로 존재할 수 없으며 항상 작용과 반작용이 쌍으로 작용한다. 이 때 한 물체가 가한 힘과 상대편 물체가 가한 힘은 크기가 같고 방향이 반대이다. 이것을 작용-반작용의 법칙이라고 한다.

작용—반작용 법칙은 두 물체가 서로 접촉 상태이거나 떨어져 있거나 관계없이 성립한다. 예를 들어 얼음판 위에 마주선 두 사람이 서로 미는 경우, 두 사람은 서로 반대쪽으로 밀리게 되는데 이것은 접촉 상태의 작용-반작용이다. 이에 반해 두 전하 사이에 작용하는 전기력은 떨어진 상태의 작용—반작용이다. 작용—반작용 법칙은 물체가 정지해 있을 때뿐 아니라 운동하고 있는 경우에도 성립한다. 피사의 사탑에서 공을 떨어뜨리면 낙하하는 공에 작용하는 중력의 반작용은 공이 지구를 당기는 힘이다. 작용-반작용 법칙은 동일 작용선 상에 반대 방향으로 같은 크기로 작용하며 작용점이 서로 다른 물체에 존재한다. 그래서 우리가 느끼지는 못하고 있지만 우리는 항상 옆 사람에게 작용을 하고 반작용을 받으며 살고 있다.

반작용이 없는 세상

우리가 벽을 밀어도 벽이 그대로 있는 것은 미는 힘에 대해서 벽이 반작용을 나타내기 때문이다. 만일 반작용이 없다면 벽을 살짝만 밀어도 구멍이 뚫릴 것이다.

손을 물에 담그면 쉽게 물 속에 잠기는 것은 물의 반작용이 거의 없기 때문이다. 밀가루 반죽을 손으로 누르면 반죽이 옆으로 퍼지면서 납작해지는 것은 물보다는 밀가루 반죽의 반작용이 더 크기 때문이다.

가능한 운동과 불가능한 운동

바닥에 누워서 허리를 펴는 운동을 할 때 발을 바닥에 고정시키면 상체를 일으킬 수 있지만 고정시키지 않으면 일어나기 힘든 것도 반작용이 없기 때문이다. 이와 같이 반작용이 없으면 운동을 하기도 힘들게 된다.

뉴튼의 돛단배

뉴튼은 바람으로 운행하는 돛단배를 보면서 작용-반작용을 생각하였다. 바람이 불면 돛단배는 바람에 의해서 앞으로 나가지만 돛단배에 고정된 선풍기로 바람을 일으키면 배는 전혀 앞으로 진행하지 않는다. 이것은 돛단배의 외부에서 바람이 불 때는 배가 떠 있는 물을 기준으로 힘이 작용되므로 그 반작용으로 돛단배가 바람의 방향과 반대로 움직이지만 돛단배 안에서 바람이 불 때는 돛단배를 기준으로 힘이 작용되므로 그 반작용으로 돛이 휘어질 뿐 배는 가지 않는다.

이와 마찬가지로 수레 뒤에서 선풍기로 바람을 일으키면 수레는 바람에 의해서 앞으로 나가지만 수레에 선풍기를 고정시키고 바람을 일으키면 수레는 전혀 움직이지 않는다. 이것은 바람의 경우뿐 아니라 사람이 밀 때도 마찬가지이다. 사람이 수레 밖에서 밀 때는 수레가 움직이지만 수레에 타고 있는 사람이 수레를 밀면 수레는 전혀 움직이지 않는다.

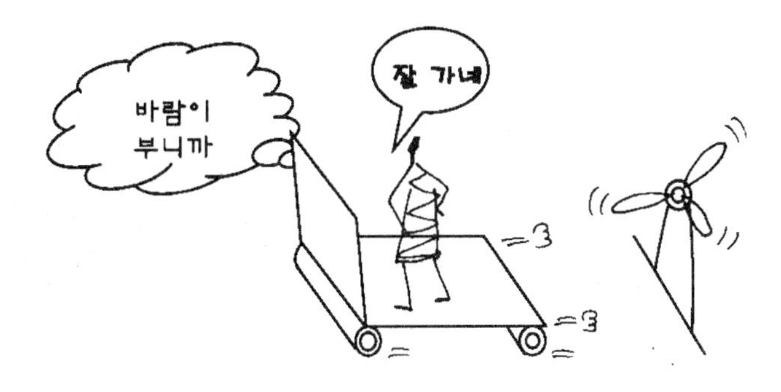

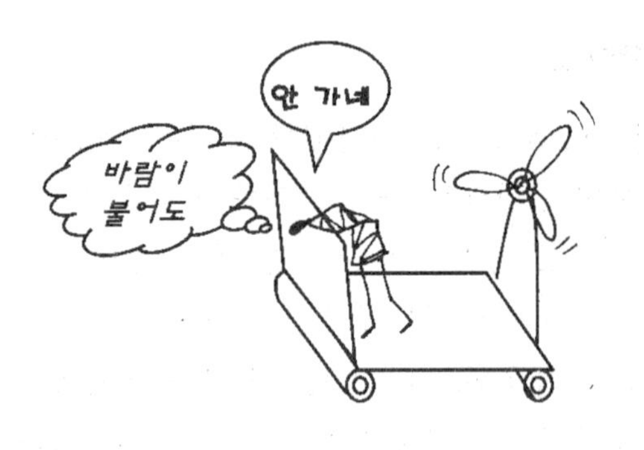

진자

키 작은 사람은 종종걸음을 걷는다

우리가 걸을 때는 편하게 느껴지는 걸음걸이가 있다. 너무 빨리 걸으면 힘이 들고, 너무 천천히 걸으면 답답하게 느껴진다. 그러다가 어떤 걸음걸이에서는 상당히 편한 느낌으로 걸을 수 있다. 이것은 사람에 따라 차이가 있는데 사람들의 걸음걸이는 키에 따라 정해지는 경향이 있다. 일반적으로 키가 작은 사람들은 발걸음을 빨리 옮기며 걷기 때문에 촐랑대는 느낌을 주며, 키가 큰 사람들은 발걸음을 천천히 옮기며 걷기 때문에 어기적거리는 느낌을 준다. 그런데 키가 작은 사람들은 발걸음이 잰 반면에 보폭이 작고, 키가 큰 사람들은 발걸음이 느린 대신에 보폭이 크므로 키가 큰 사람이나 작은 사람이나 걷는 속도는 대개 비슷하다.

양반은 뒷짐지고 팔자걸음 걷는다

백성들이 양반과 상놈이라는 두 부류로 나누어진 봉건사회에서 사회지도층인 양반들은 항상 여유를 부리면서 살았다. 심지어는 자기 집에 불이 났어도 뛰어가는 법 없이 뒷짐지고 천천히 양반걸음으로 걸어갔다고 한다. 양반걸음은 두 팔을 길게 뻗어 등 뒤로 돌려서 두 손을 허리 아래에서 마주 댄 채로 허리를 바로 세우고 발 끝을 약간 바깥쪽으로 팔자(八字) 형태로 벌리고 보폭을 크게 하여 성큼성큼 걷는 걸음걸이이다.

실제로 뒷짐지고 팔자걸음을 걸으면 저절로 천천히 걷게 된다. 만일 뒷짐 진 상태에서 억지로 빨리 걸어가면 등 뒤로 수갑을 찬 채로 도망가는 듯이 보일 것이다. 또한 팔을 길게 뻗고 걸을 때도 천천히 걷게 된다.

수수께끼

도둑이 도둑질하러 가는 걸음걸이를 4자로 줄이면? ………… 털레털레

파워 워킹

우리는 팔을 한번 흔들 때 마다 다리를 한번씩 옮긴다. 즉, 팔을 흔드는 횟수와 발걸음을 옮기는 횟수는 같다. 그런데 팔꿈치를 구부리고 걸을 때는 팔을 빨리 흔들게 되므로 걸음걸이가 빨라지고 팔을 길게 폈을 때는 걸음걸이가 느려진다. 요즘은 걷기를 통해서 체중을 감소하고 심장의 기능을 강화시키기 위하여 파워 워킹(power walking)을 하는 사람들이 종종 있는데 이것은 팔을 힘차고 빠른 걸음으로 걷는 것이다. 이 때는 팔을 'L' 자 또는 'V' 자 형태로 구부린 상태로 흔들게 되는데 팔을 오므리니까 팔의 길이가 짧아져 자연적으로 두 팔을 빨리 흔들게 되며 걸음걸이도 빨라지게 된다. 이와 같이 걸음걸이와 팔의 형태는 밀접한 관계가 있다.

뛸 때는 팔을 움츠리고 뛴다

달리기를 할 때 팔을 길게 뻗고 흔들며 뛰는 사람은 없다. 다리를 빨리 움직이려면 팔을 빨리 흔들어야 하므로 팔을 짧게 움츠려야 한다. 팔을 짧게 구부리고 양반 걸음을 걷는 것도 어렵고, 팔을 길게 편 채로 빨리 달리기는 더욱 어렵다.

스피드 스케이팅

얼음판 위에서 스피드 스케이팅을 할 때 직선 트랙에서는 다리를 천천히 쭉쭉 뻗으며 스케이트를 질주한다. 이 때는 손을 등 뒤에 얹거나 팔을 길게 편 채로 천천히 흔든다. 그러나 코너를 돌 때는 팔을 V자 형태로 구부린 상태로 빨리 앞뒤로 흔들면서 발을 앞뒤로 번갈아 가며 재게 옮긴다. 이와 같이 스케이트를 탈 때도 발을 잽싸게 움직일 때는 팔을 짧게 하고, 발을 천천히 움직일 때는 팔을 길게 뻗거나 뒷짐을 진다. 또한 키가 큰 선수들은 팔을 오므리고, 키가 작은 선수들은 팔을 길게 뻗고 흔드는 경향이 있는데 이렇게 함으로써 발을 옮기는 박자를 맞추게 된다. 이와 같이 스피드 스케이팅에도 팔의 형태가 속도에 영향을 준다.

♥ 우 임금의 구부정한 걸음걸이

하우씨는 홍수를 다스리는데 큰 공을 세워 하(夏) 나라의 왕이 되었다. 그가 우(禹) 임금이다. 그는 왕이 되기 전에 요(堯), 순(舜) 두 임금을 섬겨 홍수를 다스리는 일을 너무 열심히 하여 등이 굽었다. 이러한 연유로 두 팔이 길고 뒷모습이 구부정한 사람이 느릿느릿 걷는 모습으로 우(禹) 임금을 나타내게 되었으며, 이러한 걸음걸이를 형상화한 글자가 禹(하우씨 우)이다.

아령을 들고 있으면 천천히 걸어진다

걸음걸이가 잰 사람도 아령을 들고 걸으면 자연적으로 천천히 걷게된다. 아령을 들고 있을 경우는 아무 것도 들고 있지 않을 때보다 어깨를 축으로 하는 무게 중심까지의 거리가 더 길어지므로 진자의 길이가 길어지는 효과를 얻기 때문이다. 따라서 팔이 천천히 흔들리고 이에 따라 다리도 더 천천히 걸음을 옮기게 되므로 자연스럽게 천천히 걷게 된다. 아령뿐 아니라 길고 무거운 물건을 들고 걸으면 자연히 걸음걸이가 느려진다.

공룡이 걷는 속도

공룡은 지구 상에 살던 동물 중 가장 몸집이 큰 동물인데 약 6500만 년 전에 멸종되어 지금은 화석으로만 존재한다. 화석으로부터 공룡의 모습을 재현한 것은 박물관에서 볼 수가 있는데 다리의 길이만 3m에 달하는 것도 있다. 그러면 이 커다란 공룡은 얼마나 빠른 속도로 걸었을까? 과학자들은 공룡의 다리를 진자로 가정하고 공룡의 걸음걸이를 추정해 보았다.

계산 결과, 공룡이 한 발자국 옮기는 데 걸리는 시간은 약 2.9초 정도로 사람보다 훨씬 더디다. 그러나 보폭이 크므로 공룡의 걸음걸이는 사람보다 약간 빠른 시속 5km 정도였을 것으로 추정된다.

진자의 등시성

팔의 길이에 따라 팔을 흔드는 주기가 달라지듯이 실 끝에 추를 매달아서 흔들면 실의 길이에 따라 추가 흔들리는 주기가 달라진다. 이렇게 추가 한번 흔들리는데 걸리는 시간과 추가 매달린 실의 길이 사이에는 일정한 관계가 있다는 것은 1583년에 갈릴레이가 19세 때 우연히 발견하였다.

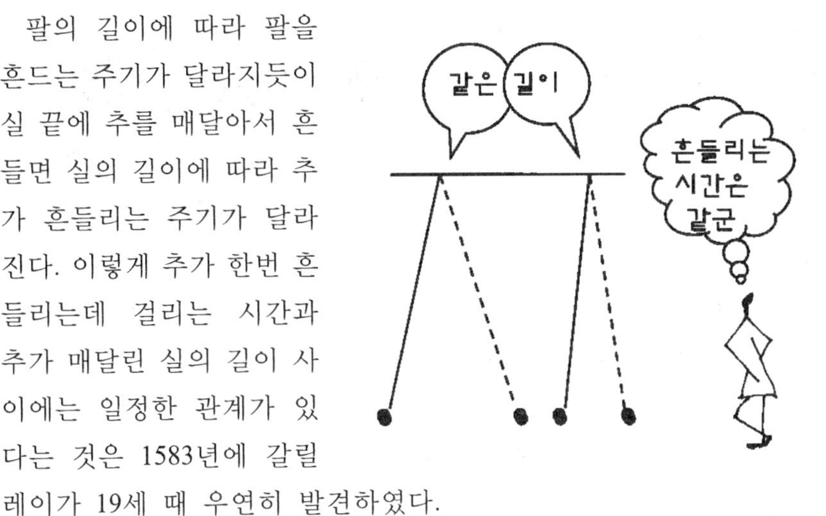

그는 이탈리아의 피사에 있는 한 성당에서 천장에 길게 드리워진 등이 조용히 흔들리고 있는 모양을 한참 동안 지켜보고 있었는데 등이 흔들리는 폭은 점점 줄어들지만 한 번 흔들리는데 걸리는 시

간은 같은 것처럼 느껴졌다. 그래서 갈릴레이는 등이 한번 왕복하는 시간을 측정한 결과, 진자가 한번 흔들리는데, 걸리는 시간은 진폭과 관계없이 일정하다는 진자의 등시성을 발견하였다. 해시계, 물시계, 모래시계에서 시작된 원시 형태의 시계가 근래의 추 시계로 발달한 것도 갈릴레이의 등시성의 원리 덕분이다.

진자의 복원력

진자는 한자로는 振子(떨리는 것), 영어로는 pendulum(매달려 흔들리는 것)이라고 한다. 즉, 공간에서 자유롭게 흔들릴 수 있도록 한 점에 고정된 상태로 매달려 있는 물체이다. 이러한 진자를 이상적으로 단순화시켜 무게가 없는 가느다란 실에 크기가 아주 작은 추가 매달린 것을 단진자라고 한다.

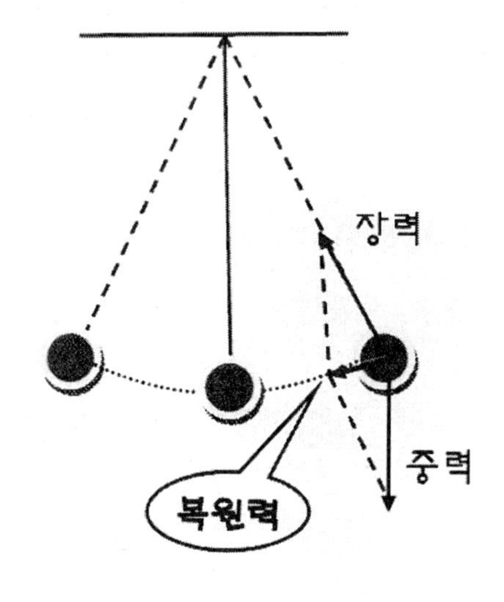

진자를 구성하고 있는 추는 지구의 중력에 의해서 아래로 떨어지는 힘을 받는 동시에 추가 떨어지지 않게 실이 잡아당기는 힘을 받는다. 만일 추를 옆으로 조금 밀면 지구의 중력과 실의 장력이 합쳐져서 진자가 원래의 위치로 돌아가려는 복원력이 생긴다.

이 힘에 의해 진자는 원래의 위치로 돌아갈 뿐 아니라, 반동에 의해 원래의 위치를 지나쳐서 반대방향으로 나아간다. 추가 반대방향에 정지하면 앞에서와 마찬가지로 중력과 장력에 의해 진자는 다시 원래의 위치로 돌아가려는 복원력이 생기므로 왕복운동을 하게 된다.

진자의 주기

진자가 한번 왕복운동하는데 걸리는 시간인 주기는 진자의 길이와 지구의 중력에 의해 결정된다. 진자의 주기는 길이의 제곱근에 비례하고 중력가속도의 제곱근에 반비례한다. 따라서 진자의 길이가 짧고 중력이 강할수록 진자의 주기는 빨라진다. 이와같이 중력은 추의 질량에 힘을 미쳐 운동을 하게 하고 주기에 영향을 주지만 추의 질량은 주기와는 무관하다.

지구 상에서는 중력은 항상 일정하므로 추가 진동하는 주기는 진자의 길이에 따라서만 변화된다. 그러나 만일 진자를 달에 가지고 간다면 달은 지구보다 중력이 작아 추를 잡아당기는 힘이 약해지므로 진자의 주기도 길어진다. 즉, 천천히 흔들린다. 그리고 중력이 없는 우주공간에서는 추는 흔들리지 않게 된다.

진자시계

진자의 주기는 일정하다는 특성을 이용하여 네덜란드의 호이겐스(Christiaan Huygens, 1629~1695)는 진자시계를 만들었다. 해수면에

서 진자시계의 주기는 진자의 길이가 24.8cm일 때 약 1초가 된다. 그러나 산 위에서는 중력이 작아지므로 시간이 더 천천히 간다. 따라서 진자시계는 고도에 따라 주기를 보정해 주어야 하며 휴대용으로는 적합하지 않다는 단점이 있다.

물리진자는 단진자보다 천천히 흔들린다

단진자는 실의 길이와 중력만 고려한 이상적인 진자이며 실제로 존재하는 진자는 일정한 크기와 형태를 가지고 있다. 이것을 물리진자라고 하는데 단진자가 실의 길이에 의해서 주기가 결정되는 것과는 달리 물리진자는 실의 길이와 아울러 진자의 형태에 의해서 주기가 정해진다.

진자의 길이가 동일한 경우 물리진자는 단진자보다 주기가 더 길다. 왜냐하면 단진자의 에너지는 추가 흔들리는데만 사용되지만 물리진자의 경우는 에너지 중의 일부는 추가 무게 중심에 대하여 움직이는 데 소모되기 때문이다. 이를 역으로 이용하면 물리진자의 주기를 측정하여 지구의 중력을 구할 수도 있다.

푸코 진자

지구는 태양 둘레를 1년에 한 바퀴씩 공전하면서 지축을 중심으로 하루에 한 바퀴씩 자전한다. 갈릴레이는 지구가 태양 둘레를 공전한다는 것과 자전한다는 것을 상대적 운동으로 설명하였으나 기독교 교리에 어긋난다는 이유로 종교재판을 받기도 하였다. 그 후 약 200년 후에 푸코는 지구가 자전한다는 것을 실험을 통해서 명백히 증명하였다.

1851년, 푸코는 판테온 성당의 천장에 긴 강철 줄로 대형 추를 매달고 기구를 이용하여 추를 계속 진동시켰다. 시간이 지남에 따라 푸코 진자의 진동 면이 회전하는 것이 관측되었으며, 이것은 지구가 자전한다는 최초의 실험적 증거였다. 푸코 진자가 어떤 면 내에서 앞뒤로 진동하고 있으면 이에 대해 지구는 회전하고 있으며 이들 사이에는 상대운동이 존재하게 된다.

푸코 진자의 회전속도는 위도에 따라 달라지며 위도 90°인 지구 북극에서 진자의 진동 면을 바라보면 상대적으로 지구가 시계반대 방향으로 매 24시간마다 1회전한다. 지구 북반구에서 적도에 가까울수록 푸코 진자는 느린 속도로 시계방향으로 회전하게 되며 적도, 즉 위도 0°에서는 회전하지 않는다.

푸코 진자의 회전속도는 수학적으로 위도의 사인(sin)값과 지구의 회전속도의 곱으로 표현할 수 있다. 지구가 하루에 한 바퀴, 즉 24시간마다 360°씩 회전하기 때문에 회전 속도는 시간당 15°로 나타낼 수 있으며, 이는 남극과 북극에서 푸코 진자의 회전속도와 동일하다. 즉 24시간마다 1회전한다. 카이로나 뉴올리언스와 같은 북위

30°를 예로 들면, 48시간마다 1회전한다.

푸코 진자는 시간당 7.5°의 속도로 회전하는데 이는 sin 30°가 1/2이기 때문이다. 파리에 있는 푸코 진자는 시계방향으로 시간당 약 11°, 즉 32시간 주기로 회전한다. 남반구에서의 푸코진자의 회전방향은 북반구에서와는 반대로 시계반대방향이다.

관성능률

자는 아이가 더 무겁다

아이를 업고 있을 때는 등에 업힌 아이가 어떤 자세로 있느냐에 따라 힘이 더 들기도 하고 덜 들기도 한다. 만일 아이가 엄마의 몸을 두 손으로 감싸고 등에 착 달라 붙으면 별로 무겁게 느껴지지 않는데, 잠이 들어 머리와 온 몸이 축 늘어져 있으면 훨씬 더 무겁게 느껴진다. 이것은 업고 있는 사람의 등과 아이의 무게 중심까지의 거리가 다르기 때문인데 가까우면 힘이 덜 들고 무거우면 힘이 더 많이 든다. 그래서 아이의 몸무게는 깨어있을 때나 잠들었을 때나 변하지

않고 똑같지만 '자는 아이가 더 무겁다'고 느껴진다.

떡메는 짧게 잡을수록 힘이 덜 든다

떡메로 절구에 떡을 찧을 때 떡메를 짧게 잡으면 들어올리기 쉽지만 길게 잡으면 힘이 아주 많이 든다. 이것은 마치 잠이 든 아이가 엄마의 등에서 멀리 떨어져 있을수록 더 무겁게 느껴지는 것과 같이 어깨를 축으로 하는 회전중심에서 떡메가 멀리 떨어져 있기 때문이다.

무거운 물건은 배에 붙여서 들어라

나쁜 자세로 무거운 물건을 들어 올리면 척추를 다치기 쉽다. 힘에 겨울 정도로 무거운 물건을 들기 가장 좋은 자세는 물건을 끌어안듯이 배에 밀착시킨 후 다리의 힘으로 들어올리는 것이다. 이렇게 하면 들어올리기도 수월할 뿐 아니라 척추도 보호할 수 있다.

지고는 못 가도 먹고는 간다

물체를 몸에 가장 가까이 붙일 수 있는 방법은 뱃속에 넣는 것일 것이다. 그래서 등에 지고 가면 무겁게 느껴져도 먹고 나면 가볍게 느껴진다는 의미로 '지고는 못 가도 먹고는 간다'는 속담이 있다.

물리학적 의미와는 전혀 관계없이 만들어진 속담이지만 내용은 기본적인 물리 현상을 포함하고 있는 말이다.

부러진 수도꼭지는 돌리기 어렵다

수도꼭지는 길수록 돌리기 쉽고 짧을수록 돌리기 어렵다. 특히 수도꼭지가 부러져 있을 때는 맨손으로 돌릴 수 없을 정도로 힘이 많이 든다. 이것은 회전중심으로부터 수도꼭지까지의 거리가 너무 짧아서 회전력이 대단히 작기 때문이다.

가벼운 눈도 쌓이면 나뭇가지가 부러진다

눈이 많이 내린 겨울철 깊은 산 속에 들어가면 나뭇가지 부러지는 소리가 심심찮게 들린다. 긴 나뭇가지에 쌓인 눈에 의해 가지가 부러지기 때문이다. 짧은 나뭇가지는 가늘어도 잘 부러지지 않지만 긴 나뭇가지는

굵어도 잘 부러지는데 이것은 길이가 길수록 작은 힘을 가해도 큰 회전력을 나타내기 때문이다. 또한 태풍이 불 때는 아름드리 커다란 나무가 뿌리 채 뽑히거나 굵은 나무줄기가 두 동강나 부러지기도 하는데 이것도 키가 큰 나무에는 큰 회전력이 작용되기 때문이다.

피겨스케이팅과 다이빙

피겨스케이팅의 백미는 얼음판 위에 스케이트 날 끝을 세우고 한 자리에서 회전하는 것이다. 처음에는 팔을 벌리고 천천히 회전하다가 팔을 몸 가까이 움츠리면 갑자기 빨리 돌게 된다. 단지 길게 뻗고 있던 팔을 몸 가까이로 움츠렸을 뿐인데 회전속도가 빨라진 것이다.

회전속도는 팔을 얼마나 크게 벌리고 작게 움츠리느냐에 따라 달라진다. 이는 질량이 회전축에서 멀리 분포되어 있을수록 회전하기 어렵고, 가까울수록 회전하기 쉽기 때문이다. 스케이터가 스케이트 날 끝을 세우고 한 자리에서 회전하는 경우, 회전축은 스케이트 끝에서 몸의 중심을 지나 머리 한 가운데로 지나는 직선이다. 뻗고 있던 팔을 움츠리면 멀리 있던 팔의 질량이 회전축 가까이 오게 되므로 회전하기 쉽게 되어 더 빨리 돌게 된다. 따라서 돌기 시작할 때에는 되도록 팔을 길게 뻗고 돌다가 회전하는 도중에 몸에 가까이 팔을 가져가면 회전속도가 훨씬 더 빨라진다.

이와 비슷한 현상은 다이빙에서도 볼 수 있다. 수영장의 높은 다이빙 보드 위에서 뛰어내리는 선수들이 공중에서 회전하는 경우 될 수 있는 대로 여러 바퀴를 돌아야 한다. 이때는 공중으로 뛰어오르는 순간에 온 몸을 뻗은 후에 공중에서 몸을 움츠려서 무릎을 가슴으로 당긴다. 그렇게 함으로써 질량을 회전축 가까이로 이동시키면 회전속도가 커져서 여러 바퀴를 돌 수 있다.

관성능률

물체의 질량이 클수록 자신의 운동 상태를 변하지 않으려는 성질이 있듯이 회전하는 물체는 관성능률이 클수록 회전상태를 변하지 않으려는 성질이 강하다. 회전체의 경우는 회전축이 무게 중심으로부터 멀수록 관성능률이 크다. 그래서 피겨스케이팅에서 빠른 회전을 요할 때는 팔을 오므려서 관성능률을 작게 하고 느린 회전을 요할 때는 팔을 펴서 관성능률을 크게 한다.

팔을 구부리면 걷기 쉽다

길을 걸을 때 팔을 구부리고 흔들면 길게 펴고 흔들 때보다 힘이 훨씬 적게 든다. 팔의 길이가 짧으면 어깻죽지를 중심으로 하여 팔을 회전시키기 쉽기 때문이다.

어떤 바퀴가 먼저 굴러 내릴까?

일반 자전거에 사용되는 튜브형 바퀴와 경륜용 자전거의 원판형 바퀴는 둘 다 둥글지만 경사진 곳에서 굴리면 바닥에 도착하는데 걸리는 시간이 서로 다르다. 이것은 바퀴가 굴러 갈 때(굴러+갈 때) 사용되는 에너지의 일부는 구르는 데 사용되고 나머지는 앞으로 가는 데 사용되는데, 바퀴의 형태에 따라 사용되는 에너지의 비율이 서로 다르기 때문이다. 원판형 바퀴는 튜브형 바퀴보다 관성능률이 작아 회전에 사용하는 에너지가 작은 반면에 직선운동을 하는데 사용하는 에너지는 더 많으므로 원판형 바퀴가 바닥에 먼저 도달한다.

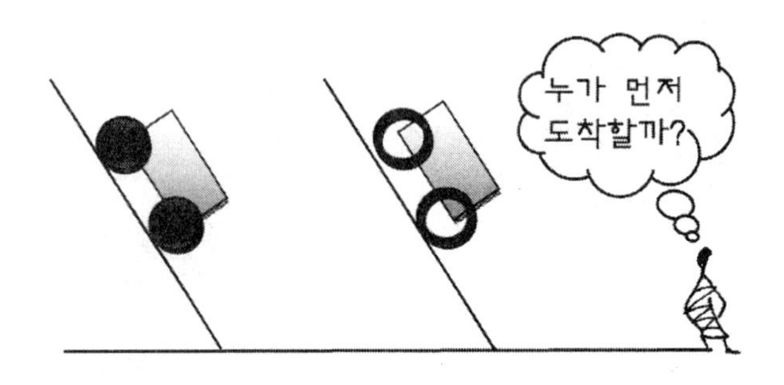

스트레스

스트레스를 받으면 바위도 깨진다

무슨 일로 몹시 놀라면 심장이 두근거린다. 그 이유는 위험 상황을 알리는 스트레스 호르몬이 갑자기 많이 분비되기 때문이다. 몹시 힘든 일을 겪거나 고통스런 상태에 처하게 되어도 스트레스 호르몬이 많이 나와 몸 안의 면역 체계가 무너져서 정신적 질환뿐 아니라 육체적인 질병을 초래하기도 한다. 이와 같이 스트레스는 외부에서 가해지는 압력을 뜻하는데 스트레스를 받는 것은 사람뿐 아니라 물체도 마찬가지이다.

예를 들어 겨울에는 바위 틈에 고인 물이 얼면서 부피가 증가되는데 이것이 스트레스가 되어 바위를 갈라 깨뜨리기도 한다. 또한 추위와 더위를 겪으면서 오랜 기간에 걸친 풍화작용에 의하여 바위가 모래로 부서지는 것도 스트레스가 작용하였기 때문에 일어나는 자연현상이다.

얼어서 터진 장독

물체가 스트레스를 받는 주된 요인은 온도의 변화이다. 온도가 변하면 부피가 변화되는데 이것이 스트레스로 작용된다. 겨울철 바위 틈에 있는 물이 얼어 얼음이 되면 부피가 늘어나 스트레스로 작용되어 바위 틈이 점차 벌어지고 드디어는 바위가 깨진다. 추운 겨울철, 장독에 물을 담아 놓으면 밤새 물이 얼어서 장독이 깨지는 것도 스트레스 때문이다. 그러나 스트레스는 온도가 내려갈 때만 생기는 것이 아니라 온도가 올라가도 생긴다. 밀폐된 용기에 물을 넣고 가열하면 물의 부피가 커져 스트레스가 생겨 용기가 터지게 된다. 이런 스트레스가 짧은 시간에 아주 크게 생기도록 하면 폭탄이 될 수도 있다.

스트레스로 바위를 쪼갠다

자연에서 발생한 스트레스는 커다란 바위를 깨뜨리기도 한다.

대형 석조물을 만들려면 큰 화강암을 재단하여야 하는데 과거에는 스트레스를 이용하여 천연바위를 절단하였다.

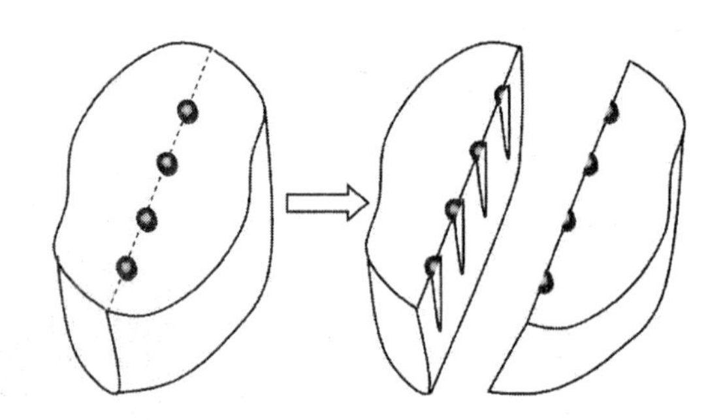

우선 바위에 구멍을 뚫어 물을 부은 후 날씨가 추워지기를 기다린다. 그러면 구멍 속의 물이 얼면서 부피 팽창에 의해 발생한 스트레스로 인해 바위가 깨끗하게 갈라진다. 이러한 공법을 이용해서 신라시대 때에 우리 조상들이 바위를 쪼갠 흔적은 지금도 경주 남산에 올라가면 곳곳에 흩어져 있는 쪼개진 화강암 바위들에서 찾아 볼 수 있다.

터널 공사나 탄광에서 사용하는 현대 공법도 기본 원리는 스트레스를 이용하는데 착암기로 바위에 구멍을 뚫은 후 물을 얼리는 대신에 화약을 넣어 폭발될 때 발생되는 압력으로 바위를 쪼갠다.

콩으로 바위를 쪼개는 방법

여름철에는 물이 얼지 않으므로 물을 흡수하여 부피가 커지는 물질을 이용하여 바위를 쪼갰다. 콩은 물에 불면 부피가 늘어나므로 콩을 구멍에 가득 채워넣고 물을 부어서 콩이 불어 바위가 쪼개지도록 하였다. 콩 이외에도 나무를 물에 적시면 부피가 늘어나므로 바위에 구멍을 뚫고 나무로 구멍을 채운 후 물을 부어 나무의 부피가 커지면 그 힘으로 바위를 쪼개기도 하였다. 나무 중에도 특히 향나무가 물에 많이 불어나므로 예전에는 바위를 쪼개는데 향나무를 많이 이용하였다고 한다.

말린 식물의 스트레스

새끼 손가락 굵기의 싱싱한 고구마 줄기를 말리면 실처럼 가늘어진다. 이렇게 가늘어진 고구마 줄기를 물 속에 넣으면 다시 원래의 고구마 줄기처럼 굵어지는데 이 때 스트레스가 발산된다. 말려서 작아진 버섯을 물에 넣어도 원래처럼 커지면서 스트레스를 발산하게 된다. 이와 같이 스트레스는 열에 의해서 뿐 아니라 물의 흡수에 의해서도 생긴다.

갈라진 논바닥

여름철, 날씨가 아주 가물 때는 논이나 저수지의 바닥이 거북이 등처럼 갈라진다. 이는 진흙이 마르면서 부피가 줄어들면서 생기는 현상인데, 이 줄어드는 힘이 진흙에 스트레스로 작용한다. 젖은 진흙은 표면 부근이 먼저 마르면서 부피가 줄어드는 반면, 진흙이 붙어 있는 아래쪽 땅은 줄어들지 않으므로 먼저 마르는 쪽으로 당기는 힘을 받게 된다. 이와 같이 진흙이 마르는 속도가 균일하지 않아 발생된 스트레스가 진흙을 잡아당기는데 진흙은 잘 늘어나지 않으므로 갈라져서 거북이 등 같은 모양의 균열이 생긴다.

이러한 현상은 오래된 도자기의 표면에서도 흔히 볼 수 있는데 요즘은 일부러 유약을 바른 부위가 갈라지게 하여 잔잔한 금이 많이 생긴 도자기나 찻잔을 만들기도 한다.

다리의 벌어진 틈

큰 다리들을 보면 교량의 연결부분에 벌어진 틈을 발견할 수 있다. 이것은 온도가 올라가면 물체의 부피가 팽창하기 때문에 교량의 열 팽창으로 인한 파손을 방지하기 위한 것이다. 특히 철교는 다리 전체가 철로 만들어져 있어 다른 교량들 보다 온도에 따라 팽창하는 정도가 훨씬 크므로 상판 곳곳에 지그재그의 틈이 있는 접합부를 만들어 교량의 휘어짐을 방지한다.

기찻길에도 스트레스가 쌓인다.

날씨가 더워지면 기찻길이 늘어나면서 엿가락처럼 휘어져 기차가 탈선되는 원인이 되기도 한다. 이것은 온도가 올라가면 금속이 팽창하여 외부에 힘을 작용하기 때문이다. 길이가 1m인 쇠의 경우는 온도가 100℃ 상승할 때마다 약 1mm씩 팽창하는데 기찻길은 대단히 길므로 늘어나는 길이 또한 커서 기찻길이 휘어질 정도로 엄청나게 큰 스트레스가 발생된다. 기찻길에 생기는 이러한 스트레스를 발산시키기 위해서는 일정한 길이마다 철길 사이에 간격을 주어 막대한 양의 스트레스가 일시에 발생되지 않게 한다.

깜박이는 크리스마스 트리의 전구

스트레스를 이용하면 크리스마스 트리가 깜박이게 할 수 있다. 크리스마스 트리의 전선 끝에는 바이메탈 전구가 있다. 바이메탈은 열팽창율이 서로 다른 두 금속을 접합시킨 것으로, 전구에 전류가 흘러 열이 생기면 바이메탈에 휨의 차이가 생기고, 이 차이를 이용하여 스위치 역할을 하도록 만들었다. 크리스마스 트리는 전구에 직렬 연결된 두 개의 전기줄에 성능이 다른 바이메탈을 사용함으로써 양쪽이 번갈아가면서 작동되므로 아름답게 깜박거린다.

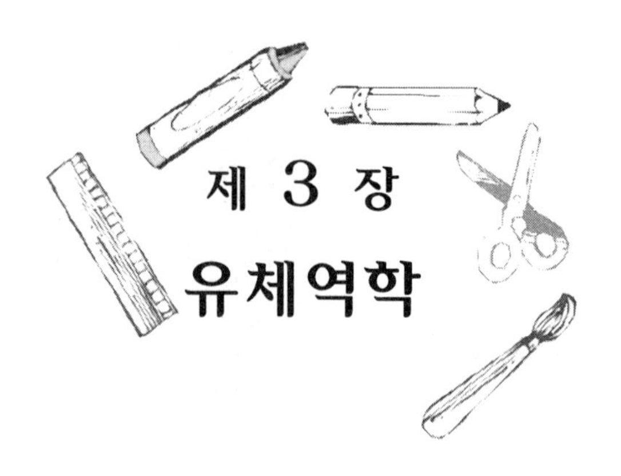

제 3 장 유체역학

헬렌 켈러의 물

“우리는 펌프 가를 뒤덮은 겨우살이 향기에 이끌려 오솔길을 걸었다. 누군가 펌프에서 물을 긷고 있었는데 선생님은 물이 뿜어져

나오는 꼭지 아래에다 내 손을 대셨다. 차디찬 물줄기가 꼭지에 닫은 손으로 계속해서 쏟아져 흐르는 가운데 선생님께서는 다른 한 손에다 '물'이라고 쓰셨다. 선생님의 손가락 움직임에 온 신경을 곤두세운 채 나는 마치 얼음조각이라도 된 양 가만히 서 있었다. 갑자기 잊혀진 것, 그래서 가물가물 흐릿한 의식 저편으로부터 서서히 생각이 그 모습을 드러내며 돌아오는 떨림이 감지됐다. 언어의 신비가 베일을 벗는 순간이었다. 나는 그제야 지금 내 손 위로 세차게 내리 꽂히는 이 차가운 물줄기가 '물'이라는 것의 정체임을 알았다." — 헬렌 켈러 자서전 (The Story of My Life) 중에서

생후 19개월이 됐을 때 열병을 앓고 시력을 잃은 헬렌 켈러가 어느날 갑자기 깨달았듯이 물이란 것은 손으로 느낄 수는 있지만 일정한 형태가 없다. 특히 공기는 형태만 없을 뿐 아니라 물 같은 촉감조차 없기 때문에 오랫동안 그 존재조차 알지 못했었다. 물이나 공기처럼 일정한 형태가 없는 물질을 유체라고 하는데 유체는 비록 형태는 없지만 무게는 있다. 이러한 무게로 인해서 압력을 나타내기도 하고 부력이 생기기도 한다.

물의 비중

물은 위에서부터 언다

깊은 호수에는 물이 두껍게 얼어도 얼음 아래에는 물고기가 살고 있다. 그래서 강태공들이 겨울에 맛볼 수 있는 즐거움 중의

하나는 얼음에 구멍을 뚫고 그 아래에서 노닐고 있는 물고기를 낚는 얼음낚시이다. 얼음낚시를 할 수 있는 것은 물이 항상 위에서부터 얼기 때문인데 그것은 물의 비중이 온도에 따라 특이하게 변하기 때문이다.

살얼음판 위를 걷는다

날씨가 추워지기 시작하여 물 위에 얼음이 살짝 얼면 발을 조금만 잘못 디뎌도 물에 빠지기 십상이다. 그래서 아주 위태로운 일을 진행할 때 '살얼음판 위를 걷는다'고 한다. 살얼음의 경우뿐 아니라 물은 항상 위에서부터 얼기 때문에 얼음이 어는 것은 금방 눈에 띈다.

물이 얼어도 물고기들은 산다

겨울에는 호수의 물이 두껍게 얼어도 얼음 아래에는 물고기가 살고 있다. 이는 물이 위에서부터 얼기 때문이다. 만일 물이 아래에서부터 언다면 날씨가 추워질수록 얼음은 강 밑바닥부터 얼어 위로 올라오면서 얼음의 두께가 두꺼워져 물은 점차 줄어들고, 결국은 물고기들이 모두 물 위에까지 밀려 올라와서 얼어 죽게 될 것이다. 그러나 다행히도 이런 일은 일어나지 않는다. 물이 위에서부터 언다는 것은 물고기에게 내린 커다란 축복이 아닐 수 없다.

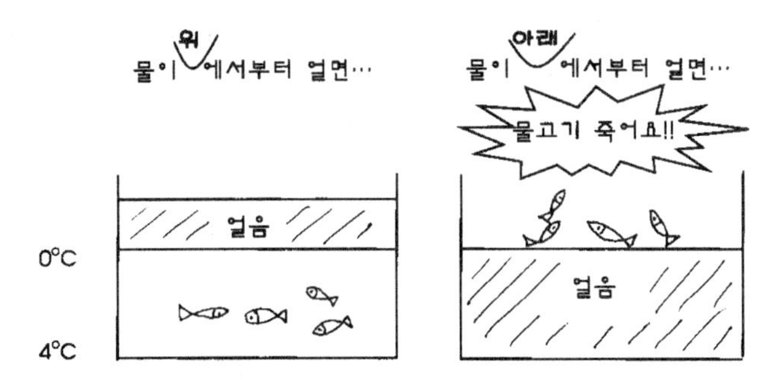

물은 왜 위에서부터 얼까?

물이 위에서부터 어는 이유는 물의 비중이 온도에 따라 특이하게 변하기 때문이다. 일반적으로 기체나 액체는 온도가 내려갈수록 부피가 수축하므로 비중이 커진다. 그러나 물은 온도가 낮아짐에 따라 비중이 점점 커지다가 4℃ 이하가 되면 오히려 비중이 작아진다.

이렇게 물은 4℃일 때 가장 무거우므로 호수 밑바닥의 온도는 4℃ 가까이 되고 밑바닥에서 위로 올라갈수록 4℃와는 온도 차이가 많이 난다. 이러한 특성 때문에 얼음이 얼 때 물은 바닥에서 얼지 않고 표면에서부터 얼기 시작한다. 즉 날씨가 추워서 기온이 영하로 내려가면 표면의 물은 0℃가 되어 얼기 시작하지만 가장 아랫부분에는 4℃의 물이 분포되므로 얼지 않는다.

기온이 더 내려가면 얼음은 점차 아래쪽으로 얼면서 두꺼워진다. 한편 표면에 생성된 얼음은 물의 온도가 0℃ 이하로 내려가는 것을 막아주는 방한벽 역할을 하므로 깊은 호수나 강에서는 한 겨울에도 수초뿐 아니라 물고기도 살 수 있다.

얼음은 물에 뜬다

대부분의 액체는 온도를 낮추면 부피가 점점 작아지다가 마침내 응고점 이하에서는 얼어서 고체가 되므로 액체 상태보다 고체 상태의 비중이 더 크다. 그러나 물은 온도를 낮추면 4℃ 이하에서 점점 가벼워지다가 0℃에서 응고되어 얼음이 되므로 얼음은 물보다 가볍다. 그래서 다른 물질과는 달리 얼음은 고체 상태임에도 불구하고 액체 상태인 물 위에 뜬다.

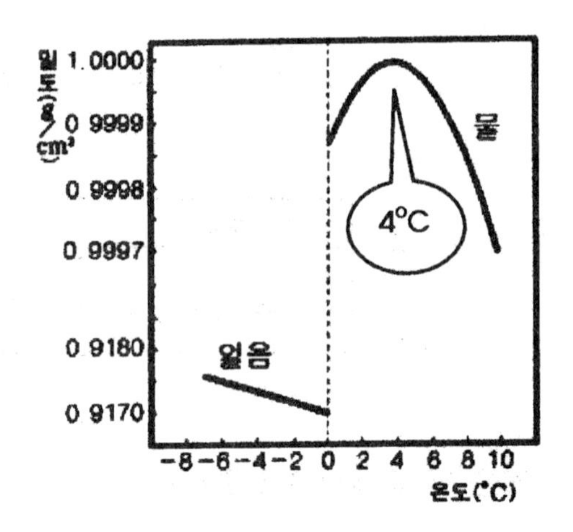

우리는 얼음이 항상 물 위에 떠 있는 것을 늘 보아왔기 때문에 자연스럽게 여기지만 이것은 물의 비중이 온도에 따라 특이하게 변하기 때문에 생기는 기이한 현상이다. 겨울에 차가운 바다나 호수에 얼음이 물 위에 떠있는 것도 물의 온도는 0℃ 이상인데 얼음은 이보다 비중이 작은 0℃ 물이 굳어져서 만들어졌기 때문이다.

유리컵에 들어 있는 물이 얼면 유리컵이 깨지는 것도 온도가 내려가면서 유리컵은 수축하는 반면 물은 얼면서 부피가 커지기 때문에 생기는 현상이다.

수수께끼

- 추우면 커지고 더우면 작아지는 것은? ························ 고드름
- 눈이 녹으면 무엇이 될까? ·· 눈물
- 물은 물인데 사람들이 가장 좋아하는 물은? ····················· 선물
- 물은 물인데 사람들이 가장 무서워하는 물은? ··················· 괴물
- 먹으면 탈나는 물은? ··· 뇌물

바닷물은 잘 얼지 않는다(1)

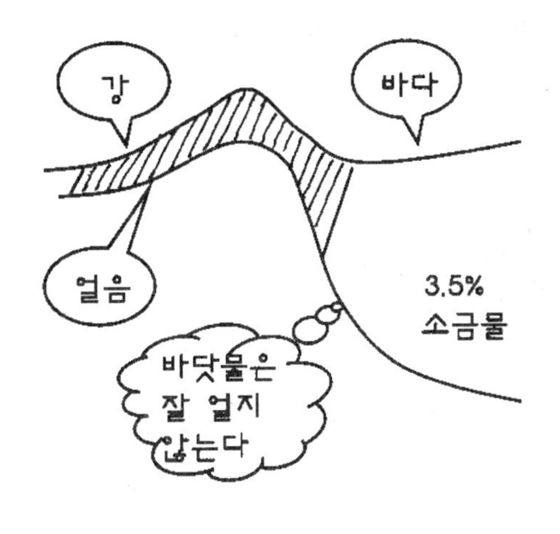

추운 겨울날 강물은 얼어도 바닷물은 쉽사리 얼지 않는다. 이것은 바닷물에는 소금이 들어 있어 순수한 물보다 어는 온도가 내려가기 때문이다. 즉 3.5%의 소금을 포함한 바닷물의 어는점은 강물이 어는 온도보다 약 2℃ 가량 낮아진다. 또 물에 녹은 염분의 농도가 높을수록 어는점은 더 낮아진다.

바닷물은 잘 얼지 않는다(2)

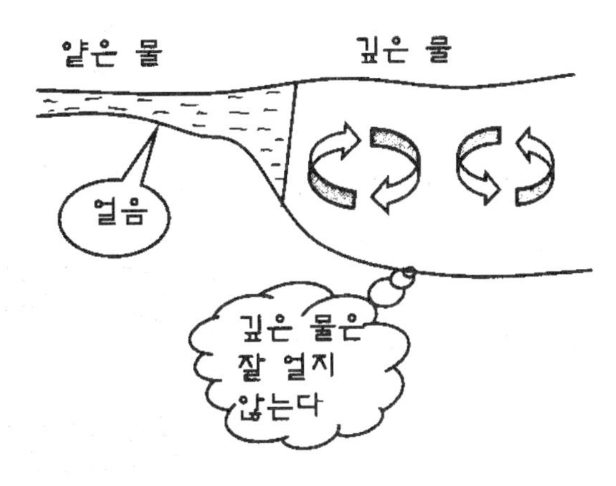

아주 추운 날에도 바닷물이 얼지 않는 것은 바다가 깊기 때문이다. 바다 속 깊은 곳에 있는 물의 온도를 4℃까지 내려가게 하는 데는 오랜 시간이 걸린다. 북위 45° 이하의 지역에서는 그 시간이 1년도 더 걸릴 것이다. 따라서 그 지역의 바닷물의 온도가 4℃로 내려가기 훨씬 전에 따뜻한 봄이 오게 되므로 얼음이 얼 틈이 없는 것이다.

눈물은 잘 얼지 않는다

눈물은 염분이 있기 때문에 짭짤하다. 그래서 웬만큼 추운 날씨에도 눈물은 얼지 않는다.

부력

익은 만두는 물에 뜬다

만두를 빚어 물에 넣으면 아래로 가라 앉는다. 그러나 물이 끓으면서 만두가 점차 부풀어 오르면 위로 뜨는 것을 볼 수 있다. 만두가 부푸는 것은 열을 받아 만두 속에 포함되어 있던 수분이 기화하여 수증기로 변하였기 때문이다. 만두가 통통하게 부풀면서 익으면 만두의 무게는 일정하지만 부피는 커지므로 만두의 밀도는 물보다 작아지게 된다. 이때는 만두의 무게 때문에 아래로 가라앉으려는 힘보다 물이 만두를 위로 떠미는 부력이 더 커지므로 익은 만두는 물 위로 떠오르게 된다.

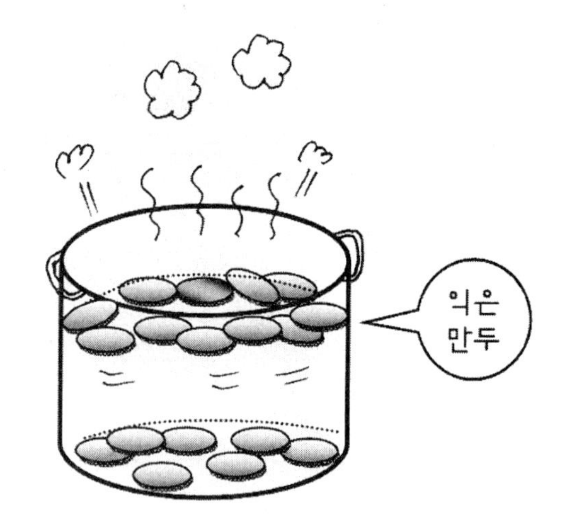

알곡은 가라앉고 껍데기는 물에 뜬다

벼를 추수해서 알곡을 골라내는 가장 단순한 방법은 벼를 담은 그릇에 물에 부으면 된다. 알곡과 껍데기가 겉모습은 같지만 속이 꽉찬 알곡은 물보다 무거우므로 가라앉고 껍데기는 속이 비어서 가벼우므로 물에 뜨기 때문이다. 똑같은 이치로 벌레 먹은 밤이나 도토리를 골라낼 때도 물에 넣어서 위에 뜨는 것만 건져내면 된다.

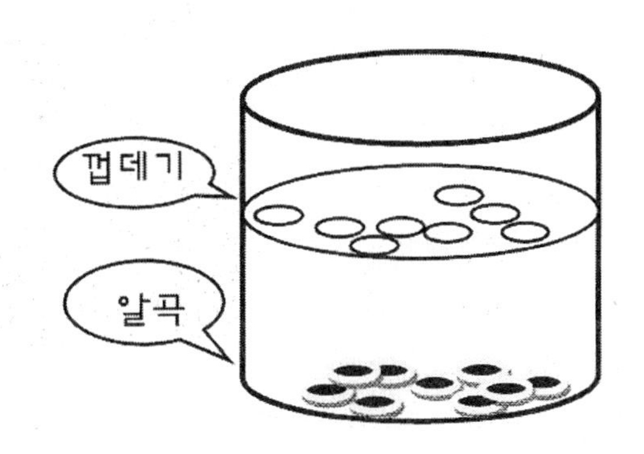

돌을 삼키는 악어

악어는 육지에서 사는 동물이므로 부레가 없다. 그래서 악어는 수면 바로 밑을 헤엄쳐 다니기 위해 돌덩어리를 삼켜서 전체 밀도를 조절한다. 실제로 큰 악어의 위에서는 주먹만한 돌덩어리가 흔히 발견된다고 한다.

물고기의 부레

물체가 물에 뜨는 것은 그 물체의 밀도가 물의 밀도보다 작기 때문이며, 가라앉는 것은 물의 밀도보다 크기 때문이다. 물고기들은 부레 속의 공기의 양을 조절하여 밀도를 변화시킴으로써 뜨기도 하고 가라앉기도 한다. 즉, 부레를

확장시키면 밀도가 작아지므로 떠오르고 부레를 줄이면 밀도가 커져서 가라앉는다. 그래서 물고기는 부레의 크기를 조절하여 자기가 원하는 적당한 깊이에서 헤엄을 칠 수 있다.

배와 잠수함의 밸러스트 탱크

물 속에서 운항하는 잠수함에는 물고기의 부레와 비슷한 기능을 하는 '밸러스트 탱크'라는 물 탱크가 있다. 잠수함 선체를 싸고 있는 두 겹의 철판 사이에 위치한 이 탱크에 물을 채우면 잠수함은 가라앉고, 압축공기를 이용해 물을 밖으로 몰아내면 물 위로 떠오르게 된다. 이렇게 잠수함의 경우는 빈 칸에 물을 넣거나 빼서 무게를 조절함으로써 잠수함의 밀도를 변화시킨다.

배에도 밸러스트 탱크가 있다. 배가 목적지에서 화물이나 사람을 하역하고 빈 배로 돌아올 때는 배의 무게가 가벼워져 물에 잠기는 깊이(흘수)가 얕아진다. 흘수가 얕아지면 배는 안정성이 없어져 작은 파도에도 쉽게 전복될 뿐 아니라 배를 추진하는 프로펠러가 물 위로 올라와 배가 정상적으로 항해하는 것도 어렵게 된다. 이를 방지하기 위해서 배 밑바닥과 측면에 물을 채울 수 있는 밸러스트 탱크를 만드는데, 화물을 실었을 때는 이 공간을 비워두지만 화물이

없을 때는 해수(밸러스트 수)로 채운다. 밸러스트 수는 배 무게의 약 40%를 차지하며 이 물은 목적지 연안에서 버려진다.

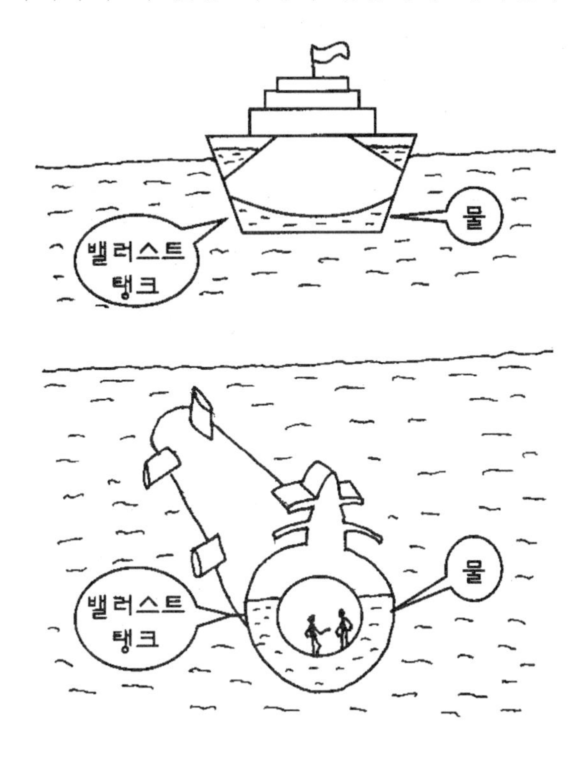

유 머 **처녀 뱃사공과 김삿갓**

김삿갓이 강을 건너기 위해 처녀 뱃사공이 노 젓는 배에 올라 타게 되었는데 김삿갓은 심심했는지 뱃사공을 향해서 한마디 하였다.

"여보 마누라~"

그러자 무심히 노를 젓던 처녀 뱃사공이 깜짝 놀라

"어째서 내가 댁네 여보 마누라란 말이요" 하니 김삿갓이 하는 말이

"내가 당신 배에 올라 탔으니 내 여보 마누라지~" 하였다.

강을 다 건너자 저만큼 가는 김삿갓에게 처녀 뱃사공이

"아들아~" 하고 불렀다.

깜짝 놀란 김삿갓이 뒤돌아 보며
"내가 어찌 처녀의 아들인가" 하니
"내 뱃속에서 나갔으니 내 아들이지~"
이 말에는 김삿갓도 할 말을 잃고
"맞는 말일세 그려" 하였단다.

히에론의 왕관

기원전 3세기, 이탈리아 시칠리 섬의 동부에 시라큐사라는 도시국가가 있었다. 이곳의 왕 히에론은 귀금속 세공업자에게 순금 왕관을 주문하였다. 그런데 왕관을 만든 세공업자는 기술은 좋으나 정직하지 않다는 평이 있었을 뿐 아니라 왕관에 다른 물질을 섞었다는 소문이 나돌았다.

의심이 생긴 왕은 왕관이 순금인지 아닌지를 알아보도록 알키메데스에게 부탁하였다. 그러나 그 때의 기술로는 왕관을 녹여서 성분을 분석하면 순금 여부를 알 수 있으나 왕관을 부수지 않고 알 수 있는 방법은 없었다. 역사적으로 보면 히에론의 왕관은 알키메데스가 부력을 발견할 수 있는 계기를 만들어주었다.

알키메데스는 목욕하다가 무엇을 깨달았나?

날마다 왕관의 진실을 파악할 수 있는 방법에 골몰하던 알키메데스는 어느 날 목욕을 하고 잠을 자려고 물이 가득 찬 욕조에 들어섰다. 몸을 욕조에 담그자 물이 밖으로 흘러 넘침과 아울러 그의 몸이 가벼워지는 것을 느꼈다. 물이 가득 찬 욕조에 들어가면 물이 넘치는 것은 너무나 당연한 일이고, 물 속에서 몸이 가볍게 느껴진다는 것도 이미 알고 있는 사실이었다. 그런데 이 두 가지 현상이 동시에 일어난다는 생각이 머리를 스치는 순간 알키메데스는 이 두 가지의 일이 서로 무관하지 않고 필연적으로 동시에 일어날 수 밖에 없다는 사실을 직감적으로 깨달았다.

욕조에 몸을 담갔을 때 '물이 넘치는 양'과 '몸무게가 줄어든 양' 사이에는 어떤 물리적인 관계가 있다는 것을 확신한 것이다. 그는 너무 기쁜 나머지 발가벗었다는 사실도 잊은 채 욕조에서 뛰어 나와 '유레카'(알았다)라고 소리치며 거리를 질주하였다.

그는 도대체 무엇을 '알았다'는 것일까? 조금 후, 정신을 차리자 알키메데스는 자기가 깨달은 것이 맞는지 실험으로 입증을 하였다. 우선 욕조에서 넘친 물의 무게를 측정하고 물 속에서의 몸무게를 측정하여 보니 자기가 가벼워졌다고 생각한 몸무게가 욕조에서 흘러 넘친 물의 무게와 정확히 일치하였다. 즉, 욕조에서 넘쳐 나온 물의 무게만큼 몸이 가벼워진 것이다.

이렇게 물 속에 몸을 담그면 물 속에 잠긴 몸의 부피에 해당하는 물의 무게만큼 몸무게가 가벼워지는데 이것은 우리 몸뿐 아니라 어떤 물체의 경우에도 해당된다. 이렇게 물 속에 들어있는 물체의 무게를 가볍게 하는 힘을 부력이라고 하는데 부력은 물뿐 아니라 모든 액체 및 기체, 즉 모든 유체에 적용된다. 이를 알키메데스의 원리라고 한다. 알키메데스는 자신이 발견한 원리를 이용해서 왕관은 순금으로 만들어지지 않았음을 밝혀 내었다고 한다.

알키메데스(Archimedes, B.C. 287~212)

알키메데스는 큰 돌을 쏘아 보내는 투석기, 적군의 함대를 태워버릴 수 있는 대형 거울, 물을 낮은 곳에서 높은 곳으로 끌어올리는 양수기, 무거운 물체를 들어올리는 도르래 등을 발명하였으며, 원주율(π)이 3.1408보다는 크고 3.1429보다는 작다는 것을 알았다. 그는 자연 현상을 수학적으로 설명하려는 노력을 기울인 최초의 과학자로 평가된다. 수학을 이용하여 자연 현상을 설명하려는 그의 태도는 그의 죽음과 함께 사라져 버렸다가 16세기부터 다시 되살아났으며, 이런 전통은 갈릴레이에 전해져 자연 현상을 수학적으로 설명하려는 근대 과학의 정신적 바탕이 되었다.

무거운 것은 가라앉고 가벼운 것은 뜬다

얼음은 물보다 가벼우므로 물에 뜨고 나무도 물보다 가벼워서 물에 뜬다. 그리고 쇠는 물보다 무거우므로 가라앉는다. 그러나 물에 뜨는 물체든 가라앉는 물체든 물 속에 들어가면 더 가벼워진다. 물에 의해서 가벼워지는 것은 물 속에 잠긴 부피만 해당되며 이 부피에 해당하는 물의 무게만큼 가벼워진다. 해녀들은 몸이 물 속에 완전히 잠기면 몸이 너무 가벼워져서 물 속으로 들어가기가 어렵게 되므로 허리에 무거운 납으로 만든 띠를 두르고 자맥질을 한다.

무거운 것도 뜰 수 있다

쇠처럼 무거운 물질도 물에 뜨게 할 수 있다. 일반적으로 쇠는 물에 가라앉지만 속이 빈 얇은 공이나 대야처럼 오목한 형태로 만들면 물에 뜬다. 즉, 같은 물질이라도 형태에 따라서 뜰 수도 있고 가라앉을 수도 있다. 이러한 사실은 약 2300년 전에 알키메데스가 물 속에 잠긴 물체의 부피를 크게 만들수록 더 가벼워진다는 것을 발견해서 알려졌지만 실제로는 알키메데스가 부력의 원리를 발견하기 전부터 배는 이미 사용되고 있었으며, 약 5000년 전에 돛단배가 항해에 이용되고 있었다.

알키메데스의 원리를 실제로 배에 적용해서 무거운 쇠로 만든 철선을 사용한 것은 불과 200년 정도 밖에 되지 않는다. 강철이 무겁더라도 강철을 넓게 펴서 속을 비게 만들면 물에 잠긴 부분의 부피만큼 물을 밀어내므로 밀어낸 물의 무게가 전체의 강철 무게보다 크면 강철은 물에 뜨게 된다. 이것이 바로 수천 톤이나 되는 강철배가 물에 뜨는 원리이다. 그러나 사고로 배에 물이 들어가서 배와 물을 합한 평균 비중이 물보다 커지면 배는 가라앉게 된다.

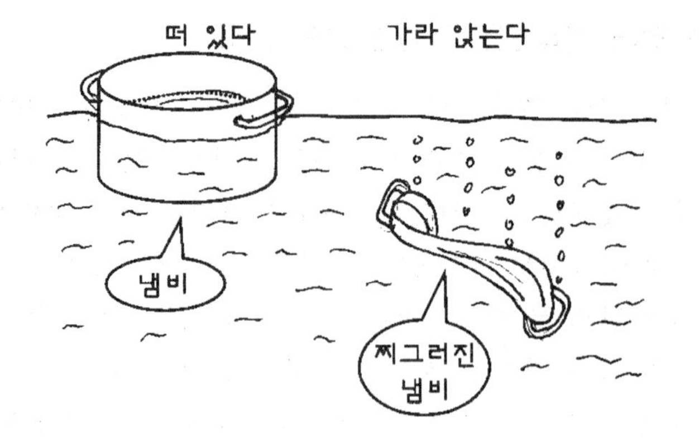

수영

우리가 수영을 할 수 있는 것도 물 속에서 몸이 가벼워지기 때문이다. 물에서 가벼워지는 것은 물 속에 잠긴 부피만 해당되고 물 위에 나온 부분은 전혀 가벼워지지 않는다. 따라서 물에 가라앉지 않으려고 발버둥치며 몸을 물 밖으로 내면 낼수록 몸은 오히려 더 가라앉게 되고 온 몸을 물 속에 담그면 몸이 더 잘 떠오른다.

사해

면적 1,020km^2, 동서 길이 15km, 남북 길이 약 80km, 최대 깊이 399m, 평균 깊이 146m인 사해의 수면은 해면보다 395m 낮아 지표상의 최저점을 기록한다. 이스라엘과 요르단에 걸쳐 있으며 북으로부터 요르단 강이 흘러 들지만, 호수의 유출구가 없다. 이 지방은 건조 기후이기 때문에 유입 수량과 거의 같은 양의 수분이 증발하므로 염분의 농도가 대단히 높아 표면수에서 200퍼밀(바닷물 농도의 약 5배), 저층수에서는 300퍼밀이다. 따라서 하구 근처 외에는 생물이 거의 살지 않으며 죽음의 바다를 뜻하는 사해(死海)라는 이름도 여기에서 연유되었다.

수영을 못하는 사람도 사해에서는 잘 뜬다. 심지어는 물 위에 누워서 책을 읽을 수도 있다. 물체는 유체에 잠기면 가벼워지는데 가벼워지는 정도는 유체의 밀도에 따라 달라진다. 사해 호수는 높은 염분 때문에 물보다 밀도가 훨씬 크며 인체의 밀도보다도 더 크다. 그래서 사해는 몸이 뜨기 쉬운 것으로 유명하다. 우리의 몸이 강물에서보다 바닷물에서 더 잘 뜨는 것도 바닷물이 강물보다 밀도가 더 크기 때문이다. 마찬가지 이유로 계란은 수돗물에서는 가라앉지만 바닷물에서는 뜬다.

빙산의 일각

극 지방의 빙하는 육상에 쌓인 눈이 자체의 무게로 압력을 받아 단단한 얼음으로 바뀐 것이다. 이 빙하가 서서히 지형이 낮은 곳으로 이동하여 바다로 떨어져 나간 것이 빙산이다. 빙하의 상층부에서 떨어져 나온 빙산은 비중이 작고, 내부에는 눈의 결정이나 공기방울이 많이 들어 있어서 멀리서 보면 흰색으로 보인다. 그러나 빙하의 내부 아래쪽에서 만들어진 얼음은 높은 압력으로 단단하게 다져지기 때문에 공기방울도 작게 압축되어 투명하게 보인다.

빙산은 비중이 약 0.85~ 0.91이므로 해수면 상에는 빙산의 일부만이 물 위에 드러나 있고 대부분의 빙산은 수면 아래에 숨어 있다. 그래서 큰 사건의 일부만 드러나 있을 때 '빙산의 일각'이란 말을 쓴다.

수직으로 솟은 배

배가 빙산과 충돌하여 침몰하는 과정을 보면 처음에는 배 밑바닥으로 물이 들어와 한 쪽이 물 속으로 기울어지고 결국은 바다 속으로 가라앉는다. 이와 같이 배가 가라앉기 전에 배의 한 쪽이 물 속에 잠긴 것과 같은 형태로 만든 배가 있다. 심해 바닷물의 움직임과 생태를 파악하는 연구를 위해 제작된 조사선으로써 바다에 수직으로 솟아 있어 배의 밑 부분이 바닷속으로 깊게 잠기도록 설계된 배이다.

이 조사선이 물에 뜨기 위해서는 물 속에 잠긴 부분의 밀도가 물의 밀도보다 작아야 한다. 따라서 바다에 잠긴 부분에 빈 공간을 만들거나 방을 만들어서 평균 밀도를 줄였다. 이 배의 윗부분은 아래 부분보다 밀도가 더 작고 무게 중심은 바닷속에 있어 심한 파도에도 쓰러지지 않고 바로 설 수 있게 제작되어 있다.

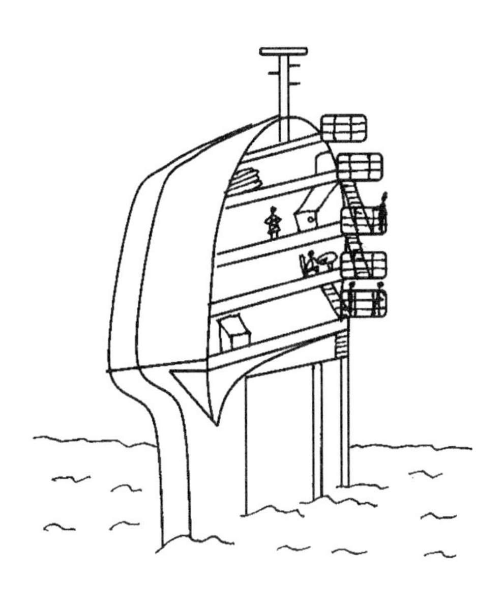

썩은 계란은 물에 뜬다

계란의 비중은 물보다 약간 크고 진한 소금물보다는 조금 작으므로 물에는 가라앉고 소금물에는 뜬다. 그런데 계란이 오래 되면 크기는 변하지 않지만 내용물은 조금씩 증발되므로 무게는 줄어든다. 따라서 썩은 계란은 물에 뜬다. 이와 같이 계란은 오래될수록 비중이 작아지므로 비중을 이용하면 계란의 신선도를 측정할 수 있다. 신선란의 비중은 1.0784~1.0914이며 시간이 지남에 따라 매일 비중이 0.0017~0.0018씩 감소한다. 따라서 소금물의 비중을 변화시키며 계란이 뜨고 가라앉음을 보면 계란의 신선도를 몇 개의 등급으로 판별할 수 있다. 농도가 진한 소금물에 가라앉을수록 더욱 신선한 계란이다.

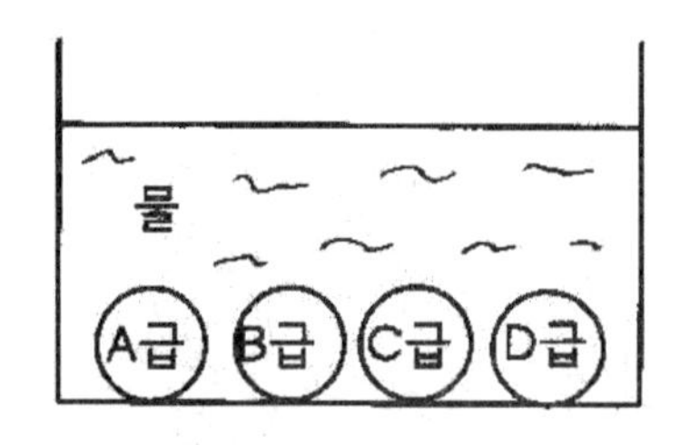

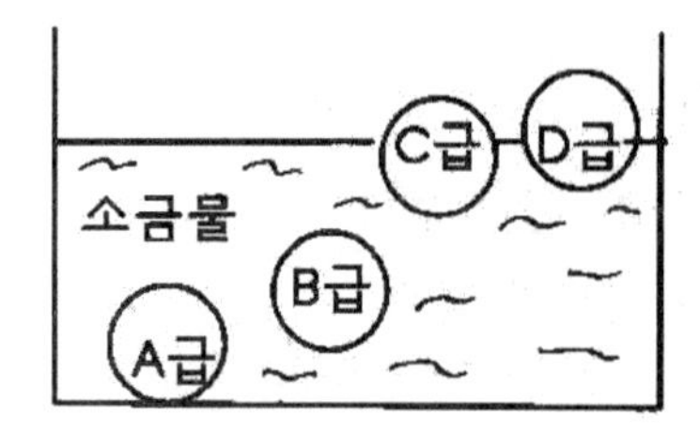

A급 : 11%의 식염수 (비중 1.08)에서 가라앉는 것 — 신선란
B급 : 10%의 식염수 (비중 1.07)에서 가라앉고 11%의 식염수에서 떠오르는 것 — 약간 신선함
C급 : 8%의 식염수 (비중 1.06)에서 가라앉고 10%의 식염수에서 떠오르는 것 — 약간 오래 되었거나 부패 우려가 있는 것
D급 : 8%의 식염수에서 떠오르는 것 — 오래된 것이거나 부패된 계란

부력을 이용한 갈릴레이 온도계

최초의 온도계는 갈릴레이가 발명한 온도계인데 그 원리는 부력을 이용한 것이다. 갈릴레이 온도계는 밀봉된 둥근 파이프 안에 액체가 들어있으며 비중이 조금씩 다른 유리 공들이 액체 속에 잠겨 있다. 액체 속에서 유리 공은 부력을 받는데 부력의 크기가 유리 공의 무게보다 큰 경우는 위로 뜨고 작은 경우는 아래로 가라앉는다. 그리고 공의 무게와 부력의 크기가 정확히 일치하는 유리 공은 액체 중에 정지해 있으므로 온도를 측정할 수 있다. 이는 마치 소금물에서 계란이 뜨거나 가라앉는 것을 보고 계란의 상태를 파악하는 것과 유사한 원리이다.

공기의 부력을 받는 풍선

물 속에서 물체의 무게가 가벼워지듯이 공기 중에서도 물체의 부피에 해당하는 공기의 무게만큼 물체는 가벼워진다. 그러나 공기는 물보다 훨씬 가볍기 때문에 우리는 가벼워지는 것을 잘 느끼지 못한다. 그러나 부피가 클수록 부력도 커지므로 무게에 비해서 부피가 큰 풍선은 부력의 영향을 많이 받는다. 풍선이 공중에 떠오르게 하려면 풍선의 무게가 공기의 부력보다 작아야 한다. 그래서 공기보다 가벼운 수소나 헬륨 기체로 풍선을 채운다.

수소 풍선이 공중에 뜨는 것은 수소 무게만큼 풍선의 무게는 무거워지지만 풍선의 크기에 해당하는 공기의 무게만큼 가벼워지기 때문이다. 풍선을 아주 크게 만들면 사람이 타고 공중을 날 수도 있다. 하늘 높이 올라가면 공기의 밀도가 작아지므로 풍선은 더 이상 올라가지 못한다. 또한 공기가 없는 달에서는 수소 풍선이 공중에 뜨지 않고 가라앉는다.

배는 물에 뜨고 비행선은 공중에 뜬다

물체가 떠있다는 의미는 물체의 무게만큼 유체가 부력을 작용하였다는 것이다. 즉, 배는 밀어낸 물의 무게만큼 가벼워지는 부력에 의하여 물 위에 뜨고 비행선은 비행선의 크기에 해당하는 공기의 무게만큼 가벼워지기 때문에 공중에 뜨는 것이다. 그런데 공기는 물보다 밀도가 훨씬 작으므로 비행선의 크기는 배보다 훨씬 더 커야 된다. 이러한 크기의 제한 때문에 비행선은 발명 초기에만 항공 교통수단으로 사용되고 더 이상 개발되지 않았으며 요즘은 주로 광고용으로 쓰이고 있다.

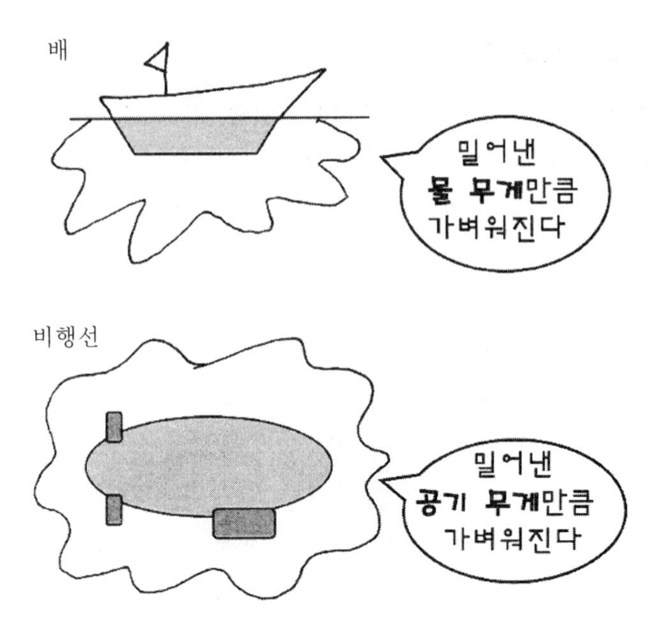

♥ **퀴즈**

공기를 많이 넣은 풍선과 적게 넣은 풍선을 저울에 달면 어느 것이 더 무거울까?

답 : 똑같다. 공기가 들어있는 풍선은 공기 무게만큼 더 무겁지만 풍선이 커진만큼 부력을 더 받으므로 공기의 부력에 의해 저울에는 순수한 풍선의 무게만 나타난다.

알키메데스의 이중 양피지

1998년 10월 29일, 뉴욕의 크리스티 경매장에는 유난히 많은 사람들의 관심이 집중되었다. 왜냐하면 이 날 경매장에 나온 물건들 중에는 12세기경에 쓰여진 낡고 작은 기도책이 한 권 있었기 때문이다. 이 기도책은 탁상일기 정도의 작은 크기이기 때문에 언제나 들고 다니기 좋게 만들어져 있었다. 이것은 양피지에 잉크로 직접 글을 적은 것인데 일부는 불에 거슬려지기도 하고, 강한 화공약품이 떨어져 얼룩이 져 있기도 하였다. 그런데 더욱 심각한 것은 양피지 위에는 썼다가 지운 흔적들이 역력히 남아 있었다. 이 기도책은 그 동안 정신이 이상한 사람들에게서 마귀를 쫓아내는 주문을 하기 위한 휴대용 기도서로 사용되었는데 많은 효험을 본 것으로 알려져 있다.

경매가 시작되자 많은 사람들이 경매에 응했다. 그러나 금액이 50만 불, 백만 불로 높아지면서 모든 사람들이 포기하고 최후에 두 명만이 남게 되었다. 그 중의 한 명은 그리스 정교에서 권한을 위임받아 나온 사람이고 다른 한 사람은 익명의 개인 수집가였다. 최종적으로 개인 수집가는 200만 불을 제시하였고, 그리스 정교에서 파견나온 사람은 어디론가 전화를 한 후 더 이상의 금액을 제시하는 것을 포기하여 그 기도책은 결국 개인 소장가에게 낙찰되었다.

그는 이 책을 볼티모어에 있는 월터스 미술관에 기증하여 일반인들이 관람할 수 있도록 그 다음 해 6월부터 9월까지 전시회를 열었다. 미술관 측에서는 최신 영상기법을 사용하여 그 기도책에 지워진 채 남아 있는 글자와 그림들을 복원하여 원본과 함께 전시하였는데 그 지워진 내용들은 놀랍게도 그 동안 행방이 묘연하던 알키메데스의 논문을 기록한 진본이었다.

알키메데스는 기원전 287년에 시실리 섬의 시라큐스라는 도시에서 천문학자이며 수학자인 피디아스의 아들로 태어났다. 그 당시 시라큐스는 상업뿐 아니라 예술, 과학의 허브 역할을 하는 중요 도시일 뿐 아니라 로마와 카르타고 사이에 놓여 있어 지리적, 정치적으로도 대단히 중요한 위치에 있었다. 당시의 히에로(Hiero) 왕은 정치력을 동원하여 자치 방어를 하는 한편 알키메데스에게 성벽을 강화하라고 지시하였다. 이에 알키메데스는 성벽을 튼튼히 쌓는 한편 성벽에 거울로 특수 장치를 하여 침략하는 로마 함대를 햇빛으로 태워 격파시킴으로써 2년 동안 로마 군을 속수무책으로 만들었다.

하루는 시라큐스가 로마 군에 침략당하는 것도 모르고 75세의 노과학자 알키메데스는 땅에 그림을 그리며 연구에 몰두하고 있었다. 당시 로마 군의 대장 마르셀러스는 알키메데스를 존경하고 있었으므로 시라큐스를 침공하자마자 알키메데스를 모셔오라고 군인을 보냈다. 그 군인이 알키메데스를 찾은 후 동행할 것을 요구하자 알키메데스는 귀찮다는 듯 기하학 문제를 푸는 데만 정신을 집중시켰다. 그러자 그 군인은 패잔병에게 업신여김을 받았다는 생각에 화가 머리 끝까지 치밀어 그만 창으로 찔러 알키메데스는 어이없는 죽음을 맞게 된다.

뒤 늦게 이 보고를 받은 마르셀러스는 알키메데스를 성대하게 장사 치르고, 그가 밝혀낸 기하법칙 중의 하나를 나타내는 실린더 속에 구(球)가 그려진 그림을 비석에 그려 넣어 알키메데스의 위대함을 표명하였다. 알키메데스는 시라큐스의 방어에도 노력했지만 평소에는 농사짓는데 손쉽게 물을 공급하기 위하여 양수기도 고안하였다. 이것은 요즘도 '알키메데스의 스크류'로 불리는 초기 형태의 양수기이다.

그러나 알키메데스가 우리와 친숙한 것은 무엇보다도 부력의 원리이다. 그는 히에로 왕의 왕관이 순금인지 아닌지를 골똘히 생각하다가 드디어 목욕탕 속에서 몸이 가벼워진다는 것을 깨닫고 왕관이 순금이 아님을 밝혀낸다. 이러한 부력의 원리뿐 아니라 다른 여러 편의 논문이 크리스티 경매장에서 경매에 붙여진 기도책에 지워진 채로 희미하게 남아있었던 것이다.

이 책은 "알키메데스의 이중 양피지"라고 알려져 있는데 알키메데스가 어떻게 그의 수학적 정리를 기계적인 의미로 도출했는가를 설명하는 논문이 포함된 유일한 책이다. 또한 '부력에 관하여'라는 오리지널 그리스어로 쓴 유일한 고문서이다. 알키메데스는 그 논문에서 부력에 관한 물리학적 설명과 아울러 비중의 원리에 관한 공식적인 설명을 하였다.

사실, 알키메데스가 살던 기원전 3세기에는 오늘 날과 같은 형식의 서적이 발명되기 전이었다. 알키메데스는 종이의 원조라 할 수 있는 파피루스 두루마리에 자신의 이론과 그림을 기록하였다. 그러나 이런 기록은 시간이 오래 지나면 탈색되고 파피루스가 부서지기 때문에 오랫동안 사용할 수 없었다. 그래서 알키메데스의 기록은 그의 뒤 세대에서 옮겨 쓰고 이를 다시 옮겨 쓰고 하며 계승되어 내려왔다.

오늘 날과 같은 형식의 책은 기원 후 4세기경 나무 판자 사이에 양 가죽이나 소 가죽, 염소 가죽 등을 끼워서 만들었다. 파피루스 두루마리에 옮겨 적던 알키메데스의 작품은 10세기 경에 중세 도시인 콘스탄티노플(현재의 이스탄불)에서 양피지에 옮겨 적어 책으로 제본되었다. 알키메데스가 죽은 지 1000년이 넘어서야 책으로 만들어졌지만 이것이 알키메데스의 가장 오래된 고문서이며 이번에 경매된 서적이다.

그의 연구 논문들이 콘스탄티노플에서 책으로 만들어지게 된 경위는 9~10세기경 제국을 다스리던 마케도니아 왕조의 콘스탄틴 7세가 학문을 숭상하여 알키메데스의 작품을 매우 귀하고 보존성이 뛰어난 양피지에 옮겨 적도록 하였기 때문이다. 그 후 12세기경 십자군 전쟁으로 인하여 양피지가 귀하여지자 옛날 책을 뜯어 글자를 지우고 그 위에 새로 글을 써서 책을 만드는 이른바 재생 서적이 많이 만들어졌다.

콘스탄티노플에서는 이러한 격동기 동안 알키메데스의 진보된 수학 논문은 중요하게 인정되지 않았다. 그 보다 더욱 시급한 것은 수도승들이 마귀를 쫓아내고 영혼을 구제하는 종교적인 의식에 필요한 기독교 서적들이었다. 그래서 알키메데스의 책도 기독교의 포켓

용 기도책으로 재생되었다. 우선 책을 페이지마다 뜯어서 화공약품으로 글자나 그림들을 지우고 이것을 반으로 잘랐다. 그리고 양피지를 90° 각도로 돌려 놓고 글을 다시 적어 지운 글씨에 의한 영향을 적게 받도록 하였다. 이 양피지들은 나무 판 사이에 끼워 기도책으로 다시 태어났던 것이다.

이 책은 그 후 성스런 책으로 인정받아 예루살렘과 사해 사이에 있는 홀리랜드라는 곳의 그리스 정교회 수도원에 보관되었다. 그리고 이곳에서 400년 이상 기독교 종교도서로 사용되어 오다가 1800년대 초반에 콘스탄티노플에 있는 교회로 옮겨졌다. 1846년에 성서학자 티센도르프가 그 교회를 방문하여 그 곳에 수집된 고문서들을 살피고 이중 양피지 고문서 중에 수학에 대해 적혀 있는 한 권만이 가치가 있는 것 같다고 언급했다. 그런데 그가 떠난 후 알키메데스의 이중 양피지중 한 장이 실종되었는데 이것은 1983년에 영국 켐브리지 대학 도서관에서 발견되었다.

1907년에는 덴마크의 언어학자 요한 하이부르크가 콘스탄티노플에 있는 도서관에서 희미하게 흔적만 남아있는 "알키메데스의 이중 양피지" 문서를 돋보기 한 개를 손에 들고 꼼꼼하게 번역하였다. 그는 현존하는 알키메데스의 작품을 포함하는 것 중 가장 오래된 원문 원고를 발견했을 뿐 아니라 그전에 전혀 알려지지 않았던 '기계적 이론의 방법'이란 논문을 처음으로 발견했던 것이다. 하이부르크의 발견은 1907년 7월 16일 당시 최대 일간지인 뉴욕타임스 지의 표지 기사로 대서 특필되었다.

이렇게 알키메데스의 이중 양피지는 1846년과 1907년, 두 차례에 걸쳐서 대중들 앞에 잠깐 모습을 비치고 그 후 종적이 묘연하였다. 그러다가 드디어 1998년에 크리스티 경매장에 모습을 나타낸 것이었다. 특히 이 물건이 그리스 정교(Greek Orthodox Church)의 교회 도서관에서 도난을 당한 것이므로 원 주인인 그리스 정교에 소속되어야 한다고 재판에 계류 중이었기 때문에 경매장에 나오기 전부터 세인의 관심을 더 많이 끌었다. 재판 결과, 경매에 붙여도 좋다는 허락이 내려졌으며, 그리스 정교에서는 자존심을 걸고 "기도서"로서의 그 고문서를 되찾고자 했으며, 익명의 수집가는 "알키메데스의 이중 양피지"로서의 그 고문서를 사서 알키메데스의 과학적인 가치를 되찾고자 했던 것이다.

알키메데스의 작품은 한 때 헌 신짝처럼 내버려졌으나 기도책의 이면에 모습을 감춘 채 지금까지 살아온 것은 차라리 경이롭게 여겨진다. 그리고 진실한 가치는 잠시 빛을 잃더라도 결국은 그 모습을 나타내는 모양이다. 기도문을 적기 위한 한낱 소재로 취급되던 물건이 이제는 가치가 뒤바뀌어 화려하게 그 모습을 나타내었다.

파스칼의 원리

치약을 짜다가 부부싸움을 한다

부부싸움은 사소한 일에서 비롯되는 경우가 많다. 그 중 하나가 치약을 짜면서 벌어진다. 남편은 치약의 아래 부분부터 가지런히 눌러서 짜는데 아내는 치약의 중간 부분을 아무렇게나 눌러 짜든지 아니면 그 반대의 경우이다. 치약의 끝부분을 눌러 짜는 사람은 아무데나 눌러 짜는 것이 영 마음에 들지 않는다. 치약의 중간 부분이 찌그러져 보기 싫다고 생각하기 때문이다. 반면에 치약의 아무 부위나 눌러서 짜는 사람은 끝 부분만 눌러 짜는 사람을 답답하고 꽉 막힌 사람이라고 생각한다. 어차피 치약만 나오면 되지 왜 끝을 눌러야 되느냐고 항변한다.

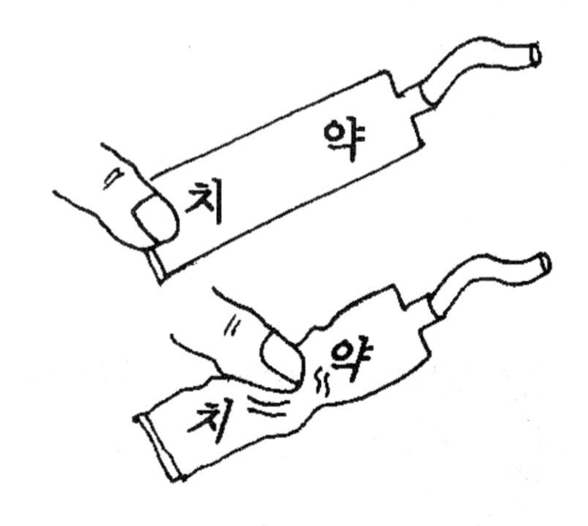

어느 집에서는 매일마다 겪을지도 모르는 이러한 사소한 치약 짜기 다툼은 어디를 누르든지 치약이 나오기 때문에 벌어질 수 있는 일이다. 우리는 매일 치약을 사용하기 때문에 어디를 눌러도 치약이 나온다는 사실을 너무나도 당연하게 생각하고 있지만 여기에는 액체만이 가지고 있는 놀라운 과학적 원리가 들어 있다.

3색 치약

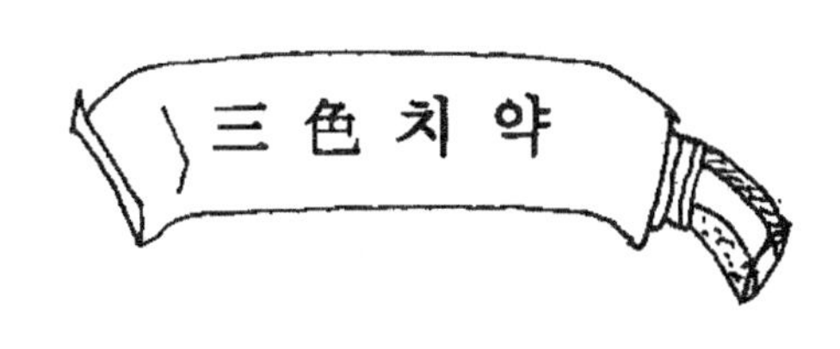

요즘은 치약 짜기에 얽힌 부부싸움을 승화시켜서 3색 치약이 등장하였다. 치약의 어느 부분을 눌러도 빨강, 파랑, 흰색의 세 가지 색깔이 고르게 짜져서 시각적인 즐거움을 더해준다. 이렇게 여러 가지 색깔이 고르게 짜지는 것은 치약의 모든 부분이 골고루 힘을 받기 때문이다.

수수께끼

- 아프지도 않으면서 매일 입에 넣는 약은? ······················ 치약

뉴튼과 파스칼

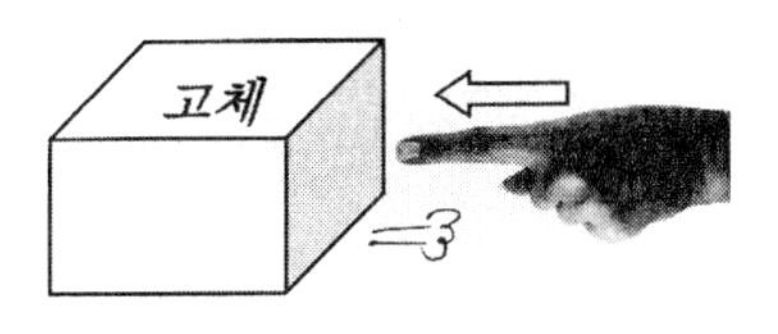

뉴튼의 법칙

파스칼 이전에는 모든 물체는 힘을 주는 방향으로 움직인다고 생각했다. 이것은 뉴튼이 발견한 가장 중요한 기본적인 물리법칙이며 지금도 믿고 있는 사실이다. 그런데 이러한 뉴튼의 법칙은 고체에만 적용되며 액체나 기체 같은 유체에는 적용되지 않는다. 파스칼은 밀폐된 용기에 들어있는 유체의 경우, 어느 방향으로 힘을 주든지 유체는 모든 방향으로 힘을 받으며 결국은 구멍이 뚫린 쪽으로

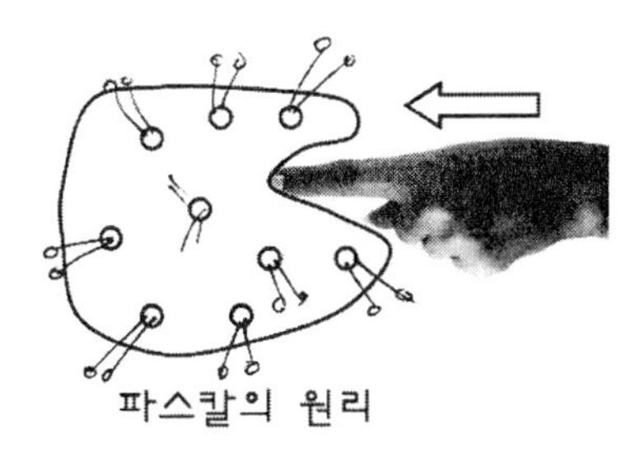

파스칼의 원리

유체가 분출된다는 사실을 발견하였다. 즉, 치약이 나오는 구멍은 한 군데밖에 없으므로 치약의 어느 부분을 눌러도 치약은 그 구멍을 통해서 나온다.

한약 짜기와 두부 만들기

요즘은 보기 드문 풍경이지만 예전에는 한약에는 정성이 들어있어야 한다며 헝겊에 한약을 싼 후 힘들여 한약을 짰다. 우선 약탕기에 한약을 넣고 다린 후, 약이 우러나면 찌꺼기 채로 한약을 베에 싸고 막대기로 쥐어짜서 한약을 받아내었다. 이 때 막대기의 역할은 베를 눌러주는 역할을 한다. 막대기를 어느 방향으로 누르든 한약은 베를 통해서 밖으로 나온다.

두부를 만들 때도 맷돌로 콩을 간 후, 콩 물이 엉겨붙기 시작하면 베를 깐 틀에 물기가 많이 있는 콩 물을 부어 넣고 위에서 무거운 물체로 눌러주면 물만 틀 밖으로 빠져나와 단단한 두부가 만들어진다.

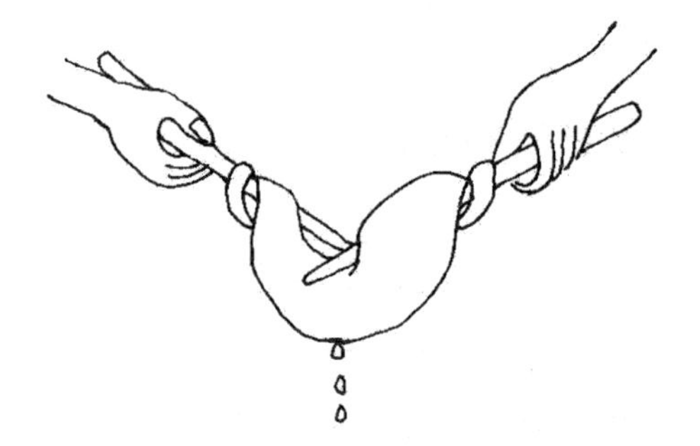

인공호흡

물에 빠진 사람을 건져내면 제일 먼저 하는 일이 인공호흡이다. 물에 빠진 사람을 바닥에 눕혀놓고 배를 꾹꾹 눌러주는데 이러한 조치를 하면 뱃속에 들어 있

는 물과 함께 이물질을 토해내게 된다. 이것은 배를 누르는 압력이 위의 내부에 사방으로 전달되어 결국은 뚫린 구멍인 식도를 통하여 몸 밖으로 배출되기 때문이다.

그릇에 담긴 물에 힘을 주면?

얇은 막으로 밀폐된 그릇에 담긴 물과 뚜껑 없이 노출된 그릇에 담겨 있는 물을 손가락으로 누르면 이들은 전혀 다른 반응을 나타낸다. 뚜껑 없는 그릇에 담긴 물에 손가락을 넣으면 물 속에 잠긴 손가락 부피만큼 물이 흘러 넘친다. 그러나 밀폐된 용기 속에 들어 있는 유체에 힘을 가하면 손가락으로 눌리는 부분은 오목하게 들어가지만 다른 부분은 볼록하게 튀어나온다. 이것은 손가락으로 누르는 힘이 용기의 모든 방향으로 전달되기 때문이다. 그러므로 물이 가득 찬 밀봉된 용기에 구멍을 한 개 뚫어 놓으면 어디에서 어떤 방향으로 압력을 가해도 용기 속의 물은 그 구멍을 통해 밖으로 뿜어져 나오게 된다. 일상생활에서 자주 경험하기 때문에 너무나도 당연하게 받아들여지고 있는 이 놀라운 현상은 1653년에 파스칼에 의해 처음으로 그 과학적 원리가 밝혀졌다.

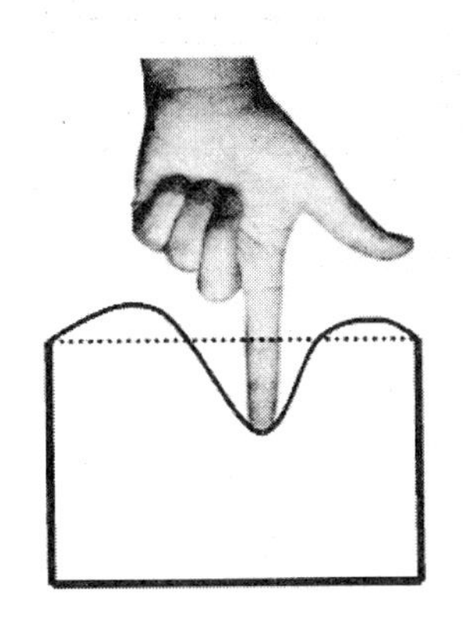

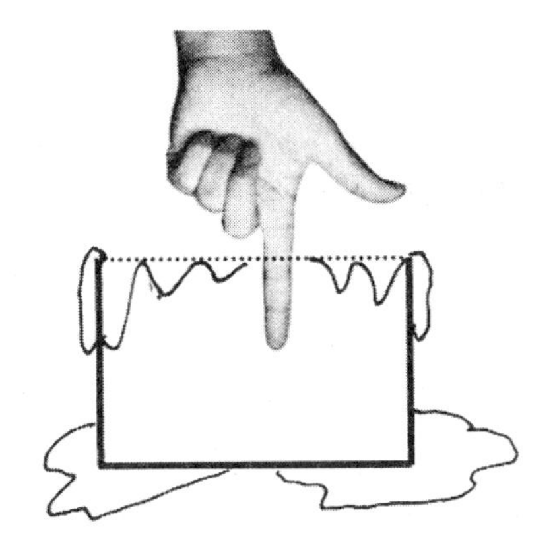

파스칼의 원리

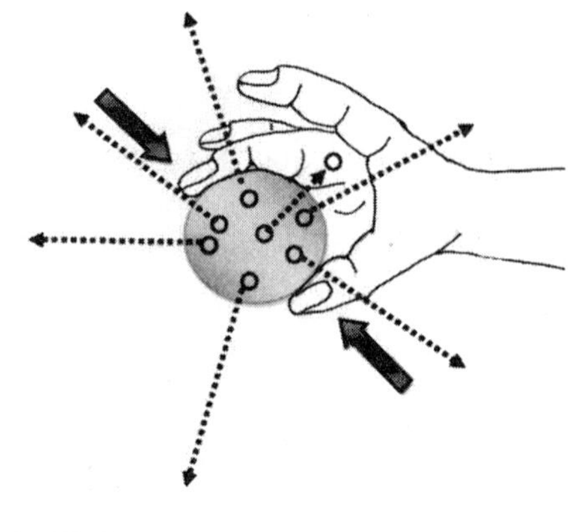

구멍 뚫린 공을 손가락으로 누르면 모든 구멍을 통해서 물이 밖으로 뿜어져 나온다. 이것은 밀폐된 용기 안에 액체가 채워져 있을 때 액체의 일부에 가해진 힘은 용기의 모든 부분에 동일한 압력으로, 수직 방향으로 작용함을 의미한다.

따라서 입구가 좁은 병에 작은 힘을 가하면 면적이 넓은 밑바닥에는 큰 힘이 전달된다. 예를 들어 입구보다 밑바닥이 20배 넓은 밀폐된 병에 액체가 담겨 있을 때, 병의 입구에 10kg짜리 작은 돌을 올려놓으면 병의 바닥은 200kg짜리 바위가 놓인 것과 같은 큰힘을 받게 된다.

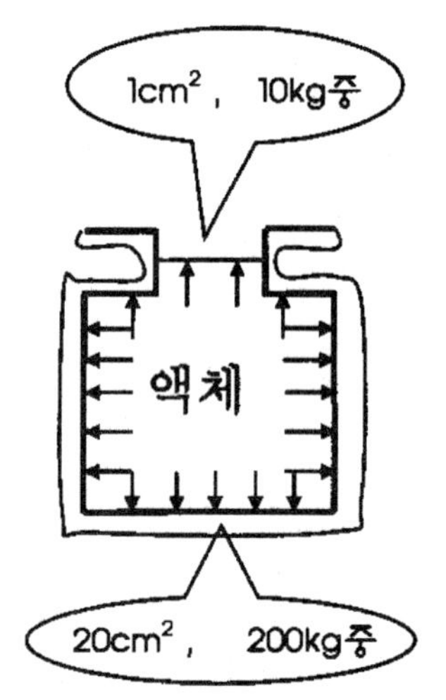

파스칼 의자

시소처럼 한 쪽에는 무거운 어른이 앉고 다른 한 쪽에는 가벼운 어린이가 앉아도 평형이 유지되는 '파스칼 의자'라는 놀이기구가 있다. 이 기구는 액체가 가득 찬 밀폐된 파이프의 양쪽에 피스톤이 연결되어 있는데 어린이가 앉는 의자가 얹힌 피스톤은 작고 어른이 앉는 의자가 얹힌 피스톤은 크게 만들어져 있다. 그래서 가벼운 어린이가 앉은 의자와 무거운 어른이 앉은 의자가 균형을 잡게 된다.

유압기

크기가 다른 두 개의 실린더에 구멍을 뚫어 파이프로 연결한 후 각각의 실린더에 피스톤을 연결해주면 무거운 물체를 들어올릴 수 있는 유압기가 된다. 밀폐된 용기 속에 들어 있는 유체에 가해진 압력은 모든 방향으로 같은 크기로 전달되므로 유압기에서는 크기가 작은 피스톤에 힘을 주면 큰 피스톤에는 이보다 더 큰 힘이 전달된다.

예를 들어 큰 피스톤의 단면적을 작은 피스톤보다 열 배 크게 만들면 열 배 큰 힘으로 물체를 들어 올릴 수 있으므로 이러한 장치를 이용하면 무거운 자동차도 작은 힘으로 쉽게 들어 올릴 수 있다.

파스칼

파스칼은 그가 집필한 <팡세>라는 명상록에서 '사람은 생각하는 갈대'라는 말을 남겨 널리 알려진 프랑스의 물리학자이자 수학자, 철학자, 작가이다. 그는 갈릴레오와 토리첼리의 이론을 검증하던 중에 수은기압계를 만들어 산 꼭대기에서 기압을 측정하여 대기압에 관한 실험을 검증하고 확대시켰다. 또한 실험 과정에서 주사기를 발명했으며, 파스칼의 원리를 바탕으로 유압프레스를 고안하였다.

기압

퍼 올려지지 않는 궁전의 우물물

이탈리아의 토스카나 대공은 궁전 뜰에 우물을 새로 팠다. 그러나 그곳에는 지하수가 쉽게 발견되지 않아 땅 속 깊숙이 무려 지하 12m까지 파내려 가서야 우물물이 나왔다. 그런데 그 다음에 새로운 문제가 생겼다. 아무리 펌프질을 해도 우물물이 전혀 뿜어져 나오지 않는 것이었다. 그 이전에도 깊이가 10m 이상인 깊은 우물에서는 펌프로 물을 끌어 올릴 수 없다는 것은 사람들 입을 통하여 알려져 있었으나 그 이유는 모르고 있었다. 그래서 토스카나 대공은 이 수수께끼 같은 의문을 풀어보도록 당시에 가장 유명한 과학자였던 갈릴레이에게 의뢰하였고, 갈릴레이는 그의 제자인 토리첼리에게 이 문제를 연구해 보도록 맡겼다.

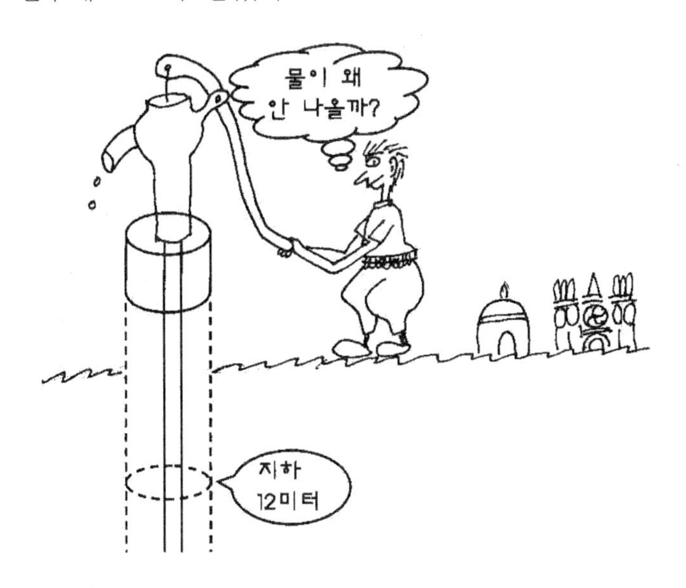

우물에 관한 토리첼리의 실험

토리첼리는 깊은 곳의 우물물이 펌프질되지 않는 현상을 설명하기 위하여 실험에 착수하였다. 그는 실험을 용이하게 하기 위해서 물보다 훨씬 무거운 수은을 사용하였는데 수은은 물보다 13.6배 무거우므로 수은 기둥은 물 기둥의 1/13.6의 낮은 높이로 대체할 수 있기 때문이다. 그리하여 토리첼리는 10m 이상이나 되는 펌프의 긴 관에 물을 넣는 대신에 1m도 안 되는 짧은 유리관에 수은을 넣고 실험을 하였다.

그는 한쪽 끝이 막힌 유리관 속에 수은을 가득 채워 넣고 열려 있는 다른 쪽 끝을 손으로 막았다. 그리고 수은이 담겨 있는 그릇에 유리관을 거꾸로 세우고 손을 떼었다. 유리관 속의 수은은 중력에 의해 모두 관 아래로 내려가고 말텐데, 이상하게도 수은은 높이 76cm까지만 내려가고 멈추어 섰다. 이것으로 수은 76cm의 무게는 물 10m (76cm × 13.6 = 10m)의 무게와 같으므로 물을 10m 이상 펌프질 할 수 없다는 것이 입증되었다. 그러나 토리첼리에게는 새로운 의문이 생겼다. 그것은 수은은 왜 76cm의 높이에서 멈추어 섰을까라는 것이었다.

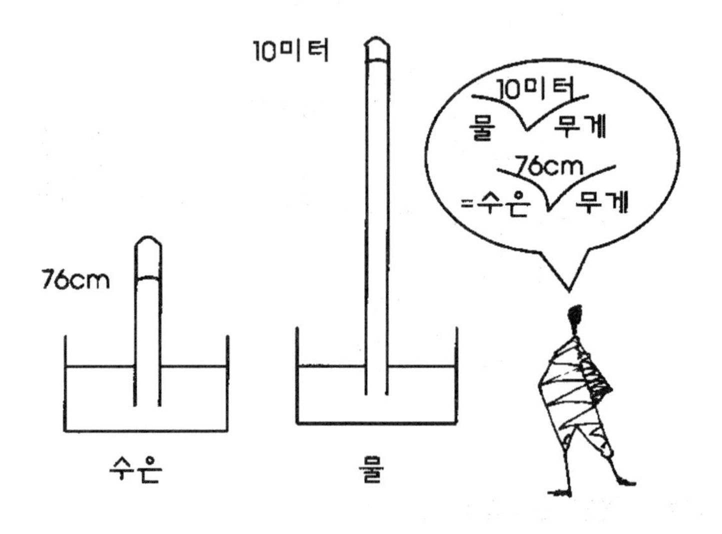

우물에 관한 수수께끼의 해답

오랜 고심 끝에 이것은 수은주의 무게와 그릇 속에 담긴 수은 면에 걸리는 공기의 압력이 평형을 이루기 때문이라고 생각했다. 즉, 공기의 압력(기압)은 높이 76cm인 수은주가 누르는 압력과 같다고 결론을 내렸다. 공기는 무게를 가지고 있기 때문에 물체에 압력을 작용하며 이러한 공기의 압력으로 인해 펌프로 우물물을 퍼 올릴 수도 있음을 알아낸 것이다. 따라서 대기압과 같은 압력에 해당되는 물의 높이만큼 끌어올릴 수 있다고 설명했다.

그리고 그 공기의 압력으로는 수은을 76cm 까지만 펌프질 할 수 있음도 알았다. 따라서 물의 경우는 약 10m 높이까지 펌프질 할 수 있으며 토스카나 대공의 우물은 이 보다 깊은 12m이므로 펌프질을 할 수 없었다. 토리첼리의 실험 이후에 프랑스의 철학자이며 물리학자인 파스칼은 수은 대신 실제로 물을 사용하여 한 끝이 막힌 유리 기둥 속에서 물의 높이가 10m까지 이른다는 것을 실험하였으며, 이로써 우물물이 10m 이상 펌프질 되지 않음을 확증하였다.

토리첼리의 진공

토리첼리는 유리관 속에 들어 있는 수은의 높이가 항상 76cm로 일정하게 유지되고 유리관의 윗부분에는 텅 빈 공간이 생긴다는 사실을 발견하였다. 원래 유리관은 수은으로 채워져 있었고 그것을 거꾸로 세운 것이기 때문에 공기가 들어갈 틈은 없었다. 이로 인해서 토리첼리는 진공이라는 것이 존재하는 것을 알게 되었다. 이것은 과학의 역사상 중요한 발견으로, 토리첼리는 자연계에 진공이 존재하지 않는다는 아리스토텔레스의 이론을 뒤엎고 진공을 만들어내게 되었으며, 그는 이 실험을 통하여 최초로 진공 상태를 확인한 것이다. 그로부터 수은주의 윗부분에 생긴 진공을 토리첼리의 진공이라 부르게 되었다.

수은을 끌어올리는 힘은 진공일까 공기의 압력일까?

토리첼리는 유리관 속에 있는 수은을 끌어올리는 힘이 무엇일까 근본적인 문제를 생각하였다. 그는 우선 첫 번째 가능성으로 진공을 생각했다. 그는 유리관을 옆으로 기울여도 수은의 수직 높이가 항상 76cm의 높이를 일정하게 유지한다는 사실을 발견하였다. 수은의 수직 높이가 일정하므로 유리관을 옆으로 기울이면 더 많은 양의 수은이 유리관을 채우게 되고 진공의 부피는 훨씬 작아졌을 것이다. 만일 진공의 힘이 수은을 빨아올린다면 유리관 속의 진공의 부피가 변하는데도 수은의 높이는 왜 항상 76cm를 유지하는지에 대한 의문과 함께 진공과는 상관없이 수은의 높이를 항상 일정하게 유지시키는 뭔가 다른 힘이 작용한다는 생각을 하게 되었다.

여기서 토리첼리는 진공이 수은을 빨아올리는 것이 아니라 그릇의 수은 면에 내리 누르는 공기의 무게가 유리관 속의 수은을 밀어올린다는 결론을 얻을 수 있었다. 즉, 수은 면을 내리누르는 공기의 무게와 유리관 속 수은의 연직 방향 무게가 같다는 사실로부터 공기에 의한 압력, 즉 대기압에 의해서 액체가 눌리고 있다는 결론을 이끌어 내었다.

기압의 발견

비행기가 이륙하거나 착륙할 때 귀가 멍멍해질 때가 있다. 고층빌딩의 고속 엘리베이터를 타도 귀가 멍멍해진다. 또한, 기차를 타고 터널 속을 통과할 때도 귀가 아프거나 멍할 때가 있는데 이것은 모두 기압 때문이다.

공기가 있다는 것은 오래 전부터 알고 있었지만 공기의 압력인 기압을 처음으로 발견한 사람은 이탈리아의 물리학자 토리첼리로서 1643년의 일이었다. 그는 한 쪽을 봉한 유리관에 수은을 넣고 거꾸로 세웠더니 76cm 높이까지만 수은 기둥이 유지되는 것을 관찰하여 공기의 무게로 인해 생기는 압력을 발견하였다. 그는 또한 높은 산 위에서는 기압이 낮아지므로 산 아래에서 보다 펌프질 할 수 있는 우물의 깊이가 얕아진다는 사실을 알았다.

압력의 단위 토르(Torr)는 그의 공적을 인정하여 토리첼리(Torricelli)의 이름에서 따온 것이다.

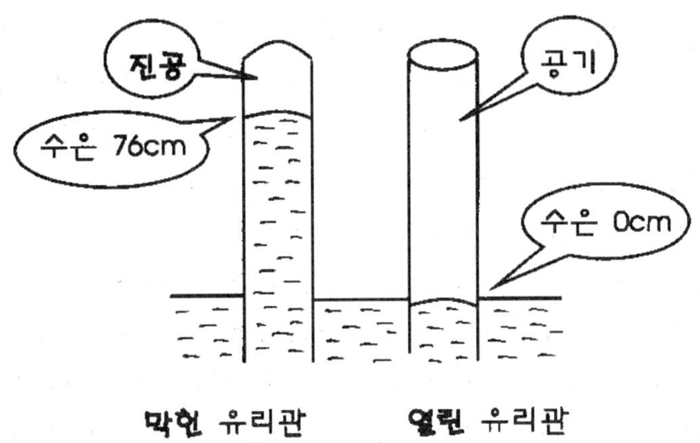

유 머 **엘리베이터 안에서 기체의 작용**

고통 : 둘만 있는 엘리베이터에서 다른 사람이 지독한 방귀를 터뜨렸을 때

울화 : 방귀 뀐 자가 마치 자기가 안 그런 척 딴전을 부릴 때

고독 : 방귀 뀐 자가 내리고 그 자의 냄새를 홀로 느껴야 할 때

억울 : 그 자의 냄새가 가시기도 전에 다른 사람이 올라타 얼굴을 찡그릴 때

울분 : 엄마 손 잡고 올라탄 어린이가 나를 가리키며 '엄마 저 사람이 방귀 뀌었나 봐' 라고 할 때

허탈 : 그 엄마가 '누구나 다 방귀는 뀔 수 있는 거야' 라며 아이에

게 이해를 시킬 때

만감교차 : 말을 끝낸 엄마가 다 이해한다는 표정으로 나를 보며 씩 미소 지을 때

코끼리보다 무겁게 누르는 공기

우리는 대기압 하에서 살고 있는데 기압이 생기는 이유는 지구를 둘러 쌓고 있는 공기의 무게 때문이다. 공기는 눈에 보이지도 않고 그 무게가 느껴지지도 않을 정도로 가벼워서 우리는 바람이 불지 않으면 공기의 존재를 잊어버릴 정도이지만 공기도 많이 모이면 대단히 무거워진다. 우리가 거주하는 방 안에 들어있는 공기의 무게는 대략 성인 한 사람의 몸무게 정도이다.

공기는 지표면에서 위로 올라갈수록 점차 희박해지지만 지상 100km 정도의 높이까지는 공기가 쌓여 있다. 이러한 공기의 무게를 전부 합한 압력이 우리에게 기압으로 작용한다. 즉 기압이란 그 장소에 작용하는 공기의 무게를 뜻하며, 우리는 평균 1기압의 환경 속에서 생활하고 있다. 물리학적으로 정의하면 1기압이란 면적 $1cm^2$ 당 1kg중의 힘이 가해지는 공기의 압력을 뜻한다. 다시 말해 지표면 상의 면적 $1cm^2$ 위에 있는 공기를 하늘 높이까지 수직 기둥을 세우면 그 기둥 안에 들어있는 공기의 무게가 1kg중이라는 의미이다.

우리 몸도 공기에 의해서 $1cm^2$ 당 약 1kg중의 압력을 받는데 몸의 표면적은 약 $20{,}000cm^2$이므로 20,000kg 중, 즉 20톤, 그러니까 어른 300명 정도가 누르는 무게를 받고 있다. 그러나 우리는 공

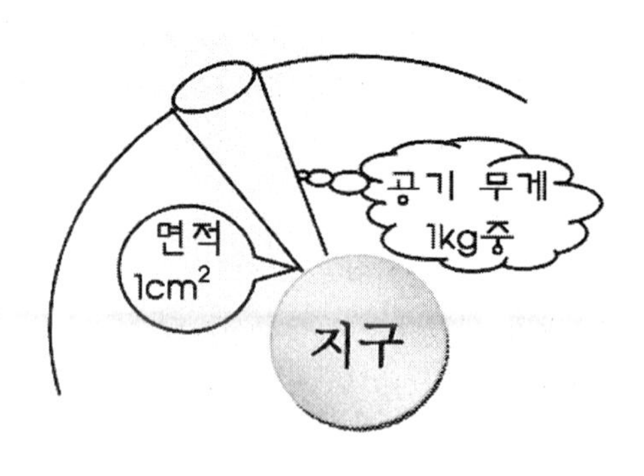

기가 누르는 힘을 전혀 느끼지 못하고 있는데 그 이유는 우리의 몸 안쪽에서는 바깥쪽에서 작용하는 기압과 동일한 압력으로 팽창하도록 진화되어서 그러한 압력에 익숙해져 있기 때문이다. 이는 깊은 물 속에 사는 심해어가 큰 압력은 잘 견디지만 압력이 작은 얕은 물에서는 오히려 살 수 없는 것과 마찬가지이다.

마그데부르그의 반구 실험에 동원된 16마리의 말

지상에서 공기가 누르는 힘이 얼마나 강한지 실감할 수 있도록 측정해보려는 시도가 독일의 마그데부르그에서 1654년에 이루어졌다. 당시 마그데부르그 시장으로 재직하던 과학자 게리케는 자기가 발명한 진공 펌프를 이용하여 기압의 엄청난 힘을 보여주는 실험을 하였다. 그는 금속으로 만든 지름 40cm인 반구 두 개를 합쳐 놓고 그 속의 공기를 진공 펌프로 뽑아내었다.

반구에 공기가 들어있을 때는 금속구 내부와 외부의 압력이 같기 때문에 반구는 쉽게 떨어졌지만, 반구를 진공으로 만든 후에는 금속구 내부와 외부 사이에 대기압 크기의 압력 차가 생기므로 쉽게 열리지 않았다. 게리케는 두 반구를 떼어 놓는데 드는 힘의 크기는 대기압과 같으므로 반구를 떼어내는 힘의 크기로 대기압을 측정하고자 하였다.

드디어 많은 시민들 앞에서 한 쪽에 8마리씩 모두 16마리의 말이 양쪽에서 끌어당겨 반구를 겨우 떼어 놓을 수 있었다. 마그데부르그 반구 실험을 통해서 대기압이 매우 큰 힘이라는 것을 대중들은 실감할 수 있게 되었다.

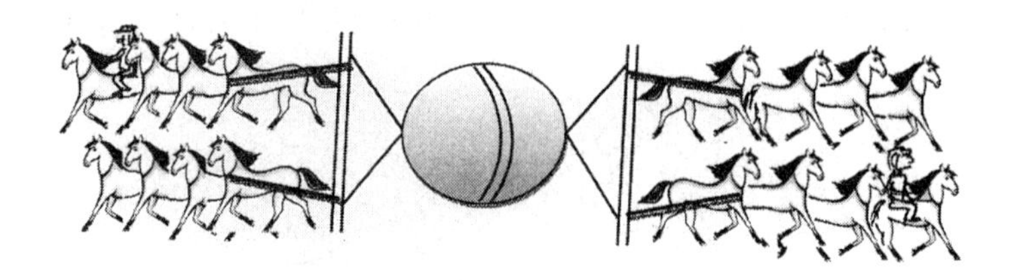

빨판

속이 움푹 파인 빨판을 이용하여 물건을 매끈한 유리나 타일에 걸어 놓으면 접착제를 사용하지 않아도 떨어지지 않고 붙어 있는 것도 마그데부르그의 원리 때문이다. 고무로 된 컵의 입구를 벽에 붙이고 컵 안의 공기를 빼내면 컵 바깥쪽 기압이 커서 컵을 벽면 쪽으로 밀게 되는데 이것이 빨판의 기본 원리이다. 따라서 빨판과 타일 사이에 아주 작은 틈이라도 생기면 이 사이로 공기가 빨려들어가 빨판은 금방 떨어진다.

산 위에서는 공기가 희박하므로 기압이 낮아 빨판은 지탱하는 힘이 약하게 된다. 또한 이런 이유로 공기가 없는 우주에서는 빨판은 전혀 쓸 수가 없게 된다.

하늘 높이 올라간 풍선의 최후

빨판과 반대의 경우로서 바깥 압력이 안쪽보다 작은 경우 물체는 팽창하게 된다. 하늘 높이 날아올라가는 풍선은 위로 올라갈수록 기압이 낮아지므로 부피가 커져서 결국은 터지거나 풍선 속의 공기가 조금씩 빠져나가 아래로 내려오게 된다.

높은 산에서는 호흡이 곤란하다

만일 우리가 높은 산에 오르면 공기가 희박해지므로 기압이 낮아진다. 따라서 고산지대에서는 행동을 완만히 하여야 되며 그렇지 않으면 몸에 무리가 간다. 이는 높이 올라갈수록 공기가 희박해짐을 의미한다.

파스칼은 기압에 관심을 갖고 평지와 산 정상에서 토리첼리의 실험을 반복 실시하였다. 그는 동생에게 수은기압계를 고도 1,463m인 산 꼭대기에 가지고 가도록 하고, 자기는 산기슭에서 기압을 관측하여 높은 산에서의 기압이 평지에서의 기압보다 더 낮다는 것을 확인하였다. 이와 같이 고도가 높을수록 기압이 떨어지는 것을 실험한 후 기압은 공기의 무게 때문이라는 것을 명백히 하였다. 따라서 이 방법을 이용하면 기압 관측으로부터 산의 고도를 알 수 있으며 항공기에 설치된 고도계도 기압 변화를 이용한 것이다.

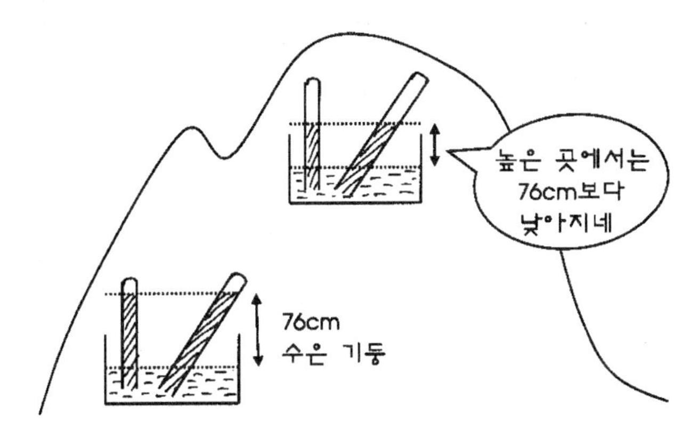

기압과 일기예보

기압은 공기의 압력인데 공기에 무게가 있기 때문에 생기는 현상이다. 토리첼리는 유리관 속 수은의 수직 높이가 항상 76cm로 일정하지만 그 높이가 날마다 미묘하게 변화하는 현상도 발견했다. 이것은 수은기압계의 원리이다. 또한 높은 산에서는 수은주의 높이가 낮아지고 밥을 지어도 설익은 밥이 되는데, 이것은 기압이 낮기 때문에 일어나는 현상이다. 같은 장소에서도 기압은 늘 조금씩 변하는데 기압의 변화는 일기예보에 활용되고 있다.

한옥에 부는 시원한 바람

우리 나라의 전통적인 한옥에는 건물을 중심으로 앞마당과 뒷마당이 있다. 그런데 특이한 점은 앞마당은 나무가 없는 맨 땅이고 뒷마당에는 나무와 꽃밭, 야채 밭 등 식물을 많이 키우고 있다. 이러한 재래식 가옥의 대청마루에 앉아있으면 시원한 바람이 불어 더위를 물리칠 수 있는데, 이것은 한옥의 앞마당과 뒷마당이 서로 어우러져 바람을 만들어내기 때문이다. 그 원리는 여름에 해가 비칠 때 나무가 없는 앞마당은 쉽게 더워져서 공기가 위로 상승하여 압력이 작아지고 식물이 많은 뒷마당은 상대적으로 덜 더워져서 압력이 크므로 이러한 압력 차에 의해 뒷마당에서 앞마당으로 바람이 분다.

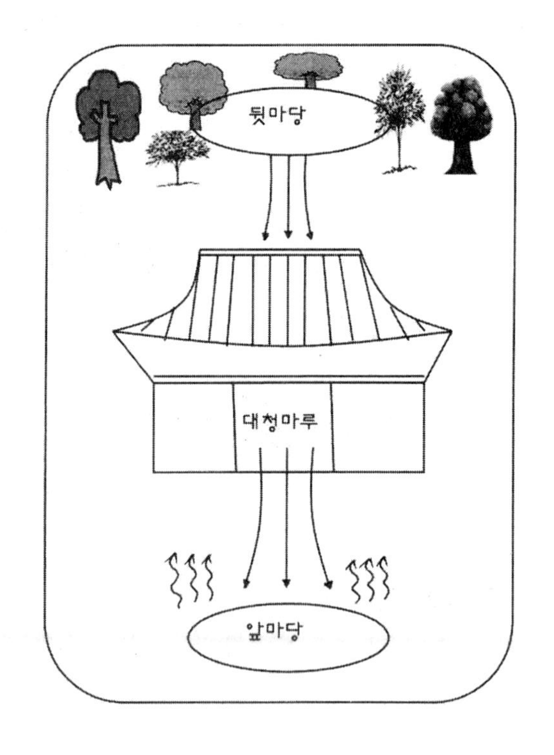

따라서 대청마루에 앉으면 여름에 시원한 바람을 즐길 수 있는 것이 한옥의 묘미 중 하나이다. 더운 여름날, 숲에서 시원한 바람이 부는 것도 마찬가지 이치이다.

바람(風)

공기는 기압이 높은 곳에서 낮은 곳으로 이동하는데 공기가 이동하는 것을 바람이라고 한다. 옛날 중국 사람들은 눈에 보이지 않는 바람을 엎드린 사람(几)의 품 속으로 보이지 않게 스며드는 벌레(虫)에 비유해서 표현하였다. 이렇게 해서 만들어진 글자가 바람 풍(風)이다.

물 속의 공기와 잠수병

공기가 압력을 가지고 있듯이 물도 압력을 가지고 있다. 그래서 공기가 물 속에 들어가면 작은 공기 방울 형태로 존재하는데 깊은 물 속에서는 물의 압력이 크므로 공기 방울의 크기가 작고, 수면 가까이 올라갈수록 물의 압력이 작아져서 공기 방울이 커진다. 그러다가 수면 위로 올라가면 거품이 꺼지게 된다.

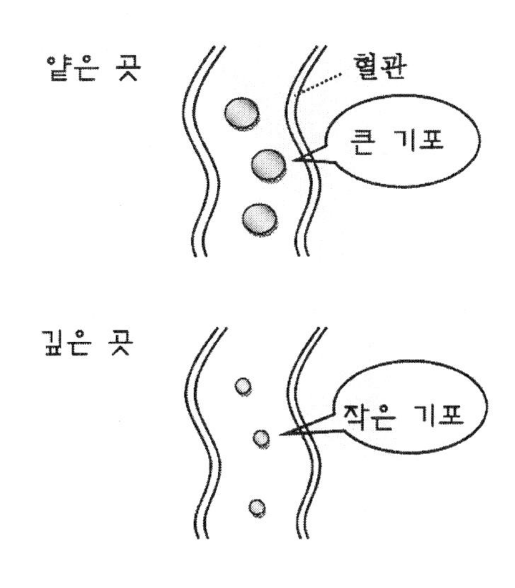

잠수부가 깊은 물 속에 들어가면 물 속에 있는 아주 작은 공기 방울들이 혈관 속으로 녹아 들어간다. 그러다가 수면 위로 급하게 올라가면 물의 압력이 작아지므로 혈관 속에 있던

공기 방울들이 더 커진다. 그런데 깊은 물속에서 있던 잠수부가 급하게 위로 올라가면 혈관 속에 녹아 들어갔던 기포가 갑자기 커지게 되어 잠수병에 걸릴 위험이 크다.

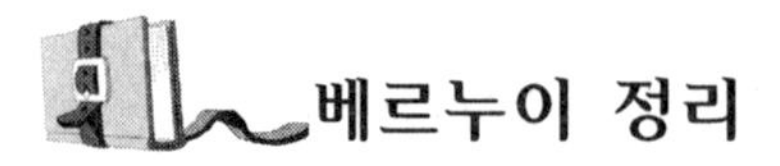

베르누이 정리

바늘 구멍에 황소바람 들어간다

찬 바람이 몰아칠 때 창문의 좁은 틈새로 새어 드는 바람은 활짝 열어 젖힌 문으로 들어오는 바람보다 훨씬 더 차갑게 느껴진다. 이것은 문틈이 좁으면 문의 안쪽과 바깥쪽 사이의 공기 속도 차에 따른 압력의 차이가 커져서 방 안으로 찬 공기가 빠르게 유입되기 때문이다. 그래서 '바늘 구멍에 황소바람 들어간다'는 말이 있다.

차를 타고 갈 때 자동차 창문을 조금 열어두면, 차 안의 연기가 잘 빠져나가는 것도 차 창 밖의 공기의 속력이 차 내부보다 더 빨라 압력이 작아진 결과이다.

마찬가지 이유로 바람이 벽면을 따라 창문과 나란한 방향으로 불 때 창문을 열면 방 안의 담배 연기가 창문을 통하여 밖으로 빠져나가는 것을 볼 수 있다. 이와 같이 넓은 곳을 통과하던 공기 분자들이 갑자기 좁은 곳을 지나게 되면 유속이 빨라져 압력이 줄어든다. 이러한 현상은 공기뿐만 아니라 모든 유체에서 적용되는데 19세기 초 프랑스의 과학자 베르누이가 최초로 발견하였다.

굴뚝이 높으면 불이 잘 탄다

굴뚝을 높이 세우면 아궁이 불이 잘 탄다. 이것은 굴뚝의 높이에 따라 기압 차가 나기 때문이라고 생각하기 쉽지만 실제로는 굴뚝이 높은 곳에서는 바람이 강하게 불기 때문이다. 바람이 세면 공기의 압력이 낮아지므로 굴뚝 윗부분에서는 이런 바람 때문에 압력이 낮다. 그러므로 굴뚝의 효과는 바람이 강한 날에 더 크게 나타난다.

베르누이 효과

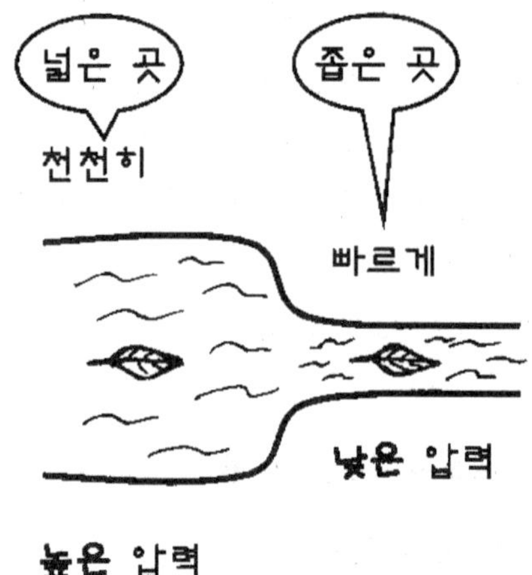

유체의 속력에 관해 처음 주목한 이는 레오나르도 다빈치였다. 그는 물 위로 흘러가는 나뭇잎들의 움직임을 주의깊게 관찰하였더니, 넓은 곳에서는 천천히 떠내려가고 좁은 곳에서는 빨리 움직이는 것을 관찰할 수 있었다.

베르누이는 여기서 한 걸음 더 나아가서 흐르는 물의 압력을 측정해봤는데, 굵은 파이프에서 느리게 흐르는 물의 압력이 가는 파이프에서 빠르게 흐르는 물의 압력보다 항상 높다는 사실을 알아내었다. 즉 유체의 속력이 클수록 압력이 작아진다는 것을 알아낸 것이다. 이를 베르누이 효과라고 한다.

분무기

공기의 흐름이 빠른 지점에서는 압력이 낮으므로 물통에 가는 관을 연결하고, 관 위로 바람을 불면 관 윗부분의 압력이 낮아져서 병 속에 들어있는 물이 빨려 올라가게 된다. 정원에서 흔히 쓰는 분무기는 이 원리를 이용한 것이다.

분무기 입구로 빨려 올라간 물은 통로를 통과하던 공기와 섞여 노즐 밖으로 분무된다. 이러한 관들을 통틀어 벤트리 관(Venturi tube)이라 부르는데 자동차의 연료를 엔진 안에 공급해주는 기화기도 베르누이의 원리를 이용한 것이다.

비행선과 비행기가 뜨는 원리는 다르다

비행선이 공중에 뜨는 것은 비행선 무게보다 공기의 부력이 더 크기 때문이다. 그런데 공기의 비중은 대단히 작으므로 충분히 큰 부력을 얻기 위해서는 비행선의 크기가 아주 커야 한다. 이러한 이유로 비행선은 수송 능력에 비해 너무 클 뿐만 아니라 속도가 느리다는 한계를 안고 있다. 결국 이 문제를 해결한 것은 미국의 윌버 라이트(1867~1912)와 오빌 라이트(1871~1948) 형제였다.

그들은 독일의 발명가인 오토 릴리엔탈이 하늘을 나는 실험 기사를 읽고 비행에 관심을 갖게 된 후 1896년부터 연구를 시작하여, 1903년 12월 17일에 사람을 태운 최초의 동력 비행을 성공시켰다. 라이트 형제의 비행기는 시속 40km 정도의 느린 속도로 지상 수 m의 지점을 300m쯤 날았을 뿐이었지만 그들의 발명은 곧 유럽으로 건너가 주목을 끌었다. 특히 1909년에 프랑스의 루이 블레리오가 자신이 만든 비행기로 영국 해협 횡단을 성공시킨 것이 계기가 되어 관심이 폭발적으로 증가하게 되자, 이내 승객과 화물을 실어 나르는 상용 비행기가 생겨나고 본격적인 항공 시대가 시작되었다.

가벼운 공기가 무거운 비행기를 들어 올린다

비행기는 공기에 의한 부력이 무시할 수 있을 정도로 작기 때문에 비행기가 공중에 뜨는 힘은 부력 때문이 아니다. 비행기가 공중에 뜰 수 있는 힘은 활주로를 질주하면서 발생하는데 이는 비행기 날개의 특수한 형태 때문이다. 비행기의 날개를 옆에서 관찰해 보면, 위쪽은 볼록한 유선형으로 되어 있고 아래쪽은 평평하다. 이러한 형태의 날개를 가진 비행기가 활주로를 달리면 날개 위쪽이 아래쪽보다 공기의 흐름이 빨라지므로 날개 위쪽의 압력이 아래보다 작아진다. 이 압력 차에 의해서 비행기를 위로 미는 힘, 즉 양력이 생겨서 비행기는 공중에 뜨게 된다. 만일 비행기가 제자리에 정지해 있으면 양력이 생기지 않아 비행기는 추락하게 된다. 연을 날릴 때 비스듬한 각도로 연의 몸체를 유지해야 공중에 잘 뜨는 것도 비행기와 같은 이치이다. 공기가 없는 우주에서는 압력의 변화에 따른 양력이 생기지 않아 비행기가 공중에 뜰 수 없을 뿐 아니라 연을 날릴 수도 없다.

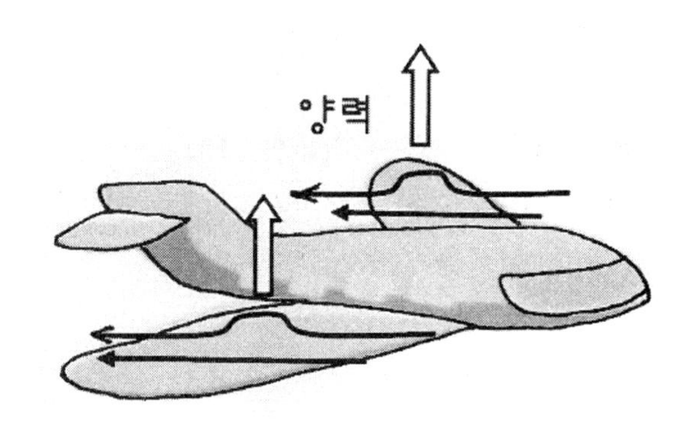

야구공의 커브와 축구의 바나나 킥

투수가 변화구를 구사할 때는 야구공을 회전시키면서 던진다. 이 때는 야구공이 회전하면서 앞으로 진행하므로 야구공의 위쪽이 아래쪽보다 공기의 흐름이 빨라진다. 따라서 위쪽의 압력이 작아져 공은 위로 휘어지게 된다.

탁구의 경우 커트를 치면 공이 휘는 것도 마찬가지 원리이다. 탁구공을 위에서 아래 방향으로 회전시키면 공의 윗부분은 회전의 영향으로 인해 바람이 더 빨리 흐르게 된다. 반대로 아랫부분은 공이 바람의 방향과 반대로 돌기 때문에 바람의 흐름을 저지한다. 그래서 윗부분의 공기흐름이 빨라 공이 위로 뜨게 된다. 마찬가지 원리로 축구공을 찰 때도 공을 회전시키면서 차면 공이 휘어져 들어간다.

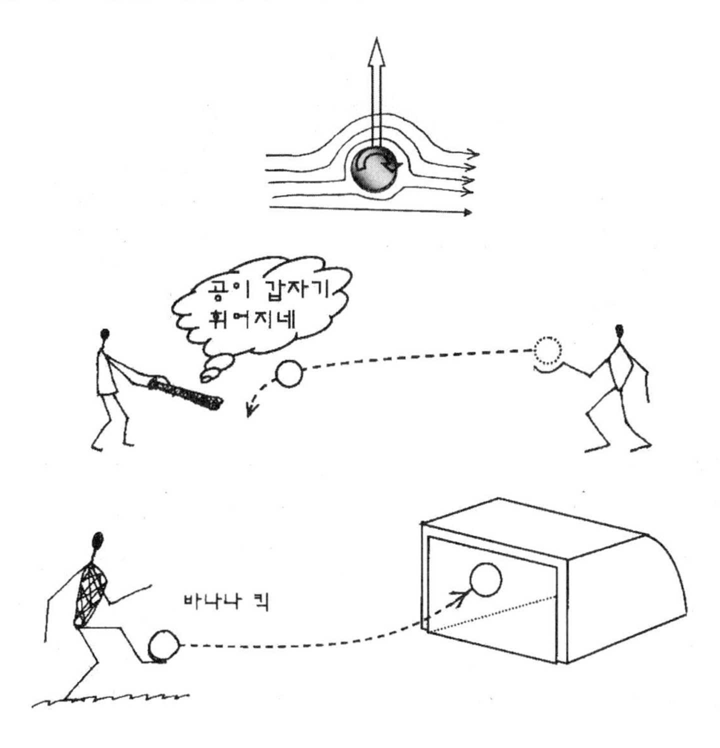

떨어지지 않는 탁구공

탁구공을 빨대 끝에 얹어놓고 빨대를 입으로 불면 탁구공이 흔들흔들하면서도 떨어지지 않고 공중에 떠 있다. 탁구공이 떨어지지 않는 이유는 탁구공 주변에 형성되는 불균일한 바람에 의해서 형성된 힘 때문이다. 즉 탁구공이 한 쪽 옆으로 움직이면 반대쪽에 바람이 더 많이 지나가게 되어 압력이 작아지는 반면 반대쪽 압력은 그대로이므로 바람이 지나는 쪽과 반대쪽은 힘의 평형이 무너지고, 탁구공은 바람이 있는 쪽으로 되돌아온다. 중앙에 온 탁구공은 더 이상 힘을 받지 못하므로 관성에 의해서 반대쪽으로 계속 움직이려고 하고, 반대쪽으로 밀려나가면서 처음과 같은 과정을 거치므로 결국 탁구공은 계속 흔들거리면서 한 자리를 유지하게 된다.

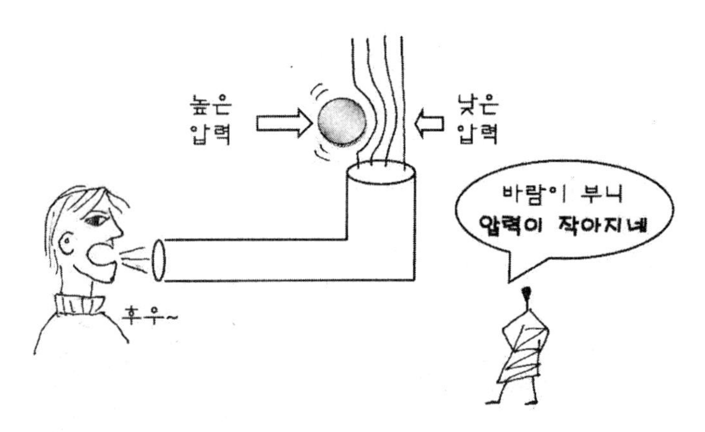

이와 유사한 방법으로 깔대기의 넓은 쪽에 탁구공을 놓고, 좁은 쪽에서 바람을 불어넣는 실험도 있다. 깔대기에 바람을 불면 탁구공이 날아갈 것 같지만 신기하게도 세게 불면 불수록 탁구공은 깔대기에 더 단단히 붙는다. 심지어는 깔대기가 아래 방향을 향하도록 거꾸로 놓고 불어도 떨어지지 않는다. 이것은 탁구공과 깔대기의 틈 사이로 공기가 흐르면서 압력이 작아지기 때문에 생기는 현상이다.

혈관의 막힘

혈관에 동맥경화성 물질이 쌓이거나 색전 등의 노폐물 등으로 인해 국부적으로 혈관의 단면적이 좁아지면 그 부분에서 피의 흐름이 빨라진다. 이는 마치 개울의 폭이 작아지면 물살이 빨라지는 것과 같다. 이와 같이 혈액의 흐름이 빨라지면 압력이 작아져서 이 부분에서 혈관의 수축이 일어난다. 그러면 혈액의 흐름은 더 빨라지고 압력은 더 떨어져서 혈관은 더욱 축소되어 결국 일시적으로 혈관이 막혀 협심증이나 심근경색과 같은 치명적인 심장병에 걸릴 수 있다.

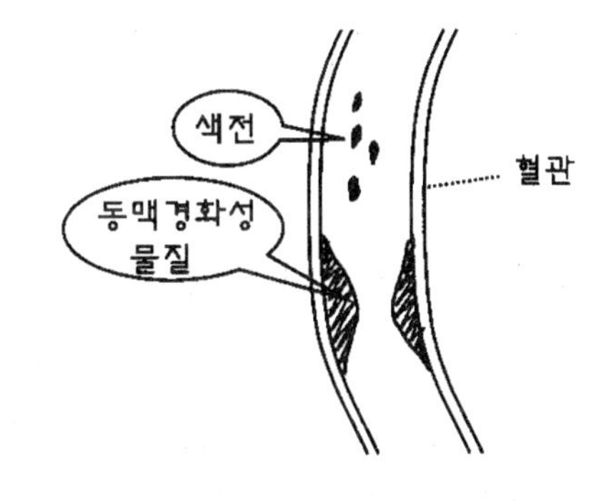

유체의 저항

고속으로 움직이는 물체의 저항을 줄이기 위해 필수적인 것이 유선형의 몸매이다. 물체의 형상을 유선형으로 바꾸어주면 공기 저항이 줄어들게 된다. 직사각형의 물체가 일정한 속도로 움직일 때의 저항을 1이라 하면, 직사각형의 앞쪽을 둥글게 유선형으로 만들어 주면 저항은 0.5 정도로 줄어들고, 직사각형의 뒤쪽을 유선형으로 만들어 주면 저항은 0.08 정도로 현저하게 작아진다. 하늘을 나는 새들이나 물 속을 자유로이 움직이는 물고기의 형상이 유선형인 것은 바로 이 형상저항을 줄이기 위해서다.

물체를 유선형으로 만들었을 경우, 그 다음에 감소시켜야 하는 저항은 마찰저항이다. 난류 유동이 형성되어 있을 때, 마찰저항을 일으키는 가장 큰 주범은 소용돌이이다. 소용돌이는 유체가 회전하는 모양인데, 벽 가까이 소용돌이가 존재하면 마찰항력이 크게 증가한다.

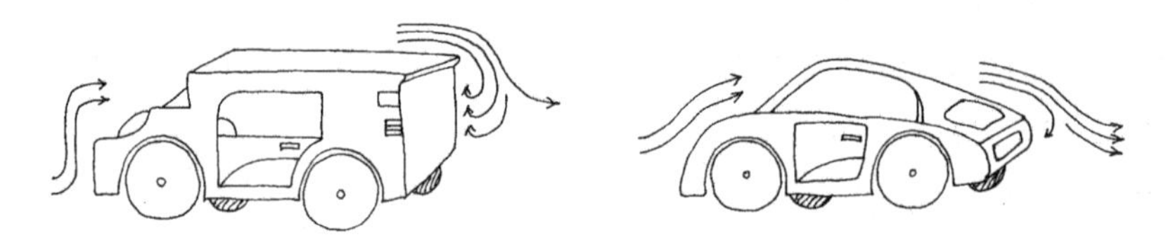

비행기의 시간차 착륙

비행기가 착륙을 할 때는 비행기 날개에 의해 뒤쪽에 소용돌이가 생긴다. 이 소용돌이는 매우 강한데 비행기가 착륙한 이후에도 얼마동안 남아있게 된다. 뒤이어 착륙하는 비행기가 우연히 앞 비행기의 소용돌이 중심을 뚫고 지나가게 되면, 날개의 한 쪽에서는 위로 뜨는 힘을 받고 다른 한 쪽에서는 아래로 가라앉는 힘을 받게 돼 비행기가 전복될 수 있다. 그래서 모든 비행장에서는 소용돌이에 의한 불의의 사고를 대비하기 위해 비행기들의 착륙에 시간차를 두고 있다.

철새가 V자로 날아가는 이유

유체의 저항이 비행에 불리하게 작용하지만은 않는다. 철새들은 오히려 소용돌이를 이용하여 장거리 비행을 무사히 할 수 있다. 철새들이 날아가는 모습을 보면 일렬로 날아가지 않고 V자로 대열을 만들어 날아가는 것을 종종 볼 수 있다. 철새가 V자를 그리는 이유는 효과적으로 양력을 받기 위해서다. 먼 거리를 날아가는 철새들에게는 에너지를 절약하기 위해 작은 날개짓으로 공중에 떠 있는 것이 무엇보다 중요하다.

맨 앞에서 날개짓하는 철새에 의해 공기 중에 소용돌이가 형성되는데 이 소용돌이는 철새의 날개 바깥쪽 부근에서 공기의 흐름을 위로 올라가게 한다. 그러면 뒤쪽의 철새는 이러한 공기의 흐름 덕분에 보다 작은 날개짓으로도 오랫동안 하늘에 떠 있을 수 있다. 같은 방식으로 그 다음에 있는 철새도 앞에 날아가는 철새의 바깥쪽에 위치한다. 그래서 전체적으로 V자를 그리게 된다.

실험 결과 V자형 편대 비행을 하는 새는 홀로 날아가는 새보다 에너지를 11~14%나 적게 소비하는 것으로 나타났다. 철새들은 긴 거리를 나는 동안 힘이 덜 드는 배열을 파악해 날고 있는 것이다. 기러기가 비행하는 경우 제일 앞에는 인솔자, 두 번째는 힘 센 암컷이나 수컷이 있는데 이들은 비행하다가 힘들면 다른 기러기와 교체를 한다. 그리고 중간에는 힘이 약한 새끼가 비행을 하는데 이들은 약 70%의 에너지를 절감할 수 있으므로 아주 멀리까지 쉬지 않고 비행할 수 있다.

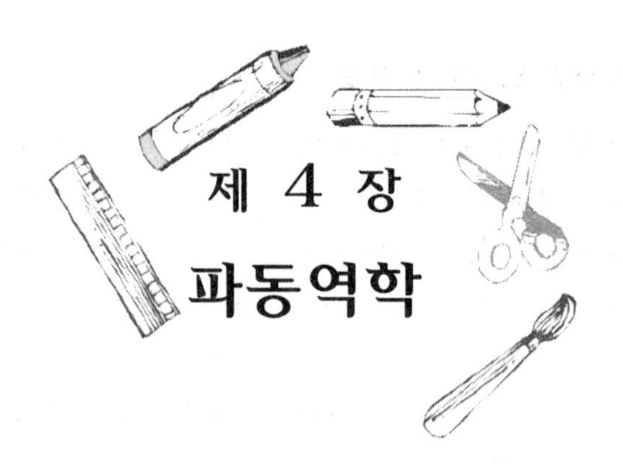

제 4 장

파동역학

들리는 소리와 들리지 않는 소리

누군가 담장 뒤에 웅크리고 앉아서 이야기를 하고 있으면 눈에는 보이지 않지만 귀에는 소근거리는 소리가 들린다. 이렇게 장애물이 있을 때 눈으로는 볼 수 없지만 귀로는 소리를 들을 수 있는 것은 빛은 파장이 짧아 직진하는 반면에 소리는 파장이 빛보다 수천만 배나 길어서 장애물을 에워싸고 돌아가는 특성이 있기 때문이다.

파장과 주파수는 서로 반비례 관계인데 사람은 주파수 20~20,000Hz의 범위에 속하는 소리만 들을 수 있으며, 주파수가 이 범위를 벗어난 소리는 우리 귀에 들리지 않는다. 그 중에 주파수가 20,000Hz 보다 큰 초음파는 파장이 짧아 빛처럼 직진하는 특성이 있다. 그래서 박쥐는 초음파를 이용하여 깜깜한 동굴 속에서도 벽에 부딪치지 않고 날며 먹이를 잡을 수도 있다. 이와는 반대로 주파수가 20Hz 보다 작은 초저주파는 장애물의 영향을 받지 않고 아주 멀리까지 퍼져 나간다. 그래서 밀림 속에서 외치는 암컷 코끼리의 소리는 20리 떨어진 거리에서도 수컷 코끼리가 들을 수 있다.

낮 말은 새가 듣고, 밤 말은 쥐가 듣는다

말 조심하라는 의미로 '낮 말은 새가 듣고, 밤 말은 쥐가 듣는다'는 속담이 있다. 실제로 낮에는 소리가 위로 올라가서 새가 듣기에 좋고, 밤에는 아래로 휘어지므로 쥐가 듣기에 좋은 형상이 된다. 소리는 공기를 통해서 전달되는데 온도가 높을수록 소리의 속도는 빨라진다. 따라서 낮에는 지표면에 가까운 쪽의 온도가 높아 소리의 속도가 커져서 상공으로 굴절하여 퍼지고, 밤이 되면 지표면이 대기보다 더 빨리 식으므로 소리는 지표면 근처로 낮게 굴절된다. 이와 같이 밤에는 소리가 아래쪽으로 굴절되므로 자동차 소리나 여러 가지 잡음이 더 크게 잘 들린다. 위의 속담이 이런 과학적인 생각에 바탕을 두고 생긴 말인지는 알 수 없지만, 여기에는 자연에 대한 이해와 함께 음파의 진행에 대한 과학적인 통찰이 숨겨져 있는 것을 알 수 있다.

장애물에 가려져도 소리는 들린다

숲 속에서는 사람의 모습이 잘 보이지는 않아도 소리는 잘 들린다. 그래서 산에서는 소리를 질러 사람을 찾는 경우가 많다. 이렇게 눈에는 아무 모습도 보이지 않지만 귀에는 소리가 들리는 것은 빛은 파장이 짧고 소리는 파장이 길기 때문이다. 파장이 짧은 파동은 직진하는 특성이 있는 반면에 파장이 긴 파동은 장애물을 에워싸고 돌아가는 특성이 있다. 따라서 빛

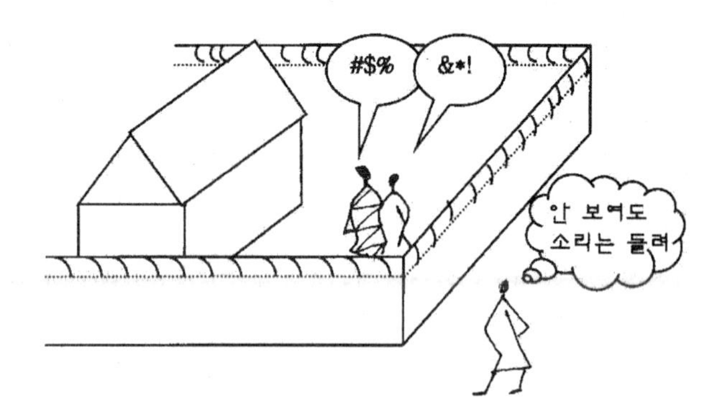

은 파장이 짧아서 직진하므로 나무에 가려진 모습은 보이지 않지만 파장이 긴 소리는 숲과 나무를 휘돌아서 귀에 도달하므로 장애물에 가려져도 소리는 들린다.

새 소리에 담긴 의미

소리는 여러 가지 의미를 가지고 있다. 특히 새의 노래는 생식 주기와 관련이 있으며 번식기에는 구애의 신호가 담겨 있다. 새들의 번식에서 노래의 중요성은 새가 노래를 하는데 투자하는 시간으로 판단할 수 있다. 아직 짝짓기를 하지 않은 지빠귀는 자신의 짝을 찾을 때까지 하루에 무려 열 시간 동안이나 계속해서 노래를 부른다. 새 소리는 또한 적의 위치나 먹이를 알려주는 수단이기도 하다. 자기 영역의 침입자에 대해 새들의 공격적인 지저귐은 증가한다. 이와 같이 새들의 노래는 배우자를 발견할 뿐 아니라 위험을 파악하고 경쟁자를 경계하고 자기 영역을 방어하는 수단이면서 문화 전달의 수단이기도 하다. 개구리도 짝짓기하는데 소리가 중요한 역할을 하는데 암컷은 저음으로 우는 수컷 개구리를 더 선호한다고 한다.

무척추동물의 청각

소리는 기체, 액체, 또는 고체 등 모든 물질을 통해 전달될 수 있지만 동물들의 청각기능은 특정 매질을 통해 전달되는 자극에 특히 민감하다. 대부분의 동물이 압력의 변화를 감지하여 소리를 듣는 반면에 거미류와 몇몇 곤충류 및 어류는 진동속도의 감지를 기초로 하여 음파를 수용한다.

곤충의 청각기관은 보통 가슴이나 배에 있다. 그러나 모기의 청각반응을 위한 감각단위인 수음기(受音器)는 더듬이의 한쪽 끝에 붙어 있다. 음파는 더듬이의 몸체를 진동시켜 수음기의 말단부를 움직여 소리를 감지하며, 음파의 속도는 신경 충격의 세기를 결정한다. 속도로 음파를 결정하는 또 다른 형태의 꼬리음파수용기는 바퀴벌레와 귀뚜라미의 복부에서 볼 수 있으며, 내부에는 신경간(神經幹)에 연결된 수백 개의 섬모가 나 있다. 이 기관은 100~3,000Hz의 비교적 낮은 주파수에 민감하다.

네 필의 말이 끄는 수레도 사람의 말을 따라갈 수 없다

"말로써 말 많으니 말 말을까 하노라." 오죽 말에 시달렸으면 이런 속담까지 나왔을까마는 머리 속에 있는 우리의 생각을 표현하기 위해서는 말이 가장 쓰기 편하고 정확한 방법이니 말을 안 하고 살 수는 없다. 그러나, 일단 말을 뱉고 나면 말은 쏜살같이 퍼져 나간다. 말이 얼마나 빠른 속도로 퍼져나가는지는 사불급설(駟不及舌)이라는 사자성어에서도 알 수 있다. 즉, 네 필의 말이 끄는 수레도 사람의 말을 따라갈 수 없을 정도로 말이 빠르게 퍼진다는 것이다.

실제로 말 소리는 온도 0℃인 건조한 공기 중에서 1초에 약 330m를 진행한다. 이는 한 시간에 약 1,200km를 갈 수 있는 빠르기이다. 고속도로에서 자동차가 달리는 속도의 10배 이상이며 비행기보다도 빠르다. 비행기 중에 특히 빠른 제트기의 경우 소리의 속도와 같으면 마하 1이라고 하여 소리의 속도를 빠른 비행기의 속도 단위로 사용하기도 한다.

만일 공기의 온도가 올라가면 소리의 속도는 더 빨라진다. 왜냐하면 따뜻한 공기 중에서는 분자들이 더 빠르게 움직이므로 음파가 전달되는 시간이 짧아지기 때문이다. 실제로 소리의 속도는 온도가 1℃ 올라갈 때마다 0.6m/초씩 빨라진다. 따라서 20℃의 실온에서 음속은 약 340m/초가 된다.

소리는 공기에서보다 물 속에서 더 빨라

모터 보트가 달리는 소리는 물 밖에서 보다 물 속에서 훨씬 먼저 들린다. 이는 공기보다 물 속에서 소리가 더 빠르게 전달되기 때문이다. 유체 속을 진행하는 소리의 속도는 물질의 고유 특성인 체적 탄성률과 밀도에 의해 결정되는데, 물 속에서 소리의 속도는 1,500m/초로써 공기에서보다 4배 이상 빠르다.

청음으로 적의 동태를 파악한다

기차 레일에 귀를 대고 있으면 멀리서 오는 기차 소리를 공기 중에서 보다 더 크고 빠르게 들을 수 있다. 또한 군대에서는 청음이라 하여 귀를 땅에 대고 들리는 소리를 통해서 적군의 동태를 파악하기도 한다. 이와 유사하게, 인디언들은 귀를 땅에 대고 멀리서 달려오는 말발굽 소리를 듣고 상황을 파악하였다고 한다. 이는 공기보다 철, 흙 등의 고체를 통해서 소리가 더 빠르게 전달되기 때문이다.

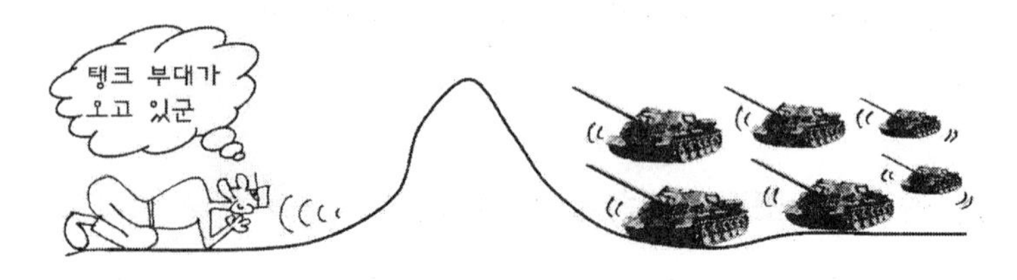

달에서는 소리를 들을 수 없다

소리는 기체, 액체, 고체 등의 물질을 통하여 전달되며 진공에서는 소리의 진동을 전달하는 물질, 즉 매질이 없으므로 아무런 소리도 들을 수 없다. 그래서 우주 공간이나 달에서는 소리를 들을 수 없다.

낮에는 위가 시끄럽고, 밤에는 아래가 시끄럽다

낮에는 지표면이 덥고 위로 올라 갈수록 온도가 낮아지므로 소리가 위로 휜다. 그리고 밤에는 지표면이 먼저 식으므로 아래 쪽이 차고 위로 올라 갈수록 온도가 높으므로 소리가 아래로 휜다. 그래서 낮에는 윗층이 시끄럽게 느껴지고 밤에는 아래층에서 소음이 더 많이 들린다.

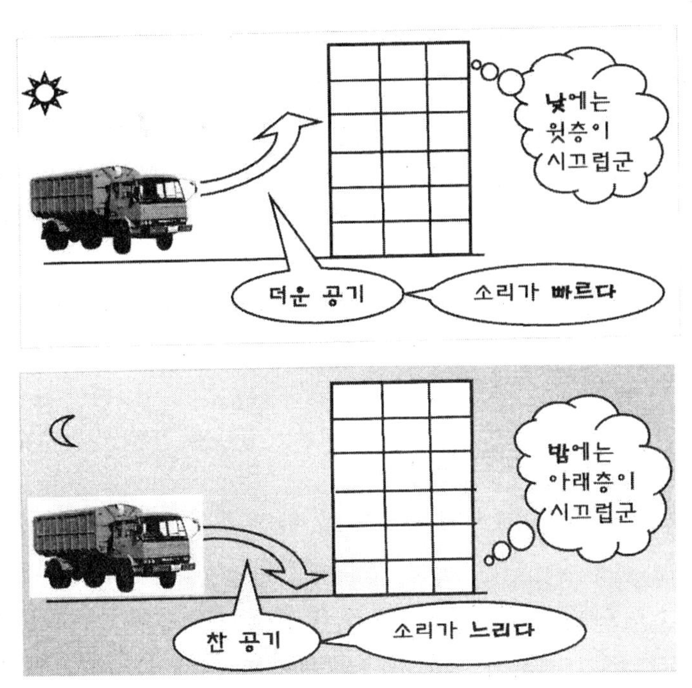

유 머 **경마장 주인이 싫어하는 말**

말꼬리 잡기

말머리 돌리기

말허리 꺾기

말 잘라먹기

말 뒤집기

♥ 결혼

결혼 1년차 부부 : 남자가 말하고, 여자는 듣는다.

결혼 2년차 부부 : 여자가 말하고, 남자는 듣는다.

결혼 3년차 부부 : 남녀가 동시에 말하고, 그것을 이웃이 듣는다.

수수께끼

- '소가 웃는 소리'를 세 글자로 하면? …………………… 우 牛 하하!
- 말은 말인데 타지 못하는 말은? ……………………………… 거짓말
- 천냥 빚을 말로 갚은 사람은? ……………………………… 말 장수
- 귀는 귀인데 못 듣는 귀는? ……………………………………… 뼈다귀
- 사람이 평생 가장 많이 내는 소리는? ……………………… 숨소리
- 때리면 때릴수록 커지는 것은? ……………………………… 북소리
- 울다가 그친 여자를 다섯 글자로 줄이면? …………… 아까운 여자
- 문 두드린 아이를 다섯 글자로 줄이면? ……………… 똑똑한 아이

빈 집에서는 소리가 울린다

아무 것도 없는 텅빈 집에서 말을 하면 소리가 울린다. 이것은 가구가 없는 실내에서는 직접 귀로 전달되는 소리와 함께 벽에서 반사된 소리도 함께 들리므로 두 소리가 귀에 전달되는 시간 차이가 메아리가 되어 울리기 때문이다. 그러나 가구를 채워 넣으면 소리가 가구들 사이로 진행하면서 반사되어 없어지기 때문에 소리가 울리지 않는다.

음악실에서는 벽에 흡음재를 사용하여 방음을 한다. 이때 소리의 일부는 방 안의 흡음판의 표면에서 반사되고, 나머지는 벽이나 천장에 있는 흡음판의 구멍으로 진입한다. 흡음판에는 구멍이 많이 있으며, 소리는 미로처럼 되어 있는 수많은 구멍의 여기저기에 부딪치고 반사되는 사이에 에너지 대부분이 열로 바뀌어 소멸되므로 방음이 된다.

눈이 많이 쌓인 날에는 주위가 조용하다

눈이 하얗게 덮인 조용한 밤에 생각나는 캐롤이 있다. "고요한 밤, 거룩한 밤, 어둠에 묻힌 밤". 눈 내린 밤은 보기에만 고요하게 보이는 것이 아니라 실제로도 조용하다. 눈은 소리를 흡수하기 때문이다. 눈은 육방형의 결정이 모여 여러 가지 크기의 입자가 되고, 그 입자가 모여 고체상태의 눈이 된다. 입자와 입자 사이에는 많은 틈이 생기고 이것이 흡음판의 구멍과 같은 작용을 한다. 즉, 눈이 흡음재가 되어 주변이 조용해지는 것이다. 눈은 우리가 보통 사용하는 주파수 600Hz 이상의 소리에 대해서는 특히 흡음률이 높아 우수한 흡음재인 유리솜과 거의 같은 수준이다.

가장 작은 소리

소리의 세기는 W/m^2의 단위를 사용하는데 일반인들은 데시벨(dB)이라는 단위로 나타낸다. 우리 귀로 겨우 들을 수 있는 가장 작은 소리는 $10^{-12}W/m^2$ 정도이다. 이를 가청한계라 하며 0데시벨이라고 한다.

가장 큰 소리

소리가 매우 커지면 우리는 고통을 느끼기 시작하는데 이를 고통한계라 한다. 고통한계는 120데시벨이며 이 소리의 크기는 우리가 겨우 들을 수 있는 소리의 10^{12}배, 즉 1조 배 이상이 된다(그림 원안: 뭉크의 '절규').

사람의 귀가 들을 수 있는 소리의 세기

우리가 들을 수 있는 소리의 세기는 0~120데시벨이다. 이는 겨우 들을 수 있는 작은 소리와 고막이 떨어져나갈 정도로 큰 소리와의 비는 1조 배나 되어 사람의 귀가 들을 수 있는 소리의 세기는 대단히 넓은 영역에 걸쳐 가능함을 알 수 있다.

소리의 세기가 가장 작은 것은 낙엽이 떨어질 때 나는 소리로써 0데시벨이며, 나뭇잎이 살랑거리는 소리는 10데시벨 정도이다. 연인이 귀엣말을 속삭일 때는 40데시벨, 조용한 찻집에서 대화를 나눌 때는 55~60데시벨이다. 소리의 세기가 80~90데시벨 이상이면 불쾌하거나 귀에 무리가 올 수 있다. 전자오락실과 PC방은 85데시벨, 영화관, 공사장, 비행장, 지하철역 등은 90데시벨, 노래방, 공장, 체육관 등은 100데시벨, 나이트클럽이나 사격장의 소음은 110데시벨이나 된다.

소리의 크기가 120데시벨이 되면 청각에 심한 고통이 느끼지며 고막이 파열될 수 있다. 따라서 120데시벨을 사람이 들을 수 있는 소리의 한계치로 정한다. 그리고 소리의 한계보다 훨씬 큰 소리를 듣는 경우는 한번에 청신경이 망가질 수 있다.

♥ **소리의 세기**

0dB : 가청한계. 겨우 들을 수 있는 소리

10dB : 보통 숨소리, 가을날 나뭇잎이 살랑거리는 소리

20dB : 속삭이는 소리

40dB : 조용한 도서관

50dB : 사무실이나 수업중인 교실

60dB : 일상적 대화

70dB : 교통이 혼잡한 도로

80dB : 보통의 공장

90dB : 영화관, 공사장, 비행장, 지하철역 등

100dB : 노래방, 공장, 체육관, 선반 등이 돌아가는 기계공장 등

110dB : 일시적 청력 손실, 사격장의 소음, 록콘서트, 나이트클럽

120dB : 소리로 느끼는 고통의 한계

130dB : 50m 떨어진 제트엔진 소리

160dB : 귓전에서 쏜 총소리

200dB : 50m 떨어진 곳에서 로켓이 발사될 때 소리

♥ 코골이 기록

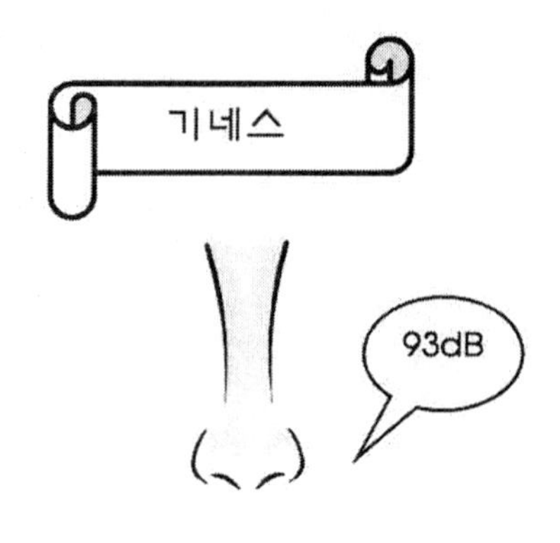

기네스북에 오른 코골이 기록은 스웨덴의 카레 월커트가 1993년에 세운 93데시벨이며 그 이전까지 챔피언이었던 영국의 멜 스위처는 92데시벨이다. 그의 코고는 소리는 18바퀴 트럭이 굴러갈 때 내는 소리와 비슷했지만 그의 아내는 "자는데 지장 없다"고 대답했다. 그러나 부인은 병원 검사 결과 한쪽 귀가 먼 것으로 밝혀졌다. 스위처는 "1969년 이후 이웃에서 8가구가 견디다 못해 이사 갔는데 끝까지 침실을 지키고 있는 아내가 대견하다"고 말했다.

말에 관련된 속담

- 가는 말이 고와야 오는 말이 곱다.
  - → 자기가 먼저 남에게 잘 대해 주어야 남도 자기에게 잘 대해 준다는 말.
- 가루는 칠수록 고와지고 말은 할수록 거칠어진다.
  - → 말이 많음을 경계하는 말.
- 글 속에 글 있고 말 속에 말 있다.
  - → 말과 글은 그 속 뜻을 잘 음미해 보아야 한다는 말.
- 낮 말은 새가 듣고 밤 말은 쥐가 듣는다.
  - → 아무리 비밀로 한 말도 누군가가 듣는다는 뜻으로, 항상 말 조심을 하라는 말.
- 내가 할 말을 사돈이 한다.
  - → 내가 원망해야 할 일인데 남이 도리어 나를 원망한다는 말.
- 담벼락하고 말하는 셈이다.
  - → 미욱하고 고집스러워 도무지 알아듣지 못하는 사람과는 더불어 말

해 봐야 소용없다는 말.

- 말로 온 동네를 다 겪는다.
  → 실천은 하지 않고 모든 것을 말만으로 해결하려 한다는 말.
- 말 많은 집은 장 맛도 쓰다.
  → 가정에 말이 많으면 살림이 잘 안 된다는 말.
- 말이 씨가 된다.
  → 말한 대로 일이 될 수가 있다는 말.
- 말 한 마디에 천 냥 빚도 갚는다.
  → 말만 잘 하면 어떤 어려움도 해결할 수 있다는 말.
- 발 없는 말이 천 리 간다.
  → 말을 삼가야 함을 경계하는 뜻의 말.
- 범도 제 말 하면 온다.
  → 남의 말을 하자 마침 그 사람이 온다.
  → 당사자가 없다고 함부로 흉을 보지 말라는 말.
- 사돈 남 말 한다.
  → 제 일은 젖혀 놓고 남의 일에만 참견함을 이르는 말.
- 소더러 한 말은 안 나도 처(妻)더러 한 말은 난다.
  → 아무리 가까운 사이라도 말을 조심하라는 뜻.
- 익은 밥 먹고 선소리한다.
  → 사리에 맞지 않는 말을 싱겁게 하는 사람을 핀잔하여 이르는 말.
- 입은 비뚤어져도 말은 바로 해라.
  → 언제든지 말을 정직하게 해야 한다는 말.
- 입찬소리는 무덤 앞에 가서 하라.
  → 입찬말은 죽어서나 하라는 뜻으로, 함부로 장담하지 말라는 말.
- 혀 아래 도끼 들었다.
  → 자기가 한 말 때문에 죽을 수도 있으니, 말을 항상 조심하라는 뜻.
- 고자질쟁이가 먼저 죽는다.
  → 남에게 해를 입히려고 고자질을 하는 사람이 남보다 먼저 해를 입게 된다는 말.
- 개는 잘 짖는다고 좋은 개가 아니다.

→ 말만 잘한다고 훌륭한 사람이 아니라 행동을 잘해야 훌륭한 사람이라는 말.

- 닭이 우니 새해의 복이 오고 개가 짖으니 지난 해의 재앙이 사라진다.

→ 묵은 해를 보내고 새해를 맞이하면서 지난해의 불행은 다 사라지고 새해에는 행복만 가득하라는 뜻.

- 듣기 싫은 말은 약이고 듣기 좋은 말은 병이다.

→ 남의 말은 듣기 싫은 것이 이로운 말이고 듣기 좋은 말이 불리하다는 뜻.

- 말이 적으면 뉘우치는 일이 없게 된다.

→ 말이 적으면 실언하는 일이 없기 때문에 뉘우치는 일이 없게 된다는 뜻.

- 입은 마음의 문이다.

→ 입은 마음 속에 있는 말이 나오는 문의 구실을 한다는 뜻.

- 입과 혀는 재앙과 근심이 들어오는 문이다.

→ 말 조심을 하지 않으면 재앙과 근심을 면치 못한다는 뜻.

- 말과 말이 만나면 발이 서로 찬다.

→ 사나이와 사나이가 만나면 서로 싸우기가 쉽다는 말.

- 말이 울면 다른 말도 따라 운다.

→ 호소하는 사람이 있으면 호응하는 사람도 있다는 말.

- 말 소리가 대들보의 먼지를 날린다.

→ 대들보의 먼지를 날릴 정도로 말소리가 몹시 크다는 뜻.

- 현악기는 관악기만 못하고 관악기는 성악만 못하다.

→ 음악은 기악보다 자연스러운 성악이 낫다는 말.

- 음식은 갈수록 줄고 말은 갈수록 보태진다.

→ 말은 옮겨질 적마다 보태지기 때문에 말을 조심하라는 뜻.

- 남의 말하기야 식은 죽 먹기다.

→ 남의 잘잘못을 말하거나 남의 흠을 찾아내기는 매우 쉽다는 말.

- 좋은 말이 톱밥 쏟아지듯 한다.

→ 교양이 많은 사람의 입에서는 좋은 말만 많이 나오게 된다는 말.

• 하고 싶은 말은 내일 하랬다.

→ 하고 싶은 말도 충분히 생각하고 나서 해야 실수가 없다는 뜻.

• 못 먹는 씨아가 소리만 난다.

→ 되지 못한 자가 큰소리만 친다.

→ 이루지도 못할 일을 시작하면서 소문만 굉장히 퍼뜨린다는 말.

이구동성(異口同聲)

여러 사람이 동시에 소리를 지르는 것을 이구동성이라고 한다. 입은 서로 다르지만 같은 소리를 낸다는 의미이다. 그러면 한 사람이 소리를 지르는 것보다 여러 사람이 소리를 지르면 몇 배나 큰 소리가 될까? 얼핏 생각하기에는 두 사람이 소리를 지르면 소리가 두 배로 커지므로 귀에 들리는 소리도 두 배로 클 것 같으나 사실은 그렇지 않다. 청각을 포함해서 사람의 감각은 주어진 자극의 세기에 정비례하는 것이 아니라 로그 함수에 비례한다. 따라서 소리의 크기를 청각으로 표시하자면 로그의 척도를 적용해야 한다.

소리의 경우 그 세기의 로그 값을 벨(bel)이라 하며, 귀의 가청범위는 0~12벨이 된다. 즉 1벨이 커지면 10배의 세기가 된다. 보통 소리의 세기를 나타내는 단위는 벨을 1/10배 하여 데시벨(dB)로 표시한다. 그래서 흔히들 가청범위를 0~120 데시벨이라고 한다. 이는 소리의 압력을 수치화 한 것인데 소리의 세기가 3 데시벨 높아질 때마다 사

람의 귀에는 소리가 2배 크게 들린다. 따라서 기준치보다 6데시벨이 높으면 소리는 4배, 9데시벨이 높으면 8배 크게 들린다. 따라서 한 사람일 때보다 열 사람일 때는 소리의 세기는 열 배가 되지만 우리 귀의 느낌은 열 배가 아니라 조금 더 강한 정도로 인식된다. 이를 소리의 세기로 나타내면 3데시벨 더 큰 소리가 된다.

초음파

뱃속의 아이도 볼 수 있다

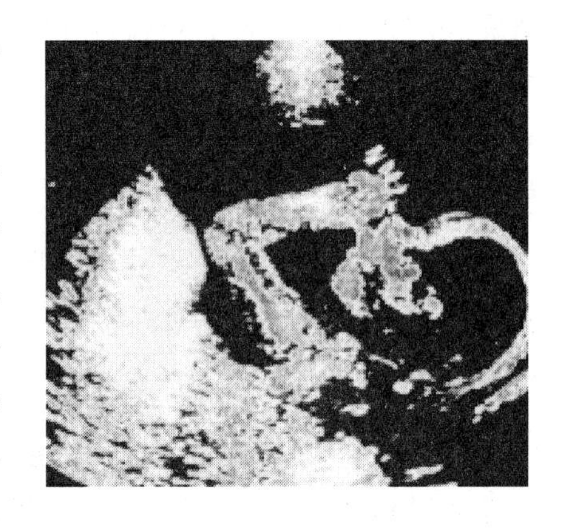

로마의 폭군 네로 황제는 사람의 몸 속에서 어떤 일이 일어나는 가를 알고 싶어서 임산부의 배를 갈라서 태내의 아이를 보았다는 말도 전해져 내려온다. 그러나 요즘은 초음파를 이용하여 신체를 전혀 손상시키지 않고 몸 속을 눈으로 보듯이 알 수 있다. 초음파검사기를 통해서 태아가 자기 손가락을 빨고 있는 모습도 볼 수 있고 심지어는 뱃속에 든 아이가 아들인지 딸인지도 구분할 수 있을 정도이다. 최근에는 초음파를 이용한 각종 첨단 건강검진기가 개발되어 임산부의 경우, 자궁 내의 태아 상태를 진단하는데 유용하게 활용하고 있을 뿐 아니라 음파 칫솔, 렌즈 세척기 등 생활용품으로 그 적용범위가 다양해지고 있다.

금반지를 삼킨 거위

거위가 금반지를 삼켰는데 한 청년이 반지의 도둑으로 오해를 받아 감옥에 갇혔다. 그는 너무나 분하여 자신의 배를 갈라서 결백함을 주장하려 하였다. 마침 지혜로운 그의 친구가 그를 만류하며 한참을 기다린 끝에 거위가 똥을 싸자 그 배설물에서 없어진 금반지를 발견하여 위기를 모면하였다는 옛날 이야기가 있다. 옛날에는 뱃속을 볼 수 없으므로 거위가 배설해서 몸 밖으로 빠져나올 때까지 기다려야 가능했던 일도 요즘은 초음파 사진을 찍어보면 거위의 뱃속에서 없어진 물건을 금방 찾을 수 있게 되었다.

초음파는 직진한다

사람은 주파수 20~20,000Hz의 범위에 속하는 소리만 들을 수 있으며 이를 가청주파수라고 한다. 그리고 20,000Hz 이상의 주파수를 가진 음파를 초음파라고 하는데, 소리는 주파수가 높을수록 빛처럼 직진하는 특성이 있어서 파장이 아주 짧은 초음파를 이용하면 눈으로 보는 것처럼 물체의 위치를 정확하게 파악할 수 있다. 그러나 초음파는 매질을 전파하면서 에너지 소비가 심하므로 멀리까지 전달되지는 못하고 가까운 곳에 있는 물체만 감지할 수 있다.

박쥐, 돌고래 등은 초음파로 의사소통

동물 중에는 초음파를 들을 수 있는 것도 있다. 박쥐는 시력이 형편 없어서 거의 볼 수 없지만 초음파를 이용해 뇌에서 시각 영상을 만들어냄으로써 어두운 동굴 속에서도 벽에 부딪치지 않고 날아다닐 수 있다. 박쥐는 3만~8만Hz의 초음파를 내고 그 반사음을 귀로 들어서 장애물이나 먹이의 존재를 알 수 있으며 서로 의사소통도

하는데 박쥐가 내는 초음파는 20m 이상 전달되기 어렵다.

쥐도 초음파를 발생시킨다. 우리는 쥐가 찍찍거리는 소리를 듣지만 이것은 쥐가 내는 소리의 일부에 불과하다. 그러나 쥐는 박쥐와 달리 초음파로 영상을 만들 수는 없으며 상호간의 의사소통 수단으로만 사용하는 것으로 알려져 있다. 돌고래 역시 초음파를 이용해 의사소통을 하며 먹이를 찾는다.

잠수함을 탐지하려고 초음파를 연구

초음파는 오래 전부터 알려졌지만 실용적인 초음파 장치가 등장한 것은 1921년경 프랑스의 랑지방에 의해 잠수함을 탐지하려고 시작한 초음파 측심기이다. 그 후로도 초음파는 지뢰탐지기, 수중음파탐지기, 어군탐지기 등 고성능 군사장비를 목적으로 개발되었기 때문에 각국이 모두 비밀리에 추진하였다. 그런 와중에 초음파 간섭계의 발명을 계기로 초음파에 의한 빛의 회절현상이 발견되어 초음파는 물성연구를 위한 수단으로 사용되기에 이르렀으며, 군사 장비와 아울러 다양한 산업 기술에 적용되고 있다.

초음파의 통신적 응용과 동력적 응용

요즈음에는 일상생활에서도 '초음파'가 친숙한 용어로 사용되고 있으며 여러 분야에 활용되고 있다. 초음파 활용 기술은 초음파가 전파하는 신호를 이용하는 통신적 응용기술과, 초음파가 전달하는 에너지를 이용하는 동력적 응용기술로 나눌 수 있다. 통신적 응용은 초음파를 신호로 응용하는 것인데 음파의 전파속도, 진폭의 감쇠 등은 매질의 물성치에 따라 일정하게 결정되는 양이므로 초음파를 계측용 신호로 이용할 수 있다. 그러한 사례에는 비파괴 검사, 수중탐사, 지질 탐사, 어군 탐지, 의료 진단, 금속 탐지, 초음파 진단, 유량계, 초음파 센서 등이 있다.

또한 동력적 응용은 초음파를 에너지원으로 이용하는 것으로써 초음파 가공, 초음파 용접을 비롯하여, 초음파 주조, 초음파 용착, 초음파 세정 등이 이에 속한다.

수심 측정

과거에는 물 속 깊이를 알아내기 위해서 무거운 추를 물 속에 담가 보곤 했으나, 깊은 바다 속에 추를 담그면 바닷물의 흐름에 따라 추가 좌우로 움직이기 일쑤고, 또 측정에 많은 시간과 인력이 들어간다. 현대적인 수심의 측정은 초음파를 이용한다. 소나(Sonar)라고 부르는 수심측정기는 바다의 바닥을 향해 소리를 내보낸 후 그 소리가 반사되어 오는 시간을 측정하여 바닥까지의 거리를 측정한다. 수심 측정에 주파수가 낮은 소리를 사용하지 않는 이유는 물의 밀도와 움직임에 따라 굴절이 심하기 때문이다.

초음파 의료 진단

의학에서는 초음파를 임산부의 복부에 발사하여 태아로부터 반사되어 온 음파를 분석하여 실시간으로 태아를 관찰하며 진단, 검사한다. 또한 간경화, 간 지방 등의 의료 진단에도 초음파를 사용한다.

세제가 필요 없는 초음파 세척

초음파를 이용하면 세제를 사용하지 않고 물체의 표면에 부착돼 있는 오염이나 티끌을 세척할 수 있다. 물 속에서 초음파를 발생시키면 음파의 진동에 의해 유체의 분자간에 응집력이 파괴되고 미세한 기포들이 발생하는 캐비테이션 현상이 일어난다. 이 기포들은 초당 25,000~30,000회 정도 발생과 소멸을 반복하게 되는데 매초 수만 개 이상의 기포들이 순간적으로 1,000기압 이상의 압력과 열을 발산한다.

초음파 세척은 이러한 캐비테이션 효과를 이용하여 물체의 표면뿐 아니라 보이지 않는 곳까지 전혀 손상을 입히지 않으면서 단시간 내에 세척한다. 또한 음파가 1초에 수만 번씩 물을 진동시키기 때문에 마치 빨래 방망이로 두드려서 세탁하는 효과를 나타내기도 한다.

이러한 초음파의 세척효과를 이용한 제품이 바로 안경점이나 귀금속 상점에서 간편하고 효과적으로 사용되고 있는 초음파 세정기이다. 또한 음파 칫솔도 마찬가지 원리로 치아에 붙은 치석을 제거함과 동시에 이를 깨끗이 닦아준다.

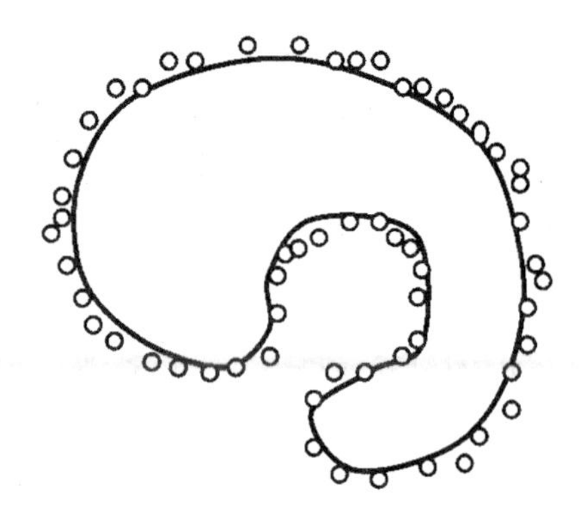

텔레비전 리모콘

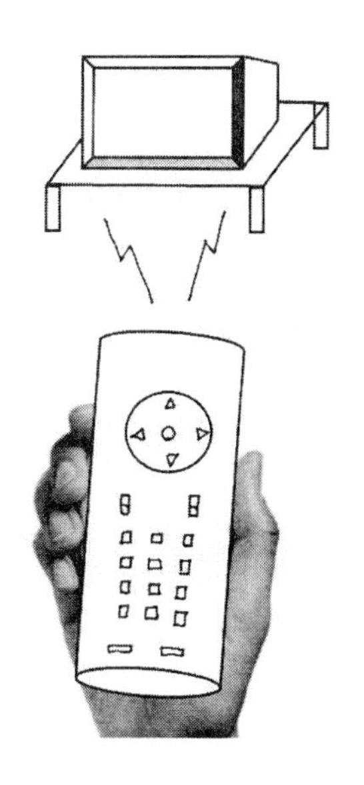

텔레비전을 켜고 끈다든지 채널을 바꾸어 주는 리모콘도 초음파를 이용하고 있다. 그런데 초음파는 투과력이 약해 리모콘의 앞부분을 손으로 가리면 텔레비전이 작동되지 않는다.

자동 카메라에서 초점을 자동으로 맞추는 자동 초점장치도 텔레비젼 리모콘과 마찬가지로 초음파에 의해 작동된다.

해충을 퇴치하는 초음파

모기는 초음파를 발생시키고 들을 수도 있다. 특히, 사람의 피를 빨아 먹는 암컷 모기는 여름철 알을 낳을 때가 되면 수컷 모기를 피하므로 수컷 모기가 내는 초음파를 발생시키면 암컷 모기가 근처에 접근하지 않는다. 따라서 초음파는 모기향이나 모기약과 같은 화학물질을 전혀 사용하지 않고 방 안에 있는 모기를 몰아낼 뿐 아니라 초음파를 건물의 벽에 작용시킴으로써 벽 내부에 살고 있는 해충에도 스트레스를 주어 퇴치하는 효과가 있다.

호랑이 "어-흥" 소리에 오금이 저린다

호랑이는 사람들을 공포에 떨게 할 뿐 아니라 천진난만한 어린아이의 울음도 그치게 한다. 최근의 연구에 따르면 호랑이는 울음 소리만으로도 상대를 마비시킬 수 있다는 사실이 확인되었다. 옛날에 호랑이의 으르렁거리는 포효에 힘 센 장정이 도망도 못 가고 벌벌 떨고만 있었다는 이야기를 과거에는 단지 호랑이가 무서우니까 그랬을 거라고 생각했지만, 이것은 호랑이의 소리 중에 들어있는 초저주파 성분 때문이라는 사실이 밝혀진 것이다.

들을 수 없어도 느껴지는 무서운 소리

미국의 동물 커뮤니케이션 연구소에서는 호랑이의 으르렁거리는 소리, 식식거리는 소리 등 호랑이가 내는 모든 소리를 녹음하여 분석한 결과, 호랑이 소리 중에는 사람이 들을 수 있는 소리뿐 아니라 사람에게는 들리지 않는 18Hz 이하의 초저주파도 있음을 알게 됐다. 사람뿐 아니라 다른 동물들도 호랑이의 으르렁거리는 소리만 들어도 겁을 먹는 것은 귀로는 들리지 않지만 호랑이 울음 소리에 포함된 초저주파를 느끼기 때문이다.

영국에서는 17Hz의 초저주파 음을 사람들에게 들려주고 설문조사를 한 결과, 아무런 소리가 들리지는 않았지만 대부분의 사람들이 구토나 어지럼증을 포함하여 안절부절못하는 등 '이상한 분위기'를 느꼈다고 한다. 이와 같이 초저주파 대역의 소리는 상대를 불안감에 떨게 만드는 작용을 한다. 이러한 초저주파는 사람의 귀에는 들리지 않아 낯설게 여겨지지만 자연계에선 동물들끼리 서로의 위치 정보를 주고 받는 등 다양한 용도로 쓰이고 있다.

들리지 않아도 퍼져 나가는 소리

"언어가 없고 말하는 소리도 없고 들리는 소리도 없으나 그 소리들은 온 땅에 두루 퍼지고 땅 끝까지 퍼져 나간다"(시편 19 : 3~4). 성경 구절 중에는 들리지 않는 소리를 언급하고 있으며, 그 소리가 오히려 더 멀리까지 퍼져 나간다고 말하고 있는데 이는 초저주파의 성질과 일치되는 음파를 나타내고 있다.

수수께끼

호랑이는 'Tiger'이다. 그러면 이 빠진 호랑이는? ……………… Tigr

이십리 밖에서 수컷을 유혹하는 암 코끼리

사람들은 가까운 거리에서 대화를 한다. 우리는 아무리 크게 소리쳐도 100m 이상 떨어진 곳에서는 거의 들을 수 없다. 그러나 발정한 암컷 코끼리가 내는 소리는 20리 이상이나 떨어져 있는 곳에서 수컷 코끼리가 들을 수 있으며, 두 코끼리는 이 소리를 통해서 서로 만난다. 코끼리가 이렇게 멀리까지 소리를 보낼 수 있는 것은 초저주파 때문이다. 암컷 코끼리가 발정기에 이르러 내는 소리는 진동수가 5~50Hz인데 진동수가 낮은 소리는 파장이 길어 장애물에 의해 쉽게 산란되지 않아 나무가 울창한 산림 속에서도 멀리까지 전달된다. 이것이 암컷 코끼리가 멀리 있는 수컷과 밀림에서 만나 짝짓기를 할 수 있는 이유다.

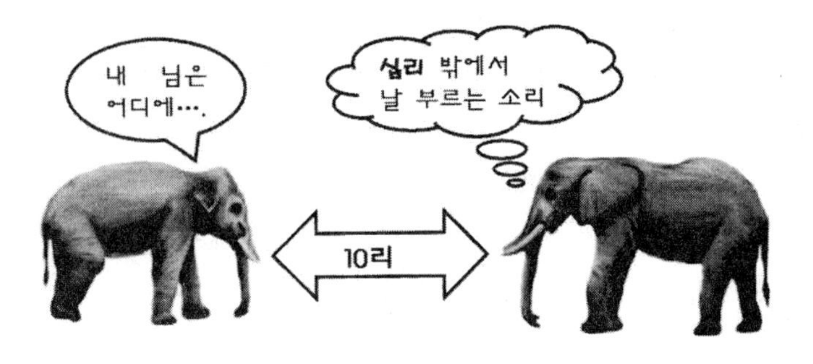

초저주파를 이용하는 동물들

코끼리 이외에도 멀리 떨어진 동료와의 의사소통에 초저주파를 이용하는 동물에는 기린, 호랑이, 코뿔소, 고래 등이 있다. 이들은 주파수가 아주 낮은 소리를 냄으로써 먼 거리까지 의사 소통이 가능하다. 공룡이 초저주파를 냈다는 주장도 있다. 약 7,500만 년 전에 살았던 파라사우롤로포스 공룡의 화석을 컴퓨터 단층촬영으로 분석해 입체 모형을 만들어 공기를 불어 넣었더니 트롬본처럼 매우 주파수가 낮은 묵직한 소리가 난 것이다.

깊은 산 속에서 들리는 소 울음 소리

소리는 주파수가 클수록 가까운 곳에 있는 장애물을 정확히 알 수 있지만, 멀리 퍼져 나가지 못하는 성질이 있다. 이와는 반대로 주파수가 적은 초저주파 소리는 멀리까지 퍼져 나간다. 한 번은 깊은 산 속에서 뜻하지 않게 "음메~" 하는 소 울음 소리가 들렸다. 이 깊은 산 중에 웬 소가 있을까 궁금해 하며 소리의 진원지를 따라 한참을 가다 보니 "음메~" 하던 부드러운 소리는 "우－웅" 하는 높은 소리로 바뀌었다. 좀 더 가니 소리는 점차 더 높은 음으로 바뀌어 "애－앵" 하고 들린다. 드디어 소리가 나는 지점에 도달해 보니 조그만 암자에서 전기 톱으로 통나무를 자르는 소리였다.

우리가 듣는 소리에는 여러 가지 진동수의 소리가 섞여 있는데 그 중에서 가장 낮은 소리가 제일 멀리까지 전파되므로 처음에는 주파수가 낮은 저음만 들리다가 소리의 진원지에 가까이 갈수록 주파수가 높은 고음이 들린 것이다. 이와 같이 소리는 주파수가 낮을수록 파장이 길어 장애물에 의해 쉽게 산란되지 않고 더 멀리까지 전파된다.

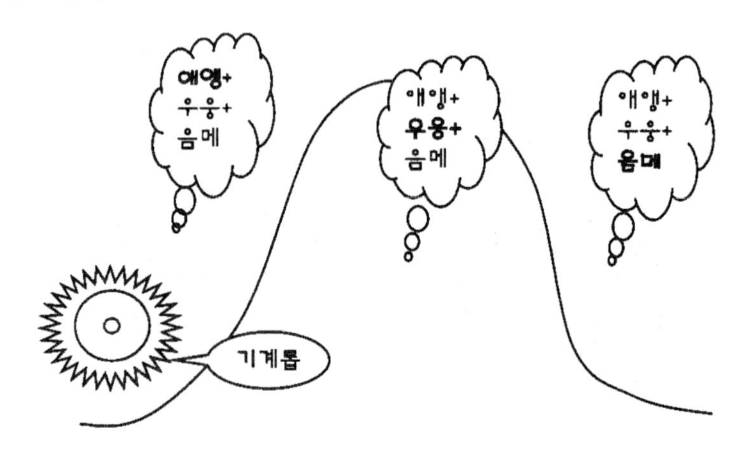

무림의 전음술(傳音術)

무협지 중에는 전음(傳音)이라고 하여 무림의 고수들이 멀리까지 소리를 전달하는 방법이 나온다. 아주 저음으로 말을 하면 수십리 멀리 떨어진 곳에 있는 같은 편 무림의 고수에게 목소리가 전달되는 방법이다. 저음은 파장이 길므로 멀리까지 전달되는 원리를 이용한 것이다. 그 가운데 대표적인 것은 의어전성(蟻語傳聲)이다. 의어란 개미의 소리란 뜻으로, 이는 파장이 긴 음파를 발성하여 다른 사람의 귀에 들리도록 하는 것이다. 그러나 의어전성은 발성할 수 있는 거리에도 한계가 있을 뿐만 아니라 특정한 상대를 지정하여 대화를 할 수는 없고 그 부근에 있는 모든 사람이 들을 수 있다.

의어전성보다 한 단계 높은 전음술을 전음입밀(傳音入密)이라 하는데 의어전성과는 달리 자기의 목소리가 어느 특정한 사람에게만 들리게 하는 수법이다. 전음입밀에서 조금 발전하여 자기의 목소리를 메아리와 같이 사방에서 울리게 하여 가청거리를 늘린 수법을 천리전음(千里傳音), 또는 천리전성(千里傳聲)이라고 한다. 천리전음보다 한 단계 위의 전음술로 소리가 사방에 울리도록 함으로써 발성자의 소재를 숨기는 수법을 육합전성(六合傳聲)이라 한다. 전음술 중 불문의 최고 수법을 혜광심어(慧光心語)라고 하는데 이는 아무런 외적인 움직임이 없이 뜻이 움직이는 대로 의사를 전달할 수 있으며, 그 거리에도 제한이 없다. 오늘날로 말하자면 텔레파시와 같은 것이다.

전음입밀, 천리전음, 육합전성, 혜광심어 등은 전음술의 보다 높은 경지들을 차례대로 이르는 말이다. 물론 개미가 저주파의 소리를 내는지, 무협지에 등장하는 여러 가지의 전음이 실제로 있었던 일인지 아니면 단순한 상상인지는 알 수 없으나, 주파수가 적은 저음이 우리가 들을 수 있는 일반적인 소리보다 멀리까지 전파된다는 원리는 맞는 것이다.

핵 실험을 감지하는 초저주파

자연 지진과 핵 실험을 구분할 수 있는 가장 확실한 징표가 초저주파 음이다. 지진계에는 땅이 울릴 정도의 진동을 만들어내는 현상이 있으면 모두 기록되기 때문에 지진파만 봐서는 자연 지진인지 인공 폭발인지 구분하기 어려운 경우가 많다. 그러나 인공 폭발은 땅이 울리는 동시에 대기 중으로 초저주파 음이 나오는데, 자연 지진에서는 초저주파 음이 거의 나오지 않기 때문에 초저주파 음 관측기에 잡히는 것은 인공 폭발이라고 봐도 된다.

핵폭탄이 터지거나 핵 실험을 진행할 때도 초저주파가 발생하는데, 이런 특성을 이용해 핵무기 확산을 막기 위한 초저주파 관측소가 전 세계 곳곳에서 운영되고 있다. 즉, 어느 곳에서 핵 실험이나 핵폭발이 일어나면 초저주파 관측소에서 0.002~40Hz의 초저주파를 잡아내 그 진원지를 정확히 파악할 수 있다. 이 소리만 잘 감지하고 있으면 북한의 어느 곳에서 핵 실험을 했는지 명확히 알 수 있다. 사람이 들을 수 있는 폭발음은 아무리 커 봐야 몇 km밖에 못 가고 사라져 버리지만, 초저주파 음은 전달 도중에 잘 없어지지 않고 아주 멀리 퍼져나가는 성질이 있기 때문이다. 백령도 부근 해상에서 침몰한 천안함의 탐색에도 초저주파가 이용되었다. 천안함에서 발생한 충격음의 초저주파 성분이 수 십km 떨어진 인천 연안에 설치된 초저주파 관측소에서 감지되었으며, 이로 인해 침몰 위치를 정확히 파악할 수 있었다.

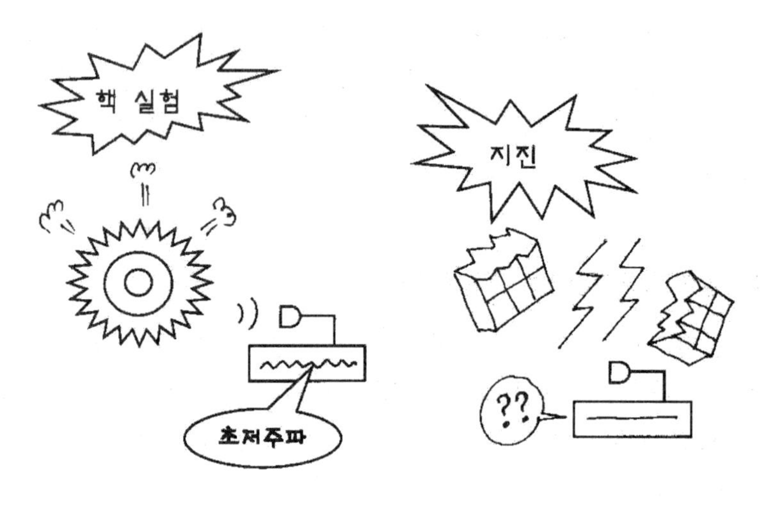

자연 재해를 예보하는 초저주파

화산, 토네이도, 태풍뿐 아니라 유성과 지구의 충돌과 같은 대규모 자연 재해에서는 초저주파가 발생된다. 따라서 초저주파 음을 분석하면 유성이 충돌한 지점을 쉽게 발견할 수 있다. 또한 화산 활동도 미리 알 수 있어 화산이 곧 폭발할지 아닐지 등의 예보에도 활용될 수 있다. 따라서 최근에는 핵무기 확산뿐 아니라 자연 재해를 미리 예측하고 알림으로써 인간의 피해를 최소화하기 위하여 초저주파 관측소를 지구 곳곳에 설치하여 활용하고 있다. 동남아 일대를 비롯하여 일본 등 지구 상에서 엄청난 피해를 가져왔던 '쓰나미'도 초저주파 관측소에서 관측된 바 있다.

공명

빈 수레가 요란하다

속이 텅 빈 나무로 만든 목어(木魚)를 나무 막대로 두들기면 소리가 울려 큰 소리가 난다. 악기 중에도 바이올린, 비올라, 첼로 등은 가느다란 현을 진동시켜서 소리를 내는 현악기인데, 큰 소리를 내기 위해서 현을 커다란 빈 통에 붙여 놓았다. 현에서 발생된 소리는 통에서 울려서 큰 소리가 나는 것이다. 물이 담긴 통을 두들겨도 소리가 나는데 물이 가득 담긴 통에서 나는 소리는 작은 반면 빈 통에서 나는 소리는 크다. 그래서 실속없이 겉 모습만 화려한 것을 빗대는 말로 '빈 수레가 요란하다' 라는 속담도 있다. 악기는 빈 수레의 원리를 이용한 셈이다.

북은 두드려야 소리가 나고, 나팔은 불어야 소리가 난다

소리는 물체의 진동에 의해 만들어지는데 북은 두드려서 소리를 내고, 바이올린은 현을 진동시켜서, 나팔은 불어서 관 내의 공기 기둥을 진동시켜 소리를 낸다. 또 사람의 목소리는 성대의 떨림으로 만들어진다.

소리는 공기분자의 진동이 퍼져나가는 일종의 음파이다. 음파는 탄성체에서 전파되는 파동으로서, 탄성체를 이루고 있는 질점(質點)들이 압축과 팽창을 반복하면서 전파된다. 공기 중에서 음파는 파의 진행 방향과 같은 방향으로 공기의 구성 분자들이 몰렸다가, 앞쪽의 분자들에 의한 반발력에 의해 뒤로 몰리고, 앞쪽의 분자들은 더 앞쪽으로 몰리는 과정을 되풀이 하면서 퍼져나가며, 이 과정 중에 음파의 고유주파수는 증폭되어 진동의 폭이 커진다. 그리고 공기의 진동은 귀의 고막을 진동시키므로 소리를 들을 수 있다.

고유진동과 공명

모든 물체는 고유의 진동수를 가지고 있다. 큰 종과 작은 종이 서로 다른 소리가 나고 유리잔에 담긴 물의 높이에 따라 소리가 다르게 나는 이유는 각각의 물체마다 고유한 진동수를 갖고 있기 때문이다. 각 물체가 다른 소리를 낸다는 것은 물체가 고유한 진동수를 가지고 진동한다는 것을 의미한다. 이것을 그 물체의 고유진동수라

하는데, 한 물체는 여러 개의 고유진동수를 가질 수 있다.

만일 고유진동수가 서로 다른 여러 개의 소리굽쇠를 준비한 후 그 중의 한 고유진동수와 동일한 진동수를 갖는 소리굽쇠를 치면 소리굽쇠의 진동은 공기를 통해 전파하면서 다른 소리굽쇠에 힘을 가하게 된다. 즉 강제로 진동시키는데 같은 진동수를 가진 소리굽쇠는 진동하지만 다른 진동수를 가진 소리굽쇠는 거의 진동하지 않는다. 이것은 강제진동수와 고유진동수가 다르면 물체의 진동은 각 주기 안에서 힘과 속도의 방향이 반대이기 때문에 소멸되고, 고유진동수와 같으면 힘과 속도의 방향이 같아서 연속적으로 물체를 운동 방향으로 밀어내기 때문에 진동 폭이 커짐을 의미한다.

이와 같이 강제진동수와 물체의 고유진동수가 같아서 진폭이 커지는 현상을 공명이라고 한다. 이러한 현상은 길이가 다른 여러 진자들을 같은 축에 매달아 놓고 이들 중 한 개를 진동시켜도 일어난다. 이때는 길이가 같은 진자가 가장 큰 진폭으로 진동한다. 일반적으로 산란 매체의 진동수와 입사파의 진동수가 일치할수록 더 많은 진동과 산란이 일어나며 공명일 때 진동이 최대로 일어난다.

세탁기 통이 멈출 때는 쿵쿵거린다

세탁기로 탈수할 때는 세탁 통이 돌면서 회전속도에 따라 세탁기에 규칙적인 충격을 가하게 된다. 통이 빠르게 돌 때는 세탁기의 고유진동수와 아주 달라서 별다른 영향을 주지 못하다가 회전속도가 줄어들면서 어느 순간 고유진동수와 일치하게 되면 공명이 일어나 세탁기가 쿵쿵거리면서 흔들리게 된다. 이처럼 공명은 일정한 진동수에는 민감하게 반응하지만 그 범위를 크게 벗어나면 반응 자체가 없어지기도 한다.

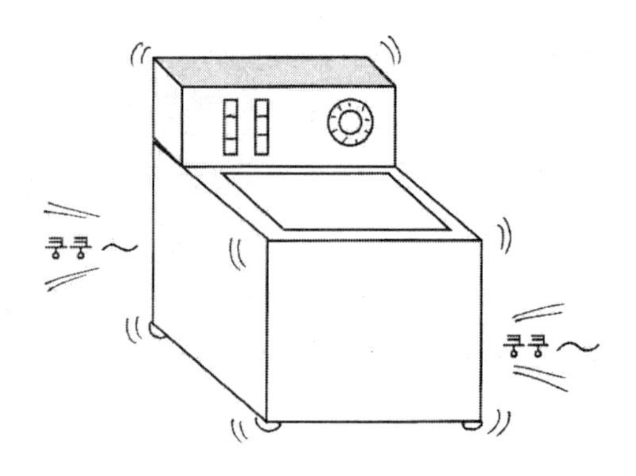

눈과 귀는 공명장치

정해진 주파수를 가진 빛만 인식할 수 있는 동물의 눈이라든가, 일정한 영역의 음파에만 반응을 하여 소리를 듣는 동물의 귀는 미세한 신호에 반응하는 공명기관이다. 동물마다 들을 수 있는 소리와 볼 수 있는 빛이 조금씩 다른 것은 공명을 일으키는 주파수 영역이 각자 조금씩 다르기 때문이다.

목소리로 포도주 잔을 깬다

성악가가 큰 소리로 노래를 부르면 포도주 잔이 깨지기도 한다. 이는 성악가가 포도주 잔의 고유진동수 중 하나에 해당하는 진동수를 갖는 큰 음을 내면 포도주 잔에는 고유진동의 진폭이 대단히 커져서 잔이 깨지는 것이다. 파동의 에너지는 진폭의 제곱에 비례하므로 공명 현상 때문에 진폭이 커진다는 것은 공명 조건에서 에너지가 가장 효율적으로 전달된다는 것을 의미한다.

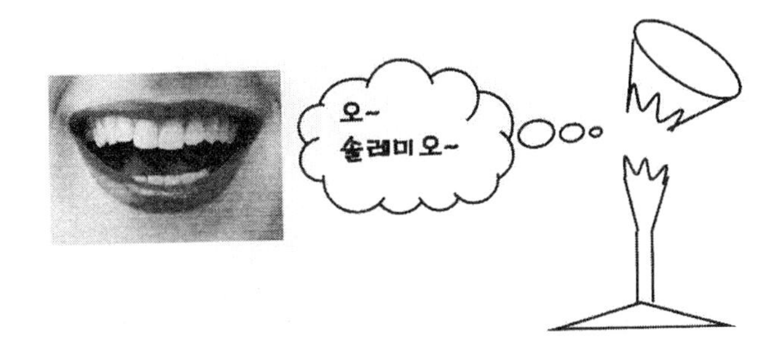

다리를 건널 때는 휘파람을 불지 마라

1831년 영국의 한 보병 부대는 맨체스터 근처에 있는 현수교를 지나가게 되었는데 마침 그 중의 한 명이 휘파람으로 행진곡을 불었다. 병사들은 무의식 중에 행진곡에 따라 발을 맞추어 걸었을 뿐인데 그 다리는 심하게 흔들리다가 무너져 버렸다. 행진하는 군인의 규칙적인 발걸음이 다리의 고유진동수 중 하나와 일치해 그 다리는 공명 현상에 의해 진폭이 커져 파괴된 것이다. 이 사건이 일어난 이후부터 군인들이 다리를 건널 때는 발 맞추어 행군하듯이 걷지 않는다는 규칙이 생겼다.

워싱톤 주의 타코마 협교는 세워진 지 4개월 후에 가벼운 돌풍에 의해서 무너졌다. 그 이유 역시 바람이 다리의 진동수와 공명하면서 교량의 흔들림이 점점 커져 끝내 무너지게 된 것이다.

그네

그네를 밀 때는 그네가 움직이는 방향과 같은 방향으로 힘을 주어야 한다. 즉 그네가 앞으로 움직일 때는 앞으로 밀고, 뒤로 갈 때는 뒤로 당겨줘야 점점 큰

진폭으로 그네가 움직인다.

이것은 그네의 고유주파수와 동일한 주기로 힘을 가하여 공명 현상을 일으키는 것이다. 이와 반대로 그네를 멈추기 위해서는 그네가 움직이고 있는 방향과 반대 방향으로 힘을 주면 쉽게 멈춘다.

라디오 주파수 맞추기

가정에 있는 라디오 또는 텔레비젼 수신기에는 코일과 축전기로 연결된 동조회로라고 하는 것이 있어 공명 현상을 일으키는데 사용된다.

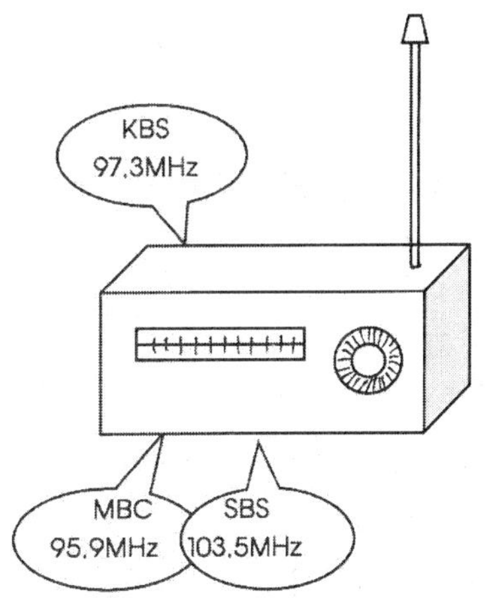

원하는 방송을 청취하기 위해서는 라디오 주파수를 맞추거나 텔레비젼의 채널을 바꾸는데 이것은 라디오나 텔레비전의 회로 진동수를 방송국의 전파 진동수와 일치시켜 공명을 일으키는 것이다. 이러한 공명 현상을 이용하기 위해서 각 방송국마다 고유의 주파수를 배정받아 사용한다.

특색 있는 음색

우리는 친구에게서 전화가 오면 목소리만 듣고도 그가 누구인지 금방 알 수 있다. 또한 음악을 들으면 무슨 악기로 연주하고 있는지도 쉽게 알 수 있다. 이와 같이 소리만 듣고도 상대방이 누구인지, 어떤 악기로 연주하는지 알 수 있는 것은 악기나 사람의 목소리는 저마다 특색 있는 음색을 가지고 있기 때문이다. 이러한 음색을 결정하는 중요한 요소가 공명이다. 공명이란 특정한 발성체가 내는 소리를 다른 2차적 발성체가 되받아 울려 주는 것이다.

바이올린이나 기타는 악기의 몸체를 공명상자처럼 만들어 악기음을 공명시켜 더 많은 배음(倍音)을 만듦으로써 보다 아름답고 특색 있는 소리를 내고 있다. 사람의 목소리도 성대에서 부속강관을 통과하기까지 공명이 이루어지고 있다. 목소리가 그 발성 때의 음을 기준으로 했을 때, 그 음은 기음(基音)과 약간의 배음만 있을 뿐 그것 자체로서는 음색이 거의 없다. 이 상태에서 공명이 됐을 때, 보다 많은 배음이 형성되어 비로소 특징 있는 음색을 갖게 되는 것이다.

바이올린의 명품, 스트라디바리우스

바이올린은 풍부한 감정 표현과 다양한 음색으로 클래식 팬들의 많은 사랑을 받고 있다. 그 중에서도 17세기 무렵 안토니우스 스트라디바리가 만든 바이올린은 명품의 대명사로 손꼽힌다. 바이올린 소리는 현에서 나온 음파가 동체에서 얼마나 아름다운 공명을 만들어내느냐로 결정된다. 동체를 이루는 나무의 재질과 두께, 동체의 형태 등이 공명을 결정하는 요인이다. 스트라디바리우스의 동체를 분해해 스피커 앞에 놓고 주파수를 바꿔가며 진동을 조사해 본 결과, 신기하게도 동체의 공명주파수가 서양 음계의 음 간격과 정확히 일치했다.

현악기 중 콘트라베이스는 모양은 바이올린과 비슷하지만 크기는 현악기 중에 제일 크며 가장 낮은 소리를 낸다. 동체의 크기가 크므로 공명을 일으키는 주파수가 작기 때문이다. 손으로 현을 뜯으며 연주하는 하프에는 연주자 편에 있는 삼각형의 한 변은 속이 빈 공명상자로 되어 있어 소리를 증폭시킨다. 이와 같이 악기의 공명상자는 스스로 소리를 내지는 못하지만 악기 고유의 음색을 결정짓고 소리를 증폭시키는 중요한 역할을 한다.

전자레인지로 음식을 데운다

음식을 데우거나 요리하는데 사용되는 전자레인지도 공명 현상을 이용한 것이다. 오븐은 공기의 온도를 높여서 음식을 익히는 반면 전자레인지는 음식물에 포함된 수분을 이용해서 음식을 익힌다. 물 분자의 수소 이온 쪽은 양전하를, 산소 이온 쪽은 음전하를 띠고 있다. 이렇게 분자가 극성을 띠면 서로 다른 극성을 가진 분자와 결합하게 된다.

전자레인지는 결합된 분자에 진동수 2.45GHz인 마이크로파를 방출해 음식 속의 물 분자를 진동시킨다. 음식물 속의 물 분자가 공명 현상에 의해 맹렬히 진동하면 분자 운동으로 발생하는 열에너지가 음식물의 온도를 높이면서 데워지거나 조리된다. 따라서 수분이 부족한 음식은 공명 현상을 일으킬 수 있는 물 분자가 부족하므로 전자레인지로 데우거나 조리할 수 없다.

이와 같이 마이크로파의 진동수와 물 분자의 진동수가 동일해서 공명을 일으키는 것이 전자레인지의 원리이다. 그러나 마이크로파의 진동수 2.45GHz는 물 분자의 공명진동수 9GHz와 다르다. 물 분자의 공명진동수와 같은 마이크로파를 이용하면 에너지 흡수가 훨씬 빠른데 그렇게 하지 않는 이유는 마이크로파의 진동수가 증가하면 침투 깊이가 급격히 떨어지기 때문이다. 그러므로 마이크로파의 진동수를 물의 진동수까지 높이면 음식물의 바깥쪽은 새까맣게 타고 안쪽은 덜 익어서 먹을 수 없게 될 것이다.

전자레인지로 음식을 끓여도 그릇은 뜨거워지지 않는다

전자레인지로 음식을 데우거나 요리할 때는 사기그릇이나 뚝배기에 음식을 담는다. 얼마 후에 보면 음식은 끓고 있는데도 그릇은 전혀 뜨겁지 않다. 이것은 음식에는 수분이 많아서 가열되지만 그릇에는 물 분자가 없기 때문에 뜨거워지지 않는 것이다.

알루미늄 포일에 싼 김밥은 전자레인지로 데워지지 않는다

마이크로웨이브는 금속을 투과할 수 없으므로 알루미늄 포일로 싼 김밥은 전자레인지로 데울 수 없다. 그래서 전자레인지에는 도기나 자기 또는 유리 그릇을 주로 사용한다.

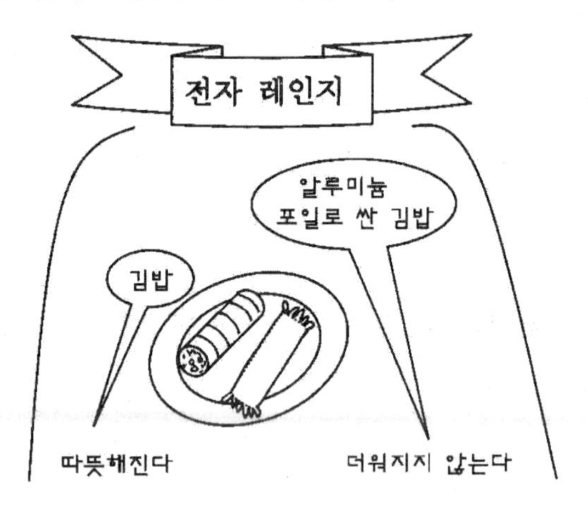

핵 자기공명을 이용한 단층촬영

물질은 원자로 이루어져 있으며 원자는 핵과 전자들로 구성돼 있다. 원자가 자기장 속에 있으면 회전하고 있는 전자 때문에 에너지 차가 생기고 이에 비례하는 고유진동수가 결정된다. 만일 물질에 입사된 전자기파가 고유진동수와 일치하여 공명이 일어나면 전자기파는 흡수되어 높은 에너지를 갖게 된다. 이것을 핵 자기공명이라고 하는데, 1964년에 발견된 이후 화학적, 의학적인 분야에 적용돼 왔다.

핵 자기공명 현상을 의학적인 분야에 응용한 장치가 자기공명 단층촬영장치인 MRI이다. 이것은 X선을 사용하지 않고 인체의 단면 사진을 찍는 장치인데, X선 단층촬영보다 더 높은 해상도를 가질뿐 아니라 방사선을 쓰지 않고 고주파의 전자기파를 사용하므로 인체 세포에 거의 무해하다는 장점을 가지고 있다. 인체의 대부분은 물로 이루어져 있으므로 몸에 자기장을 걸어주면 몸 안에 있는 수소 원자는 공명 현상에 의해 외부의 전자기파로부터 특정 진동수의 에너지를 흡수한다. 흡수된 에너지가 다시 낮은 상태로 될 때까지의 시간은 질병을 가진 세포에 따라서 다르므로 질병에 대한 유용한 정보를 제공한다.

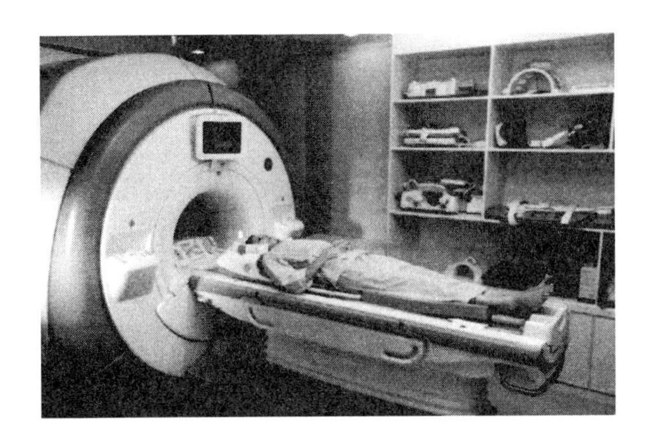

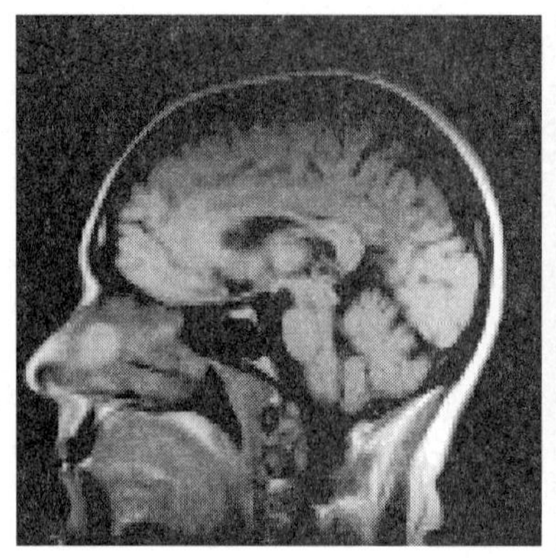
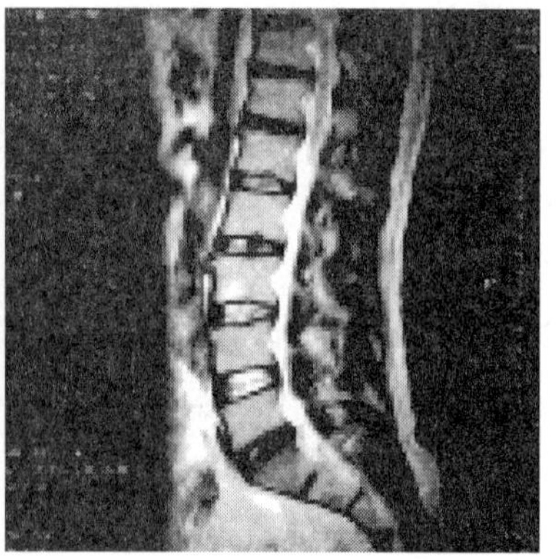

물질 내의 수소 원자는 외부 자기장뿐만 아니라 주변 원자의 자기장에 의해서도 영향을 받는다. 같은 종류의 핵이라도 조금씩 다른 공명 주파수를 보이므로 공명 진동수를 통해서 물질 내의 여러 구조에 대해서도 알 수 있다.

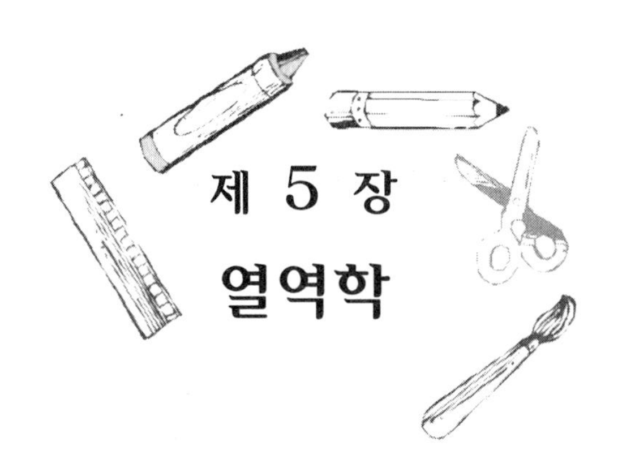

제 5 장
열역학

더위와 추위가 없는 곳

땀이 줄줄 흐르는 어느 여름날, 젊은 스님이 스승에게 물었다.
"스님, 날씨가 너무나 덥습니다. 이럴 땐 어떻게 해야 합니까?"

"더위와 추위가 없는 곳으로 가라."
"그런 곳이 어디 있습니까?"
"더울 때에는 네 자신이 더위가 되고 추울 때에는 네 자신이 추위가 돼라. 그곳이 더위와 추위가 없는 곳이니라."

이것은 여름 나기의 지혜를 선물한 선가의 일화이다. 우리가 덥다고 느끼는 것은 나와 더위가 둘이 돼서 더운 것이지 더위와 내가 하나가 되면 더 이상 덥지만은 않다는 것이다. 실제로 우리가 더위를 느끼는 것은 우리 몸으로 열이 들어오기 때문이며 추위를 느끼는 것은 열이 우리 몸에서 빠져나가기 때문이다. 그런데 온도가 같은 곳에서는 열이 흐르지 않으므로 추위도 더위도 느끼지 않게 된다.

열과 온도

대포 가공을 하다가 손을 덴 백작

독일의 럼퍼드 백작은 1780년 대에 바이에른 공화국의 국방장관을 지내면서 놋쇠를 깎아 대포를 만드는 일을 감독한 일이 있었다. 그는 기계가공을 할 때 포신에 우연히 손을 대었다가 뜨거워서 깜짝 놀랐다. 전혀 열을 가하지 않

않는데도 손을 델 정도로 뜨거워졌기 때문이었다. 그리하여 '열의 본성은 놋쇠를 깎는 운동과 관련이 있을 것'이라고 생각하였다.

그 때까지는 열이란 '열소'라는 물질에 의해서 발생된다고 생각하고 있었기 때문에 '운동에 의해서 열이 발생된다'는 생각은 혁신적인 것이었다. 이러한 생각은 1799년 데이비 경이 진공 속에서 두 개의 금속을 마찰시킬 때 발생하는 열로 초를 녹이는 실험을 보여줌으로써 확인되었다. 그러나 당시의 과학자들에게는 열도 에너지의 일종이라는 사실이 받아들여지지 못하고 있다가 50여 년이 지난 뒤에야 사실로 인정되었다.

나뭇가지가 부딪치면 산불이 난다

산불은 등산객의 실수로 일어나기도 하지만 바짝 마른 나뭇가지들끼리 부딪쳐서 일어나기도 한다. 나뭇가지가 부딪친다는 것 자체는 순수한 기계적인 일이지만 이러한 '일'이 '열'로 변환되어 나뭇가지의 온도를 발화점 이상으로 올리면 나무에 불이 붙게 된다.

이러한 원리는 이미 원시인들도 터득하여 나뭇가지나 부싯돌을 마찰시켜 불을 만들어 사용하였다. 사실 럼퍼드 백작이 발견한 '대포를 가공할 때 많은 열이 발생하는 것'은 나뭇가지가 마찰되어 불이 붙는 것과 근본적으로는 동일한 현상이다.

물이 있어야 쇠를 깎을 수 있다

선반으로 쇠를 깎을 때는 빨갛게 달구어질 정도로 열이 많이 난다. 그래서 금속을 가공할 때는 항상 냉각수를 뿌려주면서 작업을 한다.

성냥과 라이터

19세기에 성냥이 등장하면서 부싯돌 방식의 점화기구는 없어졌다. 성냥은 나뭇개비 끝에 적린, 염소산칼륨 등의 발화연소제를 발라 붙이고, 성냥갑의 마찰면에는 유리가루, 규조토 등의 마찰제를 발라, 이 두 가지를 서로 마찰시켜서 불을 일으키는 발화용구이다. 1903년에는 오스트리아의 베르스바흐가 철과 세륨의 합금을 발화석으로 사용할 수 있음을 발견함으로써 라이터가 발명되어 지금까지 사용되고 있다. 이와 같이 성냥과 라이터도 마찰열을 이용하여 불을 붙이는 방법이다.

모터 레이서와 불꽃

오토바이 경주를 할 때 모터 레이서가 코너를 돌 때는 무릎이 거의 지면에 닿을 정도로 몸을 기울인다. 이때 무릎 보호대가 지면에 닿으면서 마찰을 일으키므로 마찰열로 인해 불꽃이 튀는 장면을 볼 수 있다.

열에 관한 초창기 이론

오늘날에는 열도 에너지의 한 형태임을 알고 있으나 예전에는 열이 일종의 물질이라고 생각하였다. 고대에는 물질이 연소하면 '플로기스톤'이라는 물질을 방출한다고 생각하였다. 그 후 18세기에는 열은 눈에 보이지도 않고 무게도 없는 유체라고 믿었으며 이 물질을 '열소'(Caloric)라고 하였다. 그래서 열소는 일종의 질량이 없는 물질로서 온도를 높이는 원인으로 보았으며 물체를 가열하면 불에서 나온 열소가 물체 내로 전달되는 것으로 믿었다.

만일 온도가 다른 두 물체가 접촉하면 뜨거운 곳에서 열소가 흘러 나와서 차가운 곳으로 흘러 들어가 뜨거운 물체는 온도가 내려가고 차가운 물체는 온도가 올라가서 결국에는 두 물체의 온도가 같아지며, 이 때 열소의 흐

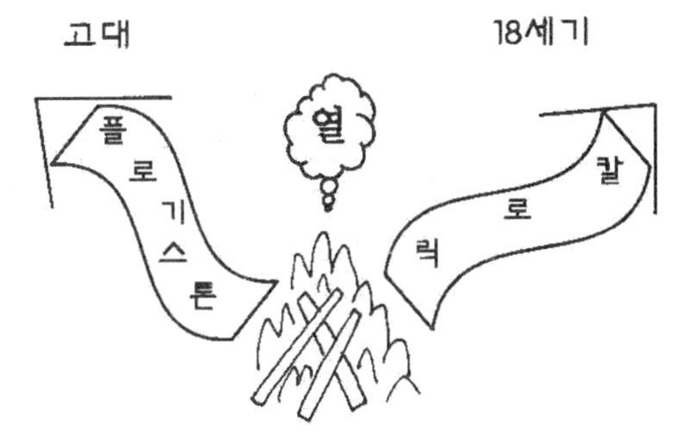

름이 중지된다고 생각하였다. 지금은 열이 물질이 아니라는 것을 알고 있지만 이 당시에 사용했던 칼로릭이라는 용어에서 연유하여 열의 단위로 칼로리(cal)를 쓰고 있다.

열과 일의 본성은 같다

19세기 초까지도 열과 일은 서로 관계가 없는 독립적인 존재라고 믿었으나 1840년 영국의 과학자 쥴(Joule)에 의해 열의 본성이 일과 같다는 것이 발견되었다. 쥴은 물 속에 담긴 물레방아를 돌리면 물의 온도가 올라간다는 것을 실험을 통하여 알아내고 물레방아를 돌리는데 든 일과 물의 온도를 올리는데 필요한 열량을 비교하여, 1칼로리(cal)는 4.2쥴(J)에 해당한다는 사실을 밝혔으며, 이로 인해 열도 에너지의 한 형태임을 알 수 있게 되었다.

쥴의 실험 이전에는 열과 일은 본성이 다른 존재로 생각하였기 때문에 열량은 칼로리, 일은 쥴이라는 각각 다른 단위로 기술하였으나 현재는 두 단위를 구분 없이 사용한다. 열과 일은 본성이 같고 이들은 서로 바뀔 수 있다는 사실을 알았기 때문이다.

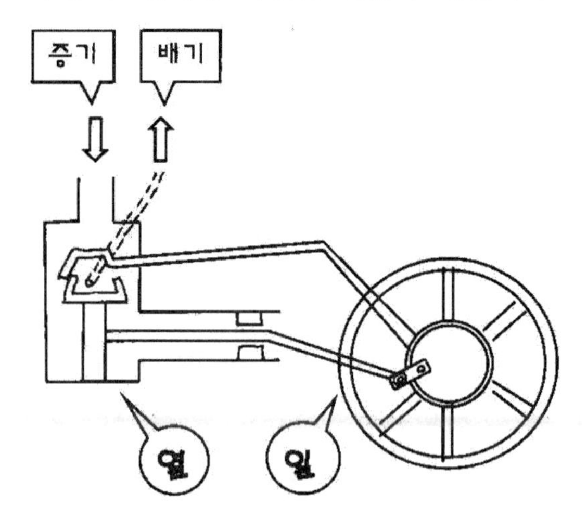

추운 곳에서 소변을 보면 부르르 떨린다

인체의 약 60% 이상은 물로 되어 있는데 그 양은 일정하게 유지되고 있다. 따라서 심한 운동이나 더운 날씨 등으로 땀을 많이 흘린 날은 몸에 물이 부족하게 되어 갈증을 느끼게 된다. 반대로 음식이나 음료수 등을 많이 먹어 몸에 물이 남아 돌 때는 소변을 통해 배출하게 된다. 소변은 따뜻한 체내에 저장되어 있다가 몸 밖으로 배출되기 때문에 몸으로부터 상당한 열을 가지고 나가게 된다. 우리 몸의 입장에서 보면 열량을 잃게 되는 것이다. 그래서 소변을 볼 때 손실되는 열량을 보충하기 위해 무의식적으로 근육을 움직이게 되므로 몸이 부르르 떨리게 된다.

특히 추운 겨울날, 소변을 보고 나면 저절로 몸이 떨리는 것은 몸 안에서 따뜻한 물이 밖으로 방출되어 체온이 급격히 내려가게 되는 것을 운동을 통해서 방지하기 위한 신체반응이다. 즉 열의 방출을 회복하여 체온을 일정하게 유지하기 위한 우리 몸의 방어기능의 결과이다. 또한 해수욕장에서 모르는 척하고 물 속에서 오줌을 싸면 몸을 부르르 떨게 되는데 이것도 몸에서 빠져나간 열량을 보충하기 위해 일어나는 현상이다.

이와는 반대로 날씨가 더우면 땀이 나는데 이것은 몸에서 열을 방출함으로써 우리 몸의 체온을 일정하게 유지하기 위한 신체반응 때문이다.

온혈동물 중에는 생쥐가 가장 작다

메뚜기나 벌과 같이 작은 곤충들은 기온에 아주 민감하다. 이들은 몸 속에 피가 없어 자기 몸의 온도를 일정하게 유지하는 능력이 없기 때문이다. 따라서 더운 여름철에 활개를 치던 곤충들이 추운 겨울에는 눈에 뜨이지 않는다. 반면에 따뜻한 피를 가진 온혈동물들은 체온을 일정하게 유지할 수 있으므로 기온에 관계없이 춘하추동 언제나 활동한다. 일반적으로 온혈동물은 곤충보다 크며 온혈동물 중에는 생쥐가 가장 작은 것으로 알려져 있다.

생쥐보다 작은 동물이 없는 이유는 몸의 크기가 작아지면 상대적으로 표면적이 커져서 열의 발산이 커지므로 체온이 너무 낮아지기 때문이다. 따라서 열의 발산은 동물의 크기를 제한하는 요소로 작용하고 있다.

잠 못 이루는 열대야

한밤중의 온도가 25℃ 아래로 내려가지 않는 밤을 열대야라고 하는데 열대야에는 너무 더워서 잠을 이루기가 어렵다. 그런데 낮에는 25℃이면 전혀 더운 날씨가 아닌데 잠을 잘 때는 덥게 느껴지는 것은 왜 그럴까? 그것은 잠을 잘 때는 우리의 체온이 낮아져서 기온과 온도차가 작아지므로 몸에서 방출되는 열이 낮보다 적어지기 때문이다.

이열치열(以熱治熱)

여름에 더위를 이기는 방법 중 하나로 이열치열이란 방법이 있다. 날씨가 아주 더우면 더위를 피하는 대신에 오히려 더운 음식을 먹으며 더위와 맞닥뜨리는 것이다. 실제로 땀을 뻘뻘 흘리면서 더운 음식을 먹으면 오히려 더위를 느끼지 않게 된다. 이것은 땀을 통해서 열량을 밖으로 방출함과 아울러 더운 음식 때문에 우리 몸이 더워지므로 외부 기온과의 온도 차가 적어서 우리 몸으로 들어오는 열량이 적으므로 더위를 덜 느끼게 되는 것이다.

돈의 흐름

열은 흐르고 돈은 유통된다고 한다. 즉 열과 돈은 흘러서 이동한다. 돈은 어디에서 어디로 흐르는 것일까? 일반적으로 돈의 흐름은 이익이 많은 곳을 찾아서 흐른다. 돈벌이가 잘 되는 곳에는 어김없이 돈이 몰려든다. 예를 들어 아파트를 분양받을 경우 웃돈이 생긴다면 그런 곳에는 어김없이 떴다방이 생긴다. 이와 유사하게 열도 일정한 방향으로 흐르는데, 열은 온도가 높은 곳에서 낮은 곳으로 흐르며 온도 차가 없을 때는 열은 흐르지 않는다.

부자와 거지, 그리고 돈

부자는 돈이 많고 거지는 돈이 없다. 그래서 거지도 돈이 많이 생기면 부자가 되고, 부자도 돈이 전부 없어지면 가난뱅이 거지가 된다. 돈은 부자와 거지를 만드는 직접적 요인인데, 돈이란 우리가 벌기도 하고 잃을 수도 있는 실체이다. 그러나 부자나 거지라고 하는 것은 어떤 사람이 돈이 있는지 없는지를 나타내는 개념적인 척도일 뿐이며 벌어들이거나 잃게 되는 실체는 아니다.

열과 온도

물체에 열이 들어가면 뜨거워지고 열이 나가면 차거워진다. 돈이란 실제로 존재하는 것이고, 부자나 거지는 개념적인 것과 같이, 열이란 실제로 존재하는 것이고 뜨겁다든지 차다는 것은 개념적인 것이다. 여기서 뜨겁고 찬 정도를 정량적으로 나타낸 것이 온도이며 온도가 높을수록 덥고 온도가 낮을수록 차다. 따라서 물체에 열이 들어가면 온도가 올라가고 열이 나가면 온도가 내려간다.

열은 분자의 운동에너지다

모든 물체는 분자로 구성되어 있고 이들 분자는 계속 운동한다. 열이란 이러한 분자들의 운동에너지이다. 온도가 높으면 분자의 운동이 활발하므로 온도가 높은 물체의 분자는 온도가 낮은 물체보다 운동에너지가 크다. 물체에 열이 들어가면 온도가 올라가는 이유는 외부에 있는 빠른 분자가 물체를 이루고 있는 느린 분자와 마주치며 상호작용을 일으켜서 물체를 이루는 분자들의 운동속도가 빨라지기 때문이다. 따라서 온도가 높은 물체와 낮은 물체를 접촉시켜 놓으면 분자들의 충돌에 의해서 온도가 높은 곳에서 낮은 곳으로 열에너지가 전달된다.

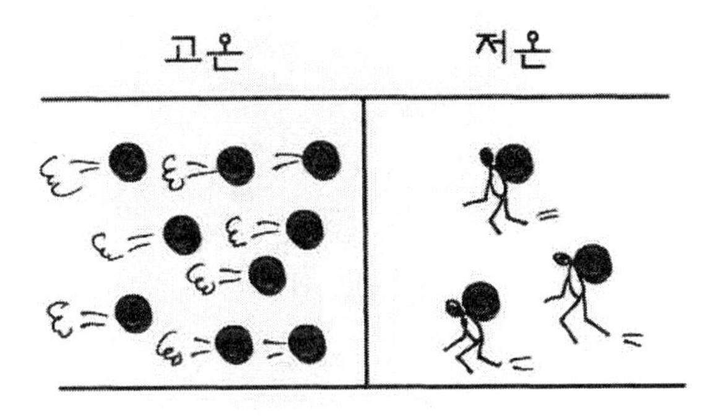

낮은 데로 임하소서

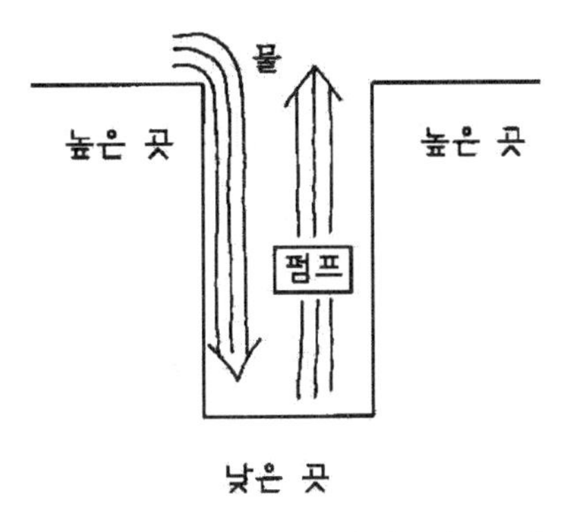

물이 높은 곳에서 낮은 곳으로 흐르듯이 에너지의 일종인 열도 온도가 높은 곳에서 낮은 곳으로 흐른다. 만일 자연현상에 거슬러서 물을 낮은 곳에서 높은 곳으로 보낼 때는 펌프를 사용해서 추가로 일을 하여주어야 한다. 이와 유사하게 온도가 낮은 데서 높은 곳으로 열을 이동시키기 위해서는 외부에서 일을 하여 주어야 한다.

열펌프

물은 자연적으로 높은 곳에서 낮은 곳으로 흐르는데, 그 반대로 낮은 곳에서 높은 곳으로 끌어올리려면 두레박이나 펌프를 사용하여 일을 해주어야 한다. 이와 유사하게 열도 온도가 높은 곳에서 낮은 곳으로는 자연적으로 이동하지만, 찬 곳에서 더운 곳으로 이동시키려면 열펌프를 사용하여 기계적인 일을 해주어야 한다. 이것은 펌프로 물을 끌어올리는 것과 같은 이치인데 열기관 사이클을 반대로 작동시키면 열을 이동시키는 열펌프가 된다. 열펌프는 냉각장치와 아울러 가열장치로도 사용될 수 있다.

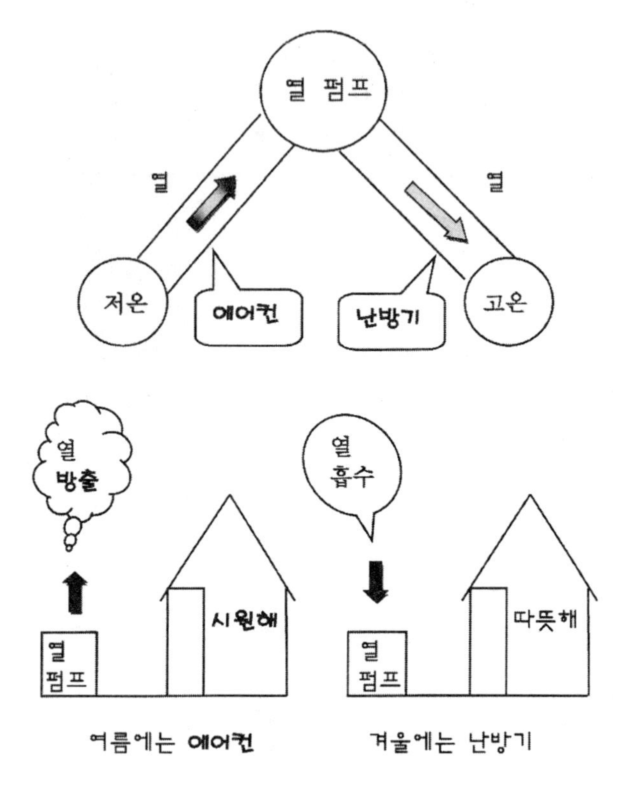

열펌프의 원리는 1850년 켈빈에 의해 제창되어, 1934년 냉난방용으로 실용화되었다. 우리가 가정에서 사용하고 있는 열펌프 장치로는 냉장고나 에어콘이 있다. 냉장고의 경우는 항상 차가운 온도를 유지하기 위하여 외부보다 온도가 낮은 냉장고 안에서 열을 빼내어 온도가 높은 냉장고 밖으로 열을 방출한다. 냉장고와 반대 개념의 열펌프는 겨울에 온도가 낮은 차가운 바깥에서 열을 퍼 올려서 상대적으로 온도가 높은 실내로 열을 공급하여 방 안을 항상 따뜻하게 만들어 주는 난방기가 있다.

열과 관련된 속담

- 군불에 밥짓기다.
  → 남의 일을 해주는 김에 자기 일도 한다.
  → 밑천도 들이지 않고 쉽게 한다는 뜻.
- 겨울 화롯불은 어머니보다 낫다.
  → 추운 겨울에는 따뜻한 것이 제일 좋다는 뜻.
- 굽은 나무는 반드시 불에 쬐어서 바로 잡아야 곧아진다.
  → 굽은 나무는 불에 쬐어서 마로 잡듯이 나쁜 짓을 한 사람은 반드시 뉘우치도록 만들어서 고쳐야 한다는 뜻.
- 머리를 삶으면 귀도 익는다.
  → 기본 문제를 해결하면 지엽적 문제는 저절로 해결된다는 뜻.

열의 전달

차가운 물수건으로 열을 내린다

감기에 걸리면 뜨거운 이마에 차가운 물수건을 놓아 이마의 열을 내린다. 또한 뜨거운 물에 차가운 얼음을 넣으면 얼음이 녹으면서 물의 온도는 내려가게 된

다. 이와 같이 뜨거운 것과 차가운 것 사이에는 온도 차가 있어서 열이 이동한다.

열은 평형상태가 될 때까지 이동한다

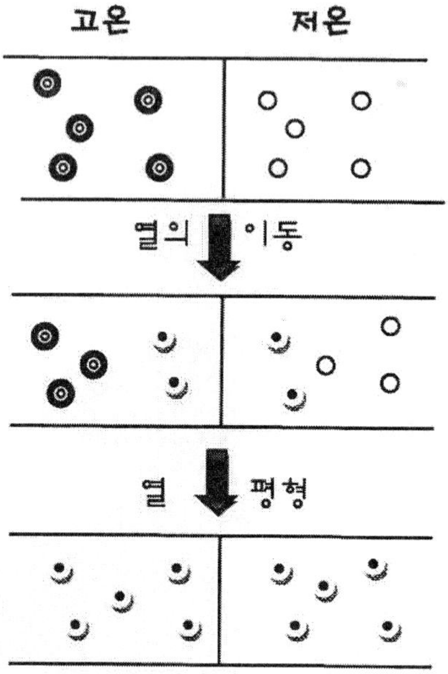

열이란 분자의 운동에너지이다. 물체에 열이 들어가면 온도가 올라가는 이유는 외부에 있는 빠른 분자들이 물체와 부딪쳐서 물체를 이루는 분자들의 운동속도가 빨라지기 때문이다.

열은 항상 고온의 물체에서 저온의 물체로 이동하는데 두 물체의 온도가 같아지는 열평형 상태까지 이동한다. 열의 이동 방법에는 전도, 대류, 복사 세 가지가 있다.

고온 저온

열의 이동

열 평형

············**전도**············

손을 데면 귀를 만진다

실수로 뜨거운 물체를 만져서 손을 데면 우선 귀를 만지는 경우가 많다. 이것은 귀가 얇아서 우리 몸에서 가장 찬 부위이기 때문이다. 이 경우 손과 귀를 접촉시킴으로 손에서 귀로 직접 열이 전달되므로 뜨거웠던 손이 금방 식는 효과가 있다.

이와 같이 온도가 다른 두 물체가 접촉되면 분자끼리 충돌하면서 고온 물체의 열에너지가 저온 물체로 이동한다. 이렇게 물체의 접촉에 의해 분자의 운동에너지가 전달되는 열의 이동 방법을 전도라고 한다. 특히 자유전자가 많은 금속은 두 물체가 접촉될 때 자유전자가 열의 전도를 도우므로 열전도율이 크다. 열전도는 열평형이 될 때까지 진행되며 고온의 물체가 잃은 열량은 저온의 물체가 얻은 열량과 같다.

고비 사막의 전령

13세기에 고비 사막에서는 말을 탄 전령이 릴레이 식으로 소식을 전하는 제도가 있었다. 예를 들어 첫번째 초소에 있는 전령이 군사 소집 통지서를 두번째 초소에 전하면 두번째 초소의 전령이 세번째 초소에 전하고…. 이런 전달 방법으로 몽골인들은 고비 사막에서 하루에 50~60마일 밖까지 소식을 전하는 것이 가능했다고 한다. 이렇게 인접한 전령들이 직접 만나 단계적으로 멀리까지 소식을 전달하는 것은 마치 물체가 접촉하여 열에너지를 전달하는 전도와 유사한 과정이라 할 수 있다.

눈이 많이 오면 보리가 풍년이다

차갑게만 생각되는 눈도 단열효과가 아주 우수하므로 보리 농사는 눈과 관련이 있다. 보리는 가을철 입동 전에 씨를 뿌려서 난 싹이 겨울을 지낸 후 봄에 성장하여 하지께 수확하게 된다. 따라서 보리의 싹은 얼지 않고 추운 겨울을 지내야 한다. 다행인 것은 보리밭에 내린 눈은 보리 싹을 보온시켜 추운 날씨에도 얼지 않게 된다. 그래서 '겨울에 눈이 많이 오면 보리가 풍년이다'는 말이 있다.

얼음 집도 따뜻하다

에스키모 인들은 멀리 사냥을 나가있을 때는 얼음과 눈으로 이글루를 만들어서 추위를 피했다. 얼핏 생각하면 눈과 얼음으로 만든 집이라 추울 것 같으나 이글루의 건축 재료인 눈과 얼음은 좋은 단열재이며 특히 그 두께가 두꺼울수록 단열효과는 더욱 우수하다. 그래서 이글루는 바깥의 찬 공기가 내부로 유입되는 것을 막아주어 따뜻함을 유지할 수 있다.

이러한 이글루는 거친 자연환경에서 살아 남기 위한 과정에서 탄생하였지만, 요즘은 아주 특별하고 환상적인 체험을 할 수 있는 공간으로 얼음 호텔이 탄생되어 인기 만점의 관광명소가 되고 있다.

얼음 호텔은 영하 20~40℃까지 웃도는 바깥 추위를 영하 4℃까지 올려 유지한다. 얼음 호텔은 1989년도에 스웨덴의 톤(Torne)강 기슭에 만들어진 유카샤에르비 호텔(Jukkasjarv Hotel)이 가장 오래된 것이다. 그 유래는 방을 구하지 못한 여행자가 얼음 예술가가 만든 얼음 실린더 모양의 이글루 안에 들어가서 하룻밤을 지내게 된 것이 계기가 되어, 한 여관 주인의 아이디어로 처음 지어지기 시작했다. 스웨덴의 이 얼음 호텔은 매년 12월에서 이듬해 5월까지 운영된다.

산타마을로 유명한 핀란드의 남쪽 항구 도시 케미에 있는 스노우 캐슬은 세상에서 가장 큰 얼음 요새로 불리고 있는데, 보통의 호텔들이 갖는 기능을 대부분 가지고 있다. 숙박시설 뿐만 아니라 결혼식을 올릴 수 있는 예배당과 레스토랑, 영화관, 예술 센터, 술집, 전시관도 있으며, 얼음 호텔은 그 자체가 예술품이라고 할 수 있을 정도이다. 얼음 호텔은 매년 테마가 바뀌어 새로 지어지고 있는데, 건축 재료인 얼음을 얻기 위해 대개 강 주변에 있으며 지금은 스웨덴, 캐나다, 핀란드, 일본, 루마니아 등 세계 여러 곳에서 매년 얼음 호텔이 운영되고 있다.

두꺼운 옷 한 벌보다 얇은 옷 여러 벌이 더 따뜻하다

얇은 옷을 여러 벌 겹치면 옷과 옷 사이에 공기 층이 만들어지므로 두꺼운 옷 한 벌에 포함되어 있는 공기보다 더 많은 공기를 포함하게 된다. 따라서 추운 겨울에 두꺼운 옷 한 벌을 입는 것보다 얇은 옷 여러 벌을 겹쳐 입으면 옷 사이에 있는 공기가 열을 잘 전달하지 않기 때문에 더 따뜻하다. 이와 같이 공기의 층을 만들면 좋은 보온 효과를 얻을 수 있다.

털은 공기 때문에 따뜻하다

동물들은 털이 있어 추위를 잘 견딘다. 털은 찬 공기가 피부에 접촉되는 것을 막아주기 때문이다. 특히 남미 페루의 고산지대에서 많이 사육하고 있는 알파카의 털은 가볍고 열 차단 효과가 뛰어나므로 파카, 침낭, 고급 옷의 안감 등으로 쓰인다. 알파카의 털은 속이 비어 공기가 들어 있으므로 다른 짐승들의 털보다 훨씬 더 따뜻하기 때문이다.

공기가 많이 함유되어 있을수록 더 따뜻한 것은 공기의 열전도율이 작기 때문이다. 솜은 공기를 많이 함유하고 있어 단열효과가 우수하므로 방한복에 솜을 넣기도 한다. 솜을 오랫동안 사용하면 솜 사이에 들어 있는 공기가 적어져 단열효과가 떨어지는데 이때는 기계로 솜을 타거나 햇볕에 말리면 다시 솜 사이의 빈 공간이 부풀어서 공기를 많이 함유하게 되어 따뜻하게 사용할 수 있게 된다.

이러한 공기 함유율은 솜보다 새의 깃털이 훨씬 더 크다. 특히 오리나 거위의 깃털에는 공기주머니라 불리는 미세한 빈 공간이 수없이 많아 솜이나 다른 동물들의 털보다 공기를 더 많이 함유하고 있다. 그래서 추운 겨울에는 오리 깃털이나 거위 깃털을 넣은 덕다운(duck down)이나 구스다운(goose down)이 방한복으로 많이 착용되고 있다.

♥ 알파카

낙타과 동물로서 몸길이 2m, 어깨 높이 90㎝, 몸무게 60㎏ 정도이며 털 색깔은 검은색, 갈색, 흰색 등이다. 알파카는 털을 얻기 위해 남아메리카의 안데스 지역에서 가축화된 것으로 야생 생태계에는 존재하지 않는다. 주로 남부 페루, 북부 볼리비아 등의 4,000~5,000m 고지에서 방목된다. 털은 가볍고 열 차단 효과가 뛰어나며 다소 거칠다.

순망치한(脣亡齒寒)

서로 도우며 떨어질 수 없는 사이를 순망치한이라고 한다. 글자대로 풀이하면 입술이 없으면 이가 춥고 시리다는 말이다. 외부로부터 찬 기운이 들어오는 것을 입술이 막아주므로 이가 시리지 않은데 여기서 입술은 열의 전도를 차단하는 역할을 한다.

초가지붕의 단열성

초가지붕을 만드는 데 쓰이는 볏집은 속이 빈 대롱 형태이기 때문에 초가지붕은 단열효과가 좋다. 아파트나 주택의 경우는 지붕 사이에 공기 층을 만들어 단열효과를 얻는다.

아파트의 베란다와 겹 유리

아파트의 베란다는 보온 역할을 하는 중요한 곳이다. 즉, 여름에는 창 밖의 열이 집 안으로 들어오는 것을 막아주며, 겨울에는 집 안의 열이 밖으로 나가는 것을 막아준다. 기체는 액체나 고체에 비해 열전도율이 작기 때문에 아파트의 베란다는 이러한 공기의 단열 효과를 이용한 것이다.

겹유리(pair glass)는 공기 층이 열전도가 잘 되지 않는 성질을 이용한 것이다. 얇은 유리 두 장을 겹쳐서 사용하는 겹유리는 두 배로 두꺼운 유리 한 장보다 보온이 더 잘 되는 것도 유리 사이의 공기가 단열효과가 좋기 때문이다. 실제로 공기의 열전도율은 유리의 1/40 밖에 되지 않는다. 따라서 겹유리는 공기 층이 열전도가 잘 되지 않는 성질을 이용하여 좋은 보온 효과를 얻을 수 있도록 만든 것이다.

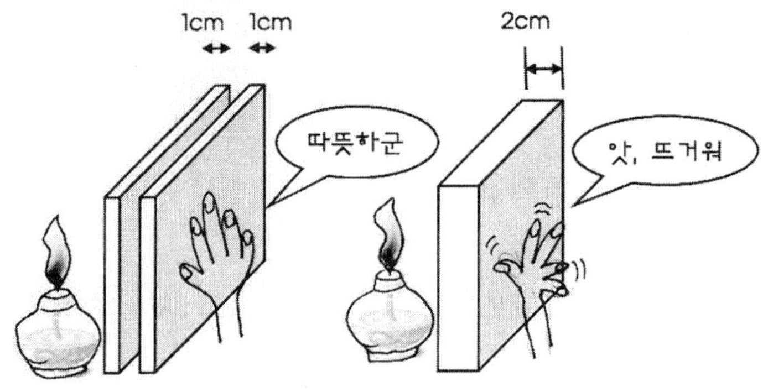

쇠는 나무보다 차갑다

한 겨울에 밖에 놓여있는 쇠 의자는 나무 의자보다 훨씬 더 차겁게 느껴진다. 이것은 우리 몸에서 열을 더 많이 빼앗아 가기 때문이다. 이렇게 열을 많이 빼앗을수록 열전도도가 큰 물질이다. 즉, 철의 열전도율이 나무의 열전도율보다 크다.

여름에는 뜨겁게 느껴질수록 열전도도가 큰 물질이다. 그래서 옥외에서는 쇠로 만든 벤치보다 열전도율이 작은 나무로 만든 목조 벤치를 많이 사용한다.

모래는 바위보다 시원하다

바위가 깨지면 모래가 되니까 바위와 모래는 같은 성분임을 알 수 있다. 그러나 바위보다는 모래가 더 천천히 뜨거워지고 천천히 식는다. 이것은 모래 알갱이 사이에 들어있는 공기가 열을 잘 전달하지 않는 단열재 역할을 하기 때문이다.

주물공장에는 모래가 필요하다

주물공장에서는 가마솥을 만들 때 틀에 부은 쇳물이 식으면 뜨거운 쇳덩어리를 모래 바닥에 쏟아 놓는다. 그러면 모래 알갱이 사이에 있는 공기가 열을 차단하기 때문에 공장 바닥이 뜨거워지지 않고 쇳덩어리는 천천히 식는다.

이와 같이 모래는 대단히 우수한 단열재로 산업체에서 많이 사용되고 있다.

얼음 녹는 소리

공기 중에서 얼음이 녹을 때는 아무 소리가 나지 않지만 물 속에서 녹을 때는 얼음 녹는 소리가 난다. 이것은 공기보다 물의 열전도율이 크기 때문에 생기는 현상이다. 공기는 열전도율이 작아서 공기 중에 있는 얼음은 내부와 외부의 온도 차이가 크지 않다. 그래서 열이 서서히 전도되므로 온도 변화가 작아서 얼음은 천천히 소리 없이 녹는다. 그러나 공기보다 열전도율이 훨씬 큰 물에 얼음을 넣으면 얼음의 내부와 외부 사이의 온도 차이가 급격히 커지므로 얼음에 금이 가면서 깨지는 소리가 나는데 이것이 얼음 녹는 소리이다.

건식 사우나실은 100℃가 넘어도 견딜 수 있다

우리가 사우나실에서 덥다고 느끼는 것은 공기 분자의 운동 상태가 충돌에 의해 피부를 구성하는 분자에 전달되어 체온이 상승하기 때문이다. 그런데 몸으로 전도되는 열과, 땀으로 방출되는 열량이 비슷하면 체온 조절 기능으로 인하여 체온이 급격히 상승하지 않으며 피부의 온도도 화상을 입을 정도로 뜨거워지지 않는다.

열역학적으로 온도라고 하는 것은 물체를 구성하는 입자의 평균 운동에너지로 정의되므로 물체가 가지고 있는 총 에너지는 입자의 수에 따라 결정된다. 따라서 습기가 적은 건식 사우나는 100℃ 이상의 높은 온도로 설정되더라도 몸에 부딪히는 입자 수가 적어서 전체적으로는 열에너지가 적으므로 피부가 견딜 수 있다. 그러나 습기가 많은 습식 사우나는 수증기에 포함된 물 분자 수가 많아 온도를 조금 낮게 설정하다라도 몸에 전달되는 열에너지는 건식 사우나에서보다 더 클 수 있다. 이러한 이유로 습식 사우나는 건식 사우나보다 온도를 더 낮게 설정한다.

또한 물 속에서는 땀에 의한 열 방출보다 물에서 피부로 전달되는 열전도량이 훨씬 많으므로 뜨거운 물 속에서는 치명적인 화상을 입을 수 있다. 따라서 온탕의 온도는 사우나 보다 훨씬 낮게 설정해야 한다.

마른 수건을 두르면 뜨겁지 않다

건식 사우나실에서는 100℃ 이상의 높은 온도에서도 오래 견딜 수 있는 것은 공기가 비교적 양호한 절연체이기 때문이다. 그래서 사우나실의 온도가 높을 때는 마른 수건을 한 장만 머리에 두르고 있어도 수건에 함유된 공기가 훌륭한 단열효과를 하므로 편안하게 사우나를 할 수 있다. 그러나 물수건을 머리에 얹는 것은 위험하다. 왜냐하면 물수건을 차갑게 만들어서 갖고 들어가더라도 높은 온도 때문에 찬 물수건이 금세 뜨거운 습포가 되어 버리기 때문이다.

물론 머리를 감는 것도 좋지 않다. 머리를 감고 100℃가 넘는 건식 사우나 실에 들어가면 젖은 머리에서 흐르는 뜨거운 물로 피부를 델 수도 있다. 마치 겨울에 젖은 스웨터를 입고 거리에 서 있으면 동상에 걸리는 것과 같다고 할 수 있다.

…………대류……………

에어컨은 높은 곳에 설치한다

액체나 기체는 열을 받으면 분자들의 운동이 활발해져 분자 사이의 거리가 멀어지므로 부피가 팽창하고 밀도는 작아지게 된다. 그러면 상대적으로 가벼운 분자들이 위로 이동하고, 위에 있던 분자들이 아래로 내려와서 다시 열을 받아 위로 올라가는 과정이 반복되어 유체 전체가 가열된다. 이와 같이 기체나 액체 내에서 밀도 차에 의해 분자들의 집단적인 순환에 의해서 열이 이동하는 현상을 대류라고 한다. 열전도율이 낮은 액체나 기체는 이러한 대류에 의해 온도가 균일해진다.

대류 현상을 이용한 냉방장치로 에어컨이 있다. 에어컨은 높은 곳에 설치하여 위의 공기를 차게 만들어 밀도가 큰 찬공기가 아래로 내려가고, 아래의 따뜻한 공기는 위로 올라가서 방안 전체가 시원해지도록 한다. 만일 에어컨을 아래에 설치한다면, 아래에 있는 차가운 공기가 위로 올라갈 수 없어서 대류 현상이 잘 일어나지 않고 위에는 더운 공기가 그대로 있게 된다.

체감온도는 실제 온도보다 낮다

목욕탕에서 열탕에 들어서면 처음에는 너무 뜨거워서 못 견딜 정도라도 물 속에 조금 앉아 있으면 별로 뜨겁게 느껴지지 않는다. 이것은 우리 몸 주위의 물 온도가 다른 곳보다는 내려갔기 때문이다. 그러나 물을 젓는다든지 몸을 조금 움직이면 또 다시 뜨겁게 느껴진다. 이와 같이 열탕의 온도와 우리가 피부로 느끼는 온도는 일치하지 않을 수 있다.

추운 겨울에 바람까지 세차게 불면 우리 몸에서 열을 더 많이 빼앗기므로 훨씬 더 춥게 느껴진다. 그래서 겨울철 날씨를 예보할 때 기온은 영하 10℃인데 체감온도는 영하 15℃라고 하기도 한다. 이와 같이 바람이 부는 날 체감온도가 실제 온도보다 더 낮아지는 이유는 바람이 불면 우리 몸 주위의 따뜻해진 공기를 날려보내고 차가운 공기가 몸 가까이로 오기 때문에 온도 차이가 더 크게 되어 열을 급격히 빼앗기기 때문이다.

사막에서는 남자들도 원피스를 입는다

사막에서는 보통 하얀 옷을 입지만 사하라 사막에 사는 아랍의 유목민인 베드윈족은 검은 천으로 된 헐렁한 원피스를 입고 산다. 검은 옷을 입으면 흰 옷을 입을 때에 비해서 옷 안의 온도가 6℃ 정도 더 높아지는데 이렇게 더워진 공기는 가벼워지므로 상승해서 헐렁한 옷의 윗부분으로 빠져나가고 외부의 공기가 아래의 터진 곳으로 들어오기 때문에 몸 주위로 언제나 바람이 불게 된다. 그러면 땀의 증발이 활발해지기 때문에 그 기화열로 인해 시원하게 느끼게 된다. 바람이 부는 날 체감온도가 낮아져서 실제 기온보다 더 춥게 느껴지는 것과 같은 이치이다.

············복사···············

내 햇빛을 가리지 말라

열은 빛처럼 전자기파 형태로 전달되기도 하는데 이것을 복사라고 한다. 이 때 고온의 물체는 전자기파를 방출해서 온도가 내려가고 저온의 물체는 전자기파를 흡수하여 온도가 올라간다. 태양에서 오는 빛은 복사에너지이며 적외선, 가시광선, 자외선 등의 전자기파를 열복사선이라고 한다. 이 때 열복사선의 열은 분자들이 충돌하거나 이동하는 일 없이 흡수나 방출에 의해 전달된다. 그러므로 열이 복사에 의해 전달될 때는 기체, 액체, 고체 등의 중간 매질이 전혀 필요 없다. 열을 가진 모든 물체는 열복사에 의해 열을 흡수하거나 방출하는데 그 양은 물체의 온도나 표면의 성질에 따라 다르다.

철학자 디오게네스는 그에게 찾아와서 무엇을 도와주었으면 좋겠느냐고 묻는 알렉산더 대왕에게 "햇빛을 가리지 않게 조금만 비켜달라"는 말을 했다는 일화가 있다. 그가 심오한 물리 법칙을 알지는 못했겠지만 태양 광선이 복사열을 전달한다는 것은 체험을 통해 잘 알고 있었던 것 같다.

겨울에 난로 앞에 있으면 따뜻한데 누군가가 난로 앞을 가로막으면 갑자기 싸늘해지는 것도 난로에서 방출되는 복사열이 차단되기 때문이다.

온실효과

태양에서 방출된 빛은 대기층을 통과하면서 20% 정도가 흡수되고, 구름이나 지표면에서 반사되거나 산란되면서 30% 정도가 다시 우주 공간으로 방출되며, 나머지 50%는 지표면에서 흡수되어 지표면을 데우는데 쓰이게 된다. 더워진 지표면은 파장이 긴 장파를 복사한다.

만일 지구에 이산화탄소나 수증기 등의 온실 기체가 없다면 지구의 연평균 기온은 −18℃로 추워지는데, 온실 기체가 지구에서 복사되는 열에너지를 흡수하여 다시 대기층으로 내보내기 때문에 평균 기온 15℃를 유지하고 있다. 즉 온실 기체에 의한 지구의 기온 상승은 33℃나 되는 것이다. 그런데 이것이 심해지면 연평균 기온이 더 높아져서 이상기온 현상으로 인한 폐해가 생겨나게 된다.

검은 물체는 열을 잘 흡수한다

물체를 검은색으로 칠하면 빛이 잘 흡수된다. 구멍이 검게 보이는 것도 빛이 흡수되기 때문이다. 이상적인 경우 입사되어 들어오는 열복사선을 모두 흡수하는 물체를 흑체라고 한다. 흑체의 온도가 높아지면 흑체에서 방출되는 복사에너지는 여러 가지 파장의 전자기파를 동시에 방출한다. 이 때 복사체에서 방출하는 복사선 중에서 에너지가 제일 큰 열복사선의 파장은 복사체의 표면온도에 반비례한다. 또한 복사체의 표면을 흑체라고 하면 단위 표면적에서 단위 시간에 방출되는 복사에너지는 복사체 표면의 절대온도의 네 제곱에 비례한다.

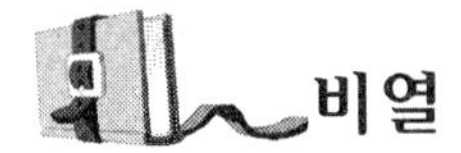

비열

북극곰 수영대회

해마다 추운 겨울이 되면 세계 곳곳에서 북극곰 수영대회가 열린다. 수영복만 입은 채 찬 바닷물에 뛰어들어 수영하는 모습은 보기만 해도 추위가 느껴지지만 정작 수영하는 사람들은 아무렇지도 않다는 표정들이다. 사람들이 이렇게 추위를 견딜 수 있는 것은 우리 몸의 60% 이상이 물로 구성되어 있어서 체온이 금방 내려가지 않기 때문이다. 겨울철 영하의 날씨에도 불구하고 따뜻한 방에 있다가 밖에 나가면 금방 춥다고 느껴지지 않는데 이것도 우리 몸의 대부분이 비열이 큰 물로 이루어져 있어 몸이 쉽게 차가워지지 않기 때문이다.

변하지 않는 체온

물은 비열이 매우 큰 물질로써 인간이 항상 일정한 체온을 유지하며 살아가는데 아주 중요한 요인이다. 사람의 체온은 외부 기온이 크게 변해도 거의 일정하게 36.5℃로 유지되는데, 이것은 연속적인 상호생리학적 반응을 통하여 체내에서 비교적 안정된 내적 환경을 유지하려는 경향을 가지고 있기 때문이다. 이러한 안정된 환경을 조성하는데 큰 역할을 할 수 있는 것은 우리 몸의 60% 이상이 비열이 큰 물로 구성되어 있기 때문이다. 만약 물의 비열이 작다면 아무리 상호생리학적 반응을 일으켜도 일정한 체온을 유지하기 어려울 것이다.

또한 두뇌는 80% 이상이 물로 구성되어 있어 신체의 다른 부위보다 물이 차지하는 비율이 더 크므로 혹독한 환경 속에서도 기능을 잃지 않도록 만들어져 있다. 만일 물의 비열이 아주 작다면 뜨거운 햇살에서 우리의 몸은 아이스크림처럼 녹을 수도 있고, 추운 겨울에는 눈사람처럼 얼어붙을 수도 있을 것이다. 만약 지구의 대부분이 비열이 큰 바다가 아니라 비열이 작은 육지였다면 겨울에는 모든 생명체가 얼어 버리고 여름에는 모든 생명체가 화상을 입게 되는 혹독한 환경이 되어 생명체가 살기 힘들 것이다.

찜질방 안에서도 덥지 않은 사람들

북극곰들은 추위를 잘 견디지만 그 반면에 더위를 잘 견디는 사람들도 있다. 이들이 주로 찾는 찜질방에는 사막의 더위를 느낄 정도의 건조하고 더운 방이 있는가 하면, 때로는 덥다 못해 뜨겁게 느껴지는 방도 있다. 요즘은 그것도 모자라서 불가마라고 하는 곳도 있다. 이곳은 너무 뜨거워서 피부가 직접 노출되면 화상을 입을 수 있으므로 가마니나 담요를 머리부터 발목까지 뒤집어쓰고 들어가야 된다. 심지어는 숯가마를 찜질방으로 사용하는 곳도 있다.

이렇게 뜨거운 곳에서도 견딜 수 있는 것은 우리 몸의 대부분이 물로 구성되어 있어서 체온이 금방 올라가지 않기 때문이다. 우스갯소리로 요즘은 지옥에 들어가려면 줄을 길게 늘어서야 된다는 말도 있다. 지옥 불도 우리 나라 사람들에게는 뜨겁게 느껴지지 않을 정도이므로 더 뜨겁게 때기 위해 시간이 걸리기 때문이라고 한다.

냉장실 안에서도 춥지 않은 이유는?

찜질방은 뜨거운 공기 속에 몸이 노출되었을 때 땀이 흐르는 가운데 상쾌함을 느끼지만 너무 오랫동안 더운 방 속에 있으면 지치게 되므로 차가운 것이 그리워진다. 그래서 찜질방에는 여러 명이 한꺼번에 들어갈 수 있는 냉장실이 설치된 곳도 있다. 냉장실 내부는 온통 얼음으로 덮여 있어 반소매 찜질방 옷만 입고 들어가면 상당히 추울 것 같지만 몸이 더워진 상태에서는 한동안 추위를 느끼지 못하다가 한참이 지나서야 춥다고 느끼게 된다.

이렇게 추위를 느끼기까지 시간이 걸리는 근본적인 이유는 우리의 몸이 대부분 물로 이루어져 있기 때문이다. 물은 천천히 더워지고 천천히 식으므로 한번 더워진 몸은 식을 때까지 시간이 많이 걸린다. 만일 우리 몸이 비열이 작은 물질로 구성되어 있다면 조금만 덥거나 추워도 견디지 못 할 것이다.

초저온 테라피

운동선수들의 근육통을 완화시키고 근육을 강화시키기 위해 초저온 테라피(therapy)가 개발되고 있다. 영하 110℃의 초저온 냉동실에서 근육을 움직이면 급격하게 에너지를 소모하게 되므로 단시간 내에 근육을 강화시킬 수 있다는 원리이다. 초저온에서도 짧은 시간 동안은 동상에 걸리지 않는 것은 우리 몸이 비열이 큰 물로 구성되어 있어 몸의 온도가 내려가는데 시간이 걸릴 뿐 아니라 공기를 통한 열전도량이 작기 때문이다.

추위를 견디지 못하는 곤충과 파충류

사람을 비롯한 포유류들은 비열이 큰 피가 온 몸을 순환하므로 온도의 변화에 잘 견딜 수 있다. 그러나 곤충은 피가 없어 바깥 온도를 그대로 몸으로 받아들인다. 따라서 곤충들은 온도가 낮으면 거의 활동을 못하고 온도가 높아야 활개를 친다. 파충류도 곤충처럼 외부 온도에 민감하다. 시골에서 경운기 모터 위에 뱀이 똬리를 틀고 앉아 있는 것이 종종 관찰되는 것도 뱀이 따뜻한 것을 좋아하기 때문이다. 겨울이 되면 뱀은 추위를 견디지 못하고 땅 속에서 겨울잠을 잔다.

온도 스트레스를 적게 받는 물고기

비열이 작은 모래는 잘 뜨거워지고 잘 식는다. 따라서 낮에는 뜨겁고 밤에는 차가운 모래 사막에서 살고 있는 도마뱀은 온도 스트레스를 많이 받는다. 이에 반해서 비열이 큰 물 속에서 사는 물고기들은 온도 변화에 따른 고통과 스트레스를 적게 받으며 물이 주는 축복 속에서 살고 있다.

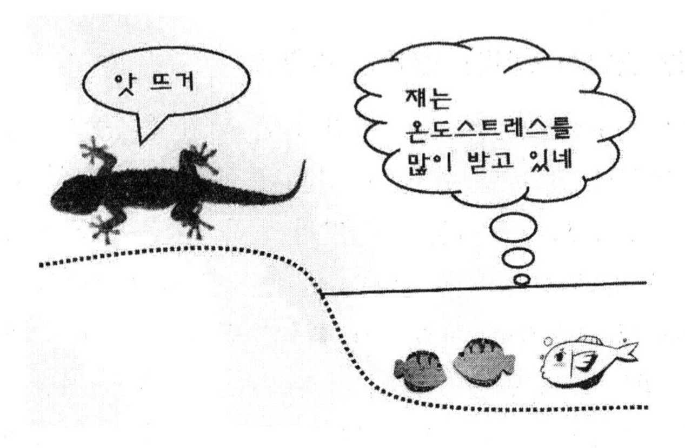

물체의 비열

물체에 열을 공급하면 온도가 상승하는데 물체의 종류에 따라 온도의 상승량은 다르다. 예를 들어 동일한 열량을 공급하더라도 물보다 철의 온도가 더 많이 상승한다. 이것은 똑같은 온도를 올리는데 드는 열량은 물보다 철이 더 작다는 것을 의미한다. 비열은 물질 1kg의 온도를 1℃ 높이는데 필요한 열량으로 정의하는데 물질마다 비열이 다르다. 즉, 열을 받아서 빨리 뜨거워지는 물질도 있고 천천히 뜨거워지는 물질도 있다. 비열이 큰 물질은 온도를 올리는데 더 많은 열량이 필요하기 때문에 온도가 잘 변하지 않는다.

물의 비열과 바람

물은 비열이 1로써 물질 중에서 가장 크다. 물의 비열이 큰 원인은 물 분자가 극성을 띠고 있기 때문이다. 즉, 물 분자의 한 쪽은 +, 다른 쪽은 －전기를 띠는 구조로 되어 있어서 전기적인 힘으로 서로 밀고 끌어당겨 결속력이 강한 집합체를 이루고 있다.

물은 빨리 더워지지 않기 때문에 물을 뜨겁게 하기 위해서는 에너지를 많이 사용해야 한다. 커피 한 잔을 끓이는 데는 엘리베이터를 타고 남산 타워의 꼭대기까지 올라가는 것보다 더 많은 에너지를 필요로 한다. 다시 말하면 커피 한 잔을 끓이는데 드는 전기료가 엘리베이터를 타고 남산 꼭대기까지 올라가는데 드는 전기료보다 더 많이 든다는 이야기다. 또한 물체를 가열하든가 냉각시킨다든가 하는 데는 물체에 열을 공급하든지 뽑아내야 하는데 이러한 과정에도 시간이 많이 걸린다.

물은 다른 물질들에 비해 비열이 아주 크므로 기온과 날씨를 지배하는 중요한 요소이기도 하다. 지구는 오대양 육대주로 구성되어 있는데 지구에 똑같이 햇빛이 비치더라도 땅보다는 물의 온도가 천천히 상승하므로 육지와 바다의 온도 차가 생겨 해풍, 육풍, 계절풍 등의 바람이 불게 된다.

해풍과 육풍

바닷가에서는 낮에 부는 바람과 밤에 부는 바람의 방향이 서로 다르다. 햇빛이 비치는 낮에는 내륙 쪽이 바다보다 먼저 더워지므로 육지의 공기가 더 많이 팽창하고 가벼워져서 위로 올라가고 그 빈 자리를 메우기 위해 물에서 육지 쪽으로 바람이 불게 된다. 이것이 해풍이다.

밤에는 그 반대로 내륙 쪽이 바다보다 빨리 식어서 물 위의 공기가 육지의 공기보다 가벼워 육지에서 바다 쪽으로 육풍이 불게 된다. 마찬가지 이치로 호숫가에서도 낮과 밤에 서로 다른 방향으로 바람이 분다. 이러한 현상은 비열이 큰 물과 비열이 작은 땅이 서로 인접해 있기 때문에 나타난다.

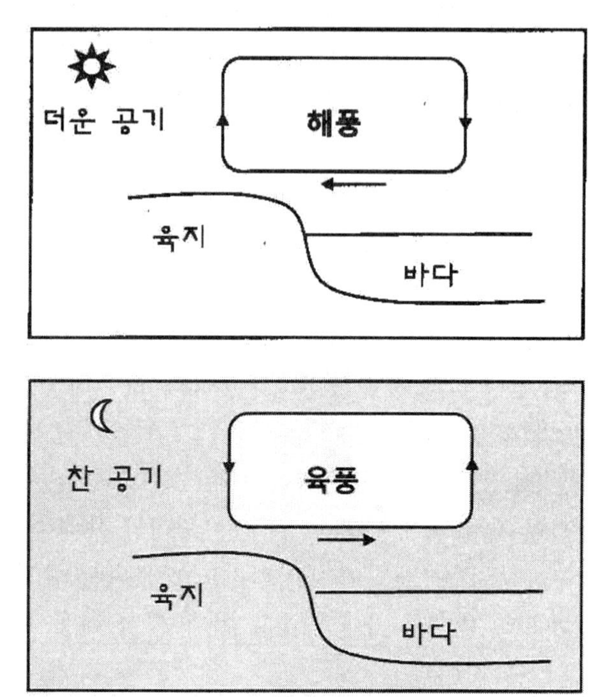

계절풍

비열 차가 큰 대륙과 해양 사이에는 낮과 밤에 따른 바람뿐 아니라 계절에 따라서도 바람을 일으킨다. 특히 우리 나라처럼 대륙과 해양의 경계 부근에 있는 나라에는 계절풍이 큰 영향을 미친다. 겨울철에는 대륙 쪽이 상대적으로 온도가 낮기 때문에 대륙에서 해양 쪽으로 바람이 분다. 즉 겨울철에는 건조하고 차가운 북서풍이 분다. 반대로 여름철에는 해양 쪽의 온도가 낮기 때문에 습하고 무더운 남동풍이 분다.

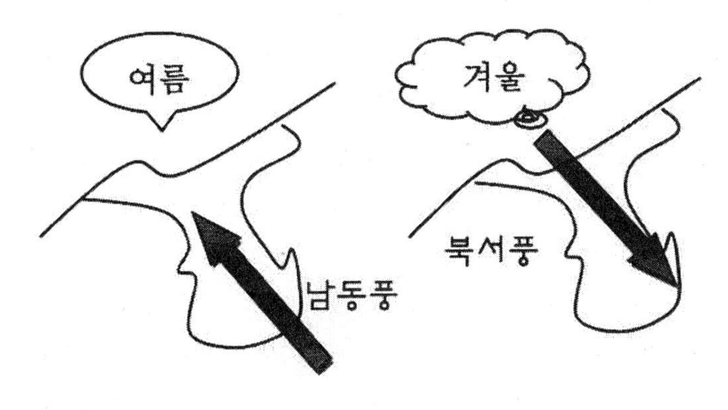

여름 더위와 겨울 추위는 갑자기 찾아온다

봄에서 여름이 되면서 날씨가 갑자기 더워지는 경우가 많은데 이것은 햇빛의 양이 많아지기 때문이 아니라 더운 공기가 갑자기 밀려오기 때문이다. 태양열을 받아들여서 주변의 공기를 모두 가열시키기 위해서는 엄청나게 많은 양의 열과 오랜 시간이 필요하지만 실제로는 하룻밤 사이에 온도가 갑자기 올라가는 경우가 많은데, 이것은 우리 나라 남쪽에 있던 더운 공기가 밀려오기 때문이다. 따라서 우리 나라의 여름은 덥고 습한 남쪽의 공기가 유입됨에 따라 무더운 날씨가 오래 계속된다. 반면에 겨울에는 북쪽의 건조하고 찬 공기가 들어오기 때문에 갑자기 추운 날씨가 되곤 한다.

겨울철에 며칠간은 춥다가 그 다음 며칠 동안은 비교적 따뜻한 삼한사온의 날씨도 북쪽의 찬 공기와 남쪽의 따뜻한 공기가 서로 밀고 밀리면서 생기는 현상이다. 이와 같이 온도가 급하게 변하는 현상은 공기가 가열되거나 냉각되기 때문이 아니라 덥거나 차가운 공기가 우리 주변을 둘러쌓기 때문에 생기는 현상이다.

습기는 온도 차를 줄인다

습기가 많은 무더운 장마철에는 노천에 있으나 나무 그늘에 있으나 덥기는 매 한가지이다. 그러나 건조한 지역에서는 더운 날씨인데도 불구하고 그늘에 들어서면 시원하다. 특히 습기가 적은 사막에서는 낮에는 매우 덥고 밤에는 매우 추워 낮과 밤의 기온 차가 심하다. 바다가 없는 내륙지방은 일교차도 크다. 그러나 바다와 호수가 서로 인접한 곳에서는 내륙에서 보다 기온의 일교차가 훨씬 적다.

동일한 지역이라도 계절에 따라 일교차는 다르다. 날씨가 건조한 봄과 가을에는 일교차가 심하지만 비가 와서 습기가 많은 여름에는 낮과 밤의 온도 변화가 적다. 또한 강수량이 많은 지역에서는 낮과 밤의 기온 차가 그리 크지 않다. 이와 같이 습기는 온도 차를 줄이는데, 이것은 물의 비열이 커서 열을 많이 저장할 수 있는 특성을 가지고 있기 때문에 일어나는 현상이다.

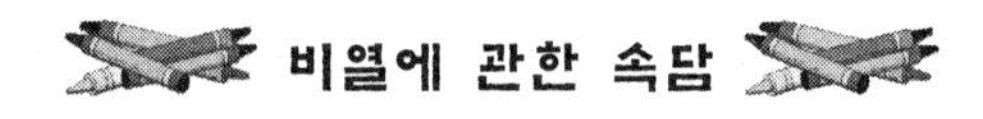

- 속히 더운 방이 쉬 식는다.

  → 빨리 되는 일이 오래 계속되기 힘들다는 말.

- 더운 죽에 혀 데기.
  - → 대단치 않은 일에 낭패를 보아 얼마 동안 쩔쩔 맨다는 말.
  - → 대단치 않은 어떤 일에 겁을 내어 바싹 덤벼 들지 못한다는 말.

물과 얼음의 비열

비열은 물질의 성분뿐 아니라 상태에 의해서도 결정된다. 예를 들어 물과 얼음의 화학성분은 H_2O로 동일하지만 두 물질의 비열은 전혀 다르다. 물은 비열이 가장 큰 물질이지만 고체 상태인 얼음이 되면 비열은 물의 절반 정도로 작아진다. 그래서 얼음은 물보다 더 빨리 온도가 상승한다.

유리잔에 뜨거운 물을 부으면 깨진다

일반적으로 물질에 열을 가하면 부피가 늘어난다. 그래서 나사가 꽉 조여서 풀리지 않을 때는 뜨거운 불에다 갖다 대면 너트가 팽창해서 느슨해지므로 나사가 잘 풀린다. 유리잔이나 유리병의 경우는 갑자기 뜨거운 물을 부으면 깨지는 수가 많은데 이것은 '열전도율'과 관련된 현상이다. 유리는 열이 천천히 전달되는 물질이므로, 뜨거운 물을 넣으면 안쪽은 팽창하지만 바깥쪽은 미처 팽창하지 못한다. 이 때 더 이상 팽창할 수 없을 정도로 많이 팽창된 안쪽과, 아직 열이 충분히 도달하지 않아 팽창하지 못한 바깥쪽의 균형이 깨져서 잔이 부서진다. 특히 주스 병처럼 유리가 두꺼우면 병의 안쪽과 바깥쪽의 열팽창이 서로 많이 다르므로 깨지기 쉽다. 열전도에 따른 이러한 문제점을 해결한 것이 내열유리이다.

화분을 흙으로 만드는 이유는?

화분은 주로 흙을 구워서 만드는데, 이것은 화초에 미치는 온도 변화를 적게 하기 위한 것이다. 또한 우리 나라의 재래식 난방장치인 온돌은 넙적한 돌과 흙을 쌓아서 만들었으며 한번 더워진 방은 오랫동안 식지 않는다. 이것은 비교적 비열이 큰 재료를 이용해서 온도를 일정하게 유지한 것이다.

겨울에 야외에서 캠핑을 할 때는 돌멩이를 불에 달구거나 수통속에 뜨거운 물을 넣어서 수건으로 감싼 후 안고 자면 오랫동안 따뜻하게 지낼 수 있는데, 이것도 비열이 큰 물질은 천천히 식는다는 점을 이용한 것이다.

양은냄비와 뚝배기

비열은 온도 변화의 빠르기와 관련된다. 즉, 비열이 큰 물질은 온도가 잘 변하지 않으며, 비열이 작은 물질은 온도가 쉽게 변한다.

음식물을 빨리 뜨겁게 할 때는 양은냄비가 좋지만 북어국이나 고깃국처럼 국물을 내는 음식을 요리할 경우는 두툼한 뚝배기에서 오랫동안 끓여내는 것이 좋다. 양은냄비는 비열이 작아서 빨리 더워지고 빨리 식는 반면, 뚝배기는 비열이 커서 천천히 더워지며 그 열기가 오랫동안 식지 않고 지속되기 때문이다.

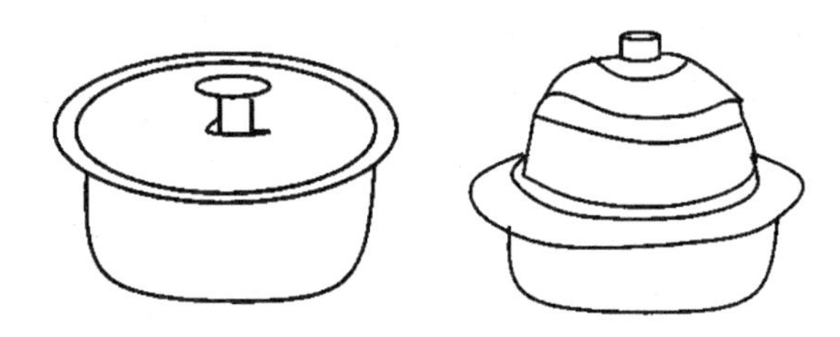

물로 불을 끄는 이유는?

일반적으로 불을 끄기 가장 손쉬운 방법은 물을 뿌리는 것이다. 활활 타오르는 불에 물을 부으면 인화점 이하로 온도가 내려가서 불이 꺼진다. 이렇게 불을 끌 때 물을 사용할 수 있는 것은 물의 비열이 크기 때문에 가능하다. 만일 물의 비열이 아주 작다면 불붙은 물질의 온도를 낮추기 전에 물이 먼저 뜨거워져서 불을 끄는데 전혀 도움이 되지 않을 것이다.

밴댕이 소갈머리

물고기 중에 밴댕이는 성질이 급해서 잡히자 마자 죽어버린다. 그만큼 속이 좁아서 스트레스를 많이 받아 죽는 것이다. 실제로 밴댕이는 크기에 비해 내장기관이 작다. 그래서 겉으로는 그럴듯해 보이지만 속이 좁은 사람을 표현할 때 '밴댕이 소갈머리'라고 한다. '밴댕이 소갈머리'는 비열이 작은 것을 나타낸다고 할 수 있다.

주식과 비열

주식의 가격이 오르고 내리는 것은 비열과 유사한 점이 있다. 일반적으로 대기업의 주식은 비열이 큰 물질처럼 서서히 오르고 서서히 내리는 반면, 중소기업의 주식은 비열이 작은 물질처럼 조그만 소문에 의해서도 급하게 오르고 급하게 내리는 경향을 가지고 있다. 특히 대규모 경제 위기가 발발하면 이러한 경향은 더욱 두드러지게 나타난다.

냉하스구곤

젊은이들이 만나자마자 뜨겁게 사랑했다가 금방 사랑이 식는 것을 필리핀어로 ‘닝하스구곤’이라고 한다. 사랑을 비열로 나타낸다면 ‘닝하스구곤’은 비열이 대단히 작은 풋내기 사랑이라고 할 수 있다.

기체의 비열

공평한 재산 분배

부모로부터 용돈을 받을 때는 나이나 성별에 따라 그 액수가 다른 경우가 많다. 흔히들 큰 아이는 많이, 작은 아이는 적게 받아서 막내가 서러운 경우도 있다. 그러나 기체의 경우는 공평하게 에너지를 분배한다. 기체 분자는 공간을 자유롭게 움직이는데 공간의 X축, Y축, Z축 방향으로 직선운동을 하기도 하고 회전축을 중심으로 회전운동을 하기도 한다. 이때 분자는 직선축이나 회전축에 관계없이 각각의 축에 따라 에너지를 똑같이 분배받는다.

기체의 양은 알갱이 수로 나타낸다

열역학에서 물질의 양을 나타낼 때 고체나 액체는 질량으로 나타내지만, 기체는 분자의 갯수로 나타낸다. 이것은 고체나 액체는 분자들이 밀집되어 있는 반면에 기체는 분자들 사이의 거리가 멀어서 온도에 따라 기체가 차지하는 부피가 많이 변하기 때문이다.

기체 분자의 수가 아보가드로의 수(6.02×10^{23}개)일 때 그 기체의 양을 1몰(mole)이라고 한다. 몰이라는 단위는 분자를 의미하는 molecule에서 나온 말이다. 즉 몰이라는 기체의 양은 분자의 수로 나타냈다는 것을 시사하는 단위이다. 그리고 기체의 비열은 분자 1몰을 1℃ 높이는데 드는 열량인 몰 비열로 나타낸다.

에너지를 똑같이 나누어 가지는 에너지 등배법칙

기체에 열을 가하면 기체 분자의 운동이 활발져서 운동속도가 빨라진다. 이때 기체는 공간 중에서 움직이므로 가로(x), 세로(y), 높이(z)－축 방향 중 어느 방향으로도 똑같은 확률로 움직이게 된다. 그래서 기체 분자가 외부로부터 열을 받으면 x－, y－, z－방향으로 각각 1/3씩 열에너지를 나누어 갖게 된다. 만일 기체 분자가 공간의 3축 방향으로 직선운동만 하는 것이 아니라 회전운동도 한다면 공급된 열량은 세 개의 직선축 및 한 개의 회전축 등 도합 네 개의 축을 따라 각각 1/4씩 열량을 나누어 갖게 된다.

만일 세 축의 직선운동과 더불어 두 개의 회전축 방향으로 회전을 하면 다섯개의 축을 가지게 되므로 각각의 축의 방향으로 열을 1/5씩 나누어 갖는다. 열역학에서는 이러한 축의 수를 자유도라고 하는데 기체는 각각의 축 방향으로 동등하게 에너지를 분배하므로 이것을 에너지 등배법칙이라고 한다.

또한 자유도가 작은 물질에서는 각각의 축이 받는 열에너지가 크므로 기체 분자의 운동속도가 빠르고 자유도가 큰 물질일수록 운동속도가 느려진다. 기체 분자의 운동속도가 온도를 대변하므로 기체 분자의 자유도가 작을수록 온도가 빨리 올라감을 알 수 있다. 이와 같이 기체의 비열은 고체나 액체와는 전혀 다르다.

헬륨과 알곤 기체의 비열은 같다

기체 분자들이 열에너지를 받으면 분자들의 운동이 활발해지므로 온도가 상승한다. 헬륨이나 알곤 기체와 같이 단원자 분자의 경우는 열에너지가 모두 분자의 직선운동을 하는데 사용된다. 이때 기체 분자 한 개를 1℃ 높이는 데 드는 열량은 기체 분자의 크기나 질량에 관계없이 항상 일정하다. 따라서 헬륨 기체와 알곤 기체의 온도를 높이는 데는 같은 열량이 필요하며 이들 기체의 비열은 서로 같다.

이원자 분자들끼리도 기체의 종류에 관계없이 비열은 같다. 예를 들어 산소와 질소는 크기와 질량이 서로 다르지만 이들은 비열이 같다. 그러나 온도가 어느 정도 이상 높아지면 비열은 갑자기 도약하여 더 큰 값을 갖는다. 이것은 열에너지가 분자들의 직선운동과 아울러 분자를 구성하고 있는 원자들의 회전운동에도 사용되었기 때문에 온도가 빨리 상승되지 않음을 의미한다. 그 후 온도에 따른 비열은 거의 일정한 값을 유지하다가 온도가 다시 어느정도 이상으로 증가하면 비열은 갑자기 또 한번 도약하여 더 큰 값을 갖는다. 이것은 열에너지가 분자들의 직선운동, 회전운동뿐 아니라 분자를 구성하고 있는 원자들의 진동에도 사용되었기 때문이다.

다원자 분자도 분자를 구성하는 원자들끼리 회전운동과 진동을 하므로 이원자 분자와 유사하게 온도에 따라 비열이 갑자기 변하는 현상이 나타난다.

이와 같이 고체나 액체의 비열은 물질에 따라 다르지만 기체의 비열은 단원자 분자들끼리는 물질의 종류에 관계없이 일정하다. 또한 이원자 또는 다원자 분자로 구성된 기체는 낮은 온도에서는 분자의 직선운동에만 열에너지가 사용되지만 높은 온도에서는 회전운동 및 진동에도 에너지가 사용되므로 일정 온도 이상이 될 때마다 비열이 급격히 상승한다.

정적비열과 정압비열

기체의 비열이란 기체 1몰(mol)의 온도를 1℃ 높이는데 필요한 열량을 말한다. 기체는 온도가 변할 때 부피와 압력이 변하므로 기체의 비열에는 부피를 일정하게 했을 때의 정적비열(定積比熱), 압력을 일정하게 했을 때의 정압비열(定壓比熱)이 있다.

이들 중 정적비열은 부피가 일정하므로 외부에서 공급받는 모든 열이 기체의 운동속도를 빠르게 하는 데만 사용된다. 그러므로 기체에 가해진 열은 모두 기체의 내부에너지가 된다. 이에 반해 정압비열은 기체의 압력을 일정하게 유지하므로 기체의 부피가 팽창하게 된다. 따라서 외부에서 공급받은 열 중의 일부는 부피를 증가시키는 데에 사용되고 나머지는 내부에너지를 증가시키는 데 사용되므로 부피를 일정하게 하는 것보다 더 많은 열량을 필요로 한다. 따라서 정압비열은 정적비열보다 항상 크다.

정적비열과 정압비열에 따른 온도 상승

부피가 똑같은 두 개의 통 속에 공기가 들어 있는데 이들 중 한 개는 부피가 일정하도록 하고, 다른 한 개는 압력이 일정하도록 하고 가열하였다면 어떤 통 속에 들어있는 공기의 온도가 더 빨리 증가할까?

이 경우, 부피가 일정한 통은 모든 열에너지가 온도 상승에만 사용된 반면에, 압력이 일정한 통은 온도 상승뿐 아니라 부피 팽창에도 열에너지가 사용되었다. 따라서 압력이 일정한 통은 상대적으로 더 적은 양의 열에너지가 온도 상승에 쓰였음을 알 수 있다. 그러므로 부피가 일정한 통 속에 있는 기체의 온도가 더 빨리 올라간다.

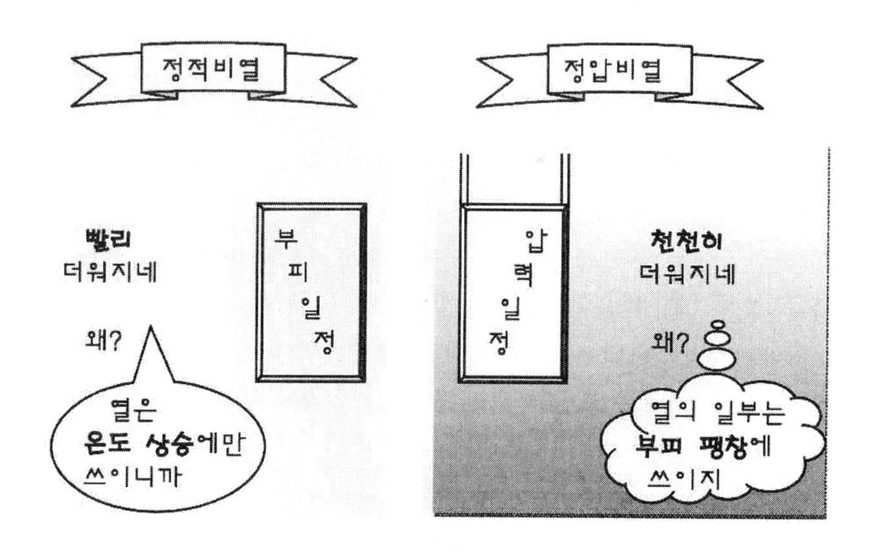

기체의 내부에너지

우리는 월급을 타면 그 돈을 생활비로 쓰고 남는 돈은 저금을 한다. 이것을 열역학적으로 해석하면 월급은 외부에서 공급받은 열에너지, 생활비는 외부에 한 일, 저금은 내부에너지라고 할 수 있다. 그래서 '월급 = 생활비 + 저금'을 열역학적으로 풀이하면 '외부에서 공급받은 열에너지 = 외부에 한 일 + 내부에너지' 라고 할 수 있다.

경우에 따라서 월급보다 생활비가 더 들 때는 빚을 지게 되는데 이때는 '월급 = 생활비 + 빚'이 되며 이를 열역학에서는 '외부에서 공급받은 열에너지 = 외부에 한 일 + (-내부에너지)'라고 할 수 있다. 이와 같이 외부에서 열을 받으면 일을 하고 그 나머지는 내부에너지로 가지고 있게 된다.

기체의 내부에너지는 기체의 운동상태를 말하는데, 기체의 내부에너지가 클 때는 분자의 운동속도가 빠르다. 즉 온도가 높다. 반대로 내부에너지가 작을 때는 기체의 온도가 낮음을 의미한다.

기체의 내부에너지가 증가하는 경우는 단열수축할 때이다. 예를 들어 디젤 엔진은 실린더를 강하게 수축시켜 내부에너지가 증가되는데, 점화 플러그 없이도 발화될 정도로 온도가 상승한다. 또 다른 예로 자전거 바퀴에 공기를 넣으려고 펌프질 하면 펌프가 더워지는 것도 마찬가지 이유이다.

기체의 내부에너지가 감소하는 경우는 단열팽창할 때이다. 마른 공기가 상승하면 압력 차에 의해 부피가 팽창하므로 내부에너지가 감소되어 공기가 1km 상승할 때마다 온도는 10℃씩 내려간다.

이와 같이 내부에너지란 개념을 도입하므로써 열역학 시스템에서도 에너지보존법칙은 성립된다.

잠열

눈 내리는 날은 포근하다

눈이 내리는 겨울은 포근하게 느껴진다. 이것은 단순한 느낌이 아니고 공기 중의 수증기가 눈으로 변하면서 주위에 열을 방출하기 때문에 실제로 더 따뜻한 것이다. 여름철에는 뜨거운 지붕 위에 물을 뿌리면 시원해는 것도 물이 증발하면서 지붕에서 열을 빼앗아 가기 때문이다. 이와 같이 물이 수증기가 될 때는 열을 흡수하고 얼음이 될 때는 열을 방출하는 현상을 활용하면 건물을 시원하게 만들 수도 있고 따뜻하게 만들 수도 있다. 더울 때 땀이 나면 시원하게 느껴지는 것도 수분이 증발하면서 피부로부터 열을 빼앗아가기 때문이다.

빚쟁이는 빚을 갚은 후에 생활이 윤택해진다

딸린 식구가 많은 빚쟁이가 있었다. 그는 수입이 신통치 않아 여기저기서 돈을 빌리며 살았다. 그의 빚은 몇 달째 밀린 집세를 비롯하여 지인에게서 빌린 돈, 동네 가게 외상, 사채 이자 등등 이루 다 헤아리기 어려울 정도였다. 그러다가 그에게 꽤 많은 돈이 생겼다. 그러나 그 돈은 빚을 갚는데 우선 썼으므로 겉으로 보기에는 그의 생활은 나아지지 않았다.

이어서 계속해서 돈이 생기자 빚은 점점 줄어들고, 결국 빚을 다 갚고 난 후에 그의 생활이 윤택해지는 것이 눈에 뜨였다. 만일 그에게 빚이 없었다면 돈이 생기자 마자 살림살이가 금방 좋아졌겠지만, 빚이 있으면 빚을 갚는데 우선적으로 돈을 쓰게 되므로 겉보기에 윤택하게 되는 데는 시간이 걸리게 된다. 이와 같이 빚쟁이는 들어온 돈을 쓰는데 우선 순위가 있듯이 물체가 주어진 에너지를 사용하는 데는 순서가 있다.

물질의 상태 변화와 온도 상승

물체에 열이 공급되면 어떤 일이 벌어질까? 물체에 '열'이라는 에너지를 공급하면 물체를 구성하는 분자들의 운동 상태가 활발해지는데, 열은 물질의 상태를 변화시키는 데 먼저 사용되고, 그 후에 온도를 상승시키는 데 쓰인다. 열에너지가 고체에서 액체, 액체에서 기체 등으로 상태의 변화를 수반하면 온도는 전혀 변하지 않는다. 예를 들어 얼음에 열을 가하면 처음에는 얼음이 녹는데 열이 사용되고, 얼음이 모두 녹은 후에야 물의 온도를 상승시키는데 열에너지가 사용된다. 따라서 얼음이 완전히 녹기 전에는 아무리 가열해도 물의 온도는 일정하게 0℃로 유지된다.

이와 같이 물체의 상태가 변할 때는 열을 공급하더라도 온도가 일정하게 유지되며, 상태가 완전히 변한 후에 비로소 다시 온도가 상승한다. 이것은 물체가 열을 공급받아 분자들의 운동 상태가 아주 활발해지면 물체를 구성하는 분자들은 자기 자리를 유지하지 못하고 형태가 없어지기 때문이다.

반면에 열이 방출되면 온도가 내려간다. 이와 같이 열은 물체의 온도를 변화시키는데 사용되지만, 상태가 변할 때는 열을 받더라도 온도가 올라가는 것은 아니다.

보이는 열과 숨어있는 열

열에는 온도계로 측정할 수 있는 열뿐 아니라 온도계로 측정할 수 없는 열도 있다. 만일 물질을 가열하였을 때 온도가 올라가고 냉각시켰을 때 온도가 내려가면 온도계로 측정할 수 있으며, 이러한 열을 현열(sensible heat)이라 한다. 그러나 가열하거나 냉각하여도 전혀 온도가 변하지 않는 열이 있는데 이를 잠열(latent heat)이라고 한다.

잠열(潛熱)이란 물체의 상태가 고체에서 액체, 또는 액체에서 기체로 변화될 때 온도는 변화하지 않으면서 열을 흡수하므로 '숨어있는 열'이라는 뜻으로 붙인 명칭이다. 얼음물의 온도는 얼음이 다 녹을 때까지 0℃를 유지하고, 끓는물은 증발이 끝날 때까지 100℃를 유지하는 것은 잠열 때문에 일어나는 현상이다.

땀 흘리며 식사하기

한여름에 뜨거운 음식을 먹으며 땀을 뻘뻘 흘리면서도 시원하다고 말하는 사람들을 종종 볼 수 있다. 땀은 더울 때 흘리는 것이므로 땀을 흘린다는 것은 덥다는 의미인데, 시원하다고 말하는 것은 앞뒤가 맞지 않는 말이다. 그러나 음식을 먹으면서 땀을 흘리면 실제로 시원함을 느끼게 된다. 이는 땀이 흐르면서 몸에서 열을 빼앗아가

므로 시원해지는 것이다.

뜨거운 바닥에 물 뿌리기

뜨거운 여름날 마당이나 지붕 위에 물을 뿌리면 시원하게 느껴진다. 그 이유는 물이 증발하기 위해서 주위로부터 열을 빼앗아가기 때문이다. 즉 물은 지붕으로부터 증발 잠열을 빼앗아 증발하고 지붕은 냉각되므로 집이 시원해진다. 이는 지붕의 현열이 수증기의 잠열로 변화되기 때문이다. 이와 같이 건물에서 잠열을 활용하여 증발냉각을 시킬 수 있다. 몸에 물을 끼얹거나 땀이 증발하면 많은 열을 피부로부터 빼앗아 피부가 냉각되므로 시원하다. 이는 피부의 현열이 수증기의 잠열로 변화되기 때문이다.

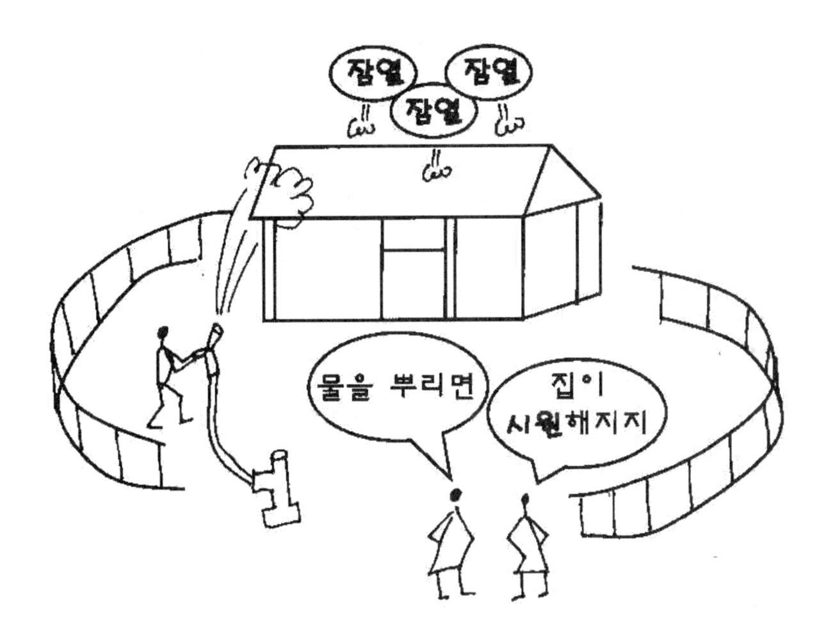

베란다에 물을 놓아두면 화초가 얼지 않는다

추운 겨울에 베란다에 물을 놓아두면 밤새 얼음으로 언다. 그러나 물이 얼면서 열을 방출하므로 베란다의 온도는 물이 없을 때보다 상대적으로 더 따뜻하게 되어 화초는 얼지 않는다. 얼음이 녹을 때 방출되는 열량은 같은 양의 물의 온도를 80℃나 높일 수 있는 정도이다.

이와는 반대로 여름에는 베란다에 얼음을 놓아두면 얼음이 녹으면서 주위로부터 열을 흡수하므로 더 시원하게 된다.

뜨거운 물보다 수증기에 데었을 때 더 심한 화상을 입는다

물과 수증기의 온도가 똑같이 100℃이더라도 물에 데었을 때보다 수증기에 데었을 때 더욱 심한 화상을 입는다. 이것은 수증기가 물보다 더 많은 열량을 가지고 있기 때문이다. 100℃ 물 1g을 수증기로 만드는데 539칼로리의 열량이 필요하므로, 수증기는 물보다 이만한 열량을 더 가지고 있다. 따라서 수증기가 가지고 있는 잠열이 현열보다 얼마나 큰지 알 수 있다.

토네이도

저기압이 발달되면 바다에서는 태풍이 발생하지만 대륙에서는 강력한 회오리 바람인 토네이도가 발생한다. 봄이나 여름에 땅은 따뜻하고 윗쪽 대기는 차가운 기온의 역전(逆轉) 현상이 생기면 중심 기압이 바깥보다 낮아서 거의 연직 방향의 축 주위에 기둥 모양의 공기 소용돌이가 만들어진다. 이러한 토네이도는 기둥의 지름이 200m 정도인 것이 많다. 회오리 기둥 안은 기압이 급격히 낮아져 있으며, 기둥 모양의 소용돌이 바깥에서 빨려 들어온 공기는 기압이 급격히 낮아지기 때문에 단열냉각에 의해 수증기가 응결하여 코끼리 코 모양을 한 깔때기구름이 생성되며 이때 많은 양의 잠열을 지니게 된다.

토네이도는 소규모 현상인데 대부분 저기압성으로 회전하며, 지면에서 회오리 속으로 빨려 들어가는 공기는 나선 계단 모양으로 꼬이면서 상승한다. 토네이도는 일반적으로는 경로의 길이가 30~50km로 끝나는 경우가 많다. 그러나 400km 이상이나 되는 거리를 휩쓸고 지나가는 것도 있다. 시카고와 같은 대도시에는 콩크리트 건물이나 아스팔트 도로 등이 열을 흡수하므로 잠열의 효과가 적어져 토네이도에 의한 피해가 거의 발생하지 않는다.

태풍

잠열의 힘이 가장 강하게 느껴지는 경우는 태풍이다. 적도 부근의 뜨거운 바닷물이 증발되면 수증기가 발생하고 이 수증기가 물방울이 되면서 만들어진 저기압이 태풍이다. 이 과정 중 수증기가 물방울로 변할 때는 열을 방출하지

만 온도의 변화는 나타나지 않고 잠열로 저장된다. 이 태풍은 계속 해서 열대의 바다 위를 진행하며 구름을 형성하면서 막대한 양의 잠열을 축적하며 성장하게 된다. 성장한 태풍이 육지에 상륙하면 모든 에너지를 비와 바람으로 방출하고 소멸한다.

물의 기온조절

물이 얼어서 얼음이 될 때는 열을 방출한다. 반면에 얼음이 녹아서 물이 될 때는 주위에서 열을 흡수한다. 따라서 여름에 방 안에 얼음 덩어리를 놓아두면 얼음이 녹으면서 주위의 열을 흡수하므로 방 안이 시원하게 되고, 추운 겨울에 베란다에 물을 놓아 두면 물이 얼면서 열을 방출하여 베란다의 온도를 높여준다.

액체 상태인 물을 기체 상태인 수증기로 만드는 데는 훨씬 더 많은 열량이 필요하다. 물이 수증기가 될 때 많은 열을 흡수한다는 것은 수증기가 물이 될 때는 많은 열을 내어 놓는다는 것을 뜻한다. 이와 같이 물은 얼음이나 수증기가 되면서 주위의 온도가 급격히 변화되는 것을 완화시켜준다.

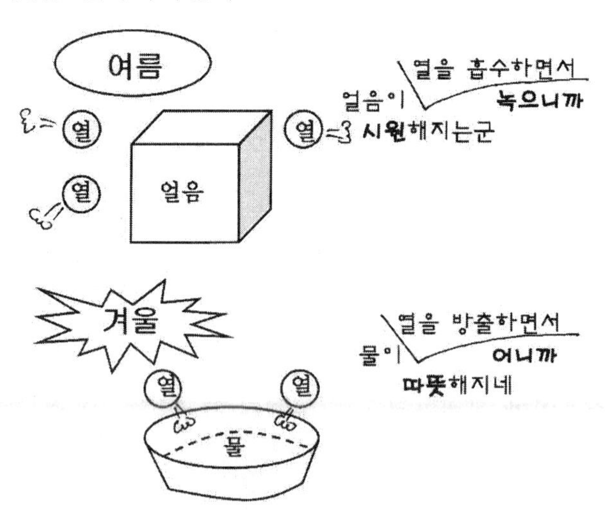

잠열의 특성과 유사한 속담

- 보이지 않는 것이 더 무섭다.
  → 잘난 체 떠드는 사람보다 침묵하고 있는 사람이 더 무섭다는 뜻.
- 때리는 시어머니보다 말리는 시누이가 더 무섭다.
  → 가장 자기를 위해 주는 듯이 하면서도 속으로는 해하려는 사람이 가장 밉다는 비유.

영하에서도 얼지 않는 물

얼음이 되려면 물 분자들이 정육각형 구조로 배열되어야 하는데 이 과정에는 시간이 필요하다. 특히, 불순물이 없는 순수한 물은 얼음이 되는 속도가 느리므로 물을 아주 빨리 냉각시키면 물 분자들이 얼음의 구조를 만들지 못하여 0℃ 이하에서도 얼지 않는 경우가 있다. 이와 같이 용융점 이하로 온도가 내려가도 상변화가 일어나지 않는 현상을 과냉이라 하며, 그런 상태는 지나치게 냉각되었다는 뜻으로 '과냉각상태'라고 부른다.

물체가 과냉각상태로 되면 일종의 준안정상태가 되어, 아주 작은 자극에 의해서도 그 불안정한 평형상태가 깨져서 안정된 상태로 옮아가기 쉽다. 예컨대 물은 1기압일 때 0℃ 이하에서는 얼음으로 존재하는 편이 열역학적으로 안정된 상태이지만, 서서히 냉각하면 0℃ 이하의 온도가 되어도 응고하지 않고 액체로 있을 수가 있다. 이러한 과냉각수에 물 분자들을 끌어당겨서 일정한 모양으로 배열시키는 역할을 하는 이물질을 투입하거나 외부로부터 약간의 충격을 가하면 준안정상태가 깨지면서 갑자기 고화(固化)되기 시작하여 액체의 온도가 응고점까지 올라가고, 그 온도에서 안정된 평형상태, 즉 고체 상태를 유지하게 된다.

깊은 산 속 옹달샘

바람이 불지 않는 깊은 산 속 옹달샘은 추운 겨울 날에도 얼지 않은 채로 있을 때가 있다. 그런데 물을 마시려고 옹달샘에 쪽박을 넣으면 순간적으로 물이 언다. 이것은 옹달샘이 천천히 냉각되어 0℃ 이하에서도 얼지 않고 있다가 외부로부터 충격을 받아 고체 상태의 핵 생성이 급속히 일어났기 때문이다. 이와 같이 0℃ 이하에서도 얼지 않는 과냉은 깊은 산 속 옹달샘처럼 불순물이 적을수록 잘 일어나며 외부의 자극에 의하여 쉽게 깨진다.

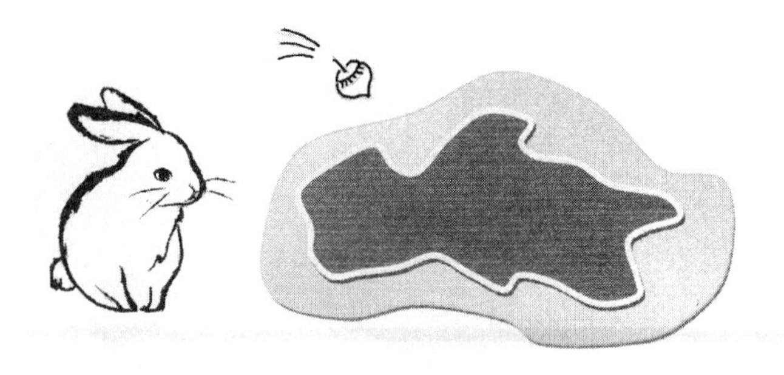

슬러시 음료

물이 담긴 페트병을 냉동실에 넣었다가 꺼내서 충격을 주면 순식간에 언다. 이는 페트병 물이 0℃ 이하로 내려가 있지만, 압력이나 자극이 없어서 얼지 못하는 과냉각 상태로 있다가 압력을 받아 스스로 모여서 얼음을 형성하는 것이다. 이러한 과냉각 현상을 이용한 탄산음료는 얼음보다 부드러운 슬러시 형태로 되어 있어 마시기가 용이하다.

구름과 안개는 과냉상태

공기의 온도가 내려가서 이슬점 이하가 되어도 수증기인 채로 있는 경우도 있는데 이것도 과냉 현상이다. 구름이나 안개처럼 대기 중의 작은 물방울이 0℃ 이하에서도 얼지 않고 액체 상태로 존재하는 것은 위와 같은 현상 때문이다. 구름 알갱이는 -10℃ ~ 0℃에서는 주로 과냉각 물방울로, -20℃ ~ -10℃에서는 과냉각 물방울과 얼음 알갱이가 섞인 상태로, -20℃ 이하에서는 거의 얼음 알갱이로 존재한다. 때로는 -40℃의 낮은 온도에서도 과냉각 물방울이 관측되기도 한다. 과냉각은 안정한 상태가 아니므로 외부에서 진동을 주거나 물리적인 충격을 주면 즉시 상전이를 일으켜 물방울이 얼음 알갱이로 변화된다.

대기 속에 떠있는 눈 입자도 물의 과냉각현상이다. 만약, 과냉각된 눈 입자 사이에 얼음 알갱이가 내려오면, 과냉각된 눈 입자 주위의 증기압이 얼음 알갱이 주위의 증기압보다 크므로 눈 입자는 증발하고 반대로 얼음 알갱이는 성장하게 된다. 이렇게 해서 성장한 얼음 알갱이는 눈의 결정이 되어 지상으로 떨어진다. 또한 산악지대에서는 추운 겨울에 과냉각된 눈 입자가 나무나 풀에 충돌하여 동결되면서 마치 눈 괴물처럼 기괴하고 환상적인 수빙(樹氷)이 만들어진다.

순금속의 과냉 현상

일정한 온도에서 응고하는 순금속에도 과냉 현상이 있다. 즉 순금속의 용액을 서서히 냉각시키면 응고점까지는 온도가 내려가다가 응고점에 이르면 순금속이 응고되면서 방출한 용융 잠열로 말미암아 잠시동안 일정한 온도를 유지한다. 그리고 응고가 완료되면 다시 온도가 내려간다. 그러나 실제로 용융 금속을 냉각시키면 열역학적 응고점보다 낮은 온도에서 응고가 시작된다. 즉 응고점에서 고체가 되지 않는 경우가 있다.

이와 같은 과냉이 응고온도 이하까지 진행되면 고체 상태의 핵생성이 급속히 일어나게 되며 응고에 따른 용융 잠열의 방출에 의해 다시 평형온도까지 온도가 상승한다. 이러한 과냉은 응고 진행

중 열의 방출이 클수록, 그리고 액체 상태의 금속 중에 결정핵을 형성할 수 있는 합금 성분이 적을수록 더욱 커진다.

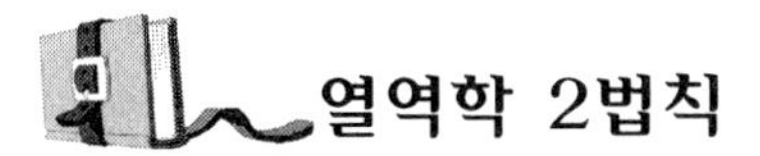

열역학 2법칙

엎질러진 물은 도로 담을 수 없다

강태공은 초야에 묻혀 있으면서 낚시바늘을 곧게 편 채로 연못에 드리우고 고기는 낚지 않고 자신을 알아주는 사람이 나타날 때까지 세월만 낚고 있었다. 그러자 부인 마씨는 집을 나가버렸다. 후일 강태공이 주 나라의 문왕을 도와 천하를 통일하고 황제 다음의 높은 자리에 오르자 그를 버리고 나갔던 부인이 돌아와서 다시 자신을 받아 줄 것을 간청했다. 그러자 강태공이 물을 길바닥에 쏟아 부은 후 도로 주어 담으라고 하였다. 전처가 엎질러진 물을 담으려고 애를 썼으나 할 수 없음을 알고 한탄하자 강태공은 "한번 쏟아진 물은 도로 담을 수 없고 (복수불반분 覆水不返盆), 한번 헤어졌으면 다시는 같이 살 수 없다"고 부인의 청을 거절하였다. 이러한 고사로부터 다시 돌이킬 수 없는 경우를 일러 '엎질러진 물'이라고 하는데 열역학에도 이와 같이 뒤로 되돌릴 수 없는 방향이 있다.

시골길과 서울 길

시골 노인이 사는 집에서 조금 떨어진 곳에 정자가 있었다. 그는 정자까지 갔다가 그 길을 되돌아 오면 그의 집에 도착하였다. 그래서 그는 갔던 길을 반대로 돌아서 오면 원위치에 돌아온다는 것을 너무나 당연하게 여겼다.

한 번은 그가 서울로 봄 나들이를 갔다. 친구들과 함께 서울역에 내린 후, 앞으로 곧장 가서 공원에 도착했다. 공원에서 다시 서울역으로 되돌아올 때도 곧장 뒤돌아 왔지만 그는 전혀 엉뚱한 곳에 도착하였다. 그는 결국 스스로 서울역에 돌아올 수는 없었다. 이렇게 시골길처럼 스스로 원래의 상태로 되돌아갈 수 있는 현상을 열역학에서는 가역 과정이라고 하며, 서울 길처럼 원래의 상태로 되돌아갈 수 없는 현상을 비가역 과정이라고 한다.

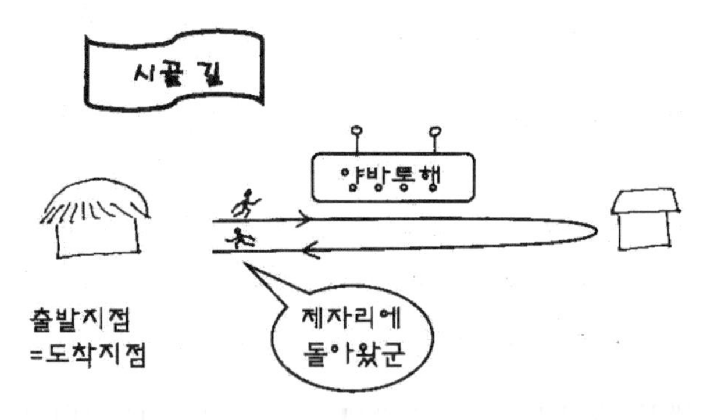

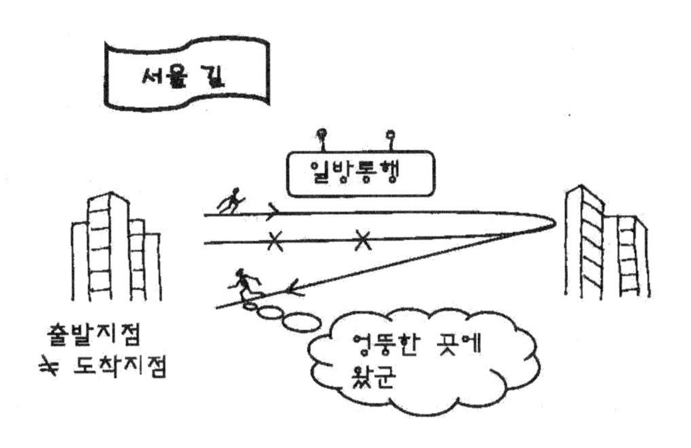

♥ 잠자리 애벌레의 못 다 이룬 약속

연못 속에 사는 잠자리의 애벌레들은 바깥 세상이 매우 궁금했다. 어찌된 일인지 함께 지내던 애벌레들은 밖으로 나가기만 하면 되돌아오지 않는 것이었다. 그래서 애벌레들은 누구든 밖에 나가게 되면 다시 돌아와서 바깥 세상의 모습을 전해주기로 약속을 하였다. 그러나 어찌된 일인지 굳은 약속에도 불구하고 되돌아온 애벌레는 아무도 없었다. 드디어 자기는 무슨 일이 있어도 틀림없이 되돌아 오겠다고 마음먹은 한 애벌레가 연못 밖으로 나오게 되었다.

자신도 모르는 사이에 허물을 벗고 날개가 몸에서 돋아 나왔다. 날개를 움직이니 몸이 공중에 떠올랐다. 애벌레는 잠자리가 된 것이었다. 한참을 날다가 다시 연못 위로 돌아 오니 연못 속에서 다른 애벌레들과 한 약속이 생각났다. "나는 연못 속에 있는 동생들에게 돌아가서

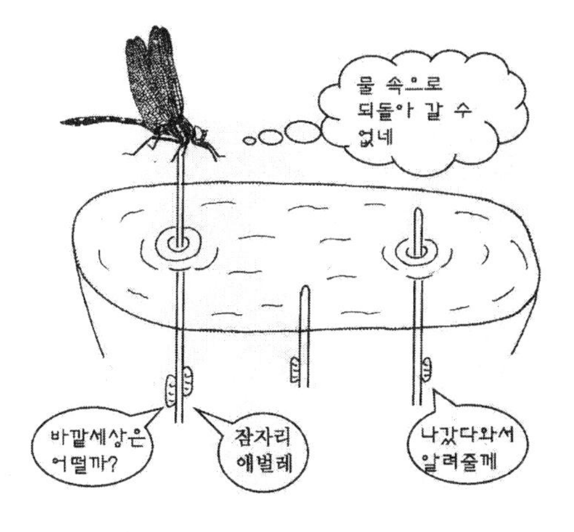

바깥 세상을 알려 줘야지." 잠자리가 된 애벌레는 연못 속으로 돌아가려 했으나 그의 몸에는 날개가 돋아 도저히 물 속으로 들어갈 수가 없었다. 드디어 그는 깨달았다. 잠자리가 애벌레로 돌아갈 수 없는 것처럼 세상은 돌이킬 수 없는 것이라고…. 현명한 잠자리는 비가역 과정을 깨달은 것이다.

열역학 제2법칙

자연에 일어나는 열역학 과정은 에너지보존법칙을 따르지만 이것만으로 설명되지 않는 현상이 있다. 그것은 에너지가 한 쪽 방향으로만 흐르고 반대 방향으로는 흐르지 않는 것이다. 즉 '열에너지는 항상 고온에서 저온으로 흐르며 그 반대 방향으로는 흐르지 않는다'. 자연현상 가운데는 이와 같은 비가역적 과정이 많은데, 이러한 비가역성을 언급한 것이 열역학 제2법칙이다. 열역학 제2법칙은 열역학 과정에서 무질서도로 나타내어지기도 한다. '열 현상은 분자들이 무질서한 운동을 하는 방향으로 진행되며, 그 반대 방향으로는 일어나지 않는다.' 기체의 자유팽창, 고온에서 저온으로의 열 이동, 마찰에 의한 열의 발생, 잉크 방울의 확산, 바위의 풍화작용 등이 그 예이다.

유 머 **천국을 아는 이유**

부흥회를 인도하는 목사님이 천국은 매우 아름답고 좋은 곳이라고 자세히 설명했다. 가만히 듣고 있던 한 어린이가 예배 후에 목사님을 찾아가 질문했다.

어린이 : 목사님은 한번도 가보시지 않고 어떻게 그곳이 좋은 곳인지 알 수 있지요?

목사님 : 응, 그것은 아주 쉽단다. 왜냐하면 하늘나라가 싫다고 되돌아 온 사람은 아직까지 한 사람도 없었거든.

엔트로피 법칙의 발견

물리학자들은 18세기에 이르러 열과 일의 본성이 동일한 에너지이며 에너지에 열까지 포함시키면 확장된 에너지보존법칙으로 열역학 제1법칙이 성립함을 발견하게 된 후에 열을 일로 바꾸는 장치인 열기관에 대해 활발한 연구가 시작되었다. 그러는 과정에서 열을 계속하여 공급하지 않고도 기관을 움직이게 할 수 있는 영구기관을 궁리하고, 주어진 열로부터 얻을 수 있는 일의 최대량을 추구하다가 열역학 제2법칙이 발견되었다.

즉 열기관에서 열을 일로 바꾸는 과정에서 일부의 열은 저절로 낮은 온도로 흘러가 허비되기 때문에 열기관에서 '주어진 열을 100% 일로 바꾸는 열기관을 만드는 것은 불가능하다'는 것을 알게 되었다. 또한 열기관에서는 고온의 열원에서 열을 얻어 이 열의 일부를 냉각기 같은 저온 열원으로 흘려 보내는 과정에서만 일을 할 수 있고, '고온에서 얻은 열을 전부 일로 바꿀 수는 없다'는 것을 알게 되었는데 이것이 열역학 제2법칙을 설명한 말이라고 볼 수 있다.

열기관과는 반대로 냉장고나 에어컨과 같은 냉동기는 낮은 온도의 계에서 열을 빼앗아 높은 온도의 계로 옮기는 장치이다. 열이란 높은 온도에서 낮은 온도로는 저절로 흐르지만 그 반대 방향으로는 저절로 흐르지 않으므로 낮은 온도에서 높은 온도로 열을 옮기려면 외부에서 냉동기에 일을 해주어야 한다. 그래서 열역학 제2법칙을 '다른 효과 없이 오직 저온계에서 고온계로 열을 이동시키는 과정은 불가능하다'라고 표현할 수도 있다.

이와 같이 열역학 발전의 초기 단계에는 열역학 제2법칙을 여러 가지 방법으로 표현하였다. 그렇지만 열역학 제2법칙과 같은 자연법칙은 위의 예에서처럼 각 경우마다 특별히 표현하기 보다는 모든 경우에 다 적용될 수 있도록 포괄적으로 표현하는 방법을 찾는 것이 바람직하다. 클라우지우스는 열역학 과정에서 일어나는 방향성을 '엔트로피'라는 수학적인 양을 통하여 모든 경우에 해당될 수 있도록 열역학 제2법칙을 '어떤 일이 자연스럽게 일어나면 그 계의 엔트로피는 증가하거나 아니면 최소한 변하지 않는다'라고 표현하였다.

♥ 인디언 처녀의 신랑감 고르기

어떤 인디언 부족은 처녀들에게 신랑감을 고르는 지혜를 가르치기 위해 무성하게 자란 옥수수 밭으로 딸을 데려간다고 한다. 그곳에서 이랑 하나를 지목하며 말하기를 "앞으로 가면서 가장 크고 잘 여문 옥수수를 하나 따서 바구니에 담아라. 단 절대로 뒤로 되돌아가면 안 된다" 고 한다. 딸아이는 아주 쉬운 일이라고 생각하며 고랑으로 들어선다. 초입에도 제법 괜찮은 옥수수가 많지만 눈 앞에 옥수수대가 많으므로 서두르지 않고 건성으로 지나친다. 밭 중간쯤에선 신경써서 고르겠다고 생각하지만, 앞에 더 좋은 게 있을 것 같아 미적거리다가 후반부에선 조급증이 든다. 그러다가 뒤쪽에 있는 옥수수가 더 좋았던 것 같아 그냥 지나친 것들에 대한 미련이 고개를 들고 결국은 고랑 끝까지 가도 바구니는 비어있게 된다. 이러한 경험을 한 처녀들은 지혜롭게 신랑감을 고르게 된다는 학습법인데 이것은 신랑감 고르기가 비가역 과정이란 것을 시사하는 이야기이다.

열은 뜨거운 곳에서 찬 곳으로 이동한다

온도가 다른 두 물체를 접촉시켜 놓으면 뜨거운 물체의 열이 차가운 물체로 흘러서 뜨거운 물체의 온도는 낮아지고 차가운 물체의 온도는 높아져서 최종적으로는 두 물체의 온도는 같아진다. 그러나 반대로 두 물체를 접촉시켜 놓았을 때 차가운 물체는 더 차가워지고, 뜨거운 물체는 더 뜨거워지는 일은 일어나지 않는다. 즉 열은 뜨거운 물체에서 찬 물체로는 흐르지만 저절로 그 반대 방향으로 흐르지는 않는다

여름에는 물이 저절로 얼음이 되지 않는다

더운 여름에 얼음을 실내에 꺼내 놓으면 주위에서 열을 흡수하여 저절로 녹아서 물이 된다. 그러나, 녹은 물이 열을 방출하면서 저절로 얼음이 되지는 않는다. 이와 반대로 추운 영하의 날씨에는 물이 얼어서 저절로 얼음이 될 수는 있지만 얼음이 저절로 녹아서 물이 되지는 않는다. 이러한 현상들은 열이 한쪽 방향으로만 이동하기 때문에 일어나는 현상이다.

물은 저절로 끓는 물과 얼음으로 나누어지지 않는다

찬물과 더운물을 섞으면 저절로 미지근한 물이 되지만 미지근한 물이 저절로 뜨거운 물과 찬물로 나누어지지는 않는다. 이와 유사하게 뜨거운 물에 얼음을 넣으면 저절로 미지근한 물이 되지만 미지근한 물이 저절로 끓으면서 얼음이 튀어나오지는 않는다. 이와 같이 온도가 변화되는 데는 방향성이 있다.

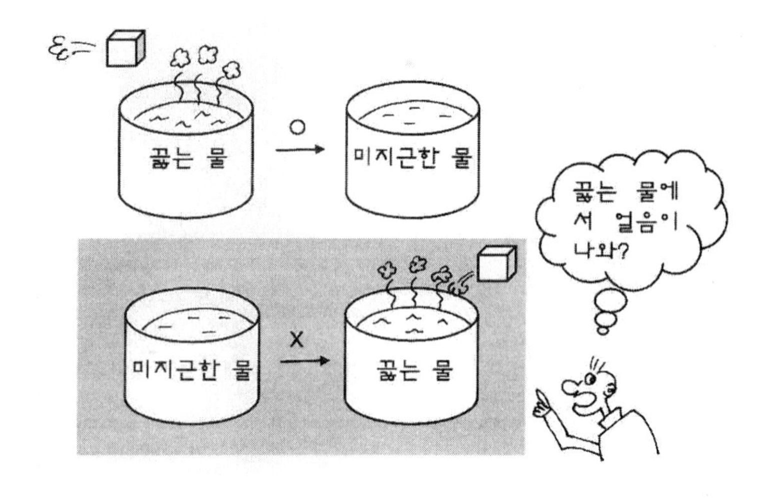

돌아오지 않는 후커우 폭포

중국의 산시성과 섬서성의 경계에는 황하 강이 흘러서 만들어진 후커우 폭포가 있다. 이곳 폭포의 이름이 후커우(壺口)로 지어진 것은 폭포가 소용돌이치며 흘러내리는 모습이 마치 주전자 주둥이(壺口)에서 물이 쏟아져 내리는 형태 같기 때문이라고 한다. 당나라 시인 이백은 후커우 폭포의 기세를 두 구절의 시로 묘사하였다.

황하 강물은 하늘에서 내려와서 黃河之水 天上來
요동치며 바다로 흘러 돌아오지 않는다. 奮流到海 不復回

폭포수가 바다로 흘러가기는 하지만 돌아오지는 않는 것처럼 자연현상은 대부분 한 쪽 방향의 일은 일어나지만 그 반대 방향으로는 일어나지 않는 비가역 과정이다.

폭포는 위로 흐르지 않는다

폭포에서 떨어지는 물은 항상 위에서 아래로 떨어진다. 왜, 폭포의 물이 아래에서 위로 거슬러 올라가지 않는 것일까? 얼핏 생각하면 폭포의 물은 아래쪽에 있을 때가 에너지가 작아서 그럴 것 같으나 실제로는 높은 곳에 있을 때나 낮은 곳에 있을 때나 역학적 에너지는 항상 같다. 왜냐하면 높은 곳에 있을 때는 위치에너지는 크지만 운동에너지는 작고, 낮은 곳에 있을 때는 위치에너지는 작지만 운동에너지는 크므로 이들을 합한 전체 에너지는 항상 일정하다. 그럼에도 불구하고 폭포에서 떨어지는 물은 항상 위에서 아래로 떨어지며 폭포의 물이 거슬러 올라가지는 않는다.

거시적인 하나의 물체, 미시적인 수많은 입자들

물체 하나만 움직이는 경우를 살펴보면 그 경로는 뉴튼의 운동 법칙에 의해 결정된다. 그래서 물체가 받는 힘과 물체가 움직이기 시작한 초기 조건만 결정되면 나머지 운동은 한 가지로 결정된다. 따라서 대포 포신이 향한 각을 일정하게 고정하면 포탄이 떨어지는 곳을 미리 예견할 수 있다. 이러한 역학 과정의 특징은 주어진 조건에 따라 마치 영화 필름을 거꾸로 돌리는 것과 같이 똑같은 운동이 거꾸로 진행되기도 한다는 것이다. 이와 같이 역학 과정은 어느 한 방향으로만 진행하도록 정해져 있는 것이 아니라 초기 조건이 같으면 같은 힘을 받는 물체의 운동은 모두 동일하며 그 운동은 뉴튼의 운동 법칙이나 에너지보존법칙만으로 모두 결정된다.

그런데 이와 같은 역학 과정을 결정하는 운동 법칙이나 에너지보존법칙만으로는 수많은 입자들의 전체 운동이 보여주는 열역학 과정의 방향성을 설명할 수가 없으며 또 다른 법칙을 필요로 한다.

기체는 항상 퍼져 나간다

자연에서 한 가지 방향으로만 이동하는 것은 열뿐 아니다. 상자를 둘로 나누어 왼쪽에는 공기를 가득 넣고 오른쪽에는 진공으로 한 다음 중간에 구멍을 뚫으면 양쪽의 압력이 같아질 때까지 공기가 구멍을 통해 왼쪽에서 오른쪽으로 나가지만 오른쪽의 공기 분자가 원래의 상태대로 모두 왼쪽으로 옮겨가지는 않는다. 즉 구멍을 통하여 공기가 왕래하는데도 방향성이 있다.

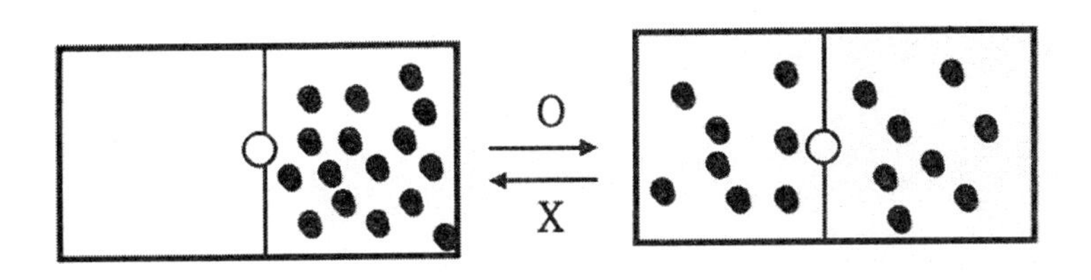

잉크 방울이 물에 퍼지는 것도 방향성이 있다. 투명한 물에 떨어진 잉크 방울은 시간이 흐를수록 퍼져서 물이 모두 푸른색이 되지만 그 반대로 물에 퍼진 잉크 분자들이 스스로 다시 모여서 잉크 방울을 만들고 푸른색 물이 투명해지지는 않는다. 즉 유체의 확산을 역으로 진행시켜 원래의 상태로 되돌릴 수는 없다.

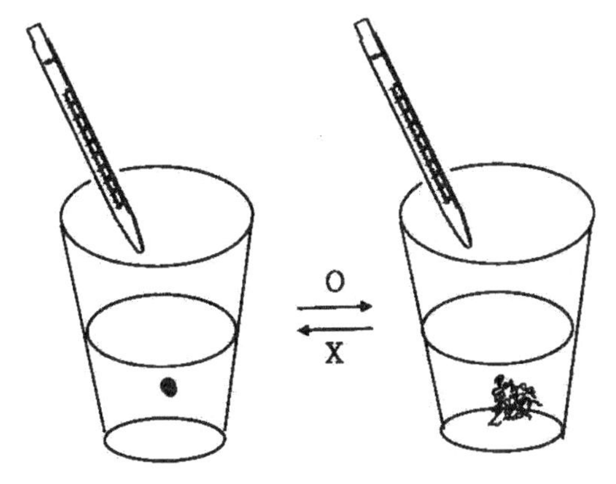

이와 같이 열이 높은 온도에서 낮은 온도로 흐르고, 공기 분자가 높은 압력에서 낮은 압력으로 이동하며, 잉크가 퍼져나가는 것은 흔히 볼 수 있는 현상인데 여기에는 공통점이 있다. 첫째는 자연스럽게 일어나는 방향성을 가지고 있으며, 둘째는 수많은 입자들이 불규칙적으로 움직이는 운동이라는 것이다. 이와 같이 수많은 입자들이 모인 계의 불규칙한 운동이 한 방향으로만 진행하고 그 반대 방향으로는 진행하지 않는 성질을 열역학 과정의 비가역성이라고 한다.

퇴행성 관절염

세월이 흐르면 젊은이가 노인이 되지만 노인이 젊은이가 될 수는 없다. 나이가 들어서 생기는 퇴행성 관절염이나 신체의 노화 현상은 모두 비가역 현상 때문에 일어나는 일들이다. 기계를 사용하면 점점 낡아지고 망가질 뿐이고 결코 새 것이 되지는 않는다는 것도 마찬가지 이치이다.

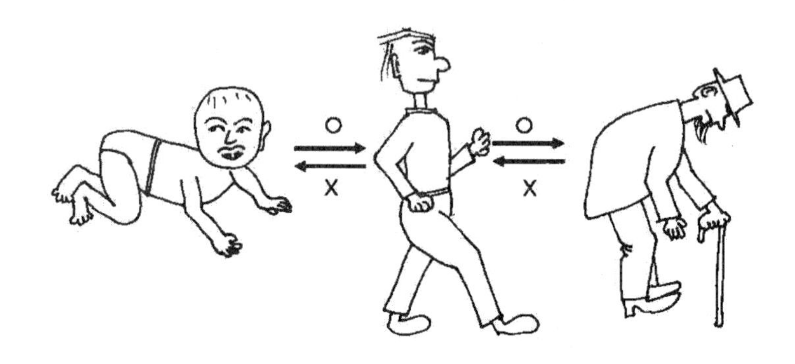

깨진 그릇 맞추기

그릇이 깨지기는 쉽지만 깨진 그릇이 저절로 붙어서 원래 상태로 되지는 않는다. 속담 중에도 수습할 수 없을 만큼 일이 잘못되어 다시 종전과 같이 되돌릴 수 없다는 뜻으로 '깨진 그릇 맞추기'라는 말도 있다. 온전한 그릇이 질서가 잘 잡혀있는 상태라면 그릇이 깨져서 파편이 되면 무질서한 상태로 된 것이라고 할 수 있다.

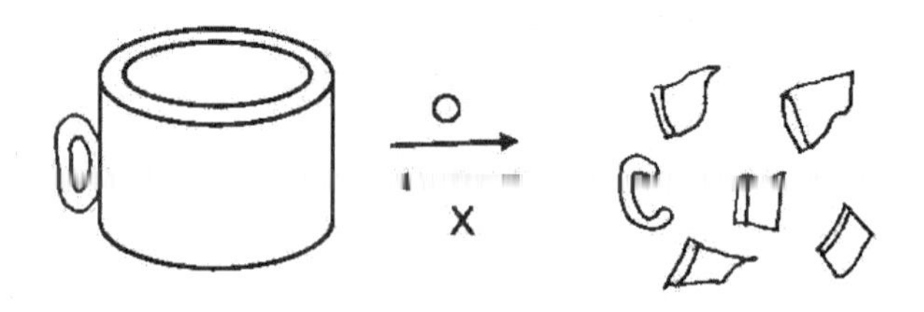

빈익빈 부익부(貧益貧 富益富)

인간 세상에서는 열역학 2법칙에 어긋나는 일이 자주 일어난다. 쌀 아흔아홉 섬 가진 사람이 쌀 한 섬 가진 사람의 쌀을 빼앗아 부자는 더욱 부자가 되고 가난한 사람은 더욱 가난해지는 빈익빈 부익부 현상이 그 중 한 예이다.

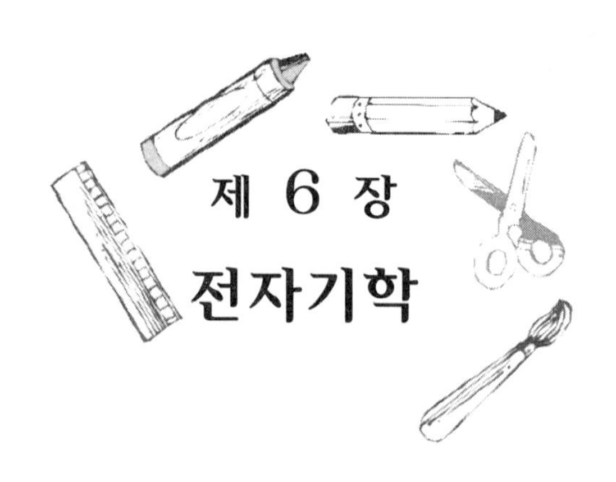

제 6 장
전자기학

탈레스의 호박

고대 그리스의 과학자이자 철학자인 탈레스는 기원전 600년경 보석의 일종인 호박(amber)을 모피에 문지르면 머리카락이나 가벼운 물체를 잡아당기는 것을 보고 최초로 전기현상을 발견했다. 이러한 연유로 호박을 가리키는 그리스어 '엘렉트론'(electron)에서 전기를

뜻하는 '일렉트리시티'(electricity)라는 말이 유래되었다. 그러나 고대 그리스에서 발견된 전기에 관한 지식은 16세기에 영국의 길버트에 의해 활용될 때까지는 하나의 흥미거리에 불과했다.

길버트는 호박처럼 마찰을 통해서 작은 물체를 잡아당기는 성질을 띤 물질이 여러 종류 존재한다는 사실을 발견하였으며, 나침반이 왜 남북을 가리키는지도 설명하였다. 또한 그동안 혼동되어 오던 정전기 현상과 자기 현상을 분명히 구분하였다. 그 후 벤자민 프랭클린은 하늘로 날려 올린 연으로 번개를 끌어당기는 실험을 통해 번개도 전기의 일종이라는 사실을 증명하였으며, 여러 과학자들에 의해 전기와 자기의 상호작용이 알려지면서 전자기학은 급진적으로 발전하였다.

정전기

파우더 몽키는 고무신을 신지 않는다

약 200년 전에 '파우더 몽키'(powder monkey)라고 불리는 소년들은 전함의 갑판 아래로 달려가서 대포에 쓸 화약 자루를 집어 올리는 일을 하였다. 그들은 혹한의 추운 겨울에도 맨발로 이 일을 해야 했다. 이리저리 뛰어다닐 때 신발에 정전기가 쌓여 작은 불꽃이 일어나 화약이 폭발하는 사고를 방지하기 위해서였다. 최근에는 섬유 속에 탄소나 구리 입자를 넣어 전기가 모이지 않고 흘러버리도록 만든 첨단 섬유와, 구두 밑창을 전도성 플라스틱으로 만들어 몸에 모인 전기를 땅속으로 흘려 보내는 정전기 방지 구두가 개발되어 폭발 사고를 예방하고 있다.

호박에 붙은 먼지와 마찰전기의 발견

대부분의 정전기는 물체가 서로 마찰할 때 발생하므로 마찰전기라고 부르기도 한다. 마찰전기의 유래는 고대 그리스 시대까지 거슬러 올라간다. 탈레스는 당시 귀부인들이 장식용으로 달고 다녔던 보석의 일종인 호박(琥珀)에 먼지가 달라붙어 더러워지는 것을 이상히 여기고, 그것의 원인이 무엇인가를 생각하기 시작했다.

그는 호박을 모포로 비비면 먼지나 종이와 같이 가벼운 물질을 끌어당긴다는 사실을 관찰했으며, 이것이 마찰전기

의 최초의 발견이다. 그러나 그는 이것이 마찰전기로 인해 생기는 현상이라고는 알지 못했다. 그 원인이 마찰로 인해 발생한 정전기 때문인 것은 훨씬 뒤에 알려졌다.

마찰에 의한 정전기 발생 현상

일반적으로 물체들은 전기를 띠지 않는다. 그 이유는 음전하(-)를 띤 전자와 양전하(+)를 띤 양성자의 수가 같기 때문이다. 그러나 물체를 마찰시키면 양성자보다 훨씬 가벼운 전자가 이동하게 되는데, 전자가 들어간 쪽 물체는 음전하(-)를 띠고, 전자가 나간 쪽 물체는 양전하(+)를 띤다. 물체들이 마찰로 만들어내는 전하의 종류는 마찰하는 상대 물체에 따라 다르다. 즉 마찰하는 물체에 따라 전자를 쉽게 내놓는 정도가 결정된다. 예를 들어 머리카락과 빗이 마찰하면 전자가 들어간 빗은 음이 되고, 전자가 튀어나간 머리카락은 양이 된다.

인체를 통한 정전기 실험

마찰로 인해 물체가 먼지를 끌어당긴다는 고대인들의 생각에서 출발하여, 18세기에는 스티븐 그레이와 놀레 신부에 의해 재미있는 정전기 실험이 이뤄졌다. 그레이는 유리 막대를 마찰해 작은 새털이나 금속박을 끌어 당겨보고, 이 막대에 손을 댔을 때 짜릿한 자극을 느꼈다. 또 그레이는 사람이 전기를 통하는가 알아보기 위해서 매우 길고 튼튼한 명주 끈을 두 가닥 준비해서 양끝을 천장에 매달아서 공중에 뜨게 한 다음 유리 막대를 대전(帶電)시켜 청년의 발바닥에 댔다. 그런 다음 청년의 머리에 손을 대 봤더니 짜릿한 자극을 느꼈다. 이 실험을 통해 그레이는 전기가 청년의 몸을 통해 발 끝에서 머리 끝으로 전해졌다는 것을 알게 되었다.

그레이의 실험에 흥미를 느낀 놀레 신부도 소년을 명주 끈으로 매달고 작게 자른 금속박을 싸 놓은 탁자에 손을 가까이 가져가도록 했다. 소년에게 정전기를 대전한 막대를 대는 순간 금속박이 튀어올라 소년의 손에 붙는 것을 보고 많은 사람들을 놀라게 했다는 일화가 있다.

정전기는 수 만 볼트의 고전압이다

물체에 정전기가 대전하고 있으면 비록 정전기의 양이 적더라도 그 물체의 전위는 수천 볼트에서 수만 볼트가 되는 경우가 많다. 특히 생산현장에서는 수십만 볼트에 이르는 고전위가 되는 것도 있다. 이와 같이 고전위가 되면 기체 매질의 절연이 파괴되어 빛과 함께 소리를 동반한 정전기의 방전 현상이 나타난다. 전기방전이 발생하면, 전기를 띤 대전물체와 접지체와의 사이에 전류가 흐르기 때문에 대전물체의 정전기가 접지체에 이동하고 대전물체의 정전기는 소멸하게 된다.

유조선에서는 고무신을 신지 마라

언젠가 거대한 유조선에서 원인 모를 대폭발이 일어났는데 조사 결과 정전기에 의한 불꽃 때문인 것으로 판명되었다. 그 후로 유조선에서 일하는 승무원들은 고무로 된 신발을 신지 않고, 전기가 잘 통하는 도체로 된 신발을 신는다. 전기가 잘 통하지 않는 고무신을 신은 사람이 유조선에서 걸으면 발걸음을 옮길 때마다 유조선 바닥과의 마찰에 의해 고무 신발에 정전기가 생기고, 고무는 부도체이므로 정전기가 계속 쌓이게 된다.

이런 상태에서 금속성 물질에 손을 가까이 가져가면, 금속 물체와 손가락 끝 사이에서 순간적인 불꽃방전이 일어나 엄청난 폭발의 불씨가 될 수가 있다. 만약 승무원이 도체 신발을 신고 있다면, 도체에 조금만 전기가 쌓여도 금방 흘러버리므로 불꽃방전이 일어나지 않아 이러한 사고를 예방할 수 있다. 유조선에서 금속 신발을 신도록 조치한 이후 정전기에 의한 화재는 대부분 해결되었다.

주유소에서

주유소에서 주유할 때는 손으로 둥그런 단추를 만지고 주유하도록 되어 있다. 이것은 손에 쌓인 정전기를 둥그런 단추를 통해서 흘려보내 정전기에 의한 불꽃이 발생되지 않게 하여 휘발유 등의 인화물질이 점화되는 것을 미연에 방지하기 위한 것이다.

유조차의 쇠사슬

가스나 휘발유가 있는 곳에 정전기 불꽃이 튀면 대형 화재가 일어날 수 있으므로 대단히 위험하다. 특히, 발화점이 낮은 유류를 운반하는 유조차의 경우 작은 스파크만으로도 불이 붙을 수 있으므로 세심한 주의가 필요하다. 그래서 유조차는 쇠사슬을 땅에 끌고 다니는데, 이것은 차와 땅 사이를 도선으로 연결해 정전기가 아스팔트로 흘러나감으로써 정전기가 생기지 않도록 하기 위함이다.

자동차 배기통에 달린 금속 꼬리는 자동차에 생긴 공기에 의한 마찰전기를 지면으로 흘려 보내는 역할을 한다. 비행기는 타이어를 전기가 잘 통하는 특수 고무로 만들어서 주변으로 방전시켜 마찰전기를 없앤다. 이와 같이 저항이 큰 부도체는 전하를 이동시킬 수가 없으므로 정전기 현상의 피해를 줄이기 위해서는 도체 물질을 사용해야 한다.

석유화학공장에서는 제전봉을 만져라

정전기란 발생한 전기가 한 물체에서 금방 다른 물체로 이동하지 않고 한동안 머물러 있기 때문에 붙여진 이름이다. 따라서 정전기가 생기지 않게 하려면 양과 음으로 대전되는 물체 사이를 전기가 잘 통하는 도선으로 연결해주면 된다. 석유화학공장의 저장탱크 주위에는 반드시 제전봉(除電棒)이란 것을 한번 만지고 저유시설에 들어가게 되어 있다. 작업복도 매우 가는 도선을 섬유와 함께 섞어 옷감을 짠 제전사(除電絲)라는 섬유가 포함된 직물을 사용하거나, 옷에 얇은 금속 막을 입혀 정전기가 생기는 것을 방지한다.

전자 기술자의 특수 복장

전자 부품은 자꾸 작아지고 회로 요소들은 더욱 밀집되는 추세이므로 정전기적인 방전으로 인해 회로가 망가져버릴 위험이 더 커지고 있다. 따라서 첨단 기술 분야에서 일하는 전자 기술자들은 미세한 회로에 영향을 주지 않기 위해서 전기회로를 설계, 검사, 수리할 때 정전기를 없애기 위해 더욱 세심한 주의를 기울여야 한다. 컴퓨터의 주요 부품, 특히 반도체 회로의 부품은 아주 민감해서 정전기적인 방전에 의해 파손되거나 훼손되기도 한다. 실제로 자기기억장치의 데이터 손실은 상당부분 정전기에 의한 것으로 알려져 있다.

그래서 전자 기술자들은 정전기가 쌓일만한 저항이 큰 물체들을 주변에 놓지 않는다. 그리고 회로 부품들을 다룰 때는 소매와 양말에 접지선이 달린 특수한 옷을 입거나 손목의 밴드를 접지된 표면에 연결시켜서 전하가 쌓이면 바로 방전되도록 하여 정전기가 없는 환경을 만든다.

배관에 생기는 정전기

액체가 배관 내로 흐르면, 정전기는 액체 및 배관의 양쪽에 각각 발생한다. 만일 배관과 액체가 모두 전기저항이 작은 양도체라면 배관을 접지하는 것에 따라 각각의 물질에 대전한 전하는 대지에 누설되고 만다. 또한 배관이 양도체이며 액체가 전기저항이 큰 물질인 경우에는 배관을 접지하는 것에 의해 배관 측에 대전한 전하는 대지에 누설되어 버리지만, 액체 측에 대전한 전하는 거의 대지에 누설되지 않고 탱크 등에 유입된다. 이와 같이 정전기는 고체뿐만 아니라 액체나 기체 상태인 모든 물체에 관계되어 있는데, 두 물체의 마찰, 박리, 파괴, 충돌, 액체의 유동, 기체의 분출 등, 그 발생 원인은 다르나 기본적인 발생 원리는 똑같다.

겨울철에 빗질하면 머리카락이 곤두선다

건조한 겨울철에 머리를 빗으면 머리카락이 빗에 달라 붙기도 하고 머리카락이 사방으로 솟구치기도 하여 황당한 수가 있다. 이것은 머리카락과 빗의 마찰로 인해 정전기가 발생했기 때문이다.

이때 빗과 머리카락은 서로 다른 전기로 대전되므로 머리카락이 빗에 끌어당겨져서 달라붙게 된다. 또한, 머리카락끼리는 같은 전하로 대전되므로 서로 미는 척력이 작용하여 사방으로 솟구치게 된다. 그러나 젖은 머리나, 습도가 높은 여름철에는 정전기가 쌓이지 않으므로 빗질을 해도 머리카락이 곤두서지 않는다.

이와 같이 정전기의 발생은 습도와 깊은 관계가 있다. 습도가 낮을수록 정전기가 잘 일어나며, 습도가 높으면 정전기 발생이 감소한다. 그 이유는 대기 중에 포함된 수분이 전하를 띠는 입자들을 빠르게 전기적으로 중성 상태로 만들기 때문이다. 따라서 습한 여름보다 건조한 겨울철에 정전기 발생 현상을 자주 볼 수 있다.

몸에 달라 붙는 치마

습도가 낮은 늦가을에서 초봄 사이에는 신체에 정전기가 저장되어 있다가 전기를 통하는 물체와 만나면 순간적으로 방전이 된다. 특히 건조한 겨울철에 합성섬유로 만든 옷을 벗으면 탁탁하는 소리와 함께 여기저기서 불꽃이 일고 몸이 따끔거리는 전기 쇼크를 받는다든지 치마가 몸에 착 달라붙기도 한다.

이러한 현상은 마찰에 의해 옷에 발생된 정전기가 몸의 표면에 널리 퍼진 후 몸 근처에 전기장을 만들기 때문에 생긴다. 이와 같이 옷에 발생하는 정전기는 성질이 서로 다른 섬유의 옷이 서로 마찰하면서 어느 한 가지 옷에서 다른 옷으로 전자들이 이동하므로 생긴다. 전자가 많이 이동할수록 두 가지 옷 사이에는 전압이 커지게 되며 이 전위차가 매우 크면 전자는 공기를 뚫고 이동하게 된다. 이때 딱딱 소리가 나면서 불꽃이 보이기도 한다. 이렇게 방전되는 스파크의 전압은 무려 3,500볼트에 달하며, 털 스웨터를 벗을 때 발생되는 정전기는 2만 볼트에 달하기도 한다.

습도가 높은 늦봄에서 초가을 사이에는 대기 중으로 서서히 방전이 되기 때문에 정전기 스파크를 느끼는 경우는 거의 없다.

손가락 끝에서 번개가 친다

대기가 건조할 때는 금속제 캐비닛 문을 여닫는 순간 손가락 끝에 찌릿찌릿하는 기분 나쁜 전기 감전이 느껴진다. 이것은 문의 손잡이와 손가락 사이에 방전이 일어나기 때문인데, 전압은 수천 볼트로 높지만 전류는 아주 작기 때문에 번개와 같은 피해를 주지는 않고 다만 찌릿한 통증만 느끼게 된다. 어둠 속에서는 손가락 끝과 문고리 사이에 반짝이는 불빛도 보인다.

방전을 일으키는 전기장의 세기는 전하 밀도에 비례하는데 신체 중에서 뾰족한 부분인 손가락 끝이 손바닥의 전하 밀도보다 높으므로 손가락 끝 근처의 전기장이 가장 크다. 그래서 손이 건조한 사람들끼리 악수하면 손가락 끝에서 전기가 통하기도 한다.

자동차 문의 마찰전기

건조한 공기는 좋은 절연체이기 때문에 전류를 잘 통과시키지 않는다. 따라서 건조한 날씨에 자동차가 달리면 공기와 마찰에 의해 자동차에 마찰전기가 생긴다. 이 때 자동차 문을 열기 위해 손가락을 차에 대면 찌릿한 전기 감전이 느껴지는데 건성 피부인 사람이 더 크게 느끼게 된다.

수천 볼트의 정전기도 견딜 수 있다

카펫 위를 걸을 때도 마찰에 의해 정전기가 발생하는데, 실내 습도가 65~95%일 경우는 1,500볼트인데 비하여, 습도가 10~20%로 낮을 경우는 35,000볼트의 정전기가 발생한다. 평균 습도가 45% 이하로 낮아지면 인체나 물체에 생긴 정전기가 자연스럽게 방출되지 못하고 머물고 있다가 일시에 방전되므로 충격을 느낀다. 전기적 충격을 느끼는 정도는 개인차가 있으나 나이가 들면서 피부가 건조해지는 노인들은 정전기 피해를 더 많이 느낀다. 전기 충격의 감도는 여자가 더 예민하여 남자는 약 4,000볼트 이상이 되어야 전기적 충격을 느끼지만 여자는 약 2,500볼트만 되어도 느낄 수 있다.

그러나 높은 전압에도 불구하고 인체는 정전기 충격에 놀라거나 순간적

인 근육 수축에 의한 통증을 느끼는 정도이며 정전기 쇼크로 생명이 위험해지는 경우는 거의 없다. 이는 정전기 전류의 세기는 1마이크로 암페어에 불과하여 전류가 거의 흐르지 않기 때문이다.

일상생활에서 정전기 대처 방법

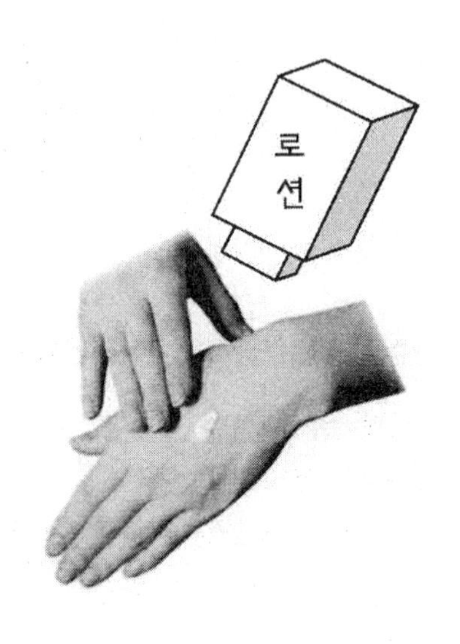

습도가 너무 낮으면 정전기가 심해지기 때문에 적정 습도를 유지해주는 것이 정전기를 피하는 필수조건이다.

건조함을 막기 위해 실내에 가습기를 사용하거나 젖은 빨래를 널어놓고 거실에 화분이나 수족관, 미니 분수대를 만들어 놓아도 좋다. 몸에서 나는 정전기를 방지하려면 손을 자주 씻어 물기가 남아있도록 해주고 항상 보습 로션을 발라 손이 건조해지는 것을 피해야 한다.

정전기를 방지하는 소품으로는 자동차 문을 열기 전에 미리 방전을 시켜 전기 충격을 없애는 금속 막대, 바닥에 전기가 통하도록 만든 신발 등이 있다.

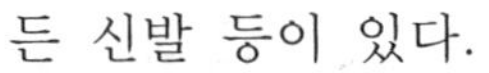

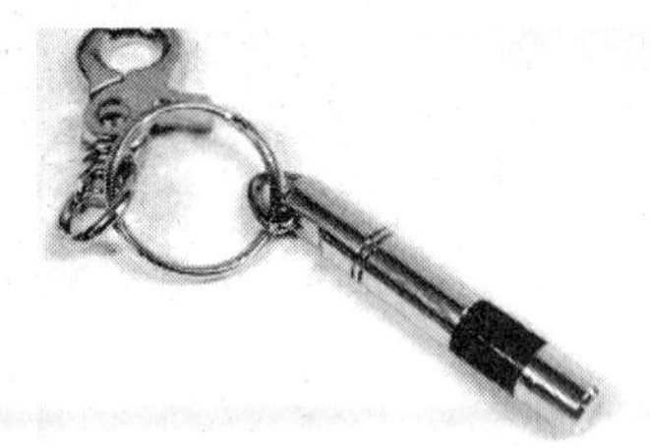

의류 정전기 줄이는 방법

면직물은 정전기가 잘 생기지 않는 반면에 화학섬유로 된 옷은 정전기를 많이 띤다. 따라서 정전기를 피하려면 화학섬유로 된 옷은 입지 않는 것이 좋다. 옷을 보관할 때는 코트와 털 스웨터 사이에 신문지를 끼워놓거나 순면 소재의 옷을 걸어두면 정전기가 덜 발생하게 된다. 외출 시 합성섬유로 된 겉옷을 입을 때는 면 소재의 속옷을 입는 것이 좋으며, 외출 중에 스커트나 바지가 몸에 들러붙거나 말려 올라가면 임시방편으로 로션이나 크림을 다리나 스타킹에 발라주면 정전기를 없애는 데 효과가 있다.

정전기 방지 스프레이

화학섬유로 만든 옷은 마찰로 인한 정전기 발생이 심하다. 이를 방지하기 위해 세탁 후에는 섬유 린스로 헹구거나 정전기 방지 스프레이를 사용하는 것이 좋다. 섬유 린스를 사용하거나 정전기 방지 스프레이를 뿌리면 음이온을 띄고 있는 섬유에 양이온 계면 활성제를 흡착시켜 전기적으로 중화를 시킨다. 옷에 있는 정전기는 전하가 특정 지역에 몰려있다가 한꺼번에 방전되는 특성을 가지고 있는데 정전기 방지 스프레이는 이런 응집된 전하를 주변으로 분산시켜주는 역할을 하여 준다.

정전기 방지용 스프레이가 아니더라도 약간의 물을 분무함으로써 옷에 있는 정전기는 없앨 수 있지만 물은 금방 말라버리므로 효과가 오래가지 못한다. 그래서 정전기 방지 스프레이에는 바로 증발하지 않고 지속될 수 있는 성분이 조금 들어 있다.

한번 사용한 랩은 잘 붙지 않는다

일상생활에서 불쾌감을 주는 정전기가 유용하게 쓰이는 경우도 있다. 가정에서 많이 쓰는 랩이라고 부르는 식품 포장용 폴리에틸렌 막은 쫙 잡아당길 때 랩이 감겨 있던 부분과 떨어지면서 정전기를 띠기 때문에 잘 달라 붙는다. 그러나 한번 사용한 랩은 이미 정전기가 방전된 상태이므로 잘 붙지 않게 된다.

정전기를 이용한 복사기

사무실과 학교에서 많이 사용하는 오늘날의 정전기식 복사기는 1938년 미국의 물리학자 체스터 칼슨에 의해 발명됐다. 정전기식 복사기는 정전기의 특성을 이용해 작은 검정색 분말인 토너를 OHP 필름이나 종이에 부착시킨다. 복사기의 드럼은 정전기를 띠고 있고 실리콘 분말과 같은 물질로 얇게 코팅돼 있다. 원본의 빈 공간, 즉 흰 부분은 밑에서 쏘아 올린 빛을 드럼에 반사시켜 정전기를 제거

한다. 원본의 검은 부분은 빛을 반사하지 않기 때문에 드럼의 정전기는 그대로 남는다. 이렇게 정전기가 남아 있는 부분은 토너라는 검은 분말을 흡인해 복사지 위에 영상을 만들어낸다.

굴곡이 심한 복잡한 면이나 넓은 면적에 고루 도료를 칠하는 정전 도장(塗裝)도 정전기를 이용한 방법이다. 전기기구나 가스 기구, 기계 부품, 완구 등을 도장하기 위해서 10만 볼트의 직류 전압을 걸어 정전기를 유도해 놓고 도료를 내뿜으면 고루 흡착된다. 이렇듯 정전기는 불쾌감을 주기도 하지만 생활에 도움이 되기도 한다.

가우스의 법칙

번개치는 날은 자동차로 대피하라

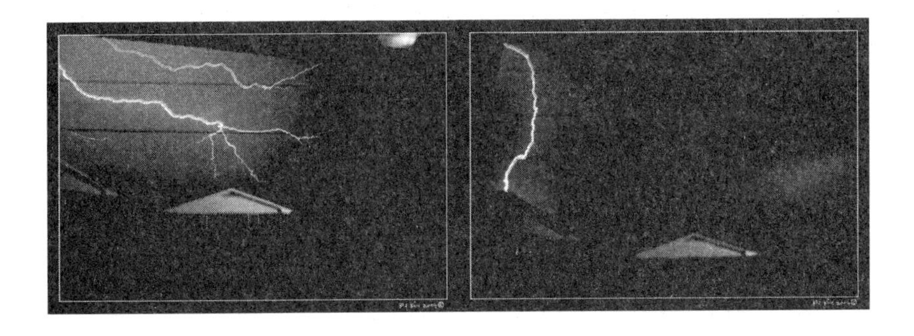

흔히들 나쁜 짓을 많이 한 이에게 저주 섞인 말을 할 때 '벼락맞아 죽을 사람'이란 표현을 쓴다. 옛날 사람들은 벼락을 하늘이 내린 징벌이라고 생각했기 때문이다. 그러나 과학적인 입장에서는 번개가 치는 것은 구름과 땅 사이에 큰 전압이 걸려서 그 사이로 전하가 이동하는 것이고, 벼락이란 번개가 땅 가까이에 다다른 경우에 나타나는 현상이다. 번개는 수만 볼트의 큰 전압 때문에 공기가 전리되어 전하가 이동하는 대기 중의 방전 현상이다. 번개가 한 번 칠 때의 전기량은 가정에서 사용하는 100와트 전구 십만 개를 밤새도록 켜 놓을 수 있을 정도이다. 이는 전압 10억 볼트, 전류 수만 암페어의 위력에 해당한다. 이렇게 엄청난 번개가 칠 때도 차 안에 있으면 안전하다. 그 이유는 자동차의 차체는 도체인 금속으로 되어 있어 자동차에 번개가 쳐서 전자가 쏟아져 들어오면 전자들끼리 척력이 작용하여 차 표면 전체에 전자들이 퍼져서 자동차 안은 항상 전기장이 0이 되기 때문이다.

마른 하늘에 날벼락

전혀 예상하지 못한 일이 갑자기 일어났을 때 청천벽력(靑天霹靂)이라고 한다. 글자를 그대로 풀이하면 푸르고 맑게 갠 하늘에 갑자기 울려 퍼지는 천둥, 벼락이란 말이다. 즉, 하늘에 구름 한 점 없이 맑은 날에 번개가 치는 것과 같은 뜻밖의 일이란 말이니 맑은 하늘에서는 번개가 치지 않는다는 것은 옛날부터 알고 있었던 일임이 분명하다.

번개가 치는 것은 하늘에 시꺼먼 먹구름이 끼어 있을 때 비와 동반되는 경우가 대부분이다. 이런 먹구름 속에는 막대한 양의 전기가 들어 있다. 대체로 적란운의 위쪽은 음전하를 띠고 있으며 아래쪽은 양전하를 띠고 있다. 적란운은 습하고 높이에 따라 기온이 급격히 떨어지는 조건에서 두꺼운 대기층이 존재할 때 생긴다. 이런 조건에서는 공기가 매우 불안정해 상층 구름의 양전하와 하층 구름의 음전하가 충돌하면서 방전 현상이 발생한다. 이 전기가 땅에까지 도달되어 방전되는 것이 벼락이다.

전기를 가지고 있는 구름

그리스 신화에서는 인간을 징벌할 때 항상 벼락을 내렸다. 과학적인 입장에서 벼락이란 전기를 가지고 있는 구름과 구름 사이, 또는 구름과 땅 사이에서 일어나는 방전 현상, 즉 구름이 가지고 있는 전기가 공기 층을 뚫고 땅이나 다른 구름으로 흘러 들어가는 현상이다. 대개 벼락을 일으키는 구름은 적란운으로 수직으로 발달한 검은 구름이 뭉게뭉게 솟구쳐 오르면서 위쪽 구름이 아래로 흐르듯이 흩어져 내린다. 벼락은 50만 볼트, 3만 암페어가 넘는 엄청난 에너지로 60㎏ 이상이나 되는 TNT 폭약이 한꺼번에 폭발하는 힘과 같다.

한자 속에 나타난 번개

번개는 빛과 소리를 동반한다. 이러한 모습을 이용해서 만든 상형문자를 음미하면 옛사람들이 천둥과 번개를 어떻게 이해하고 있었는지 알 수 있다.

천둥 뢰(雷) : 비(雨)올 때 밭(田) 같은 넓은 구름들이 부딪치며 내는 소리라는 의미로 천둥을 나타내었다.

번개 전(電) : 비(雨)올 때 빛을 번쩍 펴는(申) 것 같은 모양이라는 의미로 번개를 나타내었다.

천둥소리의 근원

'번개' 하면 빼놓을 수 없는 단짝이 천둥이다. 그렇다면 이 소리의 근원은 무엇일까? 번개는 공기 중에서 순간적으로 다량의 전기가 흐르면서 그 통로가 되는 곳에 태양 표면의 온도보다 약 4배 뜨거운 27,000℃의 열을 발생시킨다. 그러면 이 열에 의해 주변 공기는 급격히 팽창했다가 수축을 반복하면서 공기의 진동이 발생한다.

이 진동이 소리가 되어 들리는 것이 천둥이다. “번개가 잦으면 천둥을 친다”는 속담이 있다. 또한, “천둥은 일상적이지만 효과를 발휘하는 것은 번개”라고 마크트웨인이 문학적인 표현을 하였듯이 번개가 칠 때는 비와 함께 천둥이 동반된다.

프랭클린의 연

프랭클린은 번개가 전기적인 현상이라는 것을 증명하기 위해서 연의 끝에 뾰족한 쇠를 장치해 놓고 번개에서 발생되는 전기를 담기 위하여 라이덴 병을 연 실의 끝에 연결한 후, 번개가 치는 날 연을 날렸다.

프랭클린의 연이 하늘 높이 올라가 번개에 닿는 순간, 연 실을 잡고 있던 그의 손에 전기가 통해서 플랭클린은 전기적인 쇼크로 인하여 죽을 뻔하였다. 이 위험한 실험으로 인하여 번개란 엄청나게 많은 양의 전기라는 것이 증명되었다.

라이덴 병

독일 라이덴 대학의 교수였던 뮈센브르크는 전기를 모으는 장치인 라이덴 병을 만들었다. 이 병은 병의 안쪽과 바깥쪽에 주석 박을 붙이고, 나무로 된 병마개로 금속 막대를 중심에 고정시켜 만든다.

그리고 한 쪽 금속 막대 끝에는 금속 사슬이 연결되어 주석 박에까지 늘어뜨려져 있다.

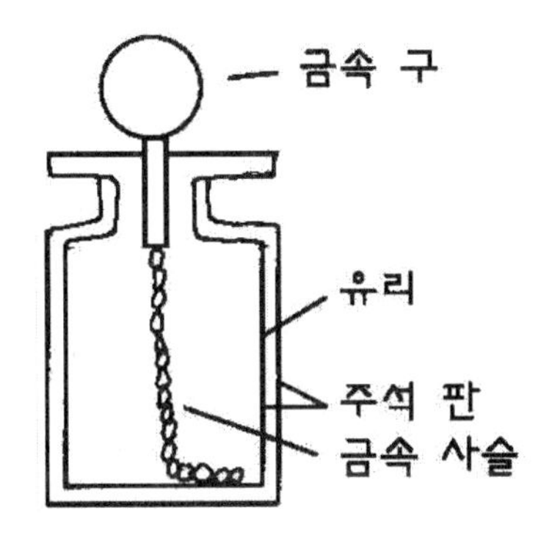

병 바깥쪽의 얇은 주석 박을 도선으로 접지시키고 전기 발생 장치를 금속 막대의 끝에 연결하면 병 안쪽의 주석 박에는 전자가 전기 발생 장치로 이동하여 음전하가 유도된다. 이렇게 하여 유리를 사이에 둔 주석 박 사이에 전기를 저장한다.

번개와 벼락

프랭클린에 의해 번개가 '전기적인 현상'이라는 것이 밝혀지기 전까지 번개는 벼락과 천둥을 동반하는 두려움의 대상이었다. 번개는 지상으로 전파하면서 공기를 통과하게 되는데, 공기는 절연체이므로 기본적으로 전기가 통하지 않는다. 그러나 양전하와 음전하를 띤 구름과 구름, 구름과 지면 사이에 전압이 높아지면 극히 짧은 시간 동안에 전류가 흐르게 된다. 이 과정에서 고목의 나무 뿌리 같은 형태의 빛을 발생하게 된다.

이 형태는 전하가 이동하는 경로를 나타내는데 이 모양을 보고 우리는 대기 중에 전위차가 어떻게 형성돼 있는지 짐작할 수 있다. 즉 대기 중에는 전위차가 고르게 분포돼 있지 않으며, 전하들은 전위차가 높은 곳을 따라 이동했다는 것을 알 수 있다. 또 한 줄기가 아닌 곁가지 번개들은 주변 공간에 중심 부분과 같은 전위차를 갖기 때문에 전하가 이동할 수 있는 길을 만들어 준 것이라 할 수 있다. 이것이 구름과 땅 사이의 방전으로 벼락이라고 한다.

번개를 유도하는 피뢰침

번개가 무서운 이유는 벼락 때문이다. 구름에서 내려오는 엄청난 양의 전하 덩어리를 사람이나 건물이 맞을 경우에는 위험하므로 사람들은 벼락이 치지 않기만을 바랬다. 프랭클린은 연 날리기 실험을 계기로 하여 높은 건물이 벼락을 맞지 않게 하는 피뢰침을 고안하였다. 피뢰침은 뾰족한 부분에 전기가 모이는 현상을 이용하여 철사의 한 끝이 높은 건물의 꼭대기에 나오도록 하고, 다른 끝은 흙 속에 묻히게 설치함으로써 전하의 흐름인 번개를 뾰족한 금속 끝으로 끌어들여 도체인 금속 막대를 통해 땅 속으로 흘러 들어가게 한 것이다.

피뢰침은 끝이 뾰족할수록 전기가 많이 모여 근처에 전기장이 더 세어지므로 전기를 잘 끌어당긴다. 즉, 주위의 전하를 모으는 강한 힘이 생기게 된다. 송전선의 철탑도 피뢰침 역할을 하는데, 철탑에는 접지선이 붙어 있어 전하를 땅 속으로 흐르게 하며, 벼락이 떨어지더라도 송전선에는 번개로 인한 전류가 흐르지 않게 돼 있다.

벼락맞은 사람들

금속은 전기를 잘 통하므로 번개가 지상 가까이까지 내려오면 금속을 통해서 전기가 땅으로 흘러 들게 되는데, 전기가 흐르는 경로 상에 신체가 노출되어 있으면 벼락을 맞게 되는 것이다. 요즘 벼락에 의한 피해가 빈번해진 것은 높은 위치에 쇠붙이를 많이 설치했기 때문이다.

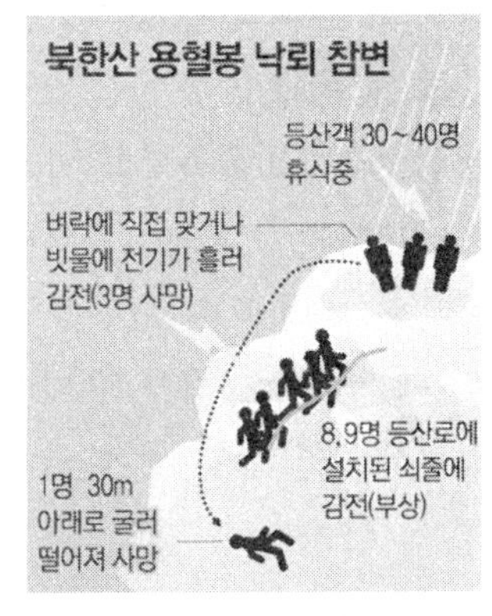

높은 산 정상에 오르는 험한 바위에 쇠 사다리나 철책을 두른 곳이 많아서 빗속 등산을 하다가 벼락을 맞는 수가 늘어나

고 있다. 심지어는 우리 나라에서만 벼락에 맞아 단 하루 동안 여러 명이 죽거나 다친 적도 있었다.

피뢰침에 얽힌 일화

1753년 이후 뾰족한 피뢰침이 미국과 영국에 수없이 많이 세워지게 되었으며 프랭클린은 영국의 주요 건물이나 화약고를 번개로부터 보호하는 자문위원회에서 활동하였다. 그 후 1776년 아메리카인들은 영국으로부터 독립하기로 결의하였는데 그들의 중심에 프랭클린이 있었다. 식민지인들의 배반에 격노한 영국인들은 피뢰침을 포함하여 반란자들에 관련된 모든 것을 혐오하기 시작했으며, 아메리카의 반란에 격노한 국왕 조지3세는 프랭클린이 제안한 뾰족한 피뢰침을 모조리 제거하고 자신의 궁전부터 모든 공공건물까지 끝이 뭉툭한 피뢰침으로 교체하도록 명령을 내렸다.

조지3세는 피뢰침을 바꾼 것만으로는 성이 차지 않아 왕립학회에 뭉툭한 피뢰침이 뾰족한 것보다 더 효과적이라고 선언토록 압력을 행사하였다. 그러나 당시 왕립학회 회장이던 존 프링글 경은 국왕의 요구에 다음과 같이 대답하였다. "신으로서는 폐하의 소망을 수행하고 싶은 생각이 간절하지만, 자연의 법칙에 반하는 것을 논할 수는 없습니다."

벤자민 프랭클린(1706~1790)

프랭클린은 학비가 없어 초등학교도 2년밖에 다니지 못하고 작은 인쇄 공장에서 기술을 배웠다. 그러나 그는 좌절하지 않고 자신의 부족한 학력을 보완하고 지식을 넓혀가기 위해 많은 책을 빌려 읽었다. 프랭클린은 1724년에 영국으로 건너가 인쇄 기술을 배워 필라델피아에서 인쇄소를 운영하며 신문을 발행했다. 과학, 문학, 역사,

철학 등 여러 방면의 책을 섭렵한 그는 생활에 쫓겨 40세가 훨씬 넘어서야 과학 연구에 몰두할 수 있었다.

그는 번개가 치는 날, 죽음을 무릅쓰고 연 날리기를 통해 전기의 성질을 밝혔으며 피뢰침을 발명하여 벼락으로부터의 피해를 막았다. 또한 프랭클린은 제퍼슨과 함께 미국 독립선언문 초안을 만들었으며 그의 초상은 100달러 지폐에 새겨져 있다.

뾰족한 쇠 막대는 위험

쇠 막대는 금속 물질이므로 전기가 잘 통한다. 전하는 도체의 표면에 골고루 퍼지려 하며 뾰족한 곳에서는 다른 표면과는 비교적 멀리 떨어져 있으므로 평평한 판 위의 전하 중 일부는 뾰족한 곳으로 밀린다. 따라서 뾰족한 곳에서는 다른 곳보다 전기장이 훨씬 더 크므로 번개가 칠 때 뾰족한 쇠 막대는 대단히 위험하다.

가끔 골프장에서 벼락을 맞고 사망한 사고가 일어나는 것도 골프채의 끝에 쇠 막대가 붙어있기 때문이다. 공중에서 음전하의 덩어리가 지상으로 내리칠 때는 가장 짧은 경로와 아울러 전하가 많이 모여 있는 뾰족한 곳을 찾기 때문에 평지에서 골프채를 높이 치켜들고 있는 사람은 번개의 표적이 되기 쉽다. 번개가 칠 때 평지에서 우산을 쓰는 것도 매우 위험한 일이다. 그것은 마치 전선이 달린 금속 막대와 같아서 번개를 불러들이는 결과를 가져온다. 마찬가지 이유로 낚싯대를 들고 있는 것도 번개가 치는 날은 위험하다.

유 머 빗나간 골프 공

목사가 한 매너 없는 신도와 함께 내기 골프를 쳤다. 그 신도는 퍼팅이 벗어나면 온갖 욕설을 입에 담고, 러프에서 공을 예사로 옮기는가 하면, 타수를 속이기도 밥먹듯이 했다. 게다가 목사가 스윙을 하거나 퍼팅을 할 때면 쓸데 없이 참견해 집중력을 떨어뜨렸다.

"이런 망나니인줄 알았다면, 돈내기를 안했을텐…."

후회 막급이었지만 목사님 체면에 화를 낼 수도 없었던 그는 꾹꾹 참으며 홀이 끝날 때마다 지갑을 열기에 바빴다. 나인 홀을 돌고 남은 돈을 헤아려 보던 목사는 "이거, 목사님께 기름값이라도 드려야 하는 건데"라며 지갑을 흔드는 신도의 모습에 인내력의 한계점에 다다랐다.

"언제나 저와 함께 하시는 하느님, 저 더럽고 야비한 자에게 제발 벼락을 내려주시어 골프가 신사들의 정의로운 스포츠임을 증명해 주시옵소서. 제가 돈을 잃었다고 올리는 기도는 결코 아닙니다." 신심 깊은 목사의 간절한 기도가 끝나자, 과연 순식간에 시커먼 먹구름이 몰려들고 요란한 천둥소리와 함께 벼락이 떨어졌다. 그러나 정작 벼락을 맞고 쓰러진 사람은 신도가 아니라 그 오른쪽에 서있던 목사였다.

하느님 왈 "이런, 또 슬라이스네."

큰 나무 아래는 위험

비에 흠뻑 젖은 큰 나무는 전기를 잘 통할 뿐 아니라 키가 높기 때문에 나무 주변이 다른 곳보다 더 높은 전기장을 가지게 된다. 그러므로 큰 나무 밑에서는 벼락맞기가 쉽다. 또한 번개가 칠 때는 가정에서는 상수도 관이나 전선을 따라 전류가 흐를 수 있으므로 가까이 접근하지 않도록 주의하여야 한다.

번개가 칠 때 안전하게 피하는 방법

차에 번개가 치면 전류는 도체인 차 표면을 따라 흘러 타이어를 통해 지면에 접지된다. 따라서 번개가 칠 때는 자동차 안이나 피뢰침이 있는 건물 속으로 피하는 것이 가장 안전하다.

평지나 산 위에서 번개를 만났을 때는 우묵한 곳이나 동굴 속으로 피하는 것이 좋다. 또한 오체투지(五體投地)처럼 가능한 낮은 자세를 취하는 것이 안전하다.

금속 내부에는 전기장이 없다

태풍이 불 때는 강한 바람이 불지만 태풍의 눈에는 오히려 바람이 불지 않는 것처럼, 금속은 전기를 잘 통하지만 금속 내부에는 오히려 전하가 없다. 따라서 금속 내부에서는 전자기가 차폐된다. 또한, 도체 안에 빈 구멍, 즉 캐비티가 있을 경우에도 캐비티에는 전기장이 없다. 즉, 캐비티가 도체에 의해서 완전히 감싸여져 있으면 외부에 있는 전하 분포가 내부에 전기장을 만들 수 없다. 이러한 이유로 전자기 잡음이 없는 정밀 실험을 할 때는 금속 망 내부에서 실험을 한다.

금속 내부의 전기장이 0이 된다는 것을 좀더 쉽게 이해하려면 대전된 금속 공을 생각하면 된다. 음전하로 대전된 상태에서 전하는 서로 밀치는 힘이 작용하기 때문에 가급적 이웃 전하로부터 멀리 떨어지도록 배열한다. 이런 쿨롱 반발력을 받으면 음전하끼리 가능한 멀리 떨어지게 되고, 그 결과 전하는 금속의 내부가 아닌 표면에 균일하게 배열된다. 이렇게 음전하들이 균일하게 금속의 표면에 배치되면 표면의 음전하에 의해 금속 공 안의 임의의 점에 미치는 전기장은 대칭이 되어 어떤 전기력도 받지 않는 상태, 즉 전기장이 0이 된다.

이것은 공과 같이 기하학적인 대칭 모양뿐 아니라 일반적인 형태에서도 적용되어 도체 내부의 전기장은 항상 0이 된다. 왜냐하면 만일 도체 표면의 전하에 의해 도체 내부에 어떤 전기장이 형성되었다고 가정하면 이 전기장에 의해 도체 표면의 전하들이 움직이게 되며, 이 움직임은 내부의 전기장이 사라질 때까지 계속될 것이기 때문이다. 그러므로 벼락을 맞아 전자가 무더기로 쏟아져도 자동차 속은 안전하다.

옴의 법칙

참새는 전깃줄에 앉아도 감전되지 않는다

사람은 고압선에 닿기만 해도 감전되지만 참새는 고압선에 앉아 있어도 감전되지 않는다. 참새가 감전되지 않는 것은 한 가닥의 전선에 두 발을 모두 얹어 놓고 있기 때문이다. 건전지로 말하자면 플러스나 마이너스 가운데 어느 한 쪽의 전극에만 접촉하고 있기 때문에 전류가 흐르지 않는 것과 같다. 즉, 참새의 몸에는 전류가 흐르지 않으므로 감전되지 않는다. 그러나 새의 두 다리가 고압선의 두 전선에 동시에 접촉하면 몸에 전류가 흐르므로 감전된다.

고압선 자체가 위험한 것은 아니다

고압선에 앉은 참새가 위험하지 않은 것은 마치 높은 산에 있다는 사실만으로는 위험하지 않은 것과 같다. 만일 높은 산에 있더라도 능선만 따라서 걷는다면 산의 높이 자체가 위험을 주지는 않는다. 참새가 고압선 중 한 가닥의 전선에 앉아 있어서 안전한 것처럼 사람도 고압선 중의 한 선만 잡고 있으면 위험하지 않다. 그러나 능선에서 갑자기 높이가 낮은 곳에 발을 헛디뎌서 낭떠러지 아래로 떨어지면 위험하듯이 고압선의 두 전선을 모두 잡는 것은 위험하다.

고압선에 감전되지 않는 방법

땅 위에 서 있는 사람이 고압선에 닿거나 전깃줄에 매달린 채 땅에 닿으면 닫힌 전기회로를 이루게 되므로 인체를 통해서 땅으로 전기가 흘러 감전된다. 감전된다는 것은 양전기와 음전기에 동시에 접촉하여 몸에 전류가 흐르는 현상이다. 참새의 경우는 다행스럽게도 고압선의 두 전선에 동시에 접촉하는 일은 일어나지 않으며 항상 양 발이 같은 전깃줄에 놓여 있어 참새의 몸에는 전류가 흐르지 않는다. 예를 들어 새가 앉은 전선이 2만 볼트 고전압선이라면 새의 몸에는 어디나 모두 2만 볼트의 고전압이 걸려있으므로 새 몸의 어디에도 전위차는 없다.

전류가 흐르는 것은 전위차가 있을 때뿐이므로 전위차가 없으면 새의 몸에 전류는 흐르지 않는다. 그러나, 비록 참새라고 하더라도 한 발을 고압선에 대고 다른 한 발을 땅이나 땅에 연결된 철사줄에 대고 있으면 참새의 양 발 사이에는 전위차가 생겨 고전압의 전류가 참새의 몸을 통하여 흐르기 때문에 참새는 감전되어 죽게 된다. 사람도 한 쪽 전깃줄에만 매달려 있으면서 다른 전깃줄과는 전혀 접촉하지 않고, 발이 땅에 닫지 않으면 감전되지 않는다.

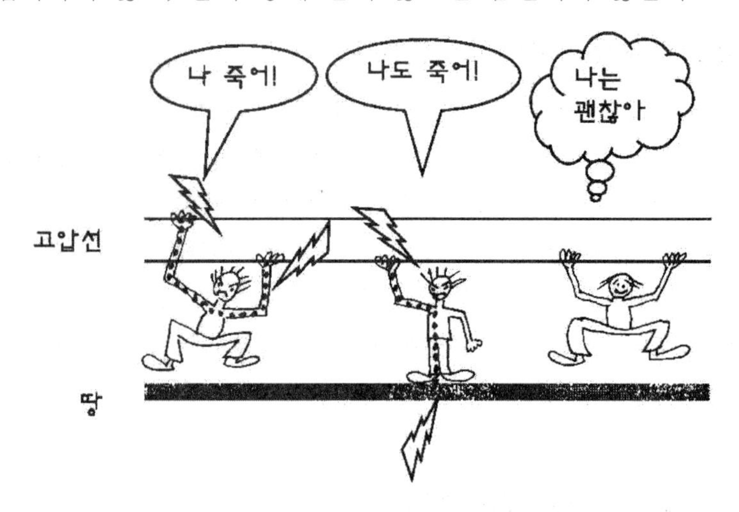

몸의 저항

감전 사고는 몸을 통하여 흐르는 전류 때문에 일어난다. 전류는 전압뿐 아니라 몸의 저항에도 관련되어 있다. 몸의 저항은 건조한 상태에서는 500,000옴이며, 마른 손가락으로 건전지의 두 단자를 만질 때 몸의 저항은 약 100,000옴, 땀이 나서 피부가 소금 막에 덮여 있을 때는 1,000옴 정도이다.

만일 땅에 서서 100볼트가 흐르는 전선을 손으로 만지면 손과 발

사이에 100볼트의 전압이 걸리는데 일반적으로 땅과 발 사이에는 저항이 크기 때문에 몸에는 큰 전류가 흐르지 않는다. 그러나 발과 땅이 젖어 있다면 저항이 작아져서 몸을 다치게 할 정도로 큰 전류가 흐른다. 사람 몸에 전류가 흐를 때의 효과는 전류가 0.001암페어이면 감전되는 것을 느낄 수 있을 정도이고, 0.015암페어이면 근육이 마비되고, 0.07암페어 이상이면 치명적이다.

감전되었을 때의 구급법

감전된 현장을 발견했을 때는 전원부터 차단한다. 만약 이것이 여의치 않으면 마른 장갑과 마른 장화를 착용하고 마른 장대로 늘어진 전선을 안전한 곳에 치운 후에 감전된 사람을 옮긴다. 아무런 조치도 않은 채 맨손으로 감전된 사람과 접촉하면 자신도 감전되므로 주의해야 한다.

전위와 전위차

전기의 힘이 작용하는 공간을 전기장이라고 하며 전기장에 놓인 전하에 대해서도 전기력에 의한 위치에너지를 생각할 수 있다. 중력장에서 물체를 높이 올리려면 일을 해야 하는 것과 같이, 전기장에서 양전하를 전기장과 반대 방향으로 옮기려면 외부에서 일을 해주어야 한다. 즉 양전하를 전기장 내의 기준점으로부터 어느 점까지 옮기는데 필요한 일의 양을 그 전하가 갖는 위치에너지라고 하며, 단위 양전하가 갖는 전기적 위치에너지를 전위라고 정의한다. 중력장에서 물체의 위치에너지가 높이에 따라 다른 것처럼 전기장에서도 기준점으로부터 서로 다른 두 점의 전위의 차이를 전위차 또는 전압이라고 한다.

전류

금속 도체 내에서는 많은 자유전자들이 자유롭게 운동하면서 원자들과 충돌하여 모든 방향으로 무질서한 운동을 한다. 그러나 도체의 양끝에 전압을 걸어서 도체 내에 전기장을 형성해주면 자유롭게 운동하던 전자들은 전기장의 반대 방향으로 힘을 받아 무질서한 운동이 한 쪽 방향의 운동으로 변하여 이동하게 된다. 이와 같이 전기장 내에 놓여 있는 전하는 전기력을 받아서 양전하는 전위가 높은 곳에서 낮은 곳으로 이동하고, 음전하는 반대로 전위가 낮은 곳에서 높은 곳으로 운동한다. 이런 전하의 흐름을 전류라고 하는데 전류의 방향은 양전하의 이동 방향으로 정의한다.

양전하가 받는 힘의 방향은 전기장의 방향과 같으므로 전류의 방향은 전기장의 방향과 같고, 전자의 이동 방향과 반대다. 단위 시간에 도선의 한 단면을 지나는 전하량을 전류의 세기라고 한다. 전류의 세기의 단위로는 암페어(A)를 쓰는데 1A는 1초 동안에 1쿨롱(C)의 전하가 이동할 때의 세기를 말한다.

직류와 교류

전류는 직류이거나 교류이다. 직류는 한 쪽 방향으로만 전류가 흐르는 것을 뜻하는데 건전지가 대표적인 예이다. 건전지의 단자는 한 쪽은 +, 다른 쪽은 －로 항상 같은 극을 유지하기 때문에 전기회로에서는 한 쪽 방향으로 전류가 흐른다. 소형 전자계산기나 휴대용 녹음기, 트랜지스터 라디오 등과 같은 전기 장치는 직류를 사용한다.

교류는 전기가 흐르는 방향이 주기적으로 바뀌는 전기이며, 전기회로에서 전자가 서로 다른 방향으로 교대로 흐른다. 교류는 전압을 조절하기 쉽고 먼 거리를 보낼 때 저항에 의해 열로 손실되는 것을 줄일 수 있으므로 가정에 공급되는 전기는 교류를 사용한다.

전기회로

전선을 연결하는 데는 직렬연결과 병렬연결이 있다. 직렬연결은 전류가 한 가닥의 전선을 통해서 흐르는 것이고 병렬연결은 여러 가닥의 전선을 통해서 흐른다. 따라서 직렬연결이 되어 있는 전기회로에서는 전선이 끊어지면 모든 전력 공급이 중단된다. 그러나 병렬연결의 경우는 끊어진 전선에는 전류가 흐르지 않지만 다른 전선을 통해서는 전류가 흐른다.

테슬러(Nikolas Tesla 1856~1943)

테슬러는 세르비아 출신의 미국 발명가로, 유도전동기를 비롯하여 현대 전기 문명의 근간이 되는 교류를 발명했으며, 수많은 전기 실험으로 '현대기술의 원조'라는 칭호를 갖고 있다. 그는 미국으로 건너가 에디슨 회사에서 에디슨의 초창기 발전기를 획기적으로 개선하였으나 일의 성과에 대한 충분한 보상이 없어 이에 실망하고 에디슨과 결별하였다.

그 다음 해에 웨스팅하우스에 자신의 교류 다이너모와 변압기, 전동기의 다상(多相) 체계에 대한 특허권을 팔았다. 이 때를 시점으로 하여 에디슨의 직류식과 테슬러-웨스팅하우스의 교류식 사이에 거대한 체계 싸움이 일어나게 되었는데, 결국은 전력의 전송 손실이 작은 테슬러-웨스팅하우스의 체계가 승리했다. 그리하여 테슬러가 만든 2상 교류방식 발전기는 웨스팅하우스 사에 의하여 1895년 나이아가라 폭포의 수력 발전에 최초로 이용되어 미국 버펄로를 필두로 전력이 공급되었다. 테슬러가 개발한 교류 체계는 지금도 표준이 되고 있으며, 현재 가정에서 쓰는 전기는 대부분 교류로 전달하고 있다.

교류 전기 체계를 개발한 테슬러는 직류를 선호한 에디슨과는 전기를 공급하는 방식에 대해서 완전히 의견이 달랐으며 심한 감정 다툼까지 일어났다. 에디슨은 직류가 안전하므로 직류로 전기를 전송해야 한다고 주장하는 반면, 테슬러는 교류 전송 방식을 고집했다. 테슬러가 교류 전송을 고집한 이유는 직류전송은 저항에 따른 열손실을 줄이기 위해 굵은 전선을 사용해야 하고, 거리에 따라 전력 손실도 크기 때문이었다. 1915년 뉴욕타임즈에 테슬러와 에디슨이 노벨물리학상 공동 수상자로 선정됐다는 기사가 났지만 결국 둘 다 노벨상을 받지 못했는데, 테슬러가 에디슨과 함께 상 받기를 거부했기 때문이라는 설이 있다.

이외에도 테슬러는 고주파를 발생시키는 테슬러 코일을 제작했는데 테슬러 코일은 간단한 장치로 수십만 볼트의 고전압을 만들어내는 장치다. 당시 60Hz에 불과했던 가정용 전기를 수 천 Hz의 고주파로 바꾸며 엄청난 고전압을 발생시킨 것이다. 이를 사용해 테슬러는 최초의 형광등과 네온등도 만들었으며 교류전압 송신, 다상 교류 시스템, 무선통신, 라디오 등도 발명하였다.

전자기학에 미친 테슬러의 업적을 기리기 위해 자기장의 세기를 나타내는 단위는 그의 이름을 따서 테슬러 T(Tesla) 라고 정하였다.

몸 속에도 자석이 있다

자석의 한자어 磁石은 철을 끌어당기는 모습이 마치 어머니 품에 자식을 끌어안는 것 같은 인자(仁慈)함을 연상시킨다고 해서 생겨났다. 자석은 이미 기원 전부터 중국에서 발견되었으나, 자석이 남북 방향을 가리킨다는 사실은 기원 전후로 알려진 것으로 추정된다. 옛날 중국의 상인들은 천연자석이 남쪽을 가리킨다 하여 이를 지남철(指南鐵)이라고 하였으며, 실크로드를 따라 여행할 때뿐 아니라 망망대해를 항해할 때도 길을 잃지 않게 지남철을 이용하였다고 한다.

자석은 당시에 중국에 왔던 아랍 상인들을 통해 유럽까지 알려지게 되었으며, 1600년경에 영국의 길버트는 자석이 지구의 남극과 북극을 가리키는 것은 지구 자체가 하나의 거대한 자석이기 때문이라고 생각하고 지구의 자기장을 조사하였다. 지구자기장은 철새를 비롯한 많은 생물들의 이동 경로와 연관되어 있는데 이들 생물체 내에서는 자성을 가진 광물 결정들이 관찰되고 있으며, 주로 지구의 남북 방향을 따라 이동하는 것이 관측되었다.

나침반 역할을 하는 비둘기 몸 속의 철

비둘기는 자기 집을 찾아오는 능력이 뛰어나기 때문에 옛날 사람들은 '전서구'(傳書鳩)라 하여 비둘기의 발목에 편지를 매달아서 소식을 주고 받는데 이용하였다. 비둘기의 이러한 탁월한 방향 감각과 귀소본능은 머리뼈와 뇌경막 사이에 있는 2mm×1mm 크기의 자석 조직이 지구자기장과 반응하여 나침반과 같은 구실을 하기 때문인 것으로 밝혀졌다. 실제로 비둘기의 몸에 다른 자석을 붙여 지구자기장을 감지하지 못하도록 하는 실험을 한 결과, 원래 목적지로 되돌아가지 못하는 것으로 판명되었다.

지구자기장을 감지하는 박테리아

세균 중에서도 지구자기장을 감지하는 세균들이 있는데 이들은 항상 북극이나 남극을 향해 이동한다. 이 세균들의 몸 안에는 검은 점으로 보이는 여러 개의 천연자석이 있다. 이들 천연자석은 자침의 역할을 하므로 지구의 자기장에 따라 이동 방향을 결정한다.

1975년에는 최초로 몸 길이 2~3미크론의 박테리아 체내에서 생체자기가 발견됐다. 생체자기는 한 개가 0.04미크론 크기인 자석 입자 수십 개가 줄줄이 엮여있는 형태였으며 바다 생물인 이 박테리아는 생체자기를 이용해 북극과 남극을 오가는 것으로 알려졌다.

생체자기를 가지고 있는 박테리아 중 깊은 바다 속에 사는 마그네토솜 박테리아는 몸의 배 속에 자석 입자를 가지고 있다. 이것들은 철 Fe로 구성된 산화물로서 크기가 100nm 정도의 아주 작은 나노자석이며, 보통 자석처럼 N극과 S극을 가지고 있다. N극과 S극은 서로 잡아당기므로, 여러 개의 나노자석이 N-S-N-S 등으로 연결되어 한 개의 기다란 자석이 된 것이다. 이러한 몇몇 종류의 박테리아들은 몸 안에 있는 자석을 이용하여 자기장 방향으로 이동하며 먹이를 찾아 북극으로 헤엄쳐 간다.

습지에 사는 한 종류의 무기성 박테리아는 내부 조직의 한 부분으로서 자화된 자철광 사슬을 가지고 있다. 자화된 사슬은 박테리아가 지구의 자기장과 정렬되도록 나침반 바늘과 같은 역할을 한다. 습지 밑바닥 진흙의 바깥쪽에 있을 때, 이 박테리아들은 지구의 자기력선을 따라서 산소가 없는 환경으로 되돌아간다. 더 나아가 이 박테리아들의 자기 감지 능력에 대한 증거는, 북반구에서 발견된 박테리아의 내부 자기사슬은 남반구에 사는 비슷한 박테리아의 내부 자기사슬 배열과 정반대의 극성을 가진다는 사실로부터 알 수 있다. 이것은 북반구에서 지구자기장은 나침반 바늘이 아래로 향하고, 남반구에서는 나침반 바늘이 위로 향하는 사실과 일치된다.

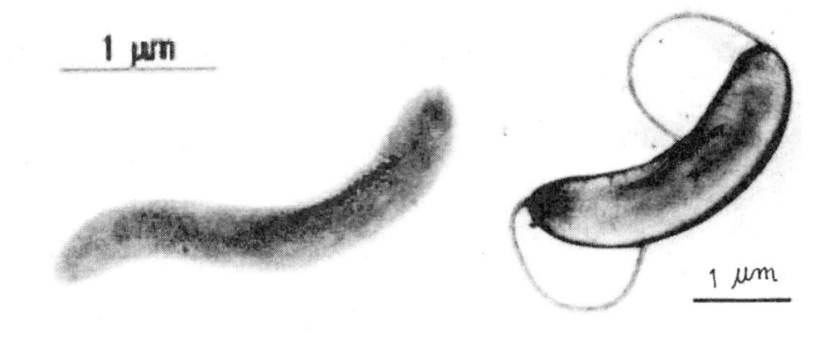

지구자기장에 따라 살아가는 생명체들

비둘기와 박테리아 외에도 귀소본능을 가진 동물들은 대체로 지구자기장을 탐지하는 생체자석을 지니고 있는 것으로 밝혀지고 있다. 북미에 서식하는 황제나비, 도롱뇽, 바다가재, 여러 종류의 철새 등이 생체자기를 지닌 동물로, 지구자기장이 없다면 생존할 수 없는 동물들이다. 그 밖에도 꿀벌, 달팽이, 돌고래, 연어, 거북 등 수많은 곤충과 동물들이 지구의 자기장을 이용하여 방향을 찾거나 이동한다.

지구자기장과 철새들의 이동

새와 같은 몇몇 동물들은 이주할 때의 안내자로서 지구자기장을 이용하고 있다. 철새들은 생체에 자기장 지도를 가지고 있으며, 계절에 따라 무리를 지어 이동할 때 지구의 자기장을 이용하여 길을 찾는다. 그래서 철새는 자기력선의 방향인 남북 방향으로 많이 이동한다. 예를 들어 꾀꼬리류에 속하는 지빠귀 나이팅게일이라는 철새는 아프리카에서 겨울을 지내기 위해 북유럽의 스웨덴에서 출발하여 1,500km에 달하는 사하라 사막을 건너 아프리카 중남부까지 날아간다.

과학자들에 의하면 철새들은 신경세포에 제2철염을 가지고 있는데 이 제2철염이 지구자기장에 반응하여 장거리 이동을 할 수 있게 해 준다고 한다.

북극제비갈매기는 날개 길이 75~85cm, 체중 100그램 안팎의 작은 바다 철새인데 가장 긴 여행을 하는 철새로 알려졌다. 북극제비갈매기는 바람을 이용하기 위해 수 천km 우회하기도 하며, 북극과 남극을 오가는데 1년에 무려 7만여km를 여행한다. 최근에는 북극제비갈매기가 북극을 떠나 남극에서 겨울을 보내고, 다시 북극으로 돌아오는 이동 경로를 완전히 추적하여 북극제비갈매기의 '대 여행지도'가 완성됐다.

연구 결과에 따르면 북극제비갈매기는 8, 9월에 북극 지역의 그린란드를 떠나 포르투갈 서쪽의 아조레스 제도에서 1,000km 정도 서행하면서 플랑크톤과 물고기를 섭취해 장거리 이동에 필요한 열량을 확보한 후 남위 70° 부근의 남극 대륙에 위치한 웨들 해로 향한다. 이곳에서 4~5개월 가량을 보낸 후 이듬 해 5, 6월쯤 다시 번식지로 돌아온다. 북극제비갈매기는 남극으로 이동할 때 두 갈래 이동로를 이용하는 것으로 조사됐다.

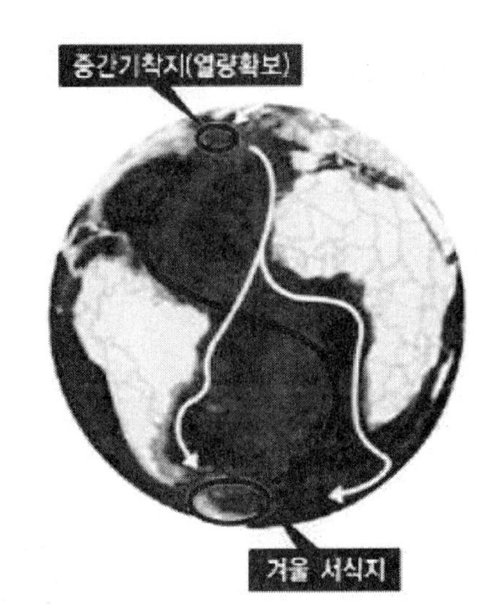

유럽 서부와 아프리카 서쪽을 따라 여행을 시작한 후 대서양 중심부에서 아프리카 대륙을 따라가거나, 대서양을 건너 브라질 연안을 따라 아메리카 대륙 남쪽으로 이동한다. 그리고 남극에서 다시 북극으로 돌아갈 때는 대서양 가운데로 거대한 'S'자를 그리면서 북행하는 것으로 밝혀졌다.

지구자기장을 감지하는 개미

브라질 남동부 지역에 있는 일부 개미들은 체내에 있는 자성을 가진 철을 나침반으로 이용하여 이주생활을 한다는 사실이 발견되었다. 연구 결과에 따르면 이 개미들은 주로 남북 방향으로 이동하는데, 이것은 개미들의 이동이 자기장의 영향을 받는다는 것을 의미한다. 연구팀은 이 개미들의 머리와 배에서 자성을 가진 철을 포함한 광물 결정을 발견했다. 이것은 개미가 자신의 몸을 하나의 나침반으로 이용해 자기장을 감지한다는 의미다.

바다가재와 꿀벌의 자기감각

카리브해에 사는 바다가재는 지구자기장을 이용해 수십km를 이동해 자기 집을 찾아갈 수 있다는 실험 결과도 있다. 또한 꿀벌의 경우에도 지구자기장의 변화가 있을 때 그들이 날아가는 비행 양상이 달라진다고 한다.

지구는 자석이다

몇몇 생물체들이 지자기를 이용하여 이동할 수 있는 것은 지구가 하나의 거대한 천연자석이기 때문이다. 자침이 지구 자기에 감응하여 남과 북을 가리키는 것은 잘 알려져 있으며, 북쪽을 가리키는 바늘 끝 쪽을 북극 또는 N극, 그 반대쪽을 남극 또는 S극이라고 명명하고 있다. 지구 자기의 세기는 지역과 고도에 따라 차이가 있으며 우리 나라에서는 약 0.5가우스다.

지구 자기가 영향을 미치는 영역인 지구자기장은 대체로 남북 방향으로 향하고 있으며 정확히 말하면 지구자기장의 북극은 지리적인 북극에서 약 1,800km 떨어진 캐나다 북부 허드슨만 근처이다.

자석의 발견

천연자석은 고대 그리스 때부터 알려졌으며, 그리스인들은 이것을 헤라클레스의 돌이라고도 하고 마그네시아(Magnesia)의 돌이라고도 했다. 마그네시아는 천연자석의 산지이며 마케도니아에 있었다.

영어로 자석을 뜻하는 마그네트(magnet)는 '마그네시아의 돌'이라는 뜻의 마그네트에서 유래된 것으로 알려지고 있으며 기원전 1,000년 이전에 이미 발견되었다. 고대 중국에서도 이미 자연 상태에서 자성을 지니는 천연자석이 알려져 있었으며, 중국의 하북성 부근에 있는 자현(磁懸)이라는 곳은 양질의 자석이 많이 산출되어서 만들어진 지명이다.

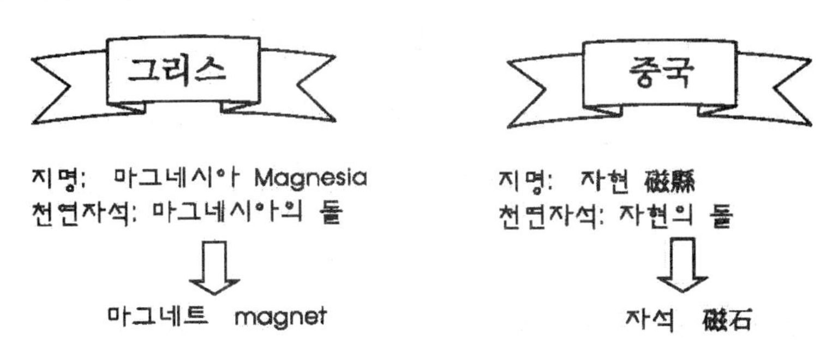

길버트 : 자석에 대하여

16세기 말 런던의 유명한 의사이자 엘리자베스 여왕의 궁정의사였던 영국의 길버트(William Gilbert, 1544~1603)는 세계 최초로 지구가 하나의 커다란 자석이라는 것을 밝혔다. 나침반을 사용한 것은 중국사람들이 먼저였지만 나침반이 왜 항상 남북을 가리키는지를 설명한 것은 길버트가 처음이었다.

길버트는 자석에 관한 지식을 집대성한 <자석에 대하여>(De Magnete)를 저술했다. 이 책은 자기 현상에 관한 기본 자료들을 광범위하게 모아 놓은 최초의 체계적인 논의였고, 전기 현상에 관한 상당량의 탐구 결과를 담고 있는 최초의 책이기도 했다. 이 책에서 길버트는 그 동안 흔히 혼동되어 오던 자기 현상과 정전기 현상을 분명히 구분했다.

지자기를 감지하는 나침반

철새나 곤충들은 지자기를 감지할 수 있는 철 성분을 몸 속에 지니고 있지만 사람은 몸 속에 그러한 성분이 없다. 그러나 인간은 지자기를 감지하는 나침반을 활용하여 항해, 여행 등 먼 거리를 이동하며 자신의 위치와 방향을 정할 수 있었다. 자석이 나침반으로 이용되기 시작한 것은 공중에 매달린 천연자석의 한 쪽 끝이 항상 남쪽을 가리킨다는 사실이 발견되고 나서부터이다. 나침반은 지구자기장의 존재를 과학적으로 증명해 주는 간단한 도구로, 지구자기장의 남극과 북극이 서로 잡아당기는 원리로 작동된다.

나침반의 기원은 7~8세기 중국으로 거슬러 올라간다. 중국사람들은 사막을 여행하기 위해 천연자석을 나침반으로 사용했으며, 이것은 후에 아랍인들을 거쳐서 유럽으로 전래되었다. 12세기에는 자화력에 의해서 얻은 자침을 항해용 나침반으로 사용한 기록이 남아 있다. 자석은 특히 14세기 이후 서양의 함선들이 전 지구를 항해하는 데 크게 기여했고, 자석이 없는 항해는 생각할 수 없게 되었다.

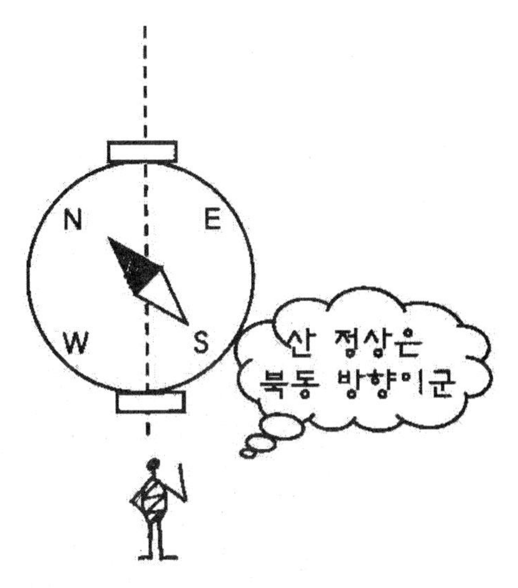

물론 중국인들도 항해에 나침반을 사용했지만, 중요한 용도는 풍수지리였다. 풍수지리에서 방위란 물리적 방향 이상의 철학적 의미가 있기 때문에, 천간, 지지, 그리고 팔괘가 표시된 나침반은 방향보다는 우주의 운행 이치를 알기 위한 도구에 더 가깝다. 따라서 나침반 중에 가장 정교한 것은 바로 지관들이 사용하던 것이었다. 방위는 16방위에서 36방위까지 세분되어 있으며, 문자반에 그려진 동심원만 40개가 넘는 것도 있다. 나경 혹은 패철이라고도 하는 이 나침반은 요즘도 묏자리를 잡아주는 풍수가나 지관들에 의해 사용되고 있다.

자석은 바늘을 끌어당긴다

자석의 성질을 기술한 가장 오래된 문헌인 후한(A.D. 25~220)시대 왕충의 저서 '논형'에 의하면 '자석인침'(慈石引針)이라 하여 자석이 바늘을 끌어 당긴다고 하였다. 중국의 고대 나침반은 바늘 대신에 자철광으로 된 천연자석을 수저나 국자 모양으로 만들어 점을 치는데 사용했는데, 이것은 국자 모양을 한 큰곰자리가 북극성을 가리키기 때문이었으며, 남쪽을 가리키는 성질을 따서 전국시대에는

‘사남(司南)의 국자’라고 하였다.

국자 모양의 자석은 하늘과 땅을 나타내는 원과 네모의 판으로 만들어 그 안에는 하늘의 기본적인 별자리가 그려져 있는 식반이라는 판 위에서 굴려 어느 방향으로 정지하는가를 보아 점을 쳤다. 유럽에서는 줄로 매달은 마그네타이트 조각을 안내하는 돌이란 뜻으로 로드스톤(road stone)이라 부르기도 했다.

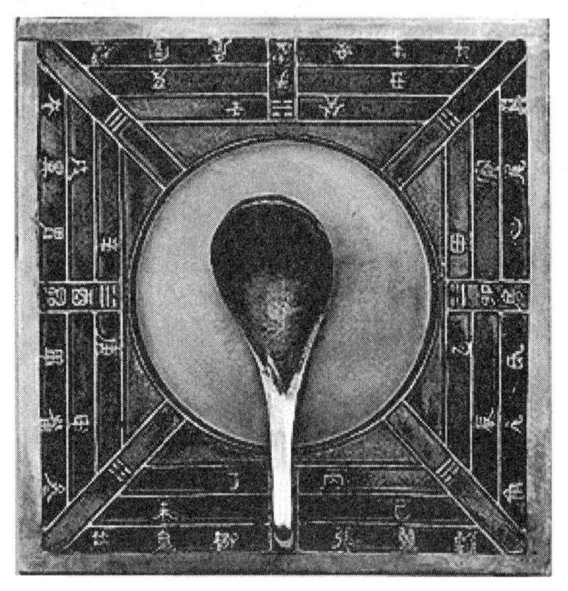

자석은 자기장을 만든다

자기력의 영향을 받는 공간을 자기장이라고 한다. 바꾸어 말하면 자석은 자기장을 만든다고 할 수 있다. 자기장의 단위는 테슬러(T)로 나타낸다. 철가루는 자석의 양끝 부근에 가장 세게 끌어 당겨지는데, 자기력이 집중되어 있는 이 장소를 자기극(磁氣極)이라 한다. 자기극으로는 N극과 S극, 두 종류가 있으며 같은 극끼리는 밀어내고 다른 극끼리는 끌어 당긴다. 두 극 사이의 힘은 거리의 제곱에 반비례하고 자기극의 세기에 비례하는 쿨롱의 법칙에 따른다.

자기극의 세기와 두 극 사이의 거리의 곱을 자기모멘트라고 정의한다. 자기모멘트는 그 방향을 생각하여 S극으로부터 N극으로 향하는 벡터로 나타낸다. 두 개의 자기모멘트 사이의 힘을 계산하면 거리의 4제곱에 반비례한다. 이것은 두 개의 자석 사이의 인력이, 접근되어 있을 때에는 강하고 떨어지면 급속히 약해지기 때문이다. 또한 다른 극끼리는 서로 당겨서 자기극을 상쇄하여 전체의 합성모멘트가 작아지도록 위치하고자 한다.

생명체를 보호하는 지구자기장

태양은 우리에게 필요한 빛과 열을 제공할 뿐 아니라 무수히 많은 양성자와 전기 입자들이 뒤섞인 우주방사선을 뿜어내기도 한다. 그런데 우주방사선을 구성하고 있는 알갱이들은 전기를 띠고 있어서 지구의 자기장 영역에 들어오면 곧바로 지구로 직진해 들어오지 못하고 강한 자기장에 의하여 나선운동을 한다. 그 결과 지구 둘레에는 전기를 띤 알갱이들로 이루어진 거대한 도넛 형태의 보호막이 형성되는데 이를 '밴앨런 복사대'(van Allen belt)라고 부른다.

1958년에 물리학자 밴 앨런이 발견한 이 방사능 대는 인체에 해를 주는 우주방사능 물질이 지구로 유입되는 것을 차단해주는 보호막 역할을 해 준다. 이와 같이 지구자기장은 우주 밖에서 날아오는 고에너지 입자로부터 생명체를 보호해 주는 방패 역할을 한다. 이 같은 사실을 확인할 수 있는 현상이 극지방 근처에 아름다운 장관을 선사하는 오로라다.

오로라는 태양에서 나온 강력한 파괴력을 갖는 에너지의 입자선인 우주방사선이 지구 표면으로 들어오지 못하고 지구 자기력선을 따라 극지방으로 이동하면서 상층 대기와 충돌할 때 발생하는 빛이다. 오로라 현상은 주로 위도 60°~75°, 지상 100~1,000km 높이에서 발견된다. 이와 같이 우주방사선은 육안으로 볼 수 없고 느낄 수 없지만, 극 지방에서 찬란한 오로라의 아름다운 광채로 그 존재를 드러낸다.

주기적으로 뒤바뀌는 자기장의 극점

자석의 경우 N극과 S극이 서로 정반대 방향에 있지만, 지구자기장의 양극은 일직선 상으로 서로 정반대에 있는 것이 아니며, 항상 고정되어 있는 것도 아니다. 현재의 자북(지구자기장의 북극)은 지리적으로 북극에서 약 1,800km 떨어진 있는 캐나다 북부 허드슨만 근처에 있는 엘리프 링스 섬에 있지만 자남(지구자기장의 남극)은 자북으로부터 정반대편이 아닌 오스트레일리아 남동쪽에 있는 섬 태즈메이니아에서 정남쪽으로 3,000km 떨어진 지점에 위치하고 있다. 그런데 더욱 흥미로운 점은 오랫동안 자극점의 위치를 관측해 오고 있는 과학자들은 현재의 자북은 1831년에 관측된 자북으로부터 1년에 15km 속도로 약 1,000km 떨어진 지점으로 이동되었다는 사실을 밝혀냈다.

지구 자기장의 역전은 이동 과정에 극성의 세기가 점차 줄어들고 결국 반대 극점으로 뒤바뀌는 현상으로 세계 여러 지역의 지질 조사 결과, 학계에서는 평균 25만 년에 한 번씩, 과거 360만 년 동안 최소 9회 이상 역전이 일어난 것으로 분석하고 있다. 자극점의 역전으로 가장 우려하는 것은 극점이 태양과 일직선 방향으로 놓이는 것으로, 이렇게 되면 지구자기장은 태양풍으로부터 보호막 역할을 할 수 없게 된다.

자기 역전이 생태에 미치는 영향

자기장이 약화하는 것은 자기장 역전의 전조이다. 자기장이 뒤집히면 위, 아래가 뒤바뀐 지도를 보고 길을 찾는 것과 같은 상황이 발생하는데, 이는 자기장을 나침반으로 이용하는 동물들에게 위치 파악 능력을 저하시킴으로써 치명적인 영향을 미칠 수 있다. 이처럼 지구자기장은 지구에 살고 있는 생명체가 자기 위치를 파악하는 메커니즘으로, 생존을 위해 꼭 필요한 힘이다. 자극의 소멸은 인간을 비롯한 수많은 동물에게 재앙이 될 수 있다.

자석의 내부 구조

자석을 분할해서 쪼개진 파편은 각각 자석이 된다. 자석이 항상 남극과 북극을 가리키는 것은 자석이 N극과 S극으로 구성되어 있기 때문이며 자석은 아무리 잘게 쪼개도 항상 두 개의 극으로 되어 있어 이 둘이 하나의 자석을 형성하기 때문이다.

자석을 계속 분할하면 최종적으로는 원자가 된다. 원자 하나하나가 자기모멘트를 지닌 원자자석이며, 이것들이 모멘트의 방향을 같게 하여 정렬하고 있다. 미시적인 관점에서는, 원자자석의 원인은 주로 원자 중의 전자의 자전에 수반하는 자기모멘트이다. 전자가 자전하면 전하가 원운동하는 원형 전류라고 생각할 수 있으므로 원자가 자기모멘트를 가지게 되는 것을 이해할 수 있다. 이와 같은 성질은 철족 원자(鐵族原子)나 희토류 금속 원자 등 특별한 그룹의 원자가 지니는 특성이며, 이들 특별한 원자를 함유하는 물질만이 강자성체가 될 수 있다. 이와 같이 강자성체 내부는 처음부터 자석으로 되어 있다.

이에 반해 순철은 내부가 자연적으로 세분된 자기구역(磁氣區域)으로 나뉘어 있고 각각의 자기구역의 자기모멘트가 서로 상쇄되도록 배치되어 있으므로 전체적으로는 자기모멘트가 없기 때문에 자석이 될 수 없다. 그러나 순철이 자기장 속에 들어가면 자기장과 반대 방향의 자기구역은 자기장 방향으로 모양이나 방향을 바꾸어 전체적인 자기모멘트가 생긴다. 이것을 자화(磁化)라고 한다. 쇳조각이 자석에 당겨지는 현상은 자석이 형성하는 자기장에 의해 쇳조각이 자화되어 두 개의 자석이 서로 작용하기 때문이다. 또한 쇳조각은 자석에서 멀리 떼어 놓으면 자기구역은 다시 원래의 상태로 돌아가 자기모멘트를 거의 잃게 된다.

영구자석의 재료

자화는 자기구역의 모양, 배치, 방향 등이 바뀜으로써 진행된다. 이들이 변하기 어려운 구조를 지닌 물질은 일단 자화되면 자기장을 0으로 해도 원래대로 돌아가지 않고 자기모멘트가 남는다. 이를 잔류자화라고 하는데, 이러한 잔류자화가 큰 것이 영구자석이다. 만일 자기장을 반대 방향으로 걸어주면 잔류자화를 0으로 만들 수 있는데, 이 자기장의 크기를 보자력(保磁力)이라고 부르며, 보자력이 클수록 안정된 영구자석이다.

이와는 달리 순철의 경우처럼 일시 자석의 자성체는 전류를 끊고 자기장이 0이 되면 곧 자기모멘트를 잃어버리기 때문에 보자력이 작다. 또한 잔류자화를 지닌 것을 자기소거하고자 할 때에는 큰 교류 자기장에 넣어서 자기장을 서서히 0으로 하는 교류 자기소거 방법을 취한다. 자기카드를 전원 트랜스 위에 놓으면 자기가 소거되어 기록 내용이 없어지는 것은 이런 이유 때문이다.

온도가 높아지면 물질은 자성을 잃게 되는데 원자자석이 열 진동으로 인해 정렬을 할 수 없을 때까지 온도를 높이 올리면 자기는 완전히 소거된다. 이 온도를 퀴리온도라고 한다.

영구자석과 전자석

철은 다른 물질보다 쉽게 자화되지만 또 쉽게 자석의 성질을 잃는다. 최근에는 니켈과 코발트를 포함한 강철 합금을 사용하여 강한 자성을 오랜 기간동안 보유할 수 있는 영구자석을 만든다.

순철은 자기력이 약하므로 자석이라고 부르기 어려운 물질이지만 바깥쪽에 코일을 감고 전류를 흐르게 하면 전류가 흐르고 있는 동안에는 강한 자기력을 나타낸다. 이러한 원형회로의 자기작용을 이용한 전자석은 1820년 프랑스의 아라고(Arago)에 의해서 발명되었다. 전자석은 연철심 둘레에 코일을 여러 겹 감은 것인데, 코일에 전류를 통했을 때만 자기력이 나타나는 일시 자석이지만, 영구자석보다 강한 자기력을 얻을 수 있다. 또 전류의 세기에 따라 자기력의 세기를 조절할 수 있는 장점이 있다. 이러한 특성 때문에 전자석은 전화기의 수화기를 비롯하여 입자가속기 같은 강한 자기장을 필요로 하는 분야까지 널리 응용된다.

기록은 전자석으로, 저장은 영구자석으로

지갑 속에는 신용카드, 전화카드, 신분증 등 여러 가지의 카드가 들어 있다. 그런데 카드의 뒷면을 보면 검은 띠가 붙어 있는데 이것이 자기테이프이다. 자기테이프에는 용도에 따른 정보가 저장돼 있어 일종의 자기기록장치 역할을 한다. 자기테이프는 자석을 움직이면 전류가 흐르고, 반대로 전류의 방향을 바꿔주면 자기장의 변화가 생기는 전자기유도를 이용한 것이다.

자기테이프의 재료는 자화되기 쉬운 산화철을 많이 사용하는데 여기에 전기적 신호를 주면 자기유도가 되어 검은 띠 표면에 자취가 남는다. 이 자기테이프를 다시 현금입출력기나 전화기에 넣으면 이번에는 자기테이프에 의해 전류가 유도돼 기록된 정보가 입력된다.

그 외에 카세트 테이프나 컴퓨터의 하드디스크도 잔류자화의 변화로 정보를 기록하는 자기기록을 이용해 정보가 저장되고 재생된다. 자기기록은 여러 번 반복해서 기록과 재생이 가능하고, 아날로그 신호를 디지털 신호로 변환해 저장하면 정보가 안전하고 우수한 음질과 화질을 얻을 수 있기 때문에 오늘날 정보저장 방식 중에서 가장 널리 쓰이고 있다.

자기기록이란 영구자석으로 정보를 보존하고, 전자석으로 기록, 재생하는 것이다. 기록헤드는 전자석으로 자기장의 방향을 바꾸어주면서 기록매체에 N 또는 S극을 형성시켜 정보를 저장하고, 재생헤드는 기록헤드의 원리를 반대로 적용해 유도전류의 발생을 이용한 것이다.

녹음하거나 데이터를 저장할 때 탄소 막대에 감겨 있는 헤드에서 전기가 흐르면 자력이 발생해 그 끝에 닫는 테이프나 디스크의 자성물질이 자화된다. 거꾸로 자화된 부분이 헤드 부분을 지나면 코일에 전기가 유도된다. 이와 같이 자기장의 시간변화율이나 세기로부터 발생한 전기신호를 해석하면 기록된 정보가 재생되는 것이다.

전자기 상호작용

강의 도중 우연히 발견한 전자기 상호작용

1820년에 아무도 예상하지 못한 놀라운 일이 전자기학 강의실에서 조용히 일어났다. 그 당시에는 전등도 사용되지 않을 정도로 전기에 대해서는 별로 알려진 것이 없던 시대였다. 물리학 교수 외르스테드는 청중들에게 전류가 흐르면 전구에 불이 켜지는 것을 실험으로 보여주기 위하여 건전지에 연결된 전구를 강단 위에 얹어 놓았다. 그 옆에는 우연히 나침반도 놓여 있었다. 외르스테드가 전기 스위치를 눌러 전선에 전류가 흐르자 예상대로 전구에 불이 들어왔다. 그런데 예상하지 않았던 일이 동시에 발생되었다. 나침반의 자침이 움직인 것이다.

나침반의 자침은 자석에 의해서 회전한다는 사실은 이미 알고 있었으므로 외르스테드는 전류가 흐르면 그 주위에 자기장이 생긴다고 결론을 내렸다. 그때까지는 자기장이란 자석 주위에만 생기고 전기와 자기는 전혀 별개의 것인 줄 알고 있었는데 전기에 의해 자기적 성질이 생기는 것을 최초로 발견하게 된 것이다.

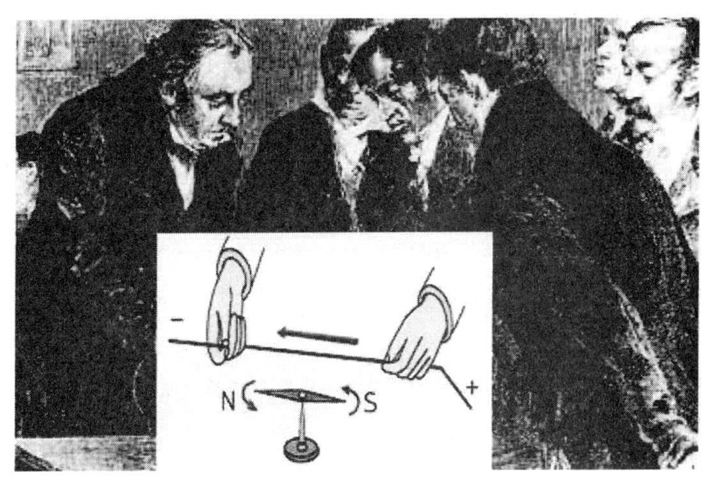

외르스테드가 발견한 전자기 현상

전기와 자기를 통합하는 외르스테드의 발견은 인류 역사 이래 과학 분야에서 가장 위대한 발견 중의 하나로 평가받고 있다. 이 발견은 전기와 자기에 대한 연구가 별도로 진행되는 가운데 도선에 전류가 흐르면 전류 주위에 자기장이 형성된다는 사실로부터 전기와 자기 현상이 서로 밀접하게 연관된 현상임을 알게 된 것이다. 실제로 자석의 내부 구조를 보면 자석을 이루는 원자 내부에서 회전하는 전자들이 만드는 전류에 의해 자석이 된 것이다. 그것은 철심에 도선을 감아 전류를 흘려주면 바로 전자석을 만들 수 있는 것과 같은 이치이다.

직선 도선에 전류가 흐를 때 만들어지는 자기장

전류는 음전기를 가진 전자의 흐름이다. 그런데 전자가 이동할 때는 전자를 중심으로 자기장이 형성되므로 전류가 흐르는 도선에는 자기장이 형성되며, 직선형의 도선 주위에 생긴 자기장의 세기는 전류의 세기에 비례하고, 도선으로부터의 거리에 반비례한다.

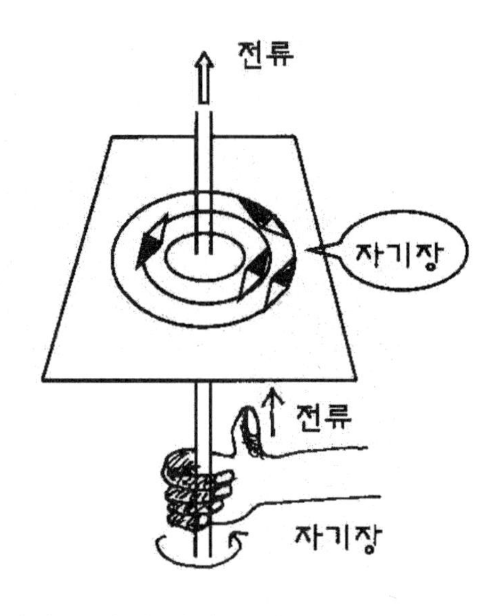

또한 전류가 흐르는 도선 주위에 나침반을 놓아두면 자기장은 전류와 수직인 평면 상에서 동심원 형태로 만들어진다. 이는 전류의 방향으로 엄지손가락을 폈을 때 전선을 잡은 네 손가락의 방향이 자기장의 방향이라고 생각하면 자기장의 방향을 알기 쉽다.

원형 도선에 전류가 흐를 때 만들어지는 자기장

도선이 원형으로 휘어져 있을 때도 전류의 방향으로 엄지손가락을 폈을 때 전선을 잡은 네 손가락의 방향이 자기장의 방향이다. 원형 전류 중심에서의 자기장은 전류의 세기에 비례하고, 원형 도선의 반지름에 반비례한다.

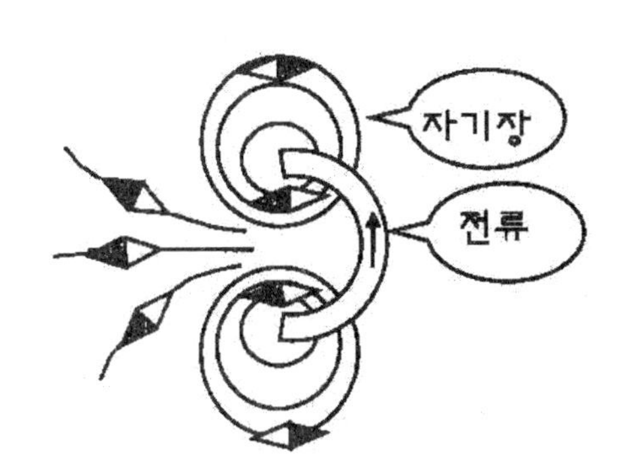

긴 통에 원형 도선을 코일처럼 여러 번 감은 것을 솔레노이드라고 하는데, 솔레노이드에 흐르는 전류는 원형 전류를 여러 번 겹쳐 놓은 것과 같은 효과를 얻을 수 있다. 솔레노이드에 전류를 흐르게 하면 솔레노이드 내부에서의 자기장은 일정하고 외부의 자기장은 막대자석의 자기장과 유사하다. 또한 솔레노이드 내에 철심(鐵心)을 넣으면 자기장이 강해진다. 이것은 솔레노이드 내의 자기장에 의해 철심이 자석이 되어 자기장이 증가되기 때문이다.

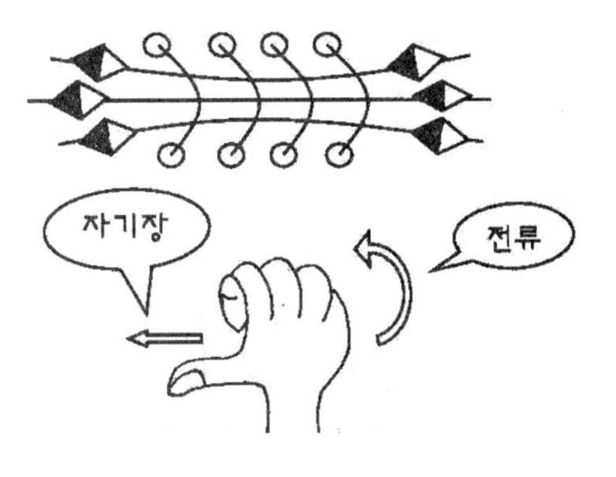

솔레노이드 내부에서의 자기장의 방향은 오른손의 엄지손가락을 펴고 나머지 네 손가락으로 전류의 방향을 감쌀 때 엄지손가락이 가리키는 방향이다.

전류는 자기장 속에서 힘을 받는다

자석과 자석을 가까이 놓으면 각각의 자석에 의한 자기장에 의해 힘을 받게 된다. 전류가 흐르는 도선에서도 자기장이 형성되므로, 도선이 자기장 속에 놓이게 되면 도선에 흐르는 전류가 만드는 자기장과 외부 자기장이 상호작용을 하여 도선은 힘을 받는다. 도선에 전류가 흐르면 도선 주위에 자기장이 생기므로 전류가 흐르는 도선 주위에 가벼운 자석 혹은 자침을 놓으면 힘을 받아 움직이게 된다. 이와 같이 자기장으로부터 전류가 흐르는 도선이 받는 힘을 전자기력이라고 한다. 자기장 내에 있는 도선에 작용하는 힘은 전류의 방향이 자기장의 방향과 수직일 때에 최대로 되고, 나란하면 0이 된다.

전류가 자기장에서 받는 힘의 방향은 왼손의 엄지손가락, 둘째 손가락, 셋째 손가락을 서로 수직하게 폈을 때, 둘째 손가락을 자기장, 셋째 손가락을 전류의 방향으로 하면 엄지손가락이 가리키는 방향이 힘의 방향이 된다. 이것을 '플레밍의 왼손 법칙'이라고 한다.

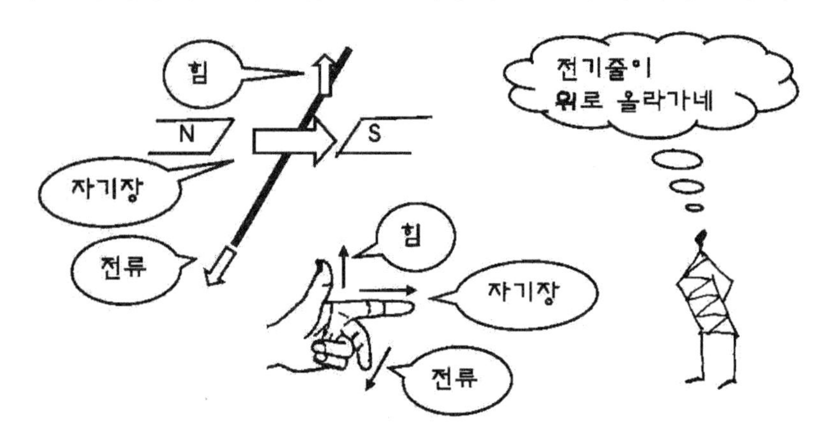

외르스테드 (Hans Christian Oersted 1777~1851)

덴마크의 물리학자이자 화학자인 외르스테드는 약제사의 아들로 태어났는데 경제적으로 부유하지 못하여 어릴 적부터 공장을 경영하는 친지 집으로 보내졌다. 그는 정규교육을 받지 않았으나 열심히 공부하여 코펜하겐대학 약학과를 졸업하였다. 그 후 볼타의 전지 발명에 자극 받아 독일, 프랑스 등에서 유학 후 귀국하여 1806년부터 코펜하겐대학에서 과학과 철학에 대한 주제로 대중에게 일련의 강좌를 맡아 강의를 했다.

외르스테드는 이 강좌에서 전류와 자기에 관한 실험 강의 중 하나로 볼타전지에 관한 실험을 하고 있었는데, 마침 볼타전지에 연결된 전선의 근처에 놓인 자침이 전류에 의해 흔들리는 것을 발견하였다. 이를 이상하게 생각하여 전류의 방향을 반대로 바꾸니까 나침반의 바늘은 즉시 180° 회전하였다. 바늘이 회전하였다는 사실은 단순한 인력이나 척력이 아니고 회전력의 영향을 받는다는 것을 의미한다. 나침반의 바늘이 전하에 의해 영향을 받지는 않으므로 이 회전은 자기적인 효과임이 명백했으며, 외르스테드는 전류가 자기를 발생시킨다는 결론을 내렸다.

외르스테드가 우연히 발견한 전류의 자기작용 현상은 그 전까지는 독립적으로 연구되고 있던 전기와 자기 분야를 한 분야로 엮는 중요한 계기가 되었다. 자기장의 세기의 단위 외르스텟(Oe)은 그의 이름을 딴 것이다.

전자기유도

다가가면 멀어지고 멀어지면 다가온다

연애박사는 감정의 끈을 적당히 당기고 늦추어 상대방을 항상 자신의 영역 안에 머물러 있게 한다. 상대가 너무 가까이 접근하면 밀어내고 너무 멀어지면 잡아 당긴다. 코일과 자석도 마치 사랑에 빠진 한 쌍의 남녀와 같이 당기고 늦추기를 잘 한다. 그리하여 코일에 자석이 다가오면 코일에는 자석과 동일한 극이 유도되어 자석을 밀어내고, 자석이 코일에서 멀어지면 코일에는 자석과 반대의 극이 유도되어 자석을 잡아당긴다.

이와 같이 코일에 자극이 생긴다는 것은 코일에 전류가 생기기 때문이다. 이러한 이치를 이용하여 패러데이는 코일과 자석을 사용하여 연속적으로 전류를 만들 수 있었다. 이것은 외르스테드가 코일에 전류를 흘려서 자석을 만든 것과는 완전히 반대의 과정이며, 전기와 자기는 서로 상호작용을 일으킨다는 전자기유도의 완결편이었다.

전기와 자기의 상호작용

전기와 자기 현상은 독립적으로 발견돼 각각 다른 학문으로 발전해 왔으나 외르스테드가 나침반 위에 놓여 있는 전선에 전류를 흘리면 나침반의 자침이 도선과 수직 방향으로 회전하는 전자기 상호작용을 발견한 이후에 전기와 자기는 연결되기 시작했다.

여기에 자극을 받은 패러데이는 외르스테드의 발견과는 반대로 자기장을 변화시키면 전류가 흐르게 되는 현상도 일어날 수 있으리라 예상했다. 즉, 도선에 전류가 흐르면 자기장이 형성되어 그 옆에 있는 자침이 힘을 받아 움직이는 것과 반대 현상으로, 도선의 외부에서 자석을 움직여서 자기장을 변화시키면 도선에 전류가 생길 것이라고 생각하였다.

약 10여 년에 걸친 끈질긴 연구 끝에 그는 코일에 막대자석을 넣었다 빼었다 하면 코일에 전류가 흐르는 것을 발견하였다. 또한, 두 개의 코일 중 한 개의 코일에 흐르는 전류가 변할 때 그 옆에 있는 다른 코일에도 전류가 흐른다는 것도 발견하였다. 패러데이가 발견한 이와 같은 전자기유도 현상은 전기와 자기가 서로 연관돼 있음을 외르스테드와는 다른 측면에서 보여준 것이다.

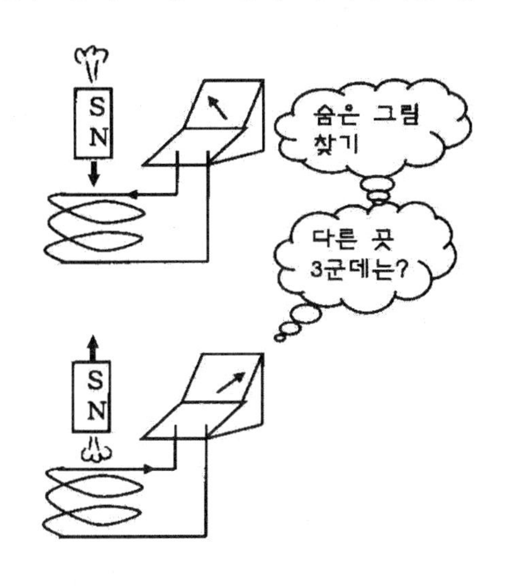

전동기와 발전기

외르스테드는 전류가 나침반, 즉 자석을 움직이게 한다는 사실을 발견했고, 패러데이는 이와는 반대로 자석을 움직여 주면 전류가 흐른다는 전자기유도 현상을 발견했다. 전자는 모터를 회전시키는 전동기의 원리이고 후자는 전기에너지를 얻을 수 있는 발전기의 원리이다.

패러데이의 전자기유도 법칙

자석을 코일 근처에서 움직이면 코일에는 전류가 흐르게 된다. 이러한 현상이 일어나는 이유는 코일의 주위에 자기장의 변화가 생겨 전류를 흐르게 하는 기전력을 발생시키기 때문이다. 이런 현상을 '전자기유도'라 하며, 이 때 흐르는 전류를 '유도전류'라 한다. 유도전류가 흐르는 것은 전위의 차이가 생기기 때문인데 이를 유도기전력 또는 유도전압이라 한다. 전자기유도에 의해 발생한 유도전류의 방향은 항상 자기장의 변화를 상쇄하려는 방향으로 발생하는데 이를 '렌쯔의 법칙'이라고 한다. 따라서 렌쯔의 법칙은 자기적인 관성을 나타내는 것이라고 할 수 있다.

유도전류의 크기는 자석이 움직이는 속도와 코일의 감겨진 횟수와 관련이 있다. 자석이 코일에서 움직이는 속도가 빠르면 코일에는 더 많은 유도전류가 흐르며 자석이 멈추어 있으면 유도전류가 생기지 않는다. 이것은 유도전류가 발생하는 것이 자기장의 변화하는 정도에 따라 다르다는 것을 말해 주는 것이다. 또, 발생하는 유도전류는 코일의 감겨진 횟수에 비례하여 증가한다. 패러데이는 이와 같은 현상을 관찰하여, 발생하는 유도기전력은 코일의 면을 지나는 자속의 시간적 변화율과 코일의 감은 횟수에 비례한다는 패러데이의 전자기유도 법칙을 발견하였다.

이제 자석을 코일 근처에서 움직일 때 자기장의 변화에 의해 생긴 유도전류에 의해 코일은 자석이 되는데 이것은 움직이는 자석의 운동을 방해하는 방향의 자석이 된다. 즉 자석의 N극을 코일에 넣으면 N극이 들어오지 못하게 코일에도 N극이 생기고, 반대로 N극을 코일에서 멀리하면 S극이 생긴다.

전자기유도법칙이 중요한 이유는 전기와 자기가 본질적으로 연결되어 있다는 것을 보여주었고, 전자기장이라는 독특하고 중요한 물리 개념을 가져오는 데 큰 역할을 했기 때문이다.

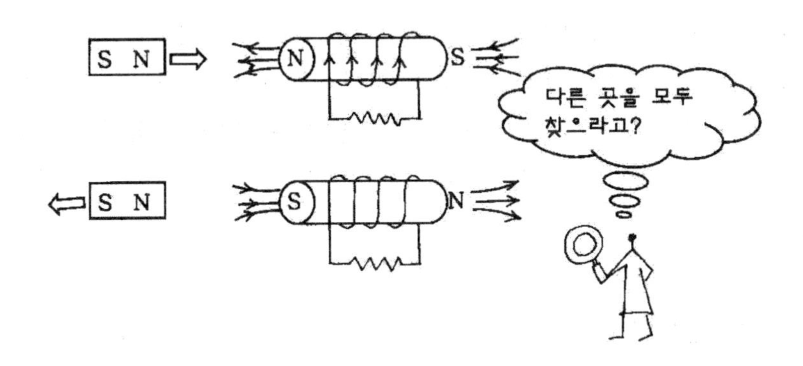

자석으로 전기를 만든다

패러데이가 발견한 자기장에 의해 발생된 유도전류는 전기를 발생시키는 발전기의 원리이며, 실제로 발전소에서는 자석을 돌려서 자기장의 변화를 일으켜 전류를 만든다.

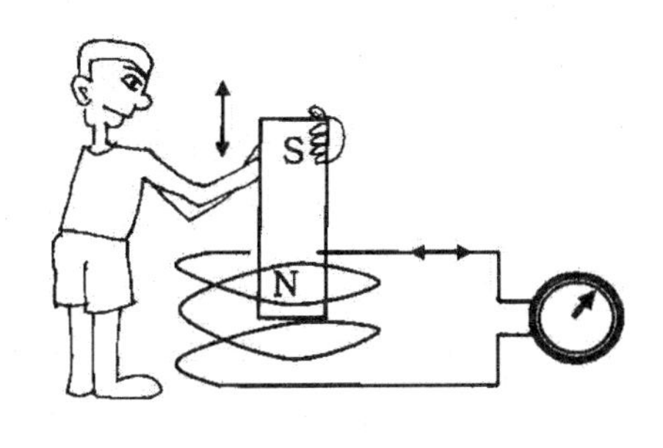

변화는 싫어

우리들은 새로운 변화에 대해서 저항하려는 경향이 있다. 자연도 물리적인 상태가 변화하려고 할 때 그 변화를 최소화하려 한다. 그 일례로 운동역학에서는 물체가 운동을 변화시키지 않으려는 성질인 관성이 있다. 전자기에서도 변화를 하지 않으려는 성질이 전자기유도현상으로 나타나므로 전자기유도에 의하여 회로에 발생하는 전류는 유도작용을 저지하는 방향으로 흐른다(렌쯔의 법칙).

그리하여 자석과 코일의 상대적 위치가 변해서 코일을 통과하는 자속(磁束)의 양이 변하면 코일 내에 발생되는 유도기전력은 자속의 변화에 반대하는 방향으로 만들어진다. 그 결과 자석을 코일에 접근시키면 유도전류에 의해 발생되는 자기장은 자석이 접근하는 것을 방해하는 힘을 발생시킨다. 자석은 이 방해하는 힘에 대하여 거꾸로 움직이므로 일을 해 주어야하며 이 때 해주는 일이 전기에너지로 전환된다.

자이로드롭의 원리

자이로드롭은 사람을 수십 미터 상공으로 끌어올렸다가 수직 낙하시키는 놀이기구이다. 따라서 자이로드롭은 빠른 속도로 낙하하다가 순식간에 멈출 수 있도록 하는 것이 핵심 기술이다. 이러한 기술은 렌쯔의 법칙에 의해서 달성할 수 있다.

자이로드롭의 기둥 부분에는 도체가 들어있고 떨어지는 의자 부분은 자석으로 되어 있다. 사람이 앉은 의자가 아래로 낙하하면서 자석이 도체를 통과하면 이미 통과된 도체 부분에는 자석을 잡아당기려는 방향으로 전류가 흐르고 아직 지나지 않은 도체 부분에서는 자석을 밀어내려고 하는 방향으로 전류가 흐르게 되므로, 그 힘에 의해서 자이로드롭은 빠른 속도로 낙하하다가도 순식간에 정지할 수 있다.

자이로드롭의 브레이크

자이로드롭은 시속 90km의 속도로 약 40m 자유낙하하다가 지상 25m 지점에 오면 저절로 브레이크가 작동한다. 자이로드롭을 타는 도중에 브레이크가 고장나면 엄청난 속력으로 땅으로 곤두박질 칠 위험성이 크기 때문에 자이로드롭에는 일반적으로 사용되는 브레이크를 사용할 수 없다. 또한 일반적인 브레이크를 사용하면 부속품을 자주 바꿔야 할 뿐 아니라 낙하하는 동안 변화되는 속도를 자연스럽고 자유롭게 통제하기도 쉽지 않다. 그래서 자이로드롭을 정지시킬 때는 전자기유도현상, 즉 렌쯔의 법칙을 응용한 브레이크를 사용한다.

자이로드롭의 브레이크는 자석과 코일로 구성되어 있다. 탑승 의자 아래쪽에 여러 개의 말굽자석이 N극과 S극이 교대로 설치되어 있고, 타워 본체 25m 지점부터 맨 아래까지는 금속판이 붙어 있다. 유도기전력은 자기장의 변화를 막는 방향으로 발생하므로 자이로드롭이 25m 지점에 이르게 되면 의자에 붙은 자석과 금속 판 사이에 반발력이 작용하면서 제동이 걸려 멈추게 된다. 자이로드롭을 정지시키려면 자이로드롭이 갖고 있는 운동에너지와 위치에너지를 다른 에너지로 방출시키면 된다. 자이로드롭 운영자가 할 일은 코일에 생성된 전류를 다른 곳으로 빼내서 그곳에서 다른 형태의 일로 바꾸어 기계가 과열되는 것을 막는 것이다.

상점의 숨어 있는 감시자

음반 판매점의 출입구에 장치되어 있는 도난 방지장치는 양쪽으로 기둥 모양으로 세워져 있어 계산을 하지 않고 물건을 가지고 나갈 때는 경고음이 나도록 되어 있다. 이런 제품에는 검은 띠가 붙어 있는데, 계산을 함과 동시에 어떤 장치에 대어 도난 방지장치에 걸리지 않게 한다. 그러면 이러한 도난 방지장치는 어떻게 작동될까?

도난 방지장치가 설치된 가게의 물건들엔 자기테이프가 부착돼 있다. 자기테이프가 도난 방지장치의 기둥을 통과하면 움직이는 자기장(바코드)에 의해 기둥에 유도전류가 흘러 경보음을 내게 한다.

도서관의 도서 도난방지장치도 같은 형태로 되어있다. 그러나 도서관의 서적은 상품과 같이 한번 팔고 나면 끝나는 것이 아니라 지속적으로 대출과 반납이 이루어지므로 다른 구조의 판별 장치를 사용하여 대출되는 책과 반납하는 책을 구분한다. 이러한 책에는 작고 아주 얇은 형태의 자기테이프를 책장 사이에 붙인 후, 대출 시에는 책 속의 자기테이프에 자기장을 반대로 걸어서 자성을 잃게 하고 반납 시에는 일정한 자기장을 책에 걸어서 자성을 띠게 하면 된다. 자기장이 소거되지 않은 책을 들고 기둥을 통과하려고 움직이는 순간 자성 물질이 이동하므로 자기장이 변화하여 전류가 흘러 경고음이 울린다.

금속탐지기

공항이나 주요 부서 출입문에 설치된 무기 감지장치나 금속탐지기, 군부대에서 사용하는 지뢰탐지기 등도 마찬가지 원리이다. 금속탐지기는 기본적으로 두 코일을 장치해야 한다. 한 쪽 코일에 교류전류를 흘려주어 이 전류로 생긴 자기장 변화로 탐지하려는 금속에 유도전류를 흐르게 하고, 이로 인한 자기장의 변화로 다른 코일에 유도전류가 흐르게 하여 소리를 내게 하는 것이다.

패러데이 (Michael Faraday, 1791~1867)

패러데이가 살던 시대에는 전기적 현상과 자기적 현상이 전혀 다른 별도의 개념으로 이해되었다. 그러나 그는 장의 개념을 도입하여 이들 두 현상이 서로 밀접하게 관련된 하나의 원리를 따른다는 것을 보였다.

패러데이는 영국에서 대장장이의 아들로 태어나, 정식 교육이라고는 읽기와 쓰기, 산수 정도밖에 못 받았다. 14세부터 제본소의 직공으로 일하면서 독서를 즐겼는데, 그 당시 제본을 위해 맡겨 놓은 브리태니커 백과사전에 나오는 전기에 관한 127쪽의 글을 읽고 과학에 흥미를 갖게 되었다. 1812년 왕립연구소에서 전기화학자 데이비의 강연을 듣고 감명을 받아 1813년 데이비의 조수가 된 그는 이때부터 실험적 창의성과 물리적 통찰력으로 연구를 하여 1861년 사임할 때까지 평생 동안 왕립연구소에서 업적을 쌓았다.

그는 물리학에서 다루는 자연의 여러 힘들이 밀접하게 서로 연관되어 있다는 신념을 가지고 전류가 자기장을 만든다는 외르스테드의 발견과 반대 현상으로써 자기가 전기를 발생할 수 있어야만 한다고 믿었다. 그리하여 변압기와 유사한 장치를 고안하여 실험을 정교하게 진행시켜 코일 근처로 자석을 움직였을 때 전류가 생기는 것을 발견하였다. 또한 코일에 가해진 전류를 변화시켰을 때 인접한 다른 코일에 전류가 흐르는 것을 보았다.

그 후 1845년 패러데이는 자기장에 의해 편광면이 회전하는 광자기 회전 효과를 발견했으며, 비스무트와 유리와 같은 물질이 반자성의 성질을 보임을 실험을 통해 발견했다. 광자기 회전 효과와 반자성에 대한 설명을 하는 과정에서 수학에 능통하지 못했던 그는 이해를 돕기 위해 자기력선 개념을 처음으로 도입했다.

자기장 개념을 더욱 발전시킨 패러데이는 1852년 '자기력선의 물리적 특성'이라는 논문에서 힘은 주위 공간을 통한 굽어진 역선에 의해서 서로 매개된다고 주장했다. 결국 그는 자기력선을 단순한 설명의 도구가 아니라 실제로 존재하는 실재라고 믿게 되었다. 패러데이의 자기력선과 장의 개념은 맥스웰의 전자기학의 성립에 결정적인 역할을 하게 된다. 전자기 현상에 관한 그의 예견은 맥스웰에 의하여 구체적 이론으로 형상화 되었다. 나아가 유전체의 연구에 대한 그의 업적을 기려 전기용량의 단위로 패럿(F)이 쓰이게 되었다.

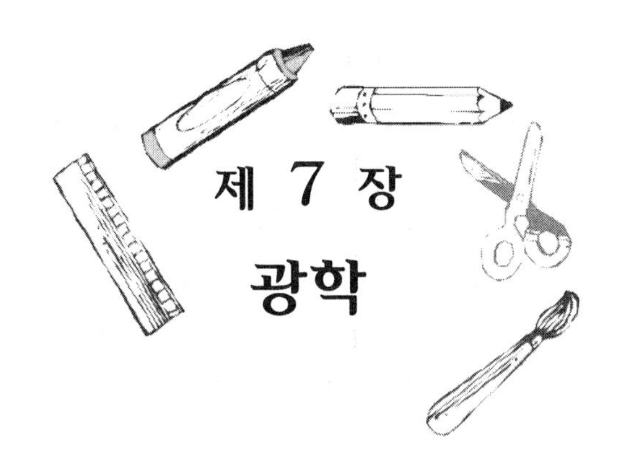

제 7 장
광학

이디스 워튼의 빛

미국의 여류 소설가 이디스 워튼(Edith Wharton)은 "빛을 퍼뜨릴

수 있는 방법은 두 가지 있다. 촛불이 되거나 그것을 비추는 거울이 되는 것이다"라고 했다. 우리는 빛을 통해서 사물을 보고 항상 햇빛과 전등불 아래서 살고 있으므로 과학자가 아닌 일반인들도 빛을 잘 안다고 생각한다. 그러나 사실은 물체를 알아보게 하는 매개체로서 빛을 이해하고 있을 뿐이지 빛 자체에 대해서는 오랜 세월 동안 모르고 있었다. 심지어는 빛이 입자인지 파동인지에 대한 논란조차도 20세기에 들어서서 아인슈타인에 의해서 종지부를 찍게 되었다.

빛의 파장

차윤과 손강의 형설지공

옛날 중국 진 나라에 차윤이라는 소년이 있었다. 그는 가난해서 등불을 켤 기름이 없자, 종이 주머니에 반딧불을 넣어 그 불빛으로

책을 읽으며 공부를 했다. 또한 같은 시대에 손강이라는 가난한 소년은 창 밖에 하얗게 쌓여 있는 눈빛으로 책을 읽었다. 이렇게 차윤과 손강은 정성과 노력을 기울여 학문을 닦아 출세를 하였으며, 그들의 반딧불(螢)에 비추어 공부한 창문과 눈(雪)빛에 비추어 공부한 책상에 얽힌 이야기가 합쳐져서 형창설안(螢窓雪案)이란 말이 생겼으며, 여기서 형설지공(螢雪之功)이라는 고사성어가 생겼다. 형설지공의 고사에 등장하는 반딧불과 눈은 빛을 내는 방법이 근본적으로 다르지만 어느 경우든 우리는 시각을 통해서 사물을 인식할 수 있다.

물에 젖은 모래는 어둡다

해변가 모래는 눈이 부시게 밝고 희게 보이므로 바닷가모래 밭을 하얀 모래밭이란 뜻으로 백사장(白沙場)이라고 한다. 모래가 희게 보이는 것은 모래 표면이 울퉁불퉁하여 햇빛에 포함된 모든 색깔의 빛이 여러 방향으로 반사되기 때문이다. 그러나 모래가 희게 보이는 것은 마른 모래일 경우이고 물에 젖은 모래는 어둡게 보인다. 이것은 모래가 물에 젖으면 모래 표면이 물에 덮여 씌워질 뿐 아니라, 모래 알갱이 사이에 물이 들어가게 되므로 빛이 잘 반사되지 않고 대부분의 빛이 물에 흡수되기 때문이다.

앵두같이 붉은 입술

빛은 시신경을 자극하여 색각(色覺)을 일으키는데, 파장이 긴 빨간색부터 파장이 짧은 보라색까지 연속적으로 색각을 일으킨다. 따라서 빛은 그 파장에 따라 나타내는 색이 다르다.

빛의 색은 우리의 감정과도 연관이 되어 있어 앵두같이 붉은 입술, 상아 같은 흰 치아를 선호한다. 그래서 미인을 나타낼 때 단순호치(丹脣皓齒 : 붉을 丹, 입술 脣, 흰 皓, 이 齒)라는 말을 사용한다.

적수공권, 백수건달

방 안에 틀어박혀 책만 읽는 옛날 선비들은 햇빛을 보지 못해 얼굴색이 하얘서 백면서생(白面書生)이라고 하였다. 또한 아무런 하는 일도 없이 빈둥거리며 세월을 보내는 사람을 백수건달(白手乾達)이라고 한다. 일을 하지 않으니 손이 하얀 건달이라는 것이다. 우리는 아무 것도 가진 것 없는 상태를 적수공권(赤手空拳)이라고 한다. 마치 아무 것도 들려 있지 않은 갓 태어난 아기의 빨간 빛이 도는 빈 주먹이나 같다는 뜻이다. 이와 같이 손에도 서로 다른 색깔을 부여함으로써 감정을 표현하였다.

하얀 거짓말과 새빨간 거짓말

선의로 하는 거짓말을 하얀 거짓말이라고 한다. 하얀 거짓말에는 장난기가 있다. 이에 반해서 순전한 거짓말을 새빨간 거짓말이라고 한다. 새빨간 거짓말은 무조건 우겨서 사실로 인정시키려는 행위이며 범죄 같은 거짓말이다. 이와 같이 흰색은 순수하고 장난기가 있는 반면, 빨간색은 위험 수준이 높은 것을 뜻한다.

백색경보, 황색경보, 적색경보

위험을 나타내는 경보에는 여러 가지 등급이 정해져 있다. 그중 가장 낮은 수준의 경보를 백색경보라고 한다. 폭설, 황사, 지진 등의 자연재해를 알리는 경보를 황색경보라고 한다. 그리고 공습경보를 알리는 가장 위험한 수준의 경보는 적색경보라고 한다. 이와 같이 색깔에 따라 위급함을 느끼는 정도를 달리 나타낸다.

색깔과 관련된 속담

- 꽃은 남의 집 꽃이 더 붉다.
  → 남의 것이 더 좋게 보인다는 말.
- 십 년 세도 없고, 열흘 붉은 꽃 없다.
  → 사람의 부귀영화는 계속해서 바뀐다는 뜻.
- 색시 그루는 다홍치마 적에 앉혀야 한다.
  → 새 며느리를 맞이했을 때는 일찍부터 법도를 세워 가르쳐 놓아야 한다는 뜻.
- 기왕이면 다홍치마.
  → 같은 조건이면 품질이 좋고 마음에 드는 쪽을 택한다는 말.
- 녹의홍상
  → 연두저고리에 다홍치마라는 뜻으로, 젊은 여자의 고운 옷차림을 일컫는다.
- 붉은 곳에 두면 붉어진다.
  → 사람은 선하고 악한 벗에 따라 착하게도 되고 악하게도 된다는 뜻.
- 주사 없는 곳에서는 붉은 흙도 값나간다.
  → 진짜가 없으면 가짜가 행세하게 된다는 말.

- 붉고 쓴 장.
  → 겉으로 보기는 맛좋게 보이나, 맛은 그 반대로 좋지 않을 때 쓰는 말.
- 일편단심
  → 변치 않는 한 조각 붉은 마음이란 말로, 참된 충성이나 정성을 뜻한다.
- 홍일점
  → 많은 남자들 중에 낀 한 여자를 뜻한다.
- 청기와 장수.
  → 옛날에 청기와 장수는 그 만드는 방법을 자기만 알고 있으면서, 이익을 독점하고 남에게는 가르쳐 주지 않았으므로, 내숭스럽고 자신의 욕심만 부리는 사람을 가리키는 말.
- 청보에 개똥.
  → 푸른 도자기에 개똥이 들었다는 말이니, 겉으로 보기는 훌륭해 보이지만 속을 헤쳐 보면 볼 것 없다는 뜻.
- 푸른색은 쪽에서 나온 것이지만 쪽보다 더 푸르다.
  → 제자가 선생보다도 학문, 기예 등이 오히려 더 낫다는 말.
- 독야청청
  → 홀로 푸르다는 뜻으로, 홀로 높은 절개를 지켜 늘 변함이 없음을 이르는 말.
- 청천백일
  → 푸른 하늘의 밝은 태양이라는 말로, 누구나 다 볼 수 있도록 공개된 상황이나 일을 뜻한다.

단색광을 합치면 백색광이 된다

햇빛이나 백열전구의 빛과 같이 모든 색깔의 빛이 포함된 빛을 백색광이라고 하며 백색광이 분산되었을 때 나타나는 각각의 고유한 색을 띤 빛, 즉 동일한 파장을 가진 빛을 단색광이라고 한다. 단색광은 빛의 파장에 따라 빨강, 주황, 노랑, 초록, 파랑, 남색, 보라

등의 일곱 가지 무지개 색으로 나누어진다. 일곱 가지 단색광을 모두 섞으면 다시 햇빛과 같은 백색광이 된다. 이와 같이 모든 색깔의 빛이 합쳐지면 희게 보이므로 흰색은 일정한 파장에서 나는 특정한 색이 아니다.

검은색은 색이 아니다

빛이 전혀 없으면 새까맣게 보인다. 그림 물감이나 페인트에는 검은색이라는 것이 있으므로 검은색도 색이라고 생각되기 쉬우나 엄밀하게 말하면 검은색은 색이 아니며, 빛이 전혀 없음을 나타낼 뿐이다. '나는 빛도 짓고 어두움도 창조하였노라(이사야 45 : 7)'라는 성경 구절이 있는데, 사실은 빛이 비치면 어둠은 저절로 물러간다.

하늘 천 따 지, 검을 현 누르 황(天地玄黃)

천자문은 '하늘 천, 따 지, 검을 현, 누르 황'으로 시작된다. 하늘은 검고 땅은 누렇다는 것인데, 하늘이 파랗다고 하지 않고 검은색이라고 한 것이 특이하다. 이것은 모든 색이 합쳐지면 검은색이 되듯이 하늘은 모든 색의 근원이라고 생각했기 때문이다. 사실 모든 빛을 합치면 흰색이 되는데 반해 모든 색깔의 물감을 섞으면 검은색이 된다.

흰색, 검은색과 관련된 속담

- 고기는 흰 개가 먹고 매는 검은 개가 맞는다.
  → 애매하게 누명을 쓰거나 형벌을 받았다는 말.
- 흰 모래도 진흙에 섞이면 검어진다.
  → 선한 사람도 악한 무리들과 접촉하게 되면 악해진다는 뜻.
- 검은 구름에 백로 날아간다.

→ 정처 없이 떠돌아다니는 사람을 두고 이르는 말.

- 까마귀는 검어도 살은 희다.
  → 겉모양은 흉하고 보기 싫어도 속은 깨끗하다는 말이니, 겉모양만을 보고 모든 것을 판단하지 말고 속마음까지 생각해보라는 뜻.
- 머리 검은 짐승은 남의 공을 모른다.
  → 머리 검은 짐승이란 사람을 가리켜 말하는 것이니, 사람이 남의 공을 모르는 것은 짐승보다도 못하다는 말.
- 숯이 검정 나무란다.
  → 검은 숯이 검정을 야단친다는 말이니, 자신의 큰 허물을 생각지 않고, 남의 작은 허물을 흉본다는 말.
- 검다 희단 말 없다
  → 옳다거나 그르다거나, 좋다거나 나쁘다거나 아무 말을 하지 않는다.
- 검둥개 목욕시킨 것 같다.
  → 검정 개를 아무리 목욕시킨들 희어질 수가 없으니, 자기의 천성은 고치기 어렵다는 뜻.
- 검은 고양이 눈감듯 한다.
  → 검은 고양이가 눈을 뜨나 감으나 잘 알아보지 못하듯이 어떠한 일에 사리를 분별하기가 매우 어렵다는 뜻.
- 희기는 까치 뱃바닥 같다.
  → 잔소리 잘하는 사람을 두고 하는 말.
- 흰죽 먹다 사발 깬다.
  → 어떤 한 가지 일에 흥미를 느끼다가 다른 일에 손해를 보는 경우에 하는 말.
- 검은 머리 파뿌리 되도록.
  → 검은 머리가 파뿌리처럼 하얗게 된다 함이니 아주 늙도록까지라는 뜻
- 희고 곰팡 슨 소리.
  → 희떱고 고리타분한 소리.
- 흰죽의 코.
  → 죽과 코는 빛이 비슷하므로 분간하기 어렵다. 이것과 같이 좋은 일

과 나쁜 일은 구별하기 힘든 것을 말함.

눈에 보이는 빛

'빛은 실로 아름다운 것이라. 눈으로 해를 보는 것이 즐거운 일이로다'(전도서 11 : 7).

우리는 의심할 필요 없이 확실한 일을 명약관화(明若觀火)하다고 말한다. 마치 불을 보는 듯이 분명하다는 것이다. 불은 여러 가지의 빛을 방출하는데 그 중에 파장이 400~700nm 범위에 있는 빛만 우리 눈으로 감지할 수 있으며 이를 가시광선이라고 한다. 가시광선 중 파장이 가장 짧은 빛은 보라색이며, 가장 긴 빛은 빨간색이다. 그리고 이들 사이에는 여러 가지 무지개 색이 들어있다.

햇빛에는 노란색 빛의 세기가 가장 강하며 노랑보다 파장이 길어지거나 짧아지면 세기가 점점 약해진다. 우리가 보는 것은 햇빛이 물체에서 반사된 빛을 보는 것이기 때문에 햇빛에 들어 있는 색깔의 성분이 강할수록 눈에 강하게 보인다. 따라서 눈에 잘 뜨이게 하고 싶거나 위험을 예방할 필요가 있을 때 노란색을 사용한다. 예를 들어 뉴욕의 택시는 노란색이며 어린이의 비옷도 노란색이고 공장에서 일하는 사람들의 안전모나 위험표지판도 노란색이다. 그러나 햇빛에서는 강하게 보이던 노란색이 전등불 밑에서는 잘 안 보이는 수가 있는데 이것은 전등불에는 노란색 성분이 약하기 때문이다.

빛의 세기는 단위시간에 단위면적에 전달되는 에너지의 양인데, 같은 에너지의 빛이라도 파장에 따라 눈이 받아들이는 감도에 따라 시각적인 밝기는 다를 수 있다.

중천에 떠있는 해처럼 아주 밝은 물체를 쳐다 보면 눈이 부신 것은 빛의 감각기관인 눈의 감도가 빛의 세기에 대해서 포화상태임을 의미한다.

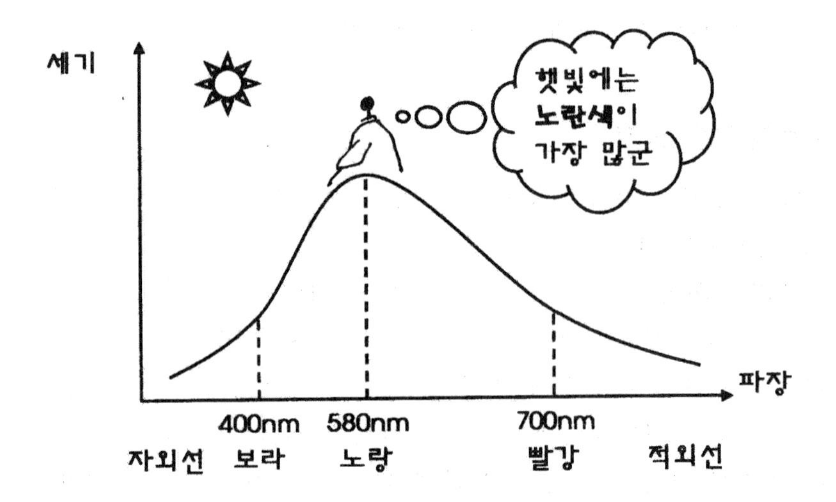

유리 온실에서는 일광욕을 할 수 없다

불이 따뜻하기도 하고 밝기도 한 것은 빛과 열을 동시에 발생시키기 때문이다. 그러나 모든 빛이 우리 눈에 보이는 것은 아니다. 뜨겁게 달구어진 전기다리미에서는 눈에 보이지 않는 적외선이라는 빛이 나오고 있어 뜨겁지 않은 줄 알고 무심코 다리미를 손으로 만졌다가 화상을 입는 수도 있다. 적외선은 눈에는 보이지 않지만 열에너지를 가지고 있기 때문이다.

또한 유리창을 통해서 햇빛이 잘 드는 실내에 앉아 있으면 따뜻하기는 하지만 피부는 잘 타지 않는다. 이것은 유리창이 적외선은 통과시키지만 자외선은 차단하기 때문이다. 따라서 유리로 만든 온실에서 식물을 재배할 수는 있지만 일광욕을 할 수는 없다. 최근에는 텔레비전이나 전자 오락기에 의한 간질 발작이 문제가 되고 있다. 이것은 광 과민성 간질 발작이라고 해서 텔레비전 혹은 컴퓨터에서 나오는 전자파나 자외선 등에 의해 특이 체질인 경우 간질 발작이 일어날 수도 있다는 연구 결과이다. 적외선(0.7~300㎛)은 유리를 통과하고 자외선(30~400nm)은 유리를 통과하지 못하지만 이들은 모두 우리 눈에 보이지 않는 빛이다.

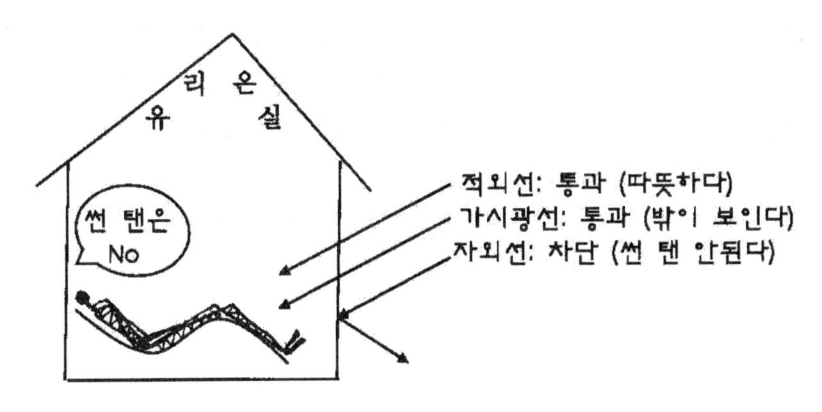

개구리의 눈에 보이는 세상

동물들이 보는 세상은 우리와 똑 같지는 않다. 각 생물마다 눈 구조가 다르며 이에 따라 세상이 달리 보인다. 그리고 눈에 보이는 것에 대한 반응도 각기 다르다. 개구리는 보통 동물의 눈과 달리 눈동자가 고정돼 있기 때문에 움직이지 않는 사물은 볼 수가 없을 뿐 아니라 색을 구분할 수 없는 색맹이므로 아름다운 색깔의 자연도 개구리에게는 단지 회색의 옅은 안개로 뒤덮인 풍경으로만 보일 뿐이다. 그러나 움직이는 물체가 시야에 들어오면 즉시 알아차릴 수 있다.

가만히 앉아있는 개

구리 옆에 작은 파리 한 마리가 날아가면 개구리에게 보이는 것은 회색 세상을 배경으로 날아가는 파리가 전부라고 할 수 있다. 개구리는 쓸데없이 이것저것 보는 대신, 필요한 것만 확실히 챙기고 있는 셈이다. 그 반면에 포식자가 움직이지 않고 가만히 있으면 개구리는 포식자의 존재를 알아차리지 못해 도망가지 않고 있으므로 뱀은 이러한 속성을 이용하여 쉽게 개구리를 잡는다. 물고기의 눈도 개구리와 마찬가지로 눈동자가 고정돼 있어서 움직이지 않는 사물은 볼 수가 없다.

고양이 앞에 쥐

고양이의 눈은 빛에 민감하므로 한 가닥의 빛만 있어도 볼 수 있다. 그래서 고양이는 어둠 속에서도 자유로이 활동할 수가 있다. 그런데 아무런 움직임이 없으면 고양이는 물체에 초점을 맞출 수가 없어 물체가 없어진 줄 안다. 쥐가 고양이 앞에 꼼짝 않고 서 있는 것도 무서워서 그런 것보다는 고양이의 초점을 잃게 하기 위한 전략이다.

원숭이의 색채 감각

원숭이는 색채 감각이 놀라울 정도로 발달돼 있어서 멀리 있는 열매가 무르익었는지 여부와, 나뭇잎의 신선도를 색깔을 보고 알아낸다. 원숭이는 서로 교류하는 데에도 빛깔을 이용한다. 수컷 맨드릴 원숭이는 현란한 빛깔로 암컷에게 자기를 과시하며 구애하거나 다른 동물들을 위협하기도 한다.

매의 시력

가장 민감한 눈을 갖고 있는 동물은 높은 하늘을 날며 먹이를 잡는 육식성 새이다. 매는 시력이 매우 우수하여 인간에 비해 4~8배나 멀리 볼 수 있다. 또한 색을 감지하는 원추세포의 밀도가 인간의 다섯 배에 이르기 때문에 천연색 영상을 선명하게 본다. 그러나 어둠 속에서 희미한 빛을 감지하는 간상세포가 거의 없기 때문에 밤에는 사물을 잘 볼 수가 없다.

야행성 동물은 색맹

고양이과 동물들은 주로 밤에 활동을 하는 야행성이다. 야행성 동물의 눈 뒤 쪽에는 빛을 반사하는 기능이 있어 망막을 통과해 온 빛을 다시 한번 망막으로 되돌려 보낸다. 밤에는 빛의 세기가 약하므로 자기 눈에 받아들였던 빛을 모아 다시 한번 쏘아 보내 빛의 세기를 증폭하는 것이다. 이때 흡수되지 못하고 반사되는 빛 때문에 고양이 같은 야행성 동물들은 어둠 속에서 빛이 나는 야광 같은 눈을 가지고 있다. 야행성 동물들이 색을 잘 구별하지 못하는 색맹인 이유도 밤에 사냥하기 때문에 희미한 빛으로는 색을 구별할 수도 없고 할 필요도 없어 그렇게 진화된 결과이다. 그래서 야행성 동물들은 색이나 형태보다는 움직임에 민감한 시력을 가지고 있다.

개와 소는 색맹

개는 색깔을 구분할 수 없는 색맹이다. 시각장애자를 도와주는 맹도견이 신호등을 구별하는 것은 색깔을 구별해서가 아니라 점등 위치를 판별하도록 훈련 받은 결과이다.

소도 색맹이다. 투우가 붉은 천에 덤벼드는 이유는 천의 색깔 때문이 아니라 망토의 펄럭이는 움직임 때문이다. 투우사가 소 앞에서 빨간색 천을 사용하는 것은 소보다는 관중들을 흥분시키기 위한 것이다. 소는 색맹이므로 붉은 천보다 오히려 흰 천이 잘 보인다. 따라서 흰 망토나 흰 천을 흔들면 투우는 더 한층 성을 내며 사납게 덤벼들 것이다. 개나 소처럼 대부분의 포유류는 색맹이며, 이는 포유류의 조상이 색깔이 중요하지 않은 밤에 활동하는 야행성 동물이었다는 사실을 암시한다.

올빼미 눈

야행성인 올빼미는 눈동자가 아주 크며 밤에는 눈동자가 다 열리기 때문에 어둠 속에서도 잘 본다. 그러나 낮에는 눈꺼풀로 눈동자를 덮고 있어도 눈이 부실 정도로 예민하므로 햇빛이 거의 비치지 않는 수풀 속에서 지내고 있다.

올빼미는 낮에는 다른 동물의 습격을 피해서 나무(木) 위 높은 곳에서 숨어 지내는 새(鳥)이기 때문에 한자로는 이러한 특성을 이용해서 올빼미 효(梟)로 나타낸다.

적외선을 감지하는 뱀의 눈

뱀은 사람이 볼 수 없는 적외선을 감지하는 눈을 가지고 있다. 적외선은 열선이기 때문에 뱀은 먹이가 발산하는 열을 느끼고 접근한다. 따라서 뱀은 야간에도 먹이를 포획할 수 있다. 그러나 뱀은 가시광선을 볼 수 없으므로 천연색으로 보는 것은 불가능하며 적외선 투시 카메라로 보는 것처럼 흑백의 영상을 본다.

팬더의 멍든 눈

팬더의 눈 주위에는 검은 털이 나서 꼭 멍든 것처럼 보인다. 그것은 팬더를 적으로부터 보호해 주는 역할을 한다. 동물들은 약한 부위인 눈을 자주 공격 당하는데 팬더는 검은 털 때문에 적이 눈의 위치를 쉽게 알 수 없게 한다.

토끼의 빨간 눈

흰 토끼의 눈은 빨갛다. 일반적으로 동물의 눈을 이루는 홍채에는 멜라닌이라는 색소가 있으며 이 색소는 광선을 조절하는 역할을 하고 있다. 멜라닌 색소는 검은색 물질이므로 동물들의 눈은 검은색을 띠게 된다. 그러나 흰 토끼의 경우는 돌연변이에 의해서 이 멜라닌 색소를 잃어버렸다. 그래서 눈에 분포하고 있는 혈관 속을 흐르는 빨간 피의 색깔이 그대로 비쳐 보이기 때문에 눈이 빨갛게 보인다. 흰 토끼뿐 아니라 흰 쥐도 역시 멜라닌 색소를 잃어버려서 빨간 눈을 가지고 있다. 그러나 까만 토끼나 누런 토끼들의 홍채에는 멜라닌 색소가 들어 있어서 이들의 눈은 빨갛지 않고 검거나 검은색에 가깝다.

눈을 뜨고 자는 물고기

피라미나 큰가시고기의 수컷은 수정할 시기가 되면 몸 빛깔이 빨갛게 변하고 암컷은 이 색을 알아보고 알을 낳는다. 이와 같이 물고기는 색을 구별할 뿐 아니라 잘 때도 눈을 뜨고 자는 특성이 있다. 사람을 포함한 육지의 동물은 눈을 뜬 채로 있으면, 눈에 있는 물기가 공기 속으로 날아가 눈알이 뻣뻣해진다. 그래서 알맞은 양의 눈물이 흘러서 눈을 적셔 주기 위해 눈을 깜박인다. 밤에 잘 때 눈을 감고 자는 것도 눈이 메마르거나 눈에 먼지가 들어가지 않도록 하기 위함이다. 그러나 물고기는 물 속에 살고 있기 때문에 눈이 메마를 염려가 없으며, 먼지도 물에 씻겨 가게 되므로 눈에 먼지가 앉지 않는다. 그런 까닭에 물고기는 눈꺼풀이 필요 없게 되고 쓰지 않게 되자 자연히 퇴화되어 없어졌다. 그래서 물고기는 잘 때도 눈을 뜬 채로 잘 수 있다.

수수께끼

- 눈은 눈인데 보지 못하는 눈은? ………………………… 티눈, 쌀눈

자외선을 볼 수 있는 나비와 벌

나비와 꿀벌을 비롯한 여러 곤충들은 우리가 볼 수 없는 자외선을 감지할 수 있다. 그래서 꿀벌은 해가 구름에 가려져도 해의 위치를 쉽게 알 수가 있고, 나비도 꽃에서 반사된 자외선을 잘 볼 수 있다.

사람의 눈에는 한 가지 색으로 보이는 꽃잎이지만 자외선으로 보면 꿀이 있는 중앙으로 갈수록 짙어진다. 특히 꿀샘은 자외선을 잘 반사해 나비와 벌들이 쉽게 찾을 수 있다. 식물이 수정을 위해 벌과 나비를

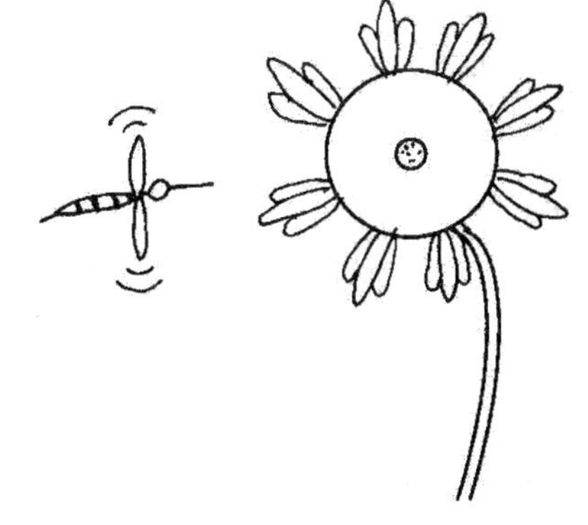

끌어들이는 전략인 셈이다.

곤충이 좋아하는 색

꽃은 꽃가루를 멀리 퍼뜨리기 위해 여러 가지 전략을 쓴다. 곤충들이 좋아하는 빛깔이 각각 다르기 때문에 여러 곤충을 유혹하기 위해 꽃들의 색도 제각각이며, 눈에 번쩍 띄는 색깔로 곤충을 유인하는 경우가 많다. 또 눈에 띄는 꽃잎 색깔에다 대비 효과가 나는 색깔을 더해 꿀샘 쪽으로 벌이나 나비 등 매개자들을 안내한다. 붓꽃에 있는 노란색 줄무늬, 붉은색 꽃봉오리 안쪽에 있는 흰 점들, 일렬로 늘어선 녹색 점들, 오렌지색 얼룩무늬 등이 벌이나 나비들을 유혹하는 색이다.

파리는 빨간색을 보지 못하는 적색 색맹이다. 따라서 빛의 파장 중에 빨간색의 반대편 색인 파란색, 남색, 보라색이나 자외선 쪽의 색깔에 반응하면서 상대적으로 선호하게 된다. 모기도 파장이 짧은 푸른색, 보라색, 검은색 등의 색깔을 좋아하므로 모기를 피하려면 붉은색 계통이나 밝은 색 옷을 입는 것이 좋다.

곤충이 바라보는 모자이크 세상

곤충은 홑눈이 수백 내지 수천 개 모인 겹눈을 가지고 있어 세상을 모자이크처럼 바라본다. 겹눈을 구성하고 있는 개개의 홑눈은 각막과 수정체에서 망막세포까지 모두 갖추고 있는 여러 개의 광수용체가 있어서 색을 감지하기도 하지만, 그 시력은 지독한 근시이다. 곤충은 홑눈으로 확보한 개별적인 영상을 빠르게 재구성해 파노라마 시각을 갖게 된다

따라서 곤충이 바라보는 모자이크 세상에서는 해상도는 떨어지지만 물체의 움직임이 더욱 과장돼 보이기 때문에 환경의 미세한

변화도 쉽게 감지하고 작은 움직임도 놓치지 않는다. 파리를 잡으려고 조심스럽게 접근해도 번번이 파리를 놓치는 것은 이런 이유 때문이다.

곤충의 겹눈은 일종의 복합렌즈로써 180° 이상의 시야각을 확보하고 있다. 인간의 눈이 카메라 형 단일렌즈로써 30° 안팎만 보는 것에 비하면 놀라운 능력이다. 각 홑눈은 육방밀집구조로 서로 빈틈없이 배열되어 돔 형태의 겹눈 표면을 메우고 있다. 인간의 눈은 광감각기를 이루는 섬모형 세포가 작은 우산처럼 가지를 뻗은 머리카락 모양인 반면, 곤충의 간상형 세포는 작은 손가락 모양의 돌기에 싸여 표면적을 넓히기 쉽다. 이를 통해 곤충은 전방위적 시야각으로 볼 수 있다. 곤충이 깊이에 대한 정보를 인식하는 데는 '광학적 이동'이 적용된다. 이는 곤충이 날 때 가까운 곳에 있는 물체 쪽이 멀리 있는 것보다 빠르게 통과하므로 눈에 비치는 상의 속도에 따라 물체까지의 거리를 추측하는 것이다.

최근에는 홑눈을 돔 모양으로 배열한 인조 곤충 눈이 개발되었다. 인조 곤충 눈은 시야가 넓고 빛을 모으는 능력이 뛰어나 환경의 미세한 변화를 감지하는 고감도 감지 소자로 응용될 뿐 아니라 항공우주 과학에 활용될 전망이다.

빛의 굴절

도시에서도 신기루가 보인다

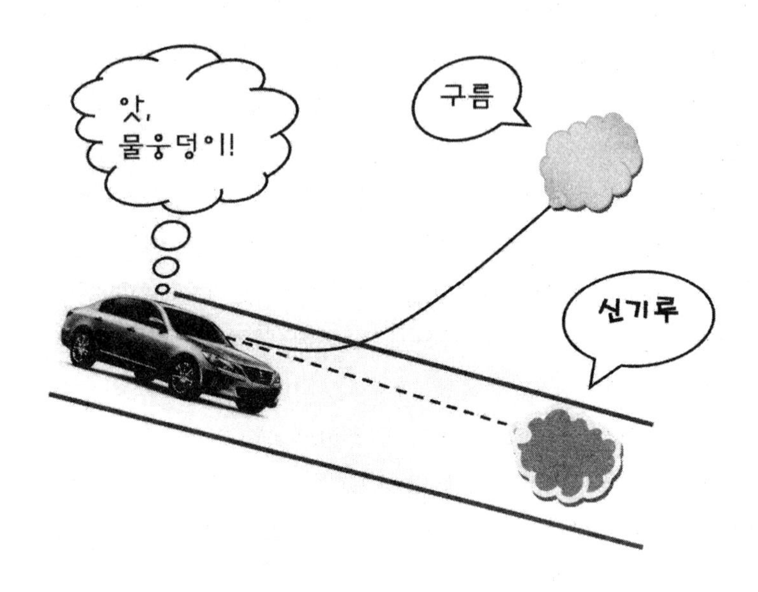

신기루(蜃氣樓)라는 명칭은 상상의 동물인 이무기(蜃 신)가 숨을 내쉴 때(氣 기) 보이는 누각(樓 루) 이라는 뜻이다. 영어로는 신기루를 미라지(mirage)라고 하는데 이는 프랑스 말로 '신기하게 보인다'는 의미에 기원을 두고 있다. 이러한 신기루는 주로 사막에서 자주 보이지만 아주 더운 여름이나 추운 겨울철에는 도시에서도 가끔 보인다. 신기루는 빛이 반사되는 것이 아니라 굴절됨으로 인해 생기는 현상이므로 편광 안경이나 편광 필터를 사용하여도 없어지지 않는다.

신기루

신기루란 밀도가 서로 다른 공기 층에서 빛이 굴절함으로써 멀리 있는 물체가 거짓으로 보이는 현상이다. 사막과 같이 물이 없는 곳에서 지표가 뜨거운 날은 전방에 물이 괴어 있는 것 같이 보이는데, 이것은 하늘이 땅에 거울처럼 비쳐 보이는 현상이다. 이러한 현상은 강한 일사광선으로 인하여 지표 부근의 기온이 높을 때 일어난다.

즉 뜨거운 햇빛을 받아 지상 부근의 대기의 밀도 변화가 크면 지표와 거의 평행으로 진행하는 광선은 상당히 큰 굴절을 하며 휘어진다. 빛은 밀도가 클수록 속도가 느려지므로 밀도가 높은 쪽을 안으로 두고 휜다. 그러므로 공기 밀도가 고도에 따라 급격히 낮아지는 대기 상태에서는 물체가 실제보다 높게 위치하여 있는 것처럼 보인다.

반대로 지상 부근의 공기 밀도가 고도에 따라 평상시 보다 작은 비율로 감소되거나, 극단적인 경우 공기의 밀도가 고도에 따라 커지면 물체가 실제보다 더 낮게 보인다. 따라서 신기루는 물체가 떠오르는 것처럼 보이기도 하지만 때로는 가라앉는 것처럼 보이기도 하고, 거울처럼 땅에 비쳐 보이기도 한다. 사막에서는 신기루를 물로 잘못 알고 찾아 헤매다가 마침내 쓰러지고 마는 여행자도 있다고 한다.

도시에서의 신기루

무더운 여름철에 자동차를 타고 아스팔트 길을 달리다 보면 저 멀리 길 위에 물 웅덩이가 도로 위를 덮고 있는 것 같이 보이는 수가 있다. 그러나 가까이 다가가면 물 웅덩이가 사라지고 다시 저 멀리 길 위에 물 웅덩이가 나타난다. 이는 아스팔트가 햇볕을 받아 뜨거워져서 일어나는 빛의 이상굴절 때문에 나타나는 신기루이다. 고

속도로의 표면 부근에 있는 뜨거운 공기 층의 밀도는 훨씬 위쪽에 있는 공기의 밀도보다 작으므로 빛의 속도가 위쪽보다 조금 더 빠르다.

높이에 따른 이러한 속도 차로 인해 빛이 휘어지므로 휘어진 빛의 연장선이 닿는 아스팔트 위에 고여있는 물에서 건물과 하늘이 비친 것 같이 보인다. 때로는 멀리 보이는 건물이나 산이 실제보다 더 낮게 보이는 경우도 있다.

반면에 추운 겨울에는 빛은 위쪽으로 휘어지므로 평상시에는 보이지 않던 언덕 너머에 있는 나무가 높이 솟아 있는 것을 보게 된다. 이것은 땅 바로 위의 공기는 차갑고 땅에서 높이 올라감에 따라 오히려 온도가 높아지므로 높이가 낮을수록 공기의 밀도가 커져서 지표면에서 빛의 속도가 더 느려지기 때문이다. 이러한 것들은 사막에서 오아시스를 보는 것처럼 극적인 상황이 아니기 때문에 신기루를 보고도 그것이 신기루임을 미처 깨닫지 못하는 경우가 많다.

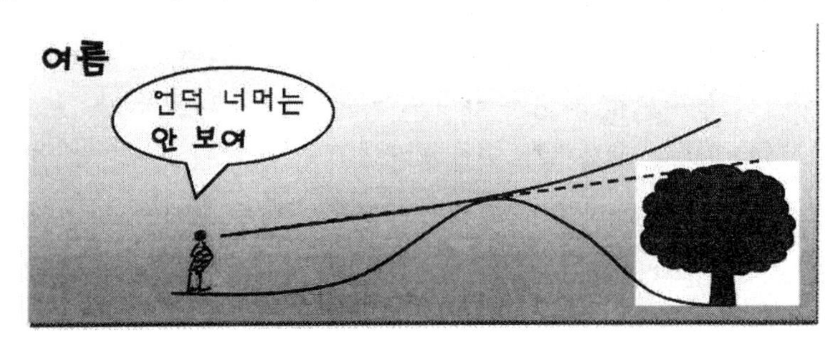

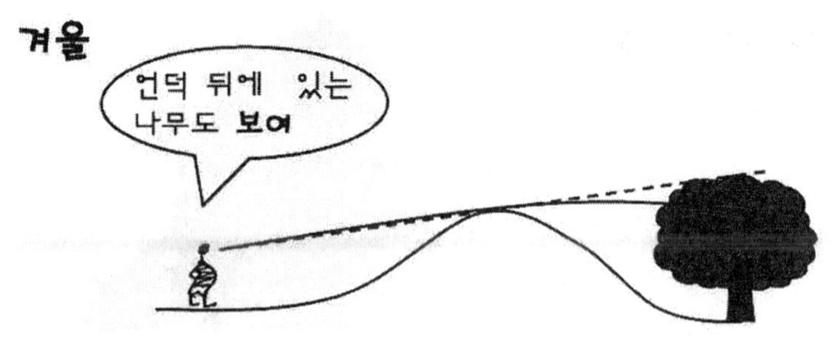

신기루의 종류

강렬한 햇빛이 비치면 지표면 부근의 공기는 뜨겁게 가열되어 공기의 밀도가 작아져서 굴절율이 낮아진다. 지표면에서 고도가 높아짐에 따라 온도가 급속히 내려가므로 공기의 밀도와 굴절율이 커진다. 이럴 때 물체가 실제 방향에서 벗어나 보이는 현상이 나타난다. 이 현상은 대기의 이상굴절로 생기는 허상이 각각 위쪽, 아래쪽, 옆쪽에서 보이는 하방굴절 신기루, 상방굴절 신기루, 측방굴절 신기루의 세 가지로 나뉜다.

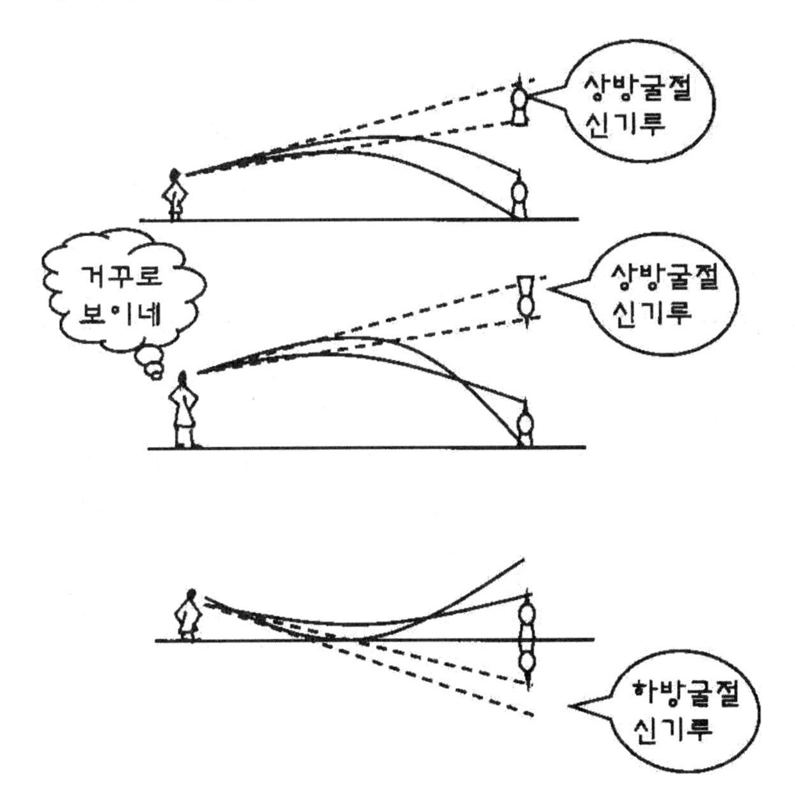

나폴레옹과 오아시스(하방굴절 신기루)

푸른 하늘 아래 끝없이 펼쳐진 뜨거운 모래 사막을 여행하는 사람들에게 오아시스는 생명의 안식처라고 할 수 있다. 그런데 때로는 오아시스로 착각하게 하는 신기루가 생겨 여행자를 당황하게 만들기도 한다. 나폴레옹이 아프리카를 침공하였을 때도 오아시스가 신기루로 나타나 큰 곤욕을 치렀다고 한다. 이것은 하늘이 신기루의 대상이 되어 호수로 잘못 인식되었기 때문인데 나폴레옹이 이집트 원정 때 종군하였던 프랑스의 수학자 몽즈가 처음으로 이 현상을 기술했기 때문에 몽즈 현상이라고도 한다.

몽즈 현상은 지면에서 위로 올라갈수록 온도가 낮아지는 경우에 빛이 지면의 위쪽으로 굴절하는 현상이다. 즉, 온도가 낮은 곳은 높은 곳보다 밀도가 커서 빛의 속력이 느려지게 된다. 따라서 물체의 윗부분이나 나무꼭대기에서 아래쪽으로 반사된 빛은 지표 가까이의 밀도가 희박해진 뜨거운 공기 층을 지나면서 위쪽으로 구부러지므로 관측자의 눈에는 마치 그 빛이 뜨거운 지표면 아래쪽에서 나온 것처럼 보이게 된다. 이 상은 물에 반사된 것처럼 거꾸로 보인다.

사막에서는 모래가 뜨거워지면 지표면의 공기가 팽창하여 밀도가 희박해진다. 빛은 공기의 밀도가 큰 곳보다 희박한 곳에서 더 빨리 진행하므로 멀리 공중에서 오는 빛은 직선으로 바로 오지 않고 지표면 쪽으로 휘어진 경로로 진행한다. 그래서 공중에서 오는 빛이 마치 땅에서 오는 것처럼 보여 푸른 하늘이 마치 사막 위에 있는 푸른 연못처럼 보이게 된다. 이것이 오아시스가 나타나는 사막의 신기루이다.

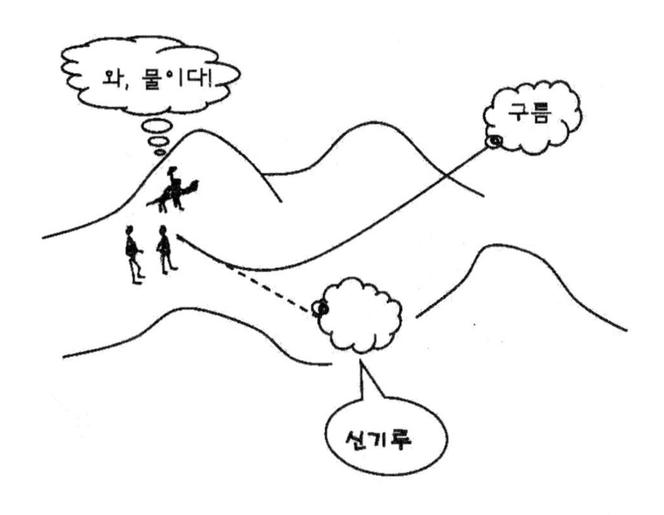

바다 위의 궁전(상방굴절 신기루)

이탈리아 반도와 시칠리아 섬 사이의 메시나 해협에서는 공기의 온도가 높아지고 물이 잔잔해지면, 구름 위에 아름답고 웅장한 항구 도시의 모습이 반영되고, 다시 그 위에 현란한 탑이나 궁전 같은 것이 보이기도 하여 항해가나 탐험가들이 신비감에 이끌린다. 특히 추운 북극지방의 해면이나 눈이 녹은 차가운 물이 흘러 들어가는 만(灣)과 같은 곳에는 해상에 떠있는 작은 유빙이 거대한 빙산으로 보이기도 하고, 먼 곳에 있는 배에 반사된 빛이 굴절하여 사람의 눈으로 들어오면 마치 배가 공중에 거꾸로 떠 있는 것처럼 보이기도 한다.

이러한 신기루는 해면의 기온이 낮고 고도가 높을수록 기온이 상승하는 기온의 역전 상태가 나타날 때 발생된다. 물체에서 반사된 빛 중 위로 올라가는 빛은 높이 올라갈수록 공기의 밀도가 작아져서 빛의 속력이 더 빨라지므로 아래로 굴절되어 눈으로 들어온다. 우리들 눈에는 빛의 연장선에 물체가 있는 것처럼 보이기 때문에 물체가 떠 보이게 되는 것이다. 이 신기루는 처음으로 그 현상을 보고한 영국인 빈스의 이름을 따서 빈스 현상이라고도 부른다.

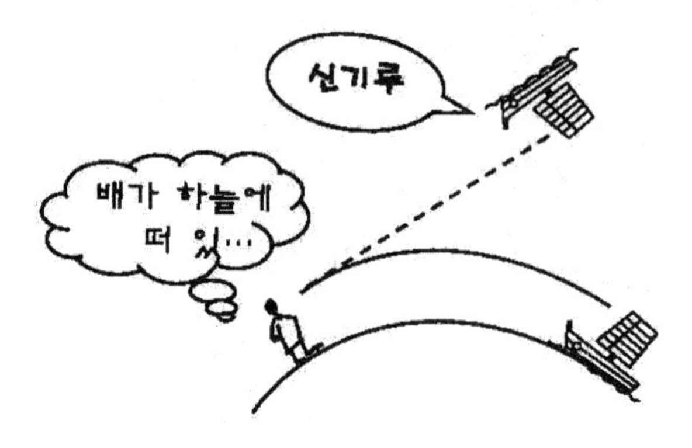

절벽에 나타나는 신기루(측방굴절 신기루)

수직으로 솟아오른 벼랑이나 절벽이 햇빛을 받아 뜨거워진 경우는 절벽의 옆쪽에 신기루가 나타난다. 또한 해안의 얕은 곳과 깊은 곳의 수온이 다른 경우에도 수평 방향으로 빛이 이상굴절을 한다.

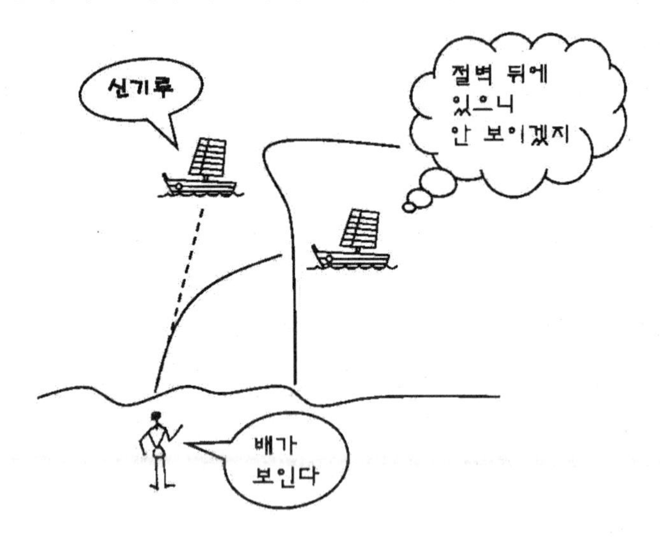

해가 진 후에도 태양은 보인다

우리는 일몰 후에도 수평선 또는 지평선 아래에 있는 해를 잠시 동안 볼 수 있다. 태양에서 오는 빛은 상공을 경유해서 휘어져 오므로 해가 수평선 너머 아래에 있음에도 불구하고 하늘에 떠있는 것처럼 보인다. 따라서 해질 무렵의 석양은 실제로는 이미 지평선이나 수평선 아래로 넘어간 태양이 보이는 것이다. 이는 공기의 밀도에 따라 빛이 휘어지는 현상으로 인해 가능하다. 아침 일출도 아직 떠오르지 않은 해를 미리 보는 것이다.

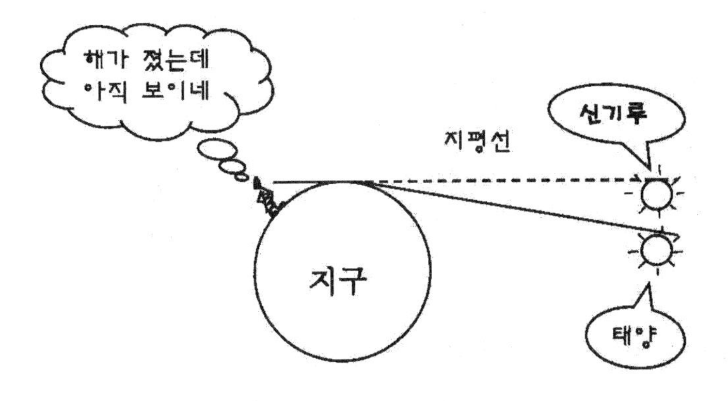

겨울에는 해가 갑자기 진다

겨울철에는 지표면의 온도가 아주 차갑게 되어 공기의 밀도가 커지고 빛은 더 높은 상공을 경유해서 우리 눈에 도달한다. 즉, 추운 겨울 날일수록 빛은 더 많이 휘어지므로 해가 더 높이 떠있는 것처럼 보이다가 갑자기 해가 보이지 않게 되므로 해가 갑자기 진다고 느껴진다. 사실은 일몰 때 해가 더 높이 떠있는 것처럼 보이므로 실질적으로는 빛이 휘어짐으로 인해 낮 시간이 길어지는 셈이다.

아지랑이

햇빛이 지면을 비출 때는 지표면에 있는 수증기가 증발되어 공중에 떠있게 되는데 이때는 수증기로 인해 공기의 밀도가 균일하지 않아 아지랑이가 생기게 된다. 이러한 경우는 빛이 직진하지 않고 아른거린다. 그래서 측량하는 사람들은 아지랑이를 피하기 위해서 해뜨기 직전에 측량을 하는 경우가 많다.

별이 많이 깜빡일수록 악천후가 된다

별에서 오는 빛은 대기층의 공기를 지나 우리 눈에 들어온다. 지구의 대기층은 수백km 상공까지 뻗어 있는데 공기 밀도가 균일하지 않을 뿐 아니라 공기의 대류에 의해서 밀도가 계속 변화하고 있다. 그래서 공기의 밀도에 따라 굴절되는 정도가 달라져 별빛이 우리 눈에 들어오는 방향은 시간에 따라 조금씩 바뀌게 되므로 별빛은 밝아졌다 어두워졌다 하게 된다. 즉 별이 반짝이는 것처럼 보인다. 바람이 부는 날은 대기층의 공기 밀도가 더 많이 변하므로 별이 더 반짝인다.

추운 겨울 밤에 별이 또렷이 잘 보이는 이유는 찬 공기가 안정돼 있기 때문이다. 또한 장마가 막 그친 한여름 밤, 평소에는 볼 수 없던 많은 별들과 은하수가 보이는 것은 대기 중에 떠다니던 먼지 같은 부유물이 비에 씻겨서 대기의 투명도가 좋아졌기 때문이다. 옛사람들은 별의 반짝임을 이용하여 날씨를 예측하기도 했다. 이것은 별의 깜빡임이 저기압이나 전선의 접근 등에 의해 상공의 기류가 불안정함을 의미하기 때문에 깜빡임이 많을수록 악천후가 된다.

달에서는 별이 반짝이지 않는다

구름이 없는 맑은 밤에 하늘을 바라보면 별이 반짝인다. 이것은 실제로 별 자체는 반짝이지 않는데 밀도가 균일하지 않은 대기층을 별빛이 통과하면서 굴절이 불규칙하게 일어나기 때문이다. 그래서 공기가 없는 달이나 우주에서는 별이 반짝이지 않는다.

페르마의 원리

차가 막히면 돌러가는 길이 더 빠르다

운전 경로를 정할 때 가장 중요한 요소 중 하나는 시간이다. 교통체증으로 가까운 길이 막히면 멀리 돌아서라도 차가 막히지 않는 길을 택한다. 거리는 멀어도 시간이 적게 걸리기 때문이다. 빛이 진행할 때도 이와 유사하게 거리가 짧은 경로를 택하는 대신에 시간이 가장 짧게 걸리는 경로를 택한다. 따라서 균일한 매질 내에서는 직선 행로의 시간이 가장 짧으므로 빛은 직선으로 진행하지만 매질이 균일하지 않을 때는 꾸불꾸불하지만 더 빠른 경로를 택하게 되므로 빛은 꺾이게 된다.

참으로 곧은 길은 굽어 보인다

사마천은 사기에서 "참으로 곧은 것은 굽어 보이며 길은 원래 꾸불꾸불한 것이다"라고 했다. 또한 안영은 우직지계(迂直之計)라고 하여 둘러 가는 것이 바로 가는 것보다 더 빠를 수 있다고 하였다. 그들은 빛에 관해서는 문외한이었으며 전혀 다른 의도로 한 말이기는 하지만 이러한 글들은 굴절하며 진행하는 빛의 경로를 표현한 말과 잘 일치하는 내용이다.

서양에서는 1661년에 빛의 반사의 법칙과 굴절의 법칙을 발전시킨 페르마의 최소시간의 원리가 발표되었다. 이는 빛이 두 점 사이를 지날 수 있는 경로들 중 가장 짧은 시간에 지날 수 있는 경로로 빛이 전파된다는 내용으로써, 프랑스의 수학자 페르마가 변분원리에 따라 빛의 전파 경로를 나타낸 것이다. 페르마의 원리는 굴절율이 일정한 매질에서의 빛의 직진 경로는 물론, 굴절율이 연속적으로 변하는 매질 속에서의 빛의 전파 경로를 정하는 데에도 적용된다.

물에 빠진 어린이 구하기

물놀이를 하던 어린이가 물에 빠져 허우적대면 가장 빠른 시간에 어린이에게 도달해야 할 것이다. 마침 물에 있는 사람이 구조를 할 때는 당연히 일직선으로 곧장 수영을 해서 어린이에게 다가가는 것이 가장 빠르겠지만 물 밖에 있는 사람이 이 광경을 보고 달려올 때는 상황이 다르다.

땅에서 뛰는 것이 물에서 수영하는 것보다 훨씬 더 빠르므로 구조대원은 수영을 가장 적게 하는 지점까지 달려간 후 물로 뛰어들 것이다. 따라서 직선 코스 대신에 물가에서 꺾인 형태의 경로를 택함으로써 물에 빠진 어린이에게 최단 시간에 도달할 수 있게 된다.

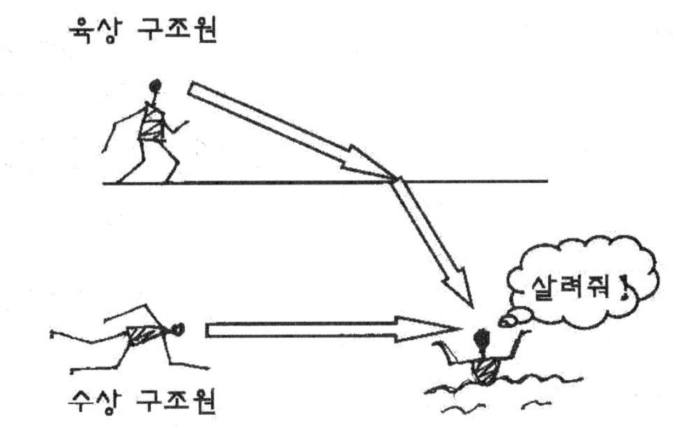

이인삼각(二人三脚)

키가 큰 어른과 키가 작은 어린이가 한 발씩을 함께 묶고 달리는 이인삼각 경기에서 일직선으로 똑바로 달리기는 힘들다. 이것은 어른과 어린이의 보폭이 달라 서로 달리는 속도가 다르기 때문이다.

빛도 이와 유사하게 밀도가 다른 두 매질 속에서 진행하면 서로 속도가 달라 매질의 경계면에서 빛의 경로가 꺾이는 굴절 현상이 일어난다. 이 때 굴절되는 정도는 두 매질에서의 속도 차이가 클수록 커진다. 예를 들어 밀도가 작은 공기에서 밀도가 큰 유리로 빛이 입사되면 빛의 속도가 느려지므로 굴절이 일어난다.

꺾인 것처럼 보이는 막대기

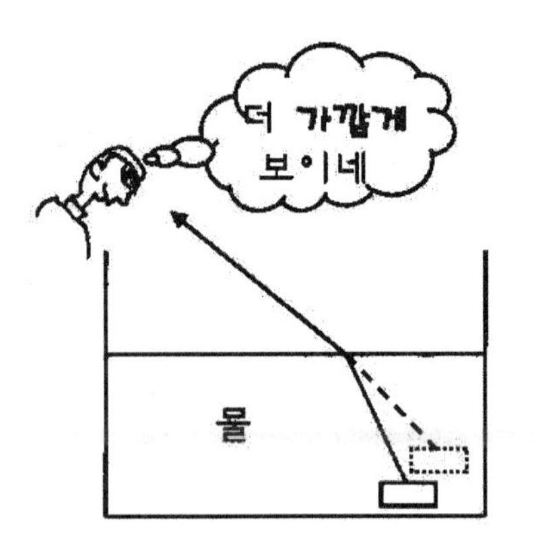

물이 담긴 그릇에 막대기를 꽂아 두면 그 막대기가 꺾어진 것처럼 보이는데, 이것은 빛이 가장 빠른 시간에 도달할 수 있는 경로를 택하기 때문이다. 이러한 현상은 빛이 밀도가 서로 다른 매질을 통과할 때 굴절되기 때문에 일어나는 광학적 현상인데 물체가 더 가까이 있는 것처럼 보인다.

목욕탕 바닥은 얕게 보인다

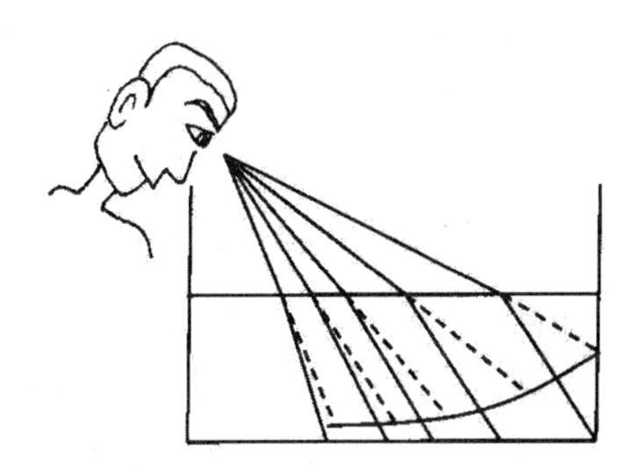

공기와 물의 경계면에서 빛이 진행하는 것을 옆에서 보면 빛이 꺾인다는 것을 쉽게 알 수 있다. 그러나 우리의 뇌는 눈으로 직접 입사되는 빛에 대해서는 꺾인다는 것을 인지하지 못하고 빛이 직진하여 눈에 입사한 것으로 받아들인다. 따라서 물 속에 있는 물체가 수면에서 꺾인 후 눈에 들어오는 빛에 대해서 실제보다 수면에 더 가까이 있는 것처럼 느낀다. 즉 눈은 수면에서 꺾여서 입사된 빛의 방향에 바닥이 있다고 느끼므로 바닥이 떠 보인다.

그래서 목욕탕이나 강물이 얕은 줄 알고 들어갔다가 생각보다 깊어서 당황하게 되는 수가 있다. 이 때도 빛은 가장 빠른 시간에 도달할 수 있는 경로를 택한 것이다.

빛의 반사와 굴절

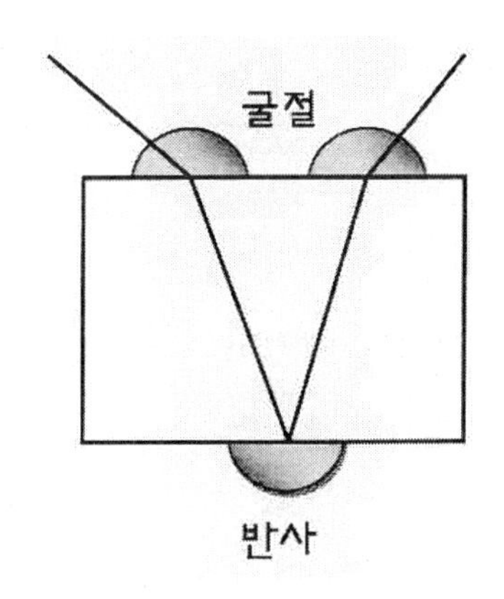

빛이 공기에서 물로 진행할 때 빛의 일부는 경계면에서 반사하고 나머지는 굴절한 후 물 속으로 입사한다. 빛이 물에 입사될 때는 마치 인명구조원이 땅에서 물로 들어갈 때처럼 직선이 아닌 꺾인 선으로 진행하듯이 일정한 각도로 굴절된다.

빛이 굴절되는 것은 매질 속에서 빛의 속도가 달라지기 때문에 일어나는 광학 현상인데, 이것은 1621년 네덜란드의 과학자 스넬(Snell)이 발견하였기 때문에 스넬의 법칙, 또는 굴절의 법칙이라고 한다. 볼록 렌즈나 오목 렌즈는 모두 빛의 굴절 현상을 이용한 것이다.

빛은 굴절율이 클수록 느리다

빛은 진공에서 가장 빠르며 물질을 통과할 때는 속도가 느려진다. 진공 중에서 빛은 1초에 지구를 7바퀴 반을 돌 수 있는 빠르기이다. 이를 정확히 나타내면 진공 중에서 빛의 속도는 299,792,458m/초이다. 빛이 진공 중을 통과할 때와 매질을 통과할 때의 속도의 비를 굴절율이라고 하는데 굴절율이 큰 물질을 통과할 때 빛의 속도는 더 느려진다.

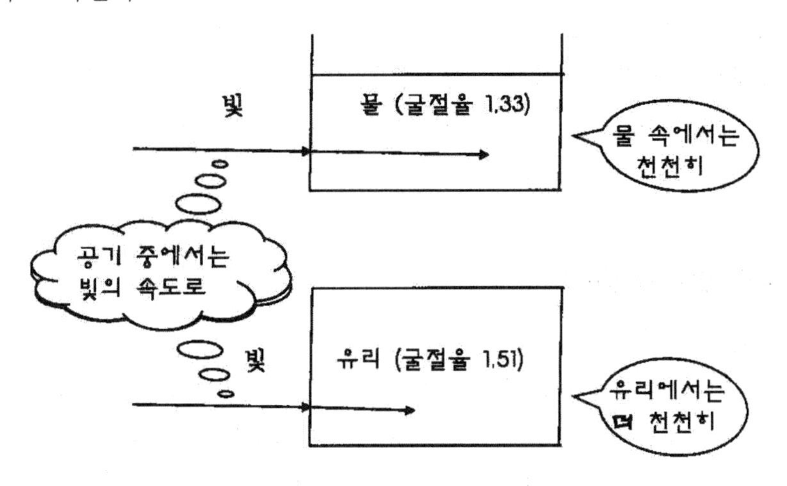

가려도 보인다

차광 막에 가려져서 보이지 않는 물체도 빛의 굴절 현상을 이용하면 보이게 할 수 있다. 예를 들어 물통의 안쪽 가장자리에 동전을 놓으면 물통에 가려져서 동전이 보이지 않는다. 그러나 물통에 물을 채우면, 동전에서 반사된 빛이 굴절되어 눈으로 들어오므로 동전을 볼 수 있게 된다.

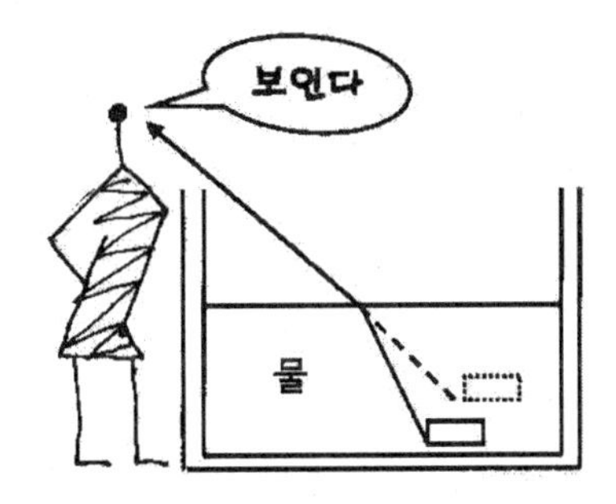

어항 속의 물고기는 커 보인다

물체의 크기는 물체의 양끝이 눈과 이루는 각도에 따라서 감지된다. 어항 속에 물고기가 들어있을 경우는 빛이 공기와 물의 경계에서 꺾이므로 물고기의 양끝이 눈과 이루는 각도는 공기 중에서 보다 더 커진다. 그래서 물고기가 어항 속에 있으면 공기 속에 있을 때보다 더 크게 보인다.

물고기는 눈이 튀어 나와서 물 속에서 잘 볼 수 있다

어떤 코미디언은 눈이 톡 튀어나와서 물고기 눈이란 별명을 가지고 있다. 실제로 물고기들은 눈이 둥글게 톡 튀어 나온 형상이다. 물고기의 둥글게 튀어 나온 눈은 빛을 많이 굴절시킨다. 따라서 공기에서보다 상대적인 굴절율이 훨씬 작은 물 속에서 눈의 수정체를 통과할 때 망막에 상이 잘 생기도록 만들어진 것이다. 즉, 수중에서 물체를 선명하게 보기 위한 메커니즘이다. 그러나 물고기는 굴절율이 작은 공기 중에서는 모두 근시안이 된다.

물안경을 쓰면 물 속이 선명하게 보인다

수영할 때 물안경을 쓰면 물 속에서 맨눈으로 볼 때보다 물체가 더 잘 보인다. 그 이유는 빛이 공기 중에서 수정체를 통과할 때의 굴절율과 물 속에서 수정체를 통과할 때의 상대적인 굴절율이 서로 다르기 때문이다. 굴절율의 크기는 공기, 물, 수정체의 순서로 점차 커지므로 수정체에서 빛의 상대적인 굴절율은 물 속에서 보다 공기 중에서 더 크다. 따라서 공기 중에서 수정체를 통과하여 뒤 쪽의 망막에 초점을 맺게 될 때 선명한 물체를 볼 수 있는 사람은 물 속에서 물체를 보는 경우는 원시안처럼 망막 뒤쪽에 물체의 상이 생기므로 선명하게 물체를 볼 수 없다. 그런데 물안경을 쓰면 공기 층을 통하여 수정체를 통과하므로 물 밖에서 보는 것과 같이 물체의 상이 망막에 정확하게 생기므로 선명한 물체를 볼 수 있게 된다. 그러나 망막의 앞쪽에 상을 맺는 근시안인 경우는 물 속에서 물체의 상을 뒤로 밀어서 망막에 초점을 맺게 하므로 물안경을 쓰지 않으면 공기 중에서 보다 물 속에서 오히려 더 잘 볼 수 있다.

어린이들은 신을 반대로 신는다

우리 눈에 비쳐지는 물체는 위, 아래가 뒤집혀진 상태로 망막에 상이 형성된다. 그러니까 우리는 항상 뒤집혀진 물체의 모습을 보는 셈이다. 어려서부터 이러한 영상에 익숙한 사람들은 점차 뒤집혀진 상이 올바른 것으로 인식하게 되므로 우리는 똑바로

선 물체를 본다고 생각한다. 그러나 세상 경험이 없는 어린이들은 눈에 거꾸로 비치는 도립상이 옳은 것으로 생각한다. 그래서 어린이들은 엉덩이를 치켜들고 다리 사이로 거꾸로 세상보기를 하는 경우가 많다.

어린이들이 이런 자세를 취하면 아우를 본다고 나이든 어른들은 말하는데 이 때가 두 세살 무렵이므로 동생이 생길 나이이기 때문에 생긴 말이다. 또한 어린이들이 신을 신을 때는 왼쪽과 오른쪽을 바꾸어서 신는 경우가 많은데 이것도 상이 뒤바뀌어 형성되기 때문이다.

렌즈

빛이 균일한 매질을 통과할 때는 직진하지만 밀도가 서로 다른 매질을 통과할 경우는 휘어진다. 따라서 공기에서 빛은 직진하지만 유리를 통과할 때는 꺾이게 된다. 이러한 성질을 이용하면 빛을 한 점에 모이거나 퍼지게 하는 렌즈를 만들 수 있다. 렌즈는 유리면을 볼록 또는 오목한 형태의 구면으로 연마하여 빛의 진행 방향을 변화시켜 주는 역할을 한다.

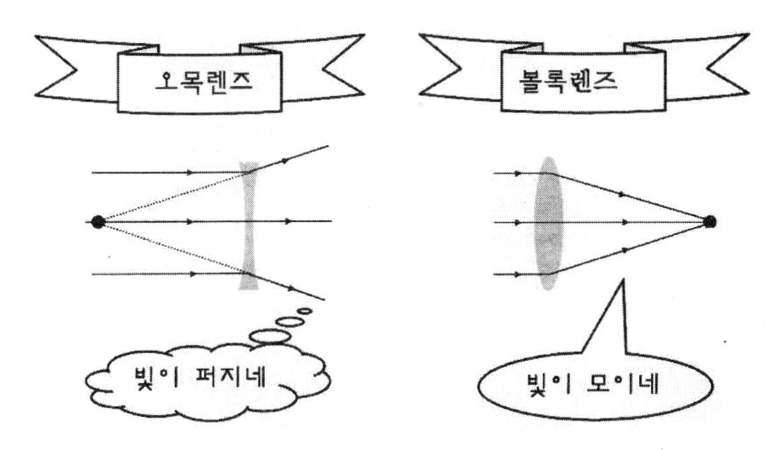

안경을 끼고 꿈을 꾸는 슈베르트

슈베르트는 항상 안경을 끼고 있었다. 그는 꿈이 보이지 않을까봐 잠을 잘 때도 안경을 벗지 않았다고 한다. 안경에 대한 최초의 기록은 수도사 로저 베이컨에 의해서 작성되었다. 13세기 중엽 몽고를 여행했던 영국의 수도사 루브룩은 몽고인들이 수정을 갈아 만든 렌즈를 거북의 등껍질로 만든 줄에다 매달아 쓰고 다니는 것을 보았다. 귀국한 후 그는 동료였던 로저 베이컨과 수정 안경에 대해 오랜 시간 이야기를 나누었고, 그로부터 몇 년 뒤에 로저 베이컨은 자신이 쓴 책에 볼록렌즈의 그림을 그려놓았는데 이것이 안경에 대한 최초의 기록이다.

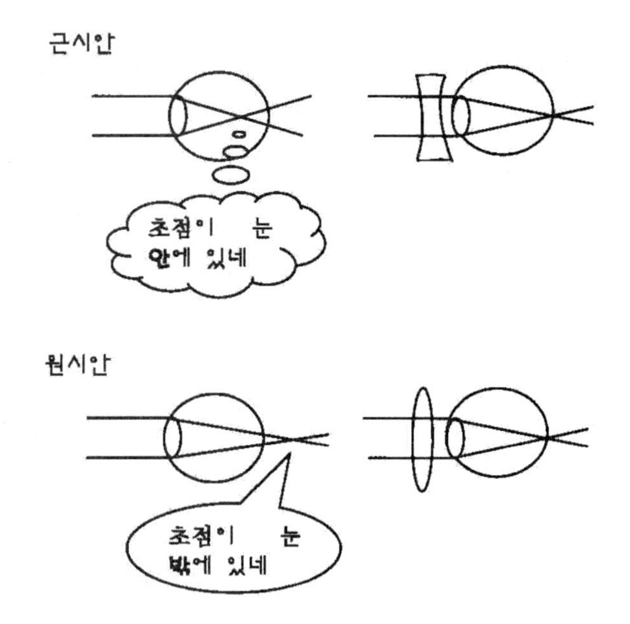

전반사

빛이 물에서 공기로 들어가는 경우처럼 굴절율이 큰 매질에서 작은 매질로 입사할 때, 어떤 특정한 각도보다 큰 각도로 입사하면 빛은 굴절하지 않고 굴절율이 큰 매질로 모두 반사되는데 이러한 현상을 전반사라고 한다. 전반사는 매질의 밀도가 클수록 작은 입사각에서 일어난다. 광섬유를 이용한 통신은 전반사의 대표적인 응용의 한 예이다. 빛이 굴절율이 큰 매질에서 작은 매질로 입사하는 경우에는 입사각보다 굴절각이 더 커지는데, 이 때 굴절각이 90˚일 때의 입사각을 임계각이라 한다. 그리고 임계각보다 큰 입사각으로 입사된 빛은 굴절되지 않고 모두 반사되며, 이를 전반사라고 한다.

물고기가 보는 물 밖 풍경

물 속에서 물 밖을 비스듬하게 쳐다볼 때는 전반사가 일어나므로 물고기의 눈에는 물 속에 있는 물체가 반사된 것의 모습만 보이고 물 밖은 전혀 보이지 않는다. 그러나 고개를 쳐들고 점차 윗쪽을 쳐다 보면 빛이 굴절되어서 비쳐지는 물 밖의 영역을 볼 수 있다. 따라서 물고기는 우리가 예상하는 것보다 더 넓은 영역의 물 밖 풍경을 보게 된다.

다이아몬드가 반짝이는 까닭은?

다이아몬드는 천연의 투명석 중에서 굴절율은 2.4로 최대이고, 임계각은 24°로 최소이다. 따라서 다이아몬드에 입사된 빛은 다이아몬드 안에서 여러 번 전반사를 한 후에 빠져 나온다. 그래서 적은 양의 빛이 들어가더라도 다이아몬드는 반짝반짝 빛이 난다. 다이아몬드가 더 반짝이게 하기 위해서는 전반사의 원리를 이용한 커트 비율을 적당히 해야 하는데, 그러기 위해서는 다이아몬드의 두께가 대단히 중요하다. 두께가 너무 얇으면 빛은 다이아몬드를 그냥 투과하며, 너무 두꺼우면 반대쪽 면을 통과하여 옆으로 분산된다.

따라서 다이아몬드의 커트 비율이 상호 균형을 이루어 빛이 내부의 한 면에서 다른 면으로 내부 반사되어 다시 위쪽으로 분산되도록 다이아몬드의 두께를 알맞게 연마해야 한다. 전문용어로는 브릴리언트 컷이라 부르는 형태로 원석을 가공하여 윗면에는 33개, 아래면에는 25개의 면이 있도록 한다. 이렇게 깎인 면에서는 다이아몬드 속으로 들어온 빛의 대부분이 전반사되어 나가므로 대단히 반짝인다.

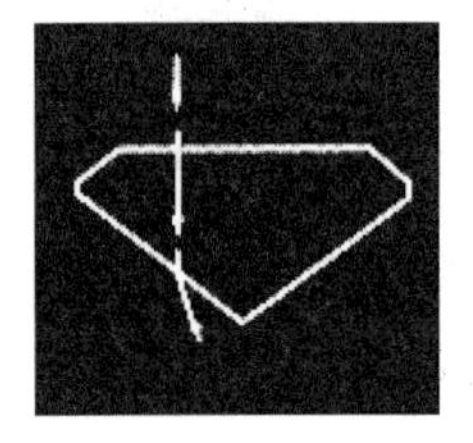
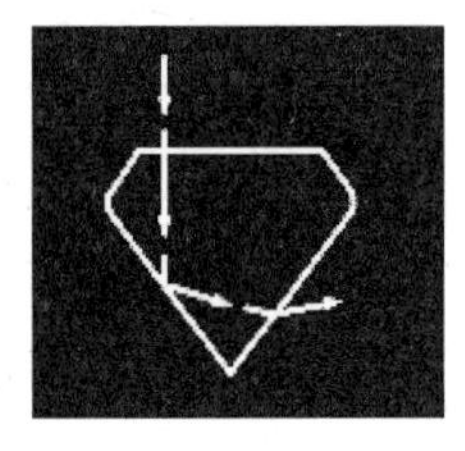
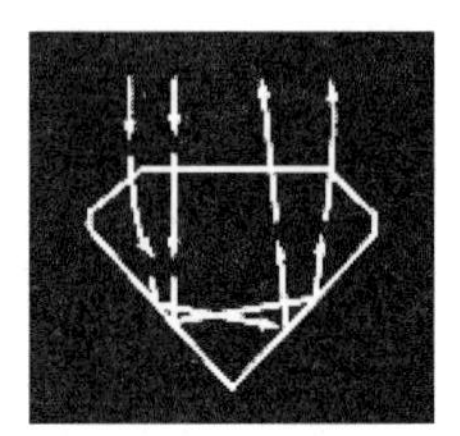

광섬유

광섬유는 전반사를 이용해 빛이 임의의 방향으로 꺾일 수 있게 하여줌으로써 원하는 곳에 빛을 전송하여 준다. 일반적으로 광섬유는 굴절율이 높고 유연성이 풍부한 석영계 유리섬유인 코어의 겉에 굴절율이 낮은 클래딩으로 덮어 싼 구조이다. 광섬유에 빛을 입사시키면 빛은 광섬유 속에서 전반사가 반복되어 중계기 없이도 30~50km나 되는 먼 지점까지 전송될 수 있다. 특히 광섬유는 파장이 짧은 빛을 전송하므로 전기신호를 전송하는 일반 구리 전선보다 수백만 배 이상의 대량 정보를 동시에 전달할 수 있어 IT 시대가 가능하게 되었다.

또한 가느다란 유리로 만든 광섬유는 원하는 대로 빛의 방향을 바꾸어줄 수 있으므로 조명기구에 많이 사용되며, 의료분야에서는 위 내부를 촬영하는 내시경으로도 많이 사용되고 있다.

분산

우리는 서로 다른 무지개를 보고 있다

비가 내린 후 맑게 갠 하늘을 올려다보면 하늘을 일곱 가지 빛깔로 아름답게 수 놓은 무지개를 발견할 수가 있다. 무지개는 하늘에 걸린 활처럼 생겼다고 해서 천궁(天弓)이라고도 하는데, 우리가 움직이면 함께 움직인다. 이는 빗방울과 태양과 사람의 눈이 일정한 각도를 유지해야만 볼 수 있기 때문이며, 우리가 결코 무지개에 가까이 접근할 수 없다는 것을 의미한다. 그래서 아무리 해도 얻을 수 없는 것을 나타낼 때 '무지개 끝에 있는 금 항아리를 찾아간다'는 표현을 쓰기도 한다.

아침 무지개는 서쪽에 뜨고 저녁 무지개는 동쪽에 뜬다

아침에는 무지개가 서쪽에 뜨고 오후에는 동쪽에 뜨게 된다. 그래서 무지개를 보려면 태양을 등지고 보아야 한다. 무지개는 지면에 가려져서 항상 반원 같은 모양이지만 비행기를 타고 하늘 높이 올라가면 원 전체 모양의 무지개가 된다.

서쪽에 무지개가 서면 소를 강가에 매지 마라

우리 나라는 편서풍대에 자리잡고 있어 구름이 동쪽으로 이동하는 특성이 있다. 따라서 서쪽에 있던 비구름이 다가오면 비가 내려

강물이 불어날 위험이 있다. 그래서 이를 예측한 경험적인 일기예보로 "서쪽에 무지개가 서면, 소를 강가에 매지 말라"는 속담이 있다. 이처럼 무지개는 물방울을 몰고 다니는 비와 관련돼 있다.

무지개를 볼 수 있을 때는 비가 내린 후 맑게 개어 햇빛이 물방울을 비칠 때 관찰자는 태양을 등지고 있어야 한다. 아침이나 저녁 때처럼 태양의 고도가 낮을 때 특히 잘 보이며, 한낮처럼 태양의 고도가 너무 높으면 무지개의 중심이 지표보다 낮아지기 때문에 아주 짧게 보이거나 거의 보이지 않는다.

해가 질 때, 태양의 고도가 낮아지면 해가 점점 지는 것과 반대로 무지개는 점점 떠오른다. 제주도의 정방폭포에서 맑은 날이면 하루 종일 무지개를 볼 수 있는 이유는 바로 정남향의 위치 때문이다. 관광객들은 해를 등지고 서서 부서지는 물방울 속에서 만들어지는 무지개를 언제라도 감상할 수 있다. 이렇듯 무지개는 햇빛의 고도, 관찰자의 위치, 무지개까지의 거리에 따라 그 모습이 다양하다.

물 속에서는 색깔에 따라 빛의 속도가 다르다

빛은 진공에서 가장 빠르게 진행할 뿐 아니라 무슨 색깔의 빛이든 똑 같은 빠르기로 전달된다. 그러나 물 속에서는 파장이 짧을수록 속도가 더 느려지므로 보라색이 가장 느리다. 이와 같이 빛의 색깔에 따라 속력이 다른 이유는 매질에서 진동하는 전자의 고유 진동수에 가까운 진동수의 빛일수록 빛 에너지가 그 매질의 전자 사이에서 흡수와 방출이라는 과정을 통해 더 많은 상호작용을 겪기 때문에 느리게 진행한다.

대부분의 투명한 매질의 고유 진동수는 자외선 영역이기 때문에 가시광선 중에서도 높은 진동수의 빛이 낮은 진동수의 빛보다도 더 느리게 진행한다. 이와 같이 물 속에서는 보라색이 가장 많이 굴절을 하고 빨간색이 가장 적게 굴절을 한다. 따라서 햇빛이 물방울을 통과하면 무지개 색으로 분산된다.

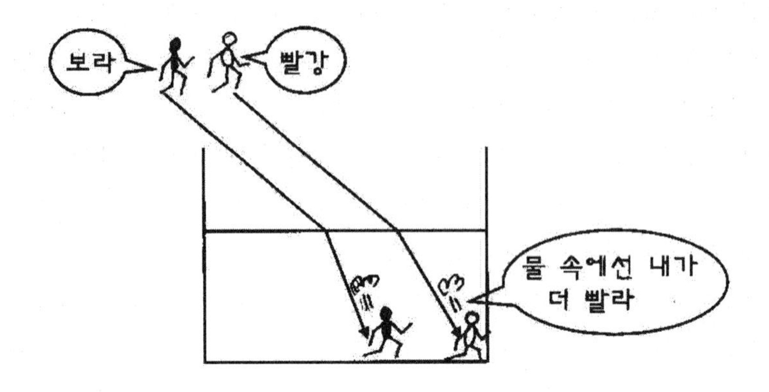

두 번의 굴절과 한 번의 반사

하얀 햇빛을 일곱 가지 색깔로 보이게 해주는 것은 공중에 떠 있는 무수히 많은 작은 물방울들에 의해 빛이 분산되기 때문이다. 햇빛이 물방울 속으로 들어가면 공기와 물방울의 경계면에서 굴절하므로 빛의 경로는 꺾인다. 이 때 색깔 별로 꺾이는 정도가 다르므로 빛이 분산되는데, 보라색이 가장 크게 꺾이고 빨간색이 가장 작게 꺾인다. 이어서 물방울 속에서 전반사한 후 물방울 밖으로 나오면서 공기와의 경계면에서 두 번째로 굴절이 일어나 파장에 따라 다른 각도로 또 한번 꺾이게 된다.

따라서 두 번째 굴절에서는 첫 번째 굴절을 통해 이미 만들어진 분산이 더욱 확대되어 나타난다. 결국 물방울을 통과한 빛 중 파장이 긴 빨간색 쪽은 굴절이 작게 되어서 입사광선과 큰 각도(42°)를 이루면서 진행하고, 파장이 짧은 보라색 쪽은 굴절이 더 크게 되어서 작은 각(40°)을 이루면서 진행한다. 이와 같이 햇빛은 수없이 많은 물방울에서 일어나는 두 번의 굴절과 한 번의 반사에 의해 분산되어 우리 눈으로 들어온다.

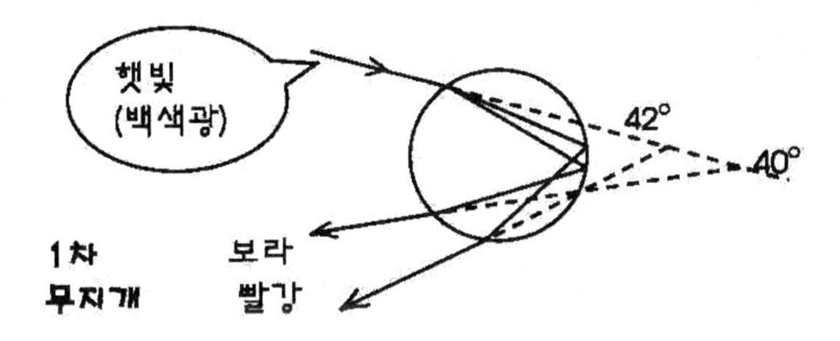

무지개의 색

지표면에 있는 우리는 눈으로 들어오는 빛을 보게 되는데, 빨간색은 아래 방향으로 큰 각도를 이루므로 더 높이 있는 물방울에서 굴절된 빛이 우리 눈으로 오고, 보라색은 더 낮은 물방울에서 눈으로 들어오게 된다. 그리하여 무지개의 바깥쪽은 빨간색, 안쪽은 보라색으로 보이게 된다. 관찰자는 특정한 위치에서 하나의 물방울로부터는 하나의 색깔만을 보게 된다. 만일 어떤 하나의 물방울로부터 나온 보라색 빛이 우리 눈에 들어오면 같은 물방울에서 나온 빨간색 빛은 우리 눈보다 아래쪽을 비추게 된다. 따라서 빨간색 빛을 보려면 하늘에 더 높이 떠 있는 물방울을 봐야 한다.

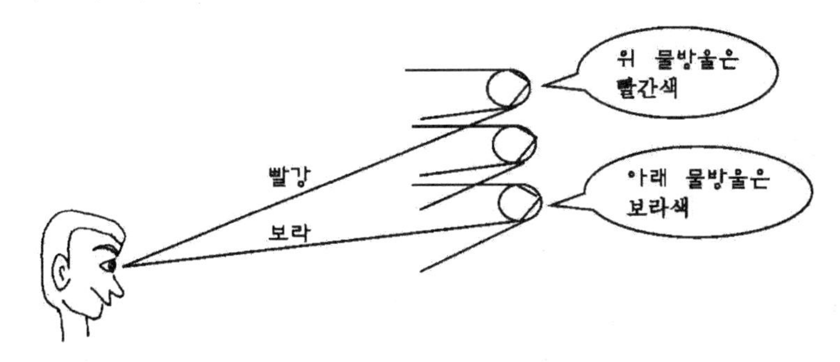

무지개는 왜 둥글까

물방울에 의해서 빛이 굴절되어 무지개가 생기는데 우리의 눈이 태양과 물방울이 있는 지역 사이에 있다면 무지개는 물방울 지역을 통과하는 3차원 원뿔 형태이다. 보라색은 40°로 분산되므로 물방울로부터 40°를 이루는 원호를 따라서 보면 어디서나 보라색이 보인다. 마찬가지로 빨간색은 42°로 분산되므로 이 각도를 이루는 원호를 따라가면 어디서나 빨간색이 보인다. 그리고 나머지 무지개색들은 40°와 42° 사이에 분포한다.

이와 같이 빛을 분산시켜 주는 모든 물방울은 원뿔형 안에 있으므로 무지개는 둥글게 보이는데, 조금 꺾이는 빨간색이 맨 위에 보이고 많이 꺾이는 보라색이 아래에 보이며 나머지 색은 빨간색과 보라색 사이에서 볼 수 있다.

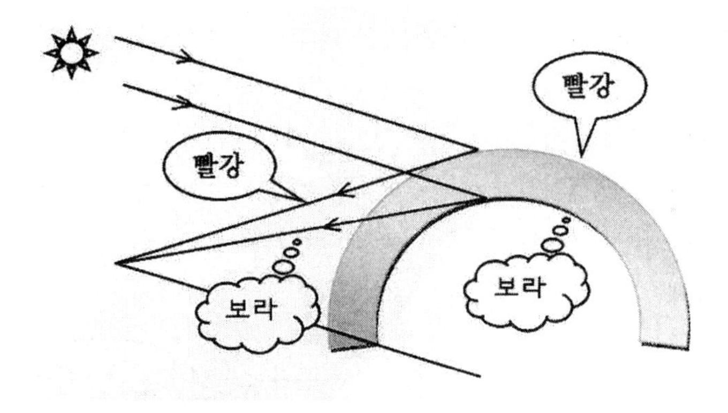

쌍무지개

물방울의 크기가 크면 빛을 모으는 양도 크므로 선명한 무지개가 생기며 이 때는 쌍무지개를 볼 수 있다. 쌍무지개의 안쪽에 있는 무지개를 1차 무지개, 바깥쪽을 2차 무지개라고 한다. 1차 무지개의 경우 햇빛과 물방울 사이의 각도가 빨간색인 경우 42°, 보라색인 경우 40°인데 반해 쌍무지개에서 나타나는 2차 무지개는 빨간색이 51°,

보라색이 54°이다. 따라서 1차 무지개와 2차 무지개 사이의 간격은 크게 벌어져 있고, 2차 무지개의 폭이 더 넓다는 것을 알 수 있다.

또한 2차 무지개는 물방울 속에서 두 번 반사하기 때문에 한 번 반사한 1차 무지개와는 대칭적으로 1, 2차 무지개의 색깔은 서로 반대 순서로 나타난다. 그리고 2차 무지개 생성시 햇빛은 물방울 속에서 두 번 반사되면서 빛의 양이 감소되어 1차 무지개보다 훨씬 희미하다. 그러므로 쌍무지개는 관찰되지 않는 경우가 많다.

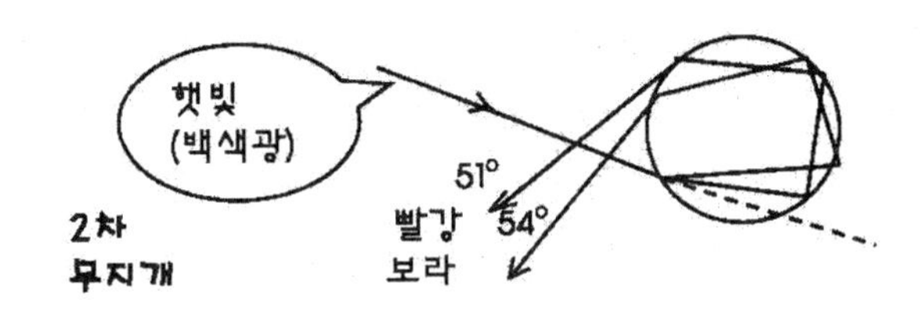

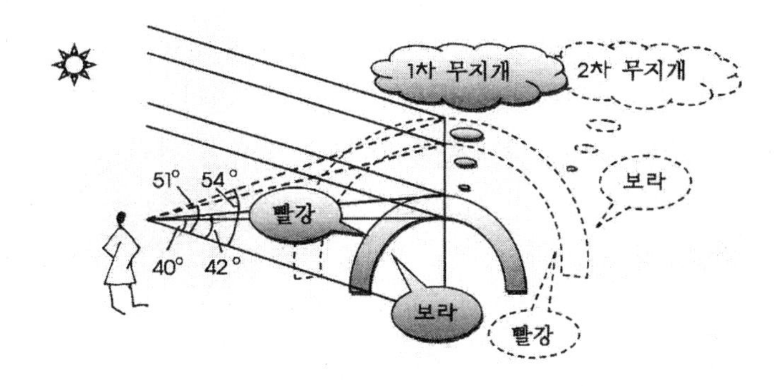

나만의 무지개

무지개가 아름다운 색으로 보이는 것은 백색의 햇빛이 동그란 물방울에 입사하여 서로 다른 각도로 굴절되고 전반사를 거쳐서 물방울 밖으로 나오면서 다시 굴절되어 일곱 가지 색깔로 나누어지기 때문이다. 물방울이 많이 있으면 이런 효과는 증폭되어 하늘을 배경으로 거대한 반원형의 무지개를 만든다. 실제로는 이 원은 관측자의 눈 바로 앞에서부터 아주 멀리까지의 물방울에서 나오는 빛이 겹쳐서 상당한 깊이를 가지고 있으나 항상 같은 방향이어서 그저 멀리 있는 반원으로 보이는 것이다.

비록 모든 물방울들이 분산되어 스펙트럼 전체 빛깔을 만들지만 물방울은 대단히 작으므로 관찰자는 한 물방울에서 한 가지 빛깔밖에 볼 수 없다. 한 물방울에서 나온 보라색 빛이 눈에 들어왔다면 같은 물방울에서 나온 빨간색 빛은 다른 쪽을 향하게 되므로 많은 사람들이 모여서 무지개를 구경하더라도 모든 사람들이 동일한 무지개를 관찰하는 것이 아니라 각자 자기만의 무지개를 관찰하게 된다.

태양이 관찰자의 뒤쪽에 있고 빗방울들이 앞에 놓이면 햇빛이 42° 각도로 비치는 곳에 무지개가 나타난다. 따라서 나에게 무지개가 보인다고 멀리 떨어진 곳에 있는 사람에게도 무지개가 보이는 것은 아니다. 그리고 내가 바라보는 무지개는 내 옆에 있는 사람이 보는 무지개와는 다르다. 우리는 각자만의 무지개를 바라보고 있다. 왜냐하면 각각의 물방울에서 반사되어 온 한 가지씩의 색이 모여 우리 눈에 들어오기 때문에 다른 사람에게는 다른 물방울에서 반사된 빛이 그 사람의 눈 속으로 들어간다. 그러므로 여러 사람이 함께 무지개를 바라보고 있다 해도 엄연히 서로 다른 무지개를 보고 있는 것이다.

수수께끼

- 개 중에 가장 아름다운 개는? ································· 무지개

달리기 시합을 하면 멀리 갈수록 점차 벌어진다

달리기 시합을 하면 처음 출발할 때는 모든 사람이 같은 출발선상에 있으나 시간이 경과함에 따라 잘 달리는 선수와 못 달리는 선수의 차이는 크게 벌어진다. 이와 같이 원래부터 가지고 있는 특성의 차이에 따라 구분이 되는 현상을 분산이라고 한다. 이러한 분산은 빛이 입사하는 물질의 종류에 따라 다르게 나타난다.

빛의 분산과 스펙트럼

빛의 속도는 진공 중에서는 파장에 관계없이 일정하나 유리나 물 등의 매질에서는 파장에 따라 다르다. 즉, 여러 가지 파장으로 이루어진 백색광이 진공으로부터 매질 속으로 진행하면 파장의 성분에 따라 빛의 속도가 서로 달라지므로 굴절 현상이 일어난다. 즉, 매질을 통과하는 빛의 속도는 파장에 따라 다르므로 매질의 굴절율도 파장, 즉 색깔에 따라 다르다. 이와 같이 투명한 매질에서는 진동수에 따라 빛의 속도가 다르므로 물질의 경계면에서 서로 다른 각도

로 굴절된다.

여러 가지 파장이 섞여 있는 햇빛을 프리즘에 통과시키면 파장이 다른 빛은 굴절각이 다르기 때문에 서로 다른 방향으로 진행하게 된다. 이때 파장이 짧은 빛이 굴절율과 굴절각이 더 크다. 예를 들어 보라색은 파장이 짧기 때문에 굴절각이 커 진행 방향이 크게 꺾이고, 빨간색은 파장이 길기 때문에 굴절각이 작아 작게 꺾인다. 이와 같이 프리즘에 의해 여러 색깔의 빛으로 나누어지는 현상을 빛의 분산이라고 하며, 분산된 빛의 띠를 스펙트럼이라 한다.

자연 현상에서 볼 수 있는 빛의 분산으로서는 비가 온 뒤 하늘에서 보이는 무지개가 있다. 무지개는 공중에 떠 있는 작은 물방울에 의해 햇빛이 분산하여 생기는 현상이며, 이 때 물방울이 프리즘 역할을 한다. 따라서, 무지개를 달리 해석하면 공중에 떠 있는 수많은 작은 물방울들이 프리즘 역할을 하여 햇빛이 분산되어 나타나는 현상이라고 할 수 있다.

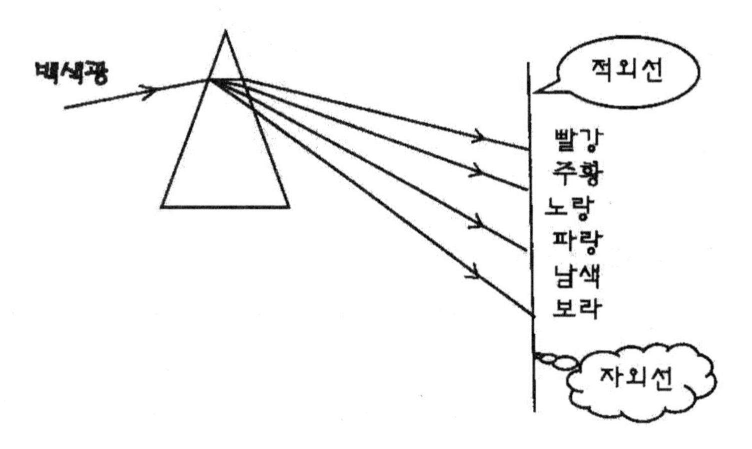

다이아몬드의 색

다이아몬드는 빛을 잘 굴절, 분산시키는 능력을 가지고 있어서 보는 각도에 따라 색이 현란하게 달라 보인다. 햇빛이 다이아몬드 속으로 입사해 들어가면 색깔에 따른 굴절률의 차이로 햇빛은 다이아몬드 속에서 여러 색으로 퍼지게 된다. 따라서 다이아몬드를 가장 아름답게 빛나게 하기 위해서는 다이아몬드 표면으로 들어간 광선이 잘 분산되어 여러 색깔로 나뉘어지고, 이 분산된 색깔들이 밖으로 빠져나오지 않고 여러 번 전반사되도록 하여야 한다.

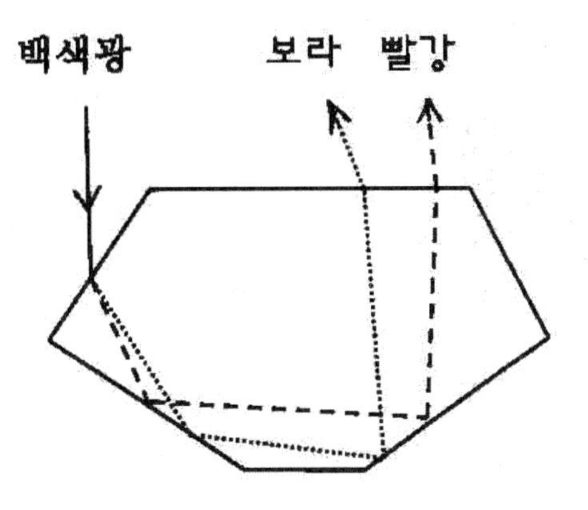

레일리 산란

먼 산은 푸르게 보인다

가까이 있는 산은 초록색이지만 멀리 있는 산은 푸른색으로 보인다. 심지어는 단풍이 울긋불긋하게 든 산도 멀리서 보면 단순히 푸르게 보인다. 이는 거리가 가까울 때는 산에서 반사된 빛이 공기를 통과하여 우리 눈에 도달하는 거리가 짧아 모든 색이 다 보이지만, 거리가 멀어질수록 더 많은 공기를 통과한 빛이 눈에 들어오게 되므로, 여러 가지 색들 중에서 파란 빛이 가장 많이 산란되어 먼 산은 푸르게 보이는 것이다. 호주에 있는 블루마운틴(Blue Mountain)

은 가까이에서도 푸르게 보이는데 이 산에는 코알라가 즐겨 먹는 유칼립투스라는 나무에서 발생된 휘발성 물질이 온 산을 뒤덮고 있어서 산란을 많이 일으키므로 푸르게 보인다.

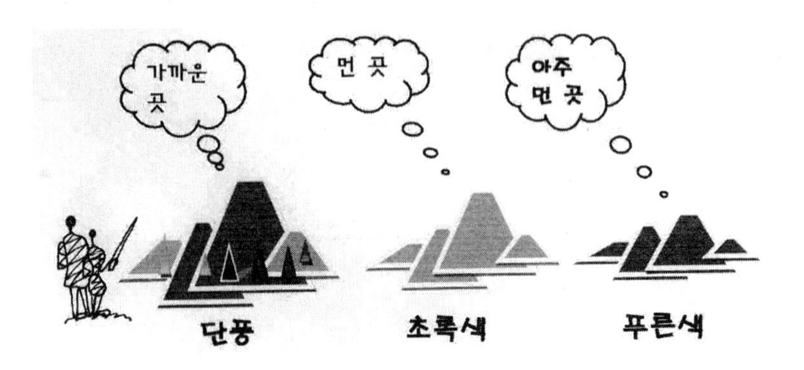

하늘이 파란 것은 공기가 있기 때문이다

파란 하늘을 배경으로 저녁 노을이 빨갛게 지는 모습은 지구 어디에서나 볼 수 있는 아름다운 풍경이다. 하늘은 왜 푸른가 하는 것은 오랜 옛날부터 많은 사람들이 궁금하게 생각해왔으며, 1871년 영국의 레일리 경(Lord Rayleigh)이 빛의 산란 이론을 바탕으로 해서 하늘이 푸른 이유를 처음으로 설명했다. 그의 이론에 의하면 대기 중의 공기 분자와 미세한 먼지는 다른 색에 비해 푸른 빛을 많이 산란시키므로 하늘이 푸르게 보인다.

전자기파의 산란

빛은 진동하는 전자기장을 가지고 있는 전자기파이다. 전자와 원자핵으로 구성되어 있는 원자에 빛이 입사되면 전자기장은 가벼운 전자를 진동시킨다. 전자가 진동을 하게 되면 그 진동수에 해당되는 전자기파가 발생되므로 입사된 빛은 원래의 진행 방향뿐 아니라 사방으로 퍼져 나간다. 이 현상을 전자기파의 산란이라고 부른다.

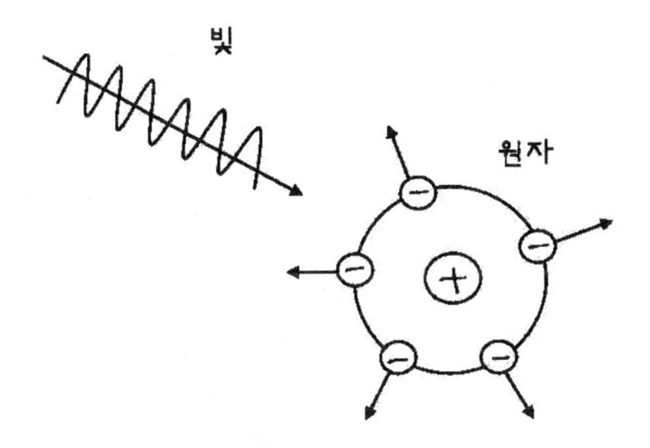

레일리 산란과 틴들 현상

산란 현상은 산란되는 빛의 파장과 산란을 일으키는 입자의 크기와 관계가 있다. 산란 현상에 대한 레일리의 이론에 의하면, 대기 중에서 빛이 아주 작은 입자를 통과할 때 생기는 산란의 세기는 파장의 네 제곱에 반비례한다. 따라서 하늘이 푸른 이유는 햇빛이 대기 중을 통과할 때 짧은 파장의 파란색 빛이 대기 중의 산소와 질소 분자들에 의해 더 많이 산란되기 때문이다. 즉 파장 700nm의 빨간색 빛은 파장 400nm인 보라색 파장의 약 1.8배이니까 빨간색 보다 보라색의 산란율은 $(1.8)^4$배, 즉 6배 가량 크기 때문에 푸른 빛이 더욱 강해지는 것이다.

또한 영국의 틴들(Tyndall)은 대기 중의 미립자에 의한 빛의 산란 현상으로 하늘이 푸른 까닭을 설명하려는 구체적인 실험을 하였다. 그는 유기물질에 빛을 쏘는 다양한 실험을 통해서 대단히 작은 입자에 대해서는 푸르게 보이며, 그 색은 입자의 크기에 의존한다는 틴들 현상을 발견하였다.

산란은 광학적 공명현상

산란 현상은 빛이 원자, 분자, 미립자와 충돌하면서 속박전자에 에너지를 주면, 전자가 진동하면서 잠시 들뜬 상태가 되었다가 다시 바닥 상태로 되면서 에너지를 사방으로 방출하는 현상이다. 즉, 소리굽쇠가 자신의 고유진동수와 같은 진동수를 가진 음이 다가왔을 때 소리를 내는 공명 현상과 흡사하다. 만일 특정한 진동수의 소리가 유사한 고유진동수를 가진 소리굽쇠 쪽으로 발사되면 소리굽쇠는 진동을 시작하고 흡수된 소리 빔을 모든 방향으로 재 반향하게 된다. 즉 소리굽쇠는 소리 빔을 산란시킨다.

산란 매체의 진동수와 입사파의 진동수가 일치할수록 더 많은 진동과 산란이 일어나며 두 진동수가 같을 때 소리굽쇠는 진동이 최대로 일어나 공명하게 된다. 이것은 소리뿐만 아니라 빛에 대해서도 마찬가지이므로 대기 속의 입자를 작은 '광학적 소리굽쇠'라고 생각할 수 있다. 하늘이 파란 이유는 공기 중의 분자들, 주로 산소나 질소가 가시광선의 높은 주파수를 산란시키는 공명자 역할을 하기 때문이다. 공기 중의 분자가 빛의 작은 공명자 역할을 하는 것은 소리의 경우와 비슷하다.

작을수록 고유진동수가 크다

큰 종보다 작은 종이 더 높은 음을 내는 것과 같이 입자가 작을수록 고유진동수는 더 크며 산란도 잘 된다. 대기의 대부분을 차지하는 질소와 산소 분자는 전자기파 스펙트럼 중에서 자외선의 고유진동수를 가진 매우 작은 공명자(resonator)이다. 태양으로부터 오는 자외선은 대기의 질소와 산소에 의해 산란된다. 태양광선이 대기에 들어올 때 푸른 빛은 대부분 산란되고 초록, 노랑, 주황, 빨강의 순으로 산란이 적게 된다.

하늘이 파란 이유

햇빛 중에 파란색 광선은 파장이 짧고 빨간색 광선은 파장이 길다. 파장이 짧은 푸른 빛은 붉은 빛보다 6배나 더 많이 산란되어 하늘에는 푸른 빛이 훨씬 많이 들어 있으므로 파랗게 보인다.

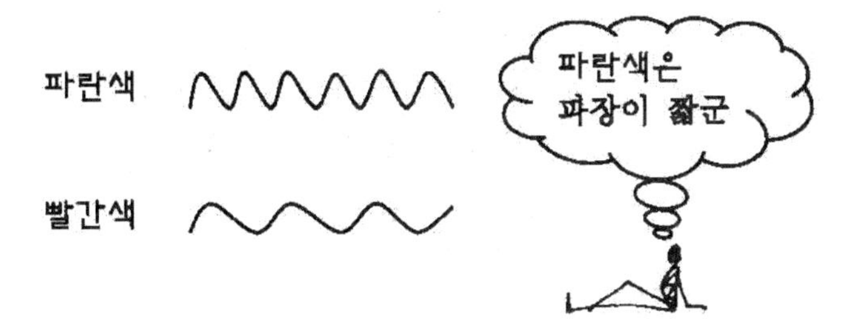

햇빛이 대기권을 통과할 때, 파장이 짧은 파란색 광선은 공기 입자와 충돌하여 가까운 데서 사방으로 퍼지고, 파장이 긴 빨간색 광선은 멀리까지 나간다.

낮에는 태양 광선이 수직 방향으로 비치므로 대기권을 조금만 통과해도 파란색 광선이 많이 산란되어 하늘이 푸르게 보인다.

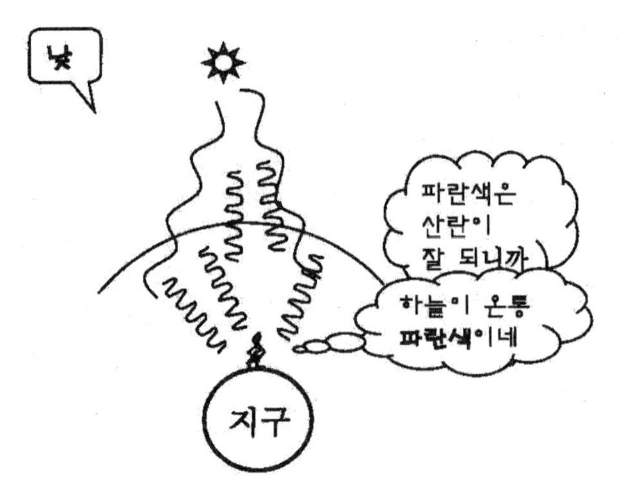

저녁 때가 되면 햇빛이 비스듬하게 비치므로 대기권을 길게 통과하여 우리들의 눈에 들어오게 된다. 따라서 파란색 광선은 사방으로 퍼지므로 멀리까지 못 가고, 먼 거리까지 진행하는 붉은 빛이 우리 눈에 들어오므로 저녁 노을이 붉게 물든다. 결국, 파란색 광선은 가까이, 적색광은 멀리까지 가는 특성 때문에 하늘색이 변하는 것이다.

가을 하늘은 더 파랗다

가을 하늘이 유난히 파란 것은, 여름철 잦은 비가 공기 중에 떠 있는 오염물질을 깨끗이 씻어 내린 데다, 수증기가 많이 포함된 축축한 공기가 선선한 바람에 밀려 사라졌기 때문이다. 심한 폭풍우 뒤에도 이러한 입자들이 씻겨 나가므로 하늘은 더 파랗게 보인다.

바다는 파랗다

바닷물이 파랗게 보이는 것은 대부분의 햇빛이 모두 투과되어 투명한 가운데 파란색이 가장 많이 산란을 일으켜서 파란색이 가장 강하게 우리 눈에 들어오기 때문이다.

한낮의 노란 태양

햇빛은 흰색에 가까운 백색광선인데 지상에 비칠 때는 공기 분자들에 의해 산란된다. 이 때 햇빛 중 파장이 짧은 파란색이 가장 많이 산란되어 하늘은 파란색으로 보이며, 태양은 원래의 흰색에서 파란색을 잃게 되어 노란색으로 보인다. 이것은 색상도에서 '흰색-파란색=노란색'과 일치한다.

석양의 붉은 하늘

해가 공중에 떠있을 때는 하늘이 파랗지만 동틀 무렵이나 석양에는 하늘이 붉거나 오렌지 색을 띠는 아침놀이나 저녁놀을 볼 수 있다. 이것은 해질 무렵과 해 뜰 무렵에는 한낮에 비해 햇빛이 대기층을 지나는 거리가 길어 파장이 짧은 보라색이나 파란색의 빛은 도중에 거의 산란되어 흩어져 버리고 산란이 적게 일어난 긴 파장의 빛이 우리 눈에 많이 도달하여 붉은색이나 주황색을 띠게 된다. 그 결과 해 뜰 무렵이나 저녁 무렵에는 붉은 빛의 노을이 생긴다.

브레이크 등은 빨간색

빨간색은 다른 색에 비해 산란이 적게 되므로 가장 멀리까지 전달된다는 사실을 이용한 것이 자동차의 뒷부분에 있는 브레이크 등이다. 붉은색 계통의 빛은 앞 차가 정지한다는 신호를 뒤따라 오는 자동차에 멀리까지 효과적으로 전달할 수 있는 것이다.

달에서는 낮에도 별이 보인다

어두운 방에서 손전등을 켜서 벽을 비치면 빛이 지나가는 궤적이 눈에 뜨인다. 벽을 향해 나아가는 빛이 방 안에서 떠돌아 다니는 작은 입자들에 의해 산란되면서 사방으로 퍼지고 그 중 일부가 눈에 들어오기 때문이다. 그런데 달에는 빛을 산란시키는 물질이 없어 파란 하늘도 볼 수 없고 빨간 저녁놀도 볼 수 없다. 심지어는 낮에도 하늘은 까맣게 보인다. 밝은 대낮에 달에서 촬영한 사진을 보면 달 표면과 지구는 밝게 보이지만 하늘은 검은색이다. 또한 달에서 활동하고 있는 우주인 사진을 보면 우주인의 모습이 밝게 보이고 달 표면에 우주인의 그림자가 비치는 대낮인데도 하늘은 검게 보인다. 이것은 달에 공기가 없어 빛이 산란되지 않아서 사진기로 들어오는 빛이 없기 때문이다. 달뿐 아니라 우주에서도 공기가 없으므로 하늘은 항상 검은색으로 보인다.

미(Mie) 산란

투명한 얼음으로 하얀 빙수를 만든다

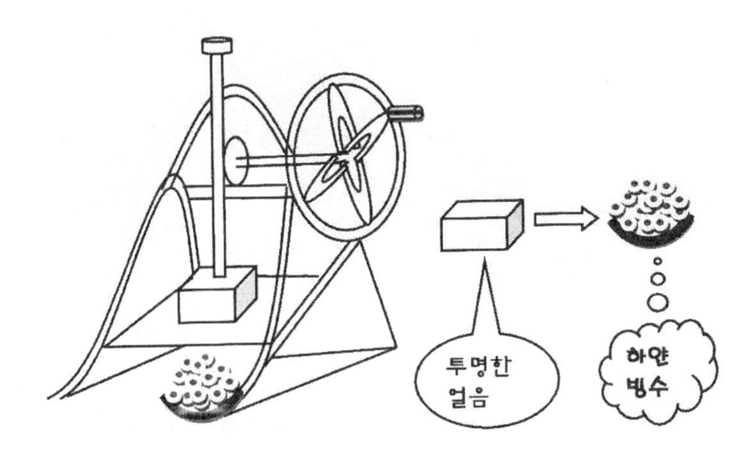

얼음 덩어리는 투명하고 무색이지만 얼음을 갈아서 만든 빙수는

불투명하고 하얀 얼음 가루이다. 이것은 얼음 가루 표면에서 빛이 산란되기 때문이다. 유리도 잘게 빻아 가루로 만들면 불투명하게 되며 흰색으로 보인다. 이것은 무색의 투명한 유리뿐 아니라 색깔을 지닌 채색 유리도 잘게 빻으면 원래의 색깔과 상관없이 흰색으로 보인다. 물질이 색깔을 나타내는 이유는 특정 파장의 빛만을 반사하기 때문인데, 가루가 되면 표면에서 모든 파장의 빛이 산란되어 자신의 고유 색깔을 잃고 흰색으로 보이는 것이다.

투명한 비닐도 여러 번 구기면 희게 보인다

가정에서 사용하는 랩이나 얇은 비닐은 빛을 모두 투과시키기 때문에 유리처럼 투명하다. 그러나 투명한 랩이나 비닐도 여러 번 구기면 희게 보인다. 이것은 구겨진 표면에서 모든 파장의 빛이 여러 방향으로 반사되기 때문이다. 특히 많이 구기면 구길수록 반사가 더 많이 일어나기 때문에 더 희게 보인다.

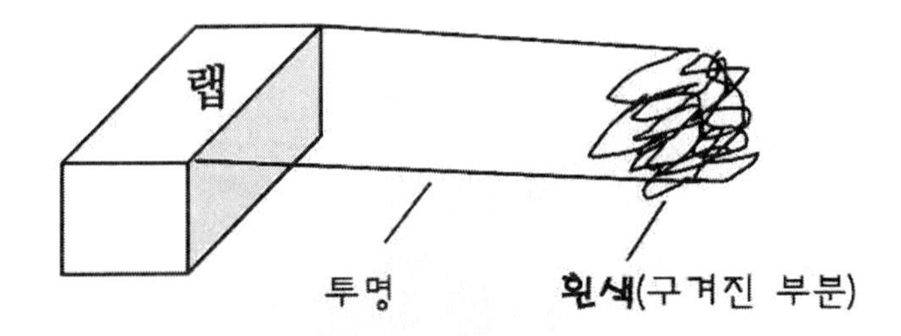

하얀 소금과 백설탕

소금이나 설탕은 투명한 물질인데도 흰색으로 보이는 것은 작은 입자들이 모여 있기 때문이다. 햇빛에 포함된 모든 파장의 빛이 소금이나 설탕을 이루는 가루에 반사되어 백색광이 되기 때문에 희게 보이는 것이다.

하얀 눈송이와 투명한 빗방울

눈과 비는 모두 물로 구성되어 있지만 눈은 흰색이고 비는 무색이다. 눈이 희게 보이는 것은 빨, 주, 노, 초, 파, 남, 보 등 일곱 가지 무지개 색으로 이루어져 있는 햇빛이 모두 반사되기 때문이다. 그러나 비는 아무 색깔이 없고 투명한데 이는 햇빛을 반사시키지 않고 모두 투과시키기 때문이다. 이와 같이 눈과 비의 색깔과 투명도를 결정하는 것은 빛을 흡수하느냐, 반사하느냐, 투과시키느냐에 달렸으며 이는 물방울의 크기에 따라 결정된다.

투명한 판유리와 하얀 유리 가루

유리가 투명하게 보이는 것도 햇빛이 유리를 투과하기 때문이다. 그런데 투명한 유리를 잘게 부수어 작은 알갱이로 만들면 불투명하고 흰 가루가 된다. 유리 알갱이 사이로 빛이 들어가는 각도가 개별 입자 별로 천차만별일 테니 반사율도 제각각 다르고 알갱이 내부로 들어간 빛은 여러 각도로 갈라져 나오면서 퍼지고 다른 알갱이에 반사되곤 한다. 이렇게 되면 알갱이가 모여 있는 부분을 빛이 그대로 통과할 수 없기 때문에 투명하지도 않고, 또한 평탄한 표면이 아니어서 맞은편에 있는 상을 비추어 주지도 못한다. 다만 여러 겹의 복잡한 반사 과정을 통해 우리가 눈으로 볼 수 있는 모든 빛이 다

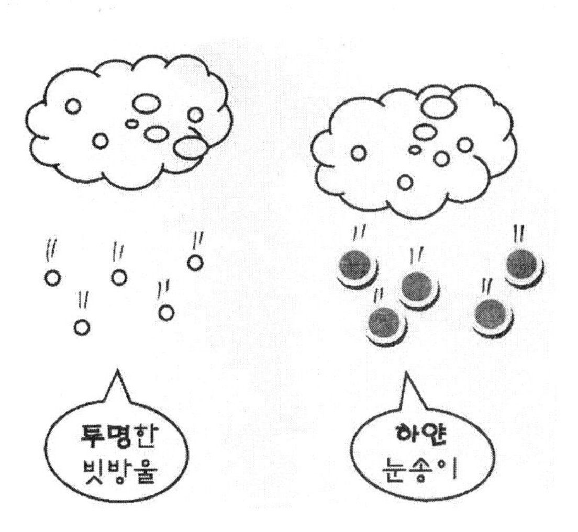

섞인 흰색이 된다.

유리에 금이 가면 금 간 부분이 하얗게 보이는 것도 이 부분에서 반사가 많이 일어나기 때문이다. 이러한 원리를 이용해서 꽃병 중에는 유리 표면에 균열을 많이 만들어 병이 반짝반짝 빛나게 만든 것도 있다. 보석도 내부에 균열이 있으면 더욱 반짝이고 아름답다. 특히 호박(amber)이나 오팔(opal)의 경우는 내부 균열이 보석의 아름다움을 더해주고 있다.

호수는 투명하고 파도는 하얗다

화학적으로는 같은 성분으로 구성되어 있는데도 잔잔한 호수의 물은 맑고 투명하여 밑바닥의 자갈이 비쳐 보이기도 하지만, 파도가 치거나 물이 해안가에서 부수어지면 흰 물거품이 일어난다. 이와 같이 똑같은 물이라고 하더라도 투명한 무색일수도 있고 불투명한 흰색일 수도 있는 것은 햇빛이 물을 투과하느냐 반사하느냐에 따라 결정된다.

호수가 투명하게 보이는 것은 햇빛이 물을 투과하기 때문인데, 이때는 호수 밑바닥에서 반사가 일어나므로 물 속에 있는 자갈이 보이기도 한다. 그리고 파도와 해안가의 물거품이 불투명하고 하얗게 보이는 것은 작은 물방울에 의해서 모든 파장의 빛이 반사되기 때문이다. 이와 같이 물체가 투명한 것은 빛이 흡수되거나 반사되지 않고 투과하기 때문이고, 하얗게 보이는 것은 반사되기 때문이다. 따라서 빛이 많이 반사될수록 물체는 더 희게 보인다.

바르는 약이나 크림 화장품은 흰색이다

산란으로 인해 희게 보이는 현상은 이외에도 많다. 바르는 약이나 크림 계열의 화장품은 대부분 흰색이다. 그 이유는 이들이 물과 기름처럼 서로 녹지 않는 액체를 잘 섞어서 균일하게 만든 에멀젼이기 때문이다. 에멀젼이 되기 위해서는 둘 중 어느 한 액체가 매우 작은 방울이 되어서 다른 액체에 고르게 퍼져야 하는데, 화장품 중에 로션이나 크림 계열은 모두 작은 기름 방울이 물 안에 퍼져 있는 에멀젼이다. 이렇게 에멀젼에 포함된 작은 액체 방울은 빛을 산란시키므로 대부분의 바르는 약이나 로션, 크림 계열 화장품은 흰색을 띠는 것이다.

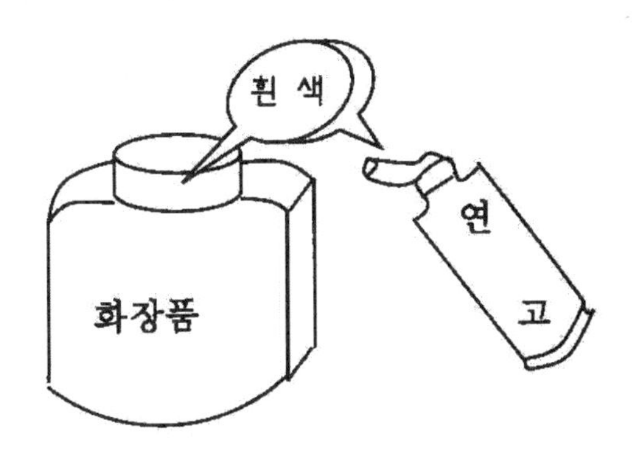

설탕물은 투명하다

설탕물이나 소금물은 물에 설탕이나 소금을 녹인 것이다. 이렇게 어느 한쪽이 녹아 들어가서 형성된 것을 용액이라고 하는데 입자가 없으므로 투명하게 보인다.

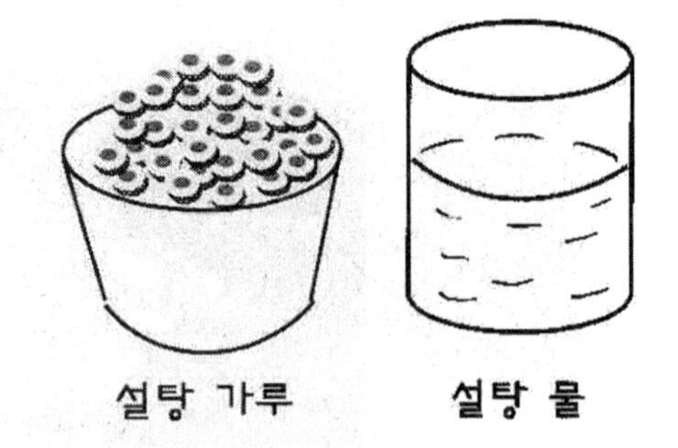

유리창에 부딪친 참새

유리가 투명한 것은 빛을 모두 투과시키기 때문이다. 빛이 투과한다는 것은 시각적으로는 빛이 지나는 도중에 아무것도 없는 것과 마찬가지이다. 그래서 참새가 유리를 못보고 실내에 있는 나무에 앉으려다가 유리창에 부딪치는 경우가 있다. 때로는 지나가던 사람이 건축 중인 건물의 유리에 부딪치는 경우도 있으므로 대형 유리에는 '유리 주의'라는 글을 크게 적어놓은 것도 흔히 볼 수 있다.

그 반면에 빛을 전부 흡수하면 빛이 없어지므로 물체는 검게 보인다. 숯이 검정색인 것은 숯이 빛을 모두 흡수하기 때문이다. 빛을 투과하지도 않고 흡수하지도 않는 대신에 모두 반사하면 희게 보인다. 그래서 솜사탕은 하얗다. 뭉게구름이 하얀 것도 빛을 모두 반사시키기 때문이다.

미(Mie) 산란

앞에서 여러 가지 예를 든 것처럼 빛을 이루고 있는 전자기파가 미세한 입자에 닿으면서 그 입자를 중심으로 주위에 퍼지는 현상을 산란이라 하는데 입자의 크기에 따라 산란되는 양상이 다르다. 원자, 분자 등과 같이 아주 작은 입자에 의한 산란의 세기는 파장의 4 제곱에 반비례하는 레일리 산란을 일으킨다. 그런데 수증기나 먼지처럼 빛의 파장에 비하여 입자가 큰 경우는 산란의 정도가 가시광선 영역 전체에 걸쳐서 동일하게 산란된다. 이는 독일의 물리학자인 미(Mie)가 밝혀냈기 때문에 '미 산란'이라 한다. 이 때는 가시광선의 모든 파장 영역에서 산란이 일어나서 여러 가지 빛이 모두 섞이기 때문에 하얗게 보인다.

공중의 흰 먼지도 걸레로 닦아내면 시커멓다

공중에 떠다니는 먼지는 햇빛이나 백열등 빛을 비치면 밝게 빛나며 이들 먼지들은 모두 흰색처럼 보인다. 이것은 먼지에서 미 산란이 일어났기 때문이다. 이 먼지들이 쌓인 곳을 걸레로 닦아 보면 시커멓게 묻어 난다. 먼지는 원래 시커먼 색이었는데 햇빛을 산란시켜 희게 보였던 것이다.

방역차의 연무

모기가 극성을 부리는 계절에는 방역차가 경유나 석유에 살충제를 섞어서 뿌리고 다니면 흰 연무가 뭉게구름처럼 퍼져나온다. 방역기에서 살충제가 흰 연기처럼 분사되는 것은 압축공기가 저장탱크의 살충제와 경유의 혼합물을 작은 알갱이로 분사시키기 때문이다.

구름이나 안개가 희게 보이는 이유

안개나 구름 입자는 빛의 파장보다 훨씬 크므로 안개나 구름에 빛이 비치면 희게 보인다. 또 대기 가운데 떠돌아다니는 작은 먼지나 미세한 물방울 등도 많아지면 하늘의 푸른색은 엷어져 흰빛을 띠게 된다.

매연이 많은 날은 하늘이 뿌연 회색으로 보이는 것은 공장에서 내뿜는 연기에 포함된 작은 알갱이나 수증기에서 미 산란이 일어나기 때문이다. 미 산란은 공기가 맑은 가을보다는 기온이 높아져 수증기가 많이 발생하는 여름에 주로 일어난다.

흰 구름

파도의 물보라는 여러 크기의 물방울로 되어 있다. 물방울의 크기에 따라 파장이 다른 빛을 산란시키는데 큰 물방울은 파장이 긴 빨간색을, 작은 물방울은 파장이 짧은 보라색을 산란시킨다. 그 결과 파도는 모든 빛을 산란시켜 우리에게는 흰색으로 보이게 된다. 빛의 모든 색을 합치면 흰색이 되기 때문이다.

구름을 이루는 물방울도 다양한 크기를 가졌기 때문에 파란색뿐 아니라 초록색, 노란색, 붉은색을 모두 골고루 산란시키므로 구름이 하얗게 보인다. 특히 맑은 날에는 구름이 아주 하얗게 보이는 것은 수증기에 의한 빛의 산란이 구름 속에서 여러 번 되풀이 되어 반사율이 100%에 가까워지기 때문이다. 이와 같이 반사면을 여러 층 겹쳐 놓은 경우에 일어나는 산란현상을 '다중산란'이라 한다. 눈이 희게 보이고 우유가 흰색으로 보이는 것도 이러한 다중산란 때문이다. 그러나 여러 번 산란되기 위해서는 빛을 잘 통과시키는 물질이어야 한다.

먹구름

물방울의 크기가 크고 두꺼우면 어두운 먹구름이 되는데 먹구름의 경우는 물방울이 커서 빛을 산란시키기보다는 흡수하기 때문이다. 자동차 배기가스의 색이 때로는 흰색, 때로는 검은색이 되는 이유도 마찬가지로 입자의 크기 분포와 관련이 있다.

도심의 수평선 근처 하늘을 볼 때 스모그 현상으로 보라색, 또는 검붉게 보이는 이유도 대기성분 중의 오염된 성분 (NOx, SOx 등)의 분자량이 크기 때문이다. 만일 산란이 여러 번 일어나도 햇빛이 많이 흡수되면 검은 잉크나 숯 덩어리처럼 검게 보인다. 이와 같이 물질의 색깔에 영향을 주는 것은 산란과 흡수가 동시에 작용되는 경우가 많으며 쳐다보는 위치에 따라 서로 다르게 보인다. 예를 들어 비행기를 타고 하늘 높이 올라가서 구름을 내려다 보면 지상에서 구름을 올려다 볼 때보다 훨씬 밝게 보인다. 또한 태양에서 멀리 떨어진 곳의 하늘은 파랗게 보이지만 태양 부근의 하늘은 더 밝고 희게 보인다.

해무리, 달무리

태양이나 달을 중심으로 하여 털층구름 얼음 알갱이가 빛을 굴절시켜 그려지는 고리가 털층구름에 나타나는 수가 있으며, 이를 해무리, 달무리라 한다. 또한 높쌘구름을 통해 태양이나 달을 보았을 때 태양이나 달의 주위가 희미한 색깔로 물들어 보이기도 하는데 이러한 현상은 구름의 물방울에 비친 태양이나 달의 광선이 여러 빛깔로 갈라지기 때문이다.

간섭

나비 날개에 숨겨진 위조지폐 방지기술

몰포(Morpho) 나비의 날개에는 파란색을 내는 색소 성분이 전혀 없지만 날개의 윗부분은 밝은 파란색으로 보인다. 그 비밀은 날개의 표면에 아주 얇은 미세한 단백질 구조가 기와지붕 같이 층층이 쌓여 있기 때문이다. 나비의 날개에서 반사된 빛은 층의 두께에 따라 간섭현상을 일으키는데 날개의 기울어진 정도에 따라서 빛의 경로가 달라지기 때문에 파란색은 보강간섭을 일으켜 잘 보이는 반면 노란색이나 붉은색 파장의 빛은 소멸간섭을 일으켜 잘 보이지 않는다. 따라서 날개가 움직일 때마다 날개에 반사된 여러 파장의 빛 중 푸른 빛만 보이게 된다.

위조지폐를 막는 장치 중 가장 강력한 방법은 보는 각도에 따라 색깔이 달라지는 색 변환 잉크를 사용하는 방법이다. 색 변환 잉크는 잉크 안에 떠있는 여러 층의 얇은 조각이 몰포 나비 날개의 간섭현상을 일으키는 단백질 구조 역할을 하여 다양한 색을 만든다. 복사기로는 단지 한 방향에서 나오는 색깔만 복사할 수 있으므로,

보는 각도를 다르게 할 때 나타나는 색깔의 변화는 복사할 수 없다. 따라서 색 변환 잉크로 인쇄된 지폐를 위조하기는 대단히 어렵다.

영롱한 색깔의 하늘소

하늘소, 딱정벌레, 풍뎅이처럼 갑옷 같은 단단한 껍질로 몸을 둘러싼 갑충류는 비단처럼 아름답고 단단한 한 쌍의 앞날개를 가지고 있는데, 보는 각도에 따라 그 빛과 색이 변한다.

이들 갑충은 표면의 큐티쿨라라는 조직에 색소가 존재하는데, 큐티쿨라는 나노미터(nm) 두께의 매우 얇은 파편이 쌓인 층과 같은 구조로 되어 있어서, 이 표면에 반사하는 빛이 간섭하여 갑충의 표피가 적색, 청색, 자색 등 다양한 색으로 빛난다. 또한 공작새와 앵무새 등의 깃털 색이 영롱해 보이는 것도 간섭현상의 결과이다.

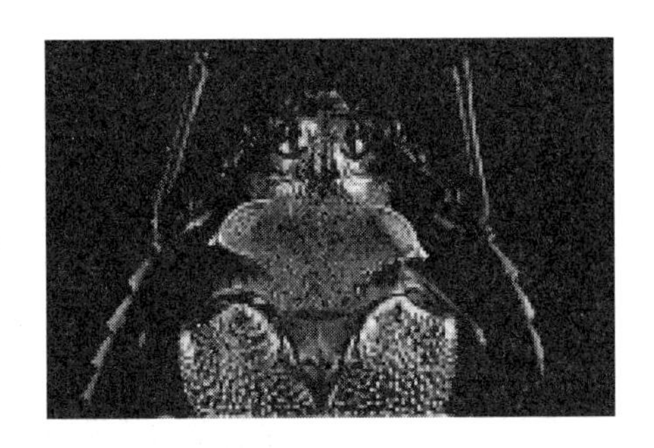

만원 권 위조지폐 방지기술

만원 권 지폐에 사용한 색 변환 잉크에는 여러 층의 얇은 조각들이 떠 있다. 이 조각은 크롬(Cr), 불화마그네슘(MgF_2), 알루미늄(Al) 층으로 이뤄졌는데 층마다 빛을 반사하는 정도가 다르다. 잉크를 통과한 빛은 여러 개의 얇은 층을 지나며 각각의 경계면에서 반사된다. 반사된 빛은 다시 잉크를 통과해 나가면서 간섭현상이 일어나는데, 이 때 보강간섭과 상쇄간섭이 일어나는 파장 영역은 불화마그네슘의 두께에 따라 결정된다. 만원 권 지폐를 위에서 똑바로 내려다볼 때는 노란색 파장이 보강간섭을 가장 크게 일으키고, 옆에서 볼 때에는 초록색 파장 영역이 강한 보강간섭을 일으키도록 불화마그네슘의 두께를 정했다. 그래서 만 원권의 뒷면 오른쪽 아랫부분에 찍힌 '10000'이라는 글자 부분을 위에서 보면 황금색으로 보이지만 옆에서 보면 초록색으로 보인다. 지폐에 색 변환 잉크를 사용하는 나라는 얇은 조각의 구조를 달리해 나라마다 다른 색깔을 띠게 한다.

빛의 간섭효과를 이용한 또 다른 위조방지 장치로, 보는 각도에 따라 다른 모양과 색깔을 보여주는 홀로그램이 있다. 만원 권 앞면에 붙은 은박지 모양의 홀로그램은 보는 방향에 따라 숫자 10000, 우리 나라 지도, 그리고 건곤감리(乾坤坎離) 4괘의 모양이 나타난다.

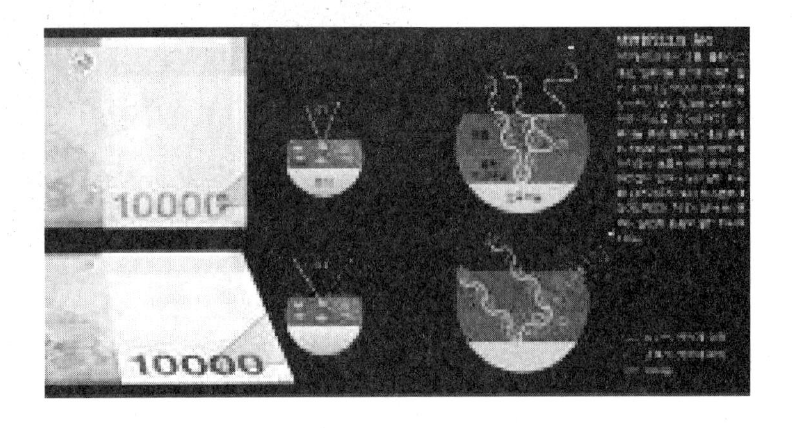

5만 원권 지폐도안에 숨겨진 기술

오만 원권 지폐에는 간섭현상이나 홀로그램 등 여러 가지 광학기술을 이용한 더욱 섬세한 위조지폐 방지기술이 들어 있다. 앞면에는 신사임당 초상이 그의 작품인 '묵포도도'(墨葡萄圖) 전도와 '초충도수병'(草蟲圖繡屛) 중 가지가 그려진 부분과 함께 실렸고, 뒷면에는 조선 중기 화가인 어몽룡의 '월매도'(月梅圖)와 이정의 '풍죽도'(風竹

圖)가 사용됐다. 위조를 막기 위해 색 변환 잉크를 사용하여 뒷면 오른쪽 액면숫자("50000")의 색상이 은행권의 기울기에 따라 녹색에서 자홍색으로 변하게 만들었다.

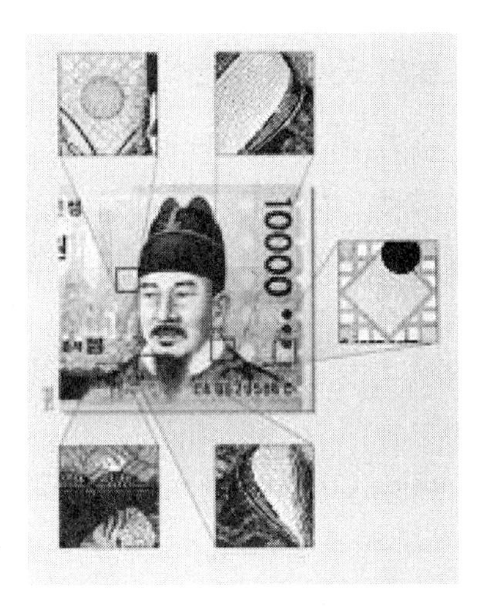

또한 보는 각도에 따라 색상이 변하는 띠 모양 홀로그램, 용지의 얇은 부분과 두꺼운 부분의 명암 차이를 이용하여 빛에 비추어 보면 인물 초상이 나타나는 숨은 그림이 있다. 이 외에도 신사임당 초상, 월매도, 문자와 숫자 등을 손으로 만져보면 오톨도톨한 감촉을 느낄 수 있는 볼록 인쇄, 인접한 잉크가 혼색되어 여러 색이 나타나는 무지개 인쇄 등 특수 인쇄 기법이 동원되어 일반인도 식별이 가능한 여러 가지의 최첨단 위조방지 기술을 적용했다.

빛의 간섭은 파동의 중첩현상

수의 계산에서 1+1=2 이다. 그러나 자연현상 중에는 1+1은 2뿐 아니라 2보다 크거나 작을 수도 있다. 이와 같이 수학적인 정답과 같지 않을 때는 무엇인가 이상이 있는 경우이다. 이러한 현상 중 하나가 간섭현상이다. 실제로 간섭이란 둘 또는 그 이상의 파동이 서로 만났을 때 중첩의 원리에 따라서 서로 더해지면서 나타나는 현상이다.

예를 들어 조약돌 두 개를 호수에 동시에 떨어뜨리면 돌이 떨어진 곳을 중심으로 두 개의 물결이 동심원을 그리며 수면파를 이루는데 두 수면파의 마루끼리 겹쳐져서 물결이 높아지거나(보강간섭), 마루와 골이 겹쳐져 물결이 낮아지는(소멸간섭) 파동의 간섭현상이 일어난다.

이와 같이 보강간섭은 파장과 진폭이 같은 두 파동이 서로 만나서 마루와 마루 또는 골과 골이 일치하면 파동의 진폭은 원래 파동의 두 배가 되고, 세기는 네 배가 된다. 이에 반해 소멸간섭은 마루와 골이 일치하여 파동의 진폭이 0이 된다.

최초의 간섭 실험을 한 영(Young)

빛의 정체가 무엇인가에 대해서는 19세기까지 의견이 분분하였다. 왜냐하면 보는 관점에 따라서 빛은 입자인 것 같기도 하고 파동인 것 같기도 하였기 때문이다. 그러다가 빛의 간섭현상이 발견되면서 빛이 파동이라는 확고한 증거가 되었다. 간섭은 같은 진동수를 가지는 두 개 이상의 파동이 한 점에서 만날 때, 그 점에서의 진동이 각각의 파동의 진동의 합으로 나타나는 현상으로서 모든 파동에 공통되는 기본 성질이다.

19세기 초, 영국의 의사이자 물리학자인 영(Young)은 스스로 고안한 실험을 통하여 빛에도 간섭현상이 존재한다는 것을 발견하였으며, 그 결과 빛은 일종의 파동이라고 확신하게 되었다. 영의 간섭실험은 평행한 단색광을 슬릿에 통과시킨 후, 이 빛을 다시 틈이 좁은 두 개의 슬릿에 통과시키고 두 슬릿을 통과한 빛이 스크린에 비치게 한 것이다. 그 결과, 스크린 위에는 명암의 무늬가 생기는 것을 관측하였다. 이 때 두 개의 슬릿을 통과한 빛은 각각 항상 일정한 위상 차를 갖고 있는 점광원으로 간주할 수 있으며, 스크린 상의 두 슬릿으로부터의 거리 차가 반파장의 짝수 배이면 두 파의 위상이 같으므로 파의 마루와 마루가 겹쳐 진폭이 커지는 보강간섭이 일어나고, 반파장의 홀수 배이면 위상이 반대이므로 마루와 골이 겹치게 되어 진폭이 줄어들어 소멸간섭이 일어난 것이다. 이 실험에서 얻어지는 명암의 무늬는 빛의 간섭을 나타내고 있는 것으로 이 무늬를 간섭무늬라 한다.

이 실험에서 단색광 대신 백색광을 사용하면 빛이 합쳐져 강해지는 곳과 약해지는 곳이 파장에 따라 다르기 때문에 스크린 상에 채색된 띠가 늘어선다. 이것은 간섭에 의한 스펙트럼인데, 간섭색이라고도 한다.

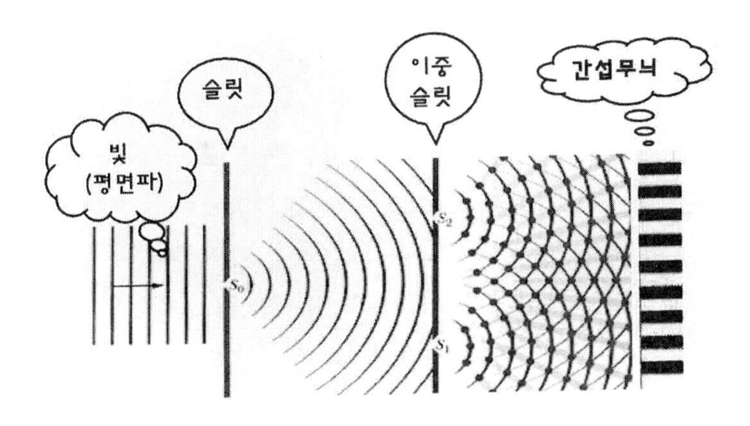

비누방울과 기름 막에 나타나는 무지개 색

아스팔트 길 위에 떨어진 기름 막에는 무지개 같은 여러 가지 색이 영롱한 무늬로 나타나고 비누방울에서도 여러 가지 색깔이 보인다. 이것은 모두 간섭현상의 결과이다. 햇빛이 비누방울에 비치면 얇은 비누 막에서 굴절하게 되는데, 파장에 따라 굴절율이 다르므로 빛의 분산이 일어난다. 각 색깔 별로 위쪽 비누 막과 아래쪽 비누 막에서 빛이 반사된다. 이 때 비누 막의 두께에 따라 각 층에서 반사된 빛의 파동이 다시 만나게 될 때는 보강간섭이나 소멸간섭을 만들어낸다.

즉 반사된 두 개의 파동이 마루는 마루끼리 만나고, 골은 골끼리 만나면 서로 보강간섭을 일으켜 더 밝은 색을 나타내게 되고, 마루와 골끼리 만나면 두 파동이 서로 상쇄하는 작용을 하여 색은 사라져버린다. 비누방울의 색깔이 알록달록하게 변하는 것은 비누 막의 두께가 고르지 않고 막의 움직임에 따라 두께도 변하기 때문이다.

기름은 장력이 아주 작으므로 물 위에 떨어뜨렸을 경우에 넓은 면적으로 퍼져나가게 되어 아주 얇은 막을 형성하게 된다. 이 막에 햇빛이 비치면 기름 막의 윗면과 아랫면에서 반사된 빛이 서로 만나 중첩이 된다. 이 때 두 빛 사이의 경로의 차이가 파장의 정수 배이면 보강간섭으로 밝아지며, 파장의 (정수+1/2)배이면 소멸간섭으로 어두워진다. 기름 막의 두께가 균일하지 않으면 보강간섭을 일으키는 색깔이 두께에 따라 다르므로 위치에 따라 서로 다른 색깔 무늬가 생긴다. 색깔 무늬가 나타나는 것은 빛의 파장이 색깔에 따라 다르고, 파장이 다른 빛들의 간섭무늬 위치가 막의 두께나 방향에 따라 달리 보이기 때문이다. 백색광에서 나오는 빛은 흰색이지만 여러 파장의 빛이 섞여 있는 상태이기 때문이며 이것을 사용한 간섭무늬는 아름답게 채색되어 나타난다.

햇빛 대신에 단색광을 얇은 비누방울이나 기름 막에 비쳐주면 여러 가지 색깔이 나타나는 대신에 간섭현상에 의해서 명암의 줄무늬가 나타난다.

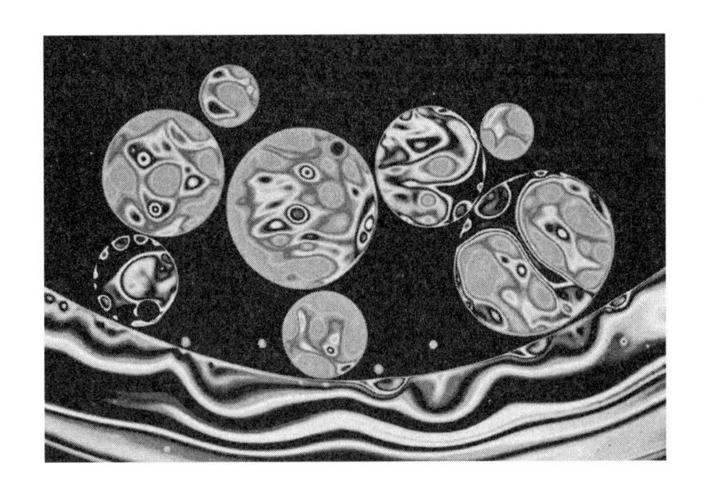

여러 가지 간섭 실험

빛은 매질 없이 전파되므로 간섭현상이 나타나는 조건이 까다롭다. 동일 광원에서 출발한 위상이 동일한 빛이어야 간섭이 잘 일어나는데, 이런 빛을 간섭성이 좋은 빛 또는 가간섭성 파라고 한다.

두 개의 빛이 합성되어 생기는 간섭 실험으로는 가간섭성의 두 파를 만드는 조건에 따라 영(Young)의 간섭, 마이켈슨 간섭, 마하젠더 간섭 등이 있어 빛의 본성에 대한 연구, 빛의 파장 측정, 물질의 광학적 성질 측정 등에 널리 활용되고 있다. 근래에 들어서는 레이저를 이용하여 우수한 가간섭성 빛을 쉽게 만들 수 있어 간섭 실험은 산업분야에 많이 응용되고 있다.

빛의 간섭 실험에는 빛을 분할하는 방법에 따라 파면분할과 진폭분할에 의한 간섭이 있다. 파면분할에 의한 간섭이란, 점광원에서 나와 퍼지는 파면의 두 부분을 다른 경로를 통하게 한 다음 다시 겹치게 하는 것으로서, 영의 간섭 실험은 이에 속한다. 진폭분할에 의한 간섭이란, 반투명거울 등을 사용하여 진폭을 둘로 나누어 상이한 경로를 통하게 한 다음 겹친 것으로, 마이켈슨의 간섭 실험이 여기 속한다.

마이켈슨의 간섭 실험은 광원에서 나온 빛을 45° 각도로 비스듬히 놓인 반투명의 거울을 사용하여 빛의 절반은 반사, 절반은 투과하도록 하고 반사한 빛과 투과한 빛을 각각 거울에 반사시켜 오던 길로 되돌려 스크린 상에서 겹치게 한 것으로, 두 빛이 통과하는 거리 차가 반파장의 짝수 배이면 밝고, 홀수 배이면 어두운 간섭무늬가 생긴다. 또 간섭하는 광파의 수에 따라 2광속 간섭과 다광속 간섭으로 나뉜다. 영이나 마이켈슨의 간섭 실험은 2광속 간섭이며 회절격자에 빛을 비추어 거기에서 나오는 반사광 또는 투과광으로 생기는 간섭은 다광속 간섭이다.

빛의 간섭은 제로섬 게임

빛의 파동은 진폭의 제곱인 밝기를 명암의 차이로 직접 눈으로 볼 수 있어 공간적인 분포가 잘 관찰된다. 따라서 간섭의 결과도 공간에 간섭무늬의 형태로 확연하게 나타난다. 간섭무늬는 위치에 따라 빛의 세기가 큰 곳도 있고 작은 곳도 있지만 전체 빛의 세기를 합하면 균일하게 비치는 빛의 세기와 동일하다. 즉 간섭현상에서도 에너지는 보존되며 간섭은 일종의 제로섬 게임인 셈이다. 한 곳이 밝아지면 다른 곳은 어두워진다.

홀로그래피

찢어진 사진으로도 전체 모습을 볼 수 있다

사진이 찢어져 잘려 나가면 없어진 부분의 모습은 전혀 알 수가 없다. 그러나 사진의 일부분만 있어도 전체 모습을 볼 수 있는 특수한 사진이 있다. 홀로그래피가 그것이다. 또한 홀로그래피는 실물과 똑 같은 3차원 영상을 공간에 재현하므로 시선을 옮기면 보통의 3차원 사진에서는 볼 수 없는 옆 모습이나 뒷 모습까지도 볼 수 있다.

홀로그래피용 사진 건판인 홀로그램은 이미 우리 주변에서 많이 쓰이고 있다. 만원 및 오만원권 지폐와 신용카드뿐 아니라 각종 스티커, 신분증, 상표에도 위조 방지의 목적으로 홀로그램이 쓰이고 있다. 또한 화면 바깥으로 동물이 뛰어나오는 홀로그램 텔레비전과 상대방을 눈 앞에 두고 통화할 수 있는 홀로그램 전화기의 사용도 눈 앞에 다가와 있다.

렌즈가 없는 사진기를 고안한 가보르(Gabor)의 아이디어

헝가리 태생 영국의 과학자 가보르(Dennis Gabor)는 홀로그래피를 창안한 공로로 1971년 노벨 물리학상을 수상했다. 그는 1947년에 전자 빔으로 물체의 간섭무늬를 기록한 홀로그램을 만들고 이를 간섭광의 빔으로 비추어줌으로써 전자현미경의 해상도를 증진시킬 가능성을 생각했다. 그의 아이디어의 핵심은 렌즈를 사용하지 않고 사진을 찍는 것이었다.

보통의 사진은 물체에서 반사된 빛을 렌즈로 사진 건판에 초점을 맞추어서 영상을 기록한다. 그러나 이러한 방법은 빛의 세기, 즉 진폭만을 사용하기 때문에 물체의 모든 정보를 가지고 있다고 할 수 없다. 그래서 가보르는 물체의 영상을 기록하는 대신에 물체에서 반사된 빛의 진폭과 위상, 즉 빛 자체의 모든 정보를 기록하는 방법을 고안하였다.

이러한 방법에서는 렌즈를 사용하지 않기 때문에 물체에서 반사된 빛이 사진 건판의 특정한 지점에 영상으로 기록되는 것이 아니라 건판 전체에 걸쳐서 간섭무늬의 형태로 기록된다. 따라서 물체의 간섭무늬가 기록된 사진 건판, 즉 홀로그램의 일부만으로도 물체의 상을 전부 볼 수 있다. 이와 같이 전체(whole)를 기록한다(graphy)는 의미로 홀로그래피(holography)라는 말이 만들어졌다. 그러나 가보르가 아이디어를 제안한 당시에는 간섭성이 우수한 광원이 존재하지 않았기 때문에 그의 제안은 이론적인 관심에만 머물고 있다가 1960

년에 레이저 광원이 발명된 후에 홀로그래피가 실용화되었다.

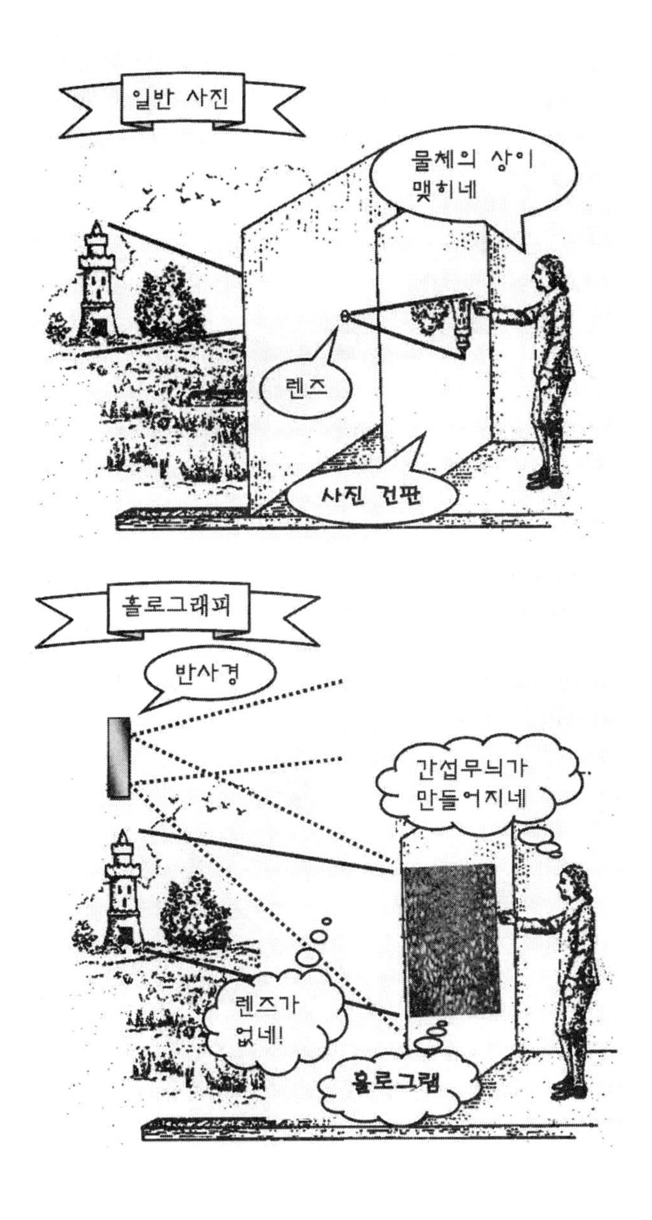

렌즈가 없는 홀로그래피 사진을 찍는 방법

일반적인 사진은 렌즈를 사용하여 물체에서 반사되는 빛의 세기 분포를 기록한 것이므로 빛이 많이 반사된 부분은 밝고, 적게 반사된 부분은 어두운 영상이 나타난다. 그러나 홀로그래피는 빛의 간섭 현상을 이용하여 물체에서 반사된 빛의 세기는 물론 위상까지 기록하므로 물체의 영상 대신에 물체의 형태를 알아 볼 수 없는 간섭무늬가 나타난다.

홀로그래피 사진에서는 물체에서 반사되는 빛의 진폭과 위상 정보를 동시에 기록하기 위해서 간섭성이 우수한 레이저 광선을 광원으로 사용한다. 우선 레이저 광선을 두 개로 나눠 그 중 하나는 직접 사진 건판에 비추고, 다른 하나는 피사체에 비추어 반사된 광선을 사진 건판에 비추어 두 광선을 동시에 기록한다. 이때 물체에서 반사된 빛을 물체광이라고 하고, 사진 건판을 직접 비추는 빛을 기준광 또는 참조광이라고 한다.

물체광은 피사체의 표면에서 반사돼 나오는 빛이므로 물체 표면에서부터 사진 건판까지의 거리와 관계가 있는 위상차가 각각 다르게 나타난다. 이때 변형되지 않은 기준광이 물체광과 함께 사진 건판에 도달한 후 서로 간섭하여 1mm당 500~1,500개 정도의 매우 섬세하고 복잡한 간섭무늬를 만든다. 간섭무늬 중 밝은 부분은 건판에 부딪친 두 광선의 위상이 일치할 때 나타나며, 어두운 부분은 위상이 반대인 경우 서로를 상쇄시켜 나타난다. 이 간섭무늬를 기록한 사진 건판을 홀로그램이라고 한다. 따라서 홀로그램에는 물체의 상은 전혀 나타나지 않지만, 물체에서 반사된 광선의 위상과 진폭 즉, 물체에서 반사된 빛의 모든 광학적인 정보를 지니고 있다.

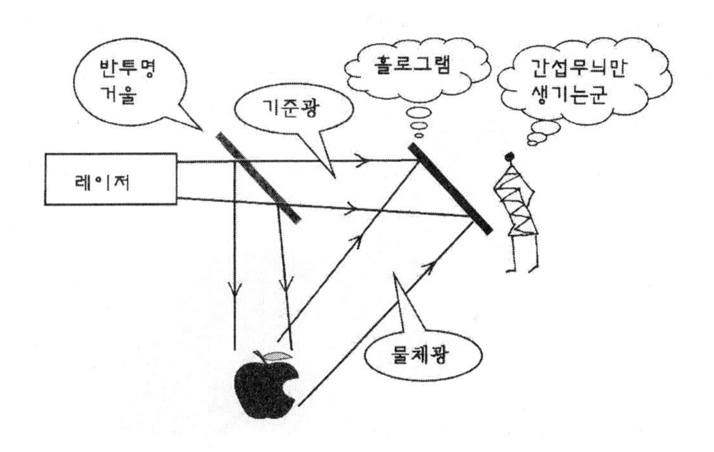

3차원 홀로그래피 사진을 보는 방법

홀로그램은 물체광의 세기만을 저장하는 2차원 사진과 달리 그 빛의 방향까지 기록하기 때문에 3차원 영상을 볼 수 있다. 홀로그램을 작성하는 과정을 거꾸로 하면 본래 물체의 3차원 영상이 재현되는데, 이를 홀로그램의 재생이라고 한다. 즉 물체에서 반사된 빛의 모든 정보가 기록된 홀로그램은 물체의 형태를 전혀 알아볼 수 없는 간섭무늬로 나타나지만, 홀로그램에 기준광과 동일한 광선을 비추면 간섭무늬가 회절격자의 역할을 해서 기준광이 입사한 방향과 다른 위치에서 빛이 회절된다. 이 같은 회절광이 모이면 마치 원래의 물체에서 반사해서 생긴 빛과 같은 처음의 물체광이 재생된다. 그렇기 때문에 눈의 위치를 옮기면서 홀로그램을 쳐다보면 물체가 보이는 위치도 변하여 마치 입체사진을 보는 것처럼 보인다.

이와 같이 간섭성이 우수한 레이저 광선으로 홀로그램을 조명하면 미세하고 조밀한 간섭무늬가 기록된 홀로그램은 회절격자로서의 역할을 하여 레이저 광선을 회절시켜 홀로그램을 생성한 간섭성 광파의 원상태를 정확히 회복시킨다. 홀로그램에는 광원 쪽에서 볼 수 있는 허상과 그 반대편에 실상이 나타나며 두 가지 영상 모두 3차원적 특성을 제공한다. 이제까지는 3차원 영상을 보려면 입체 안경을 쓰거나 컴퓨터에 복잡한 장치를 설치해야만 가능했지만, 홀로그램 디스플레이가 가능해지면서 누구나 편하게 어떠한 각도에서든지 3차원 영상을 볼 수 있다.

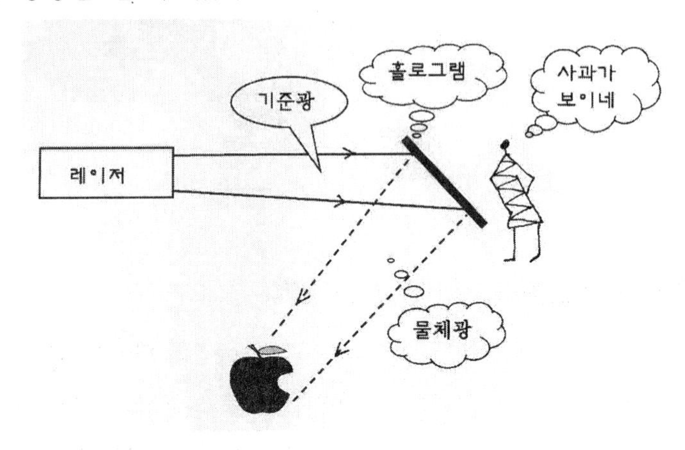

홀로그래피의 광원은 레이저

보통의 빛은 광선 내 다수 파들의 위상관계가 전혀 일정하지 않아 비간섭성 빛이므로 이러한 빛을 사용하면 홀로그램을 작성할 수 없다.

홀로그래피에서는 일반적으로 레이저가 많이 사용되고 있다. 그것은 레이저 광선은 간섭성이 우수한 빛이기 때문이다. 간섭성이 우수한 빛이란 빛의 파장과 위상이 매우 잘 정돈된 파를 말한다. 간섭성이 우수한 광파의 진로에 물체가 있으면, 광파는 물체의 표면에서 반사되어 원래의 빛과 만나 간섭무늬를 만든다. 이 간섭무늬의 형태는 물체 표면에서의 거리에 의하여 결정된다. 다시 말해서 간섭무늬에는 물체의 정보가 기록되어 있다. 그래서 적당한 장소에 사진 건판을 놓고 빛을 비추어주면 사진 건판에는 물체의 상 대신에 간섭무늬가 기록된다. 여기에 기준광과 동일한 레이저 광선을 통과시키면 홀로그램 상의 간섭무늬에서 빛이 회절하여 실물과 똑같은 3차원 영상이 재현된다.

홀로그래피에는 연속파 레이저와 펄스 레이저가 사용되는데 연속파 레이저 광선은 순색에 가까운 밝고 연속적인 빔을 방사하고, 펄스 레이저는 약 10^{-8}초 동안만 지속하는 강렬하며 상당히 짧은 섬광을 방사한다.

홀로그램의 기록과 재생(요약)

홀로그래피란 홀로그램을 기록하고 재생시키는 과정이다. 이 과정에서 만들어지는 사진은 3차원 사진이다. 홀로그램을 작성한다는 것은 물체에서 반사된 빛을 간섭무늬 형태로 기록하는 것이고 홀로그램을 재생한다는 것은 홀로그램에서 기준광이 회절을 일으켜서 원래의 물체에서 반사된 것과 동일한 광선을 만들어 내는 것이다.

홀로그램을 재생할 때에는 기록시 사용된 기준광과 반드시 같은 광선을 사용해야 한다. 왜냐하면 홀로그램 재생시에는 기록할 때와 같은 진동수를 가진 파동만이 3차원으로 재현되고, 파장과 위상이 다른 파들은 아무런 효과가 없이 홀로그램을 통과해 버리기 때문이다.

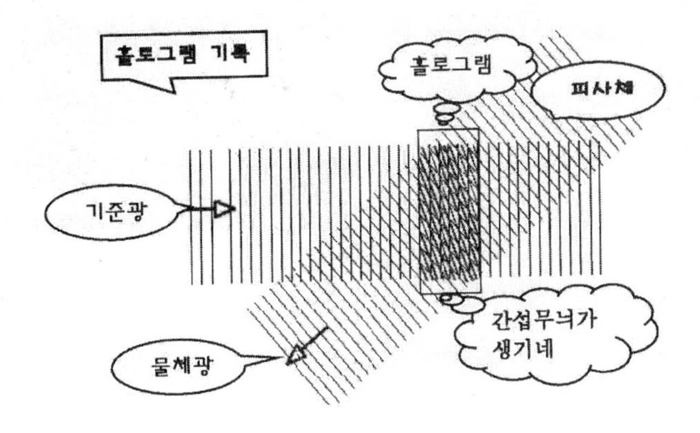

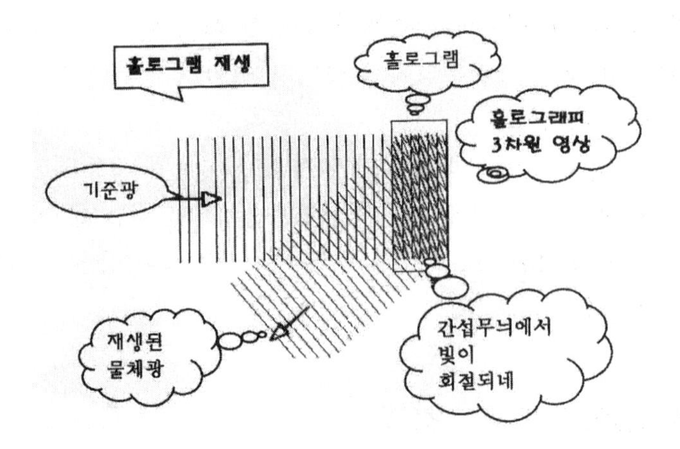

홀로그램으로 3차원 영상을 볼 수 있다

홀로그래피는 3차원 영상을 제공하므로 공중에 재생된 영상은 마치 물체를 손 위에 얹고 있듯이 보인다. 인체도 3차원 영상이 가능하므로 머리의 앞뿐 아니라 옆이나 뒷면까지도 관찰이 가능하다.

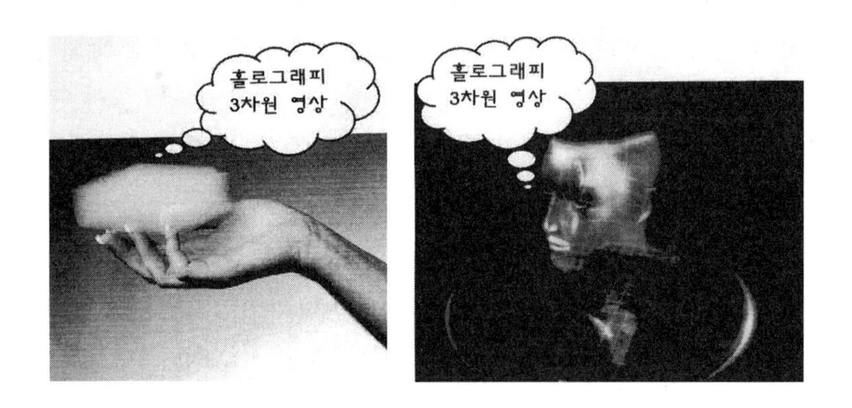

이와 같이 홀로그램에서 재생된 실상은 원래의 물체와 동일한 입체상을 재현시킬 수 있기 때문에 일반적인 입체사진과 같이 입체영상을 볼 수 있을 뿐 아니라, 보는 사람의 위치가 변화되면 다른

방향에서 보여지는 입체 영상도 볼 수 있다. 이러한 특성을 이용하면 건축, 토목 및 자동차의 설계 분야에서 여러 각도에서 본 대상물의 모습을 입체 영상화함으로써 기계와 건물이 만들어지기 전에 이들을 세밀하게 검토할 수 있다. 또한 인체와 기계의 정밀 진단에서부터 자연과 문화의 입체 보존까지 홀로그래피의 응용 분야는 매우 다양하다.

홀로그램 영상은 현미경으로도 확대할 수 있다

단파장 광으로 촬영한 홀로그램을 장파장 광으로 비추면 상이 확대되어 보이기 때문에 생체 내부를 분자 크기 정도의 분해능으로 입체적으로 볼 수도 있다. 또한 홀로그램에서 재생된 실상은 다른 심도의 상을 제공할 수 있으므로 카메라나 현미경의 다양한 심도의 선택 지점에서 초점이 맞추어질 수 있다. 이런 특성은 홀로그래피를 많은 목적을 위해 쓸 수 있게 해준다. 또한 홀로그램으로 얻어진 실상은 카메라나 현미경으로 관찰될 수 있기 때문에, 조사하기 어렵거나 도달하기 불가능한 물체의 각 부분을 세밀하게 검사할 수 있다. 즉 평면에 깊고 좁게 함몰된 부분은 현미경 대물렌즈의 작동거리 한계 때문에 현미경을 쓸 수 없으나 간섭성 빛이 세부까지 도달된다면 홀로그램을 만들어서 재구성된 화면을 이용할 수 있으며, 원하는 부분에 현미경의 초점을 맞출 수 있다.

마찬가지로 카메라의 초점을 원하는 깊이에 맞추어서 깊고 투명한 공간 내에 있는 물체를 찍을 수 있다. 그래서 고장난 기계 부품의 입체 영상을 확대하여 공중에 투영한 후 작업자가 부품 속으로 들어가서 문제점을 발견할 수도 있을 것으로 예측하고 연구를 진행하고 있다.

홀로그램은 조각난 부분으로도 전체 모습을 볼 수 있다

보통의 사진은 물체에서 반사되는 빛의 영상을 기록하는데 반하여, 홀로그램은 반사되는 빛 자체를 기록한다. 즉 일반적인 사진은 물체에서 반사된 빛을 렌즈로 모아 빛의 진폭, 즉 빛의 세기만 사진 건판에 기록하므로 건판의 특정 지점에는 특정한 영상만 기록된다. 따라서 사진 건판이 훼손되어 영상이 기록된 지점이 없어져버리면 훼손된 부분의 영상은 전혀 볼 수가 없다.

이에 반해 홀로그램은 물체에서 반사된 빛을 사진 건판 전체에 걸쳐서 간섭무늬 형태로 기록한다. 따라서 만일 홀로그램의 일부가 파손되어 없어지더라도 재생된 영상은 물체의 일부만 보이는 것이 아니라 전체가 다 보인다. 따라서 홀로그램으로 저장된 정보는 오염이나 파손에 매우 잘 견딜 수 있으며, 홀로그램은 매우 훌륭한 데이터 저장장치로 사용될 수 있는 가능성을 제시한다. 홀로그램은 여러 조각으로 나눌 경우에도 각각의 조각에서도 전체 상을 재현할 수 있다. 그러나 조각이 작아질수록 상은 점점 희미해진다.

홀로그램 한 장에 여러 개의 영상을 기록할 수 있다

홀로그램을 기록하는 사진 건판이 두꺼운 경우에는 여러 물체를 한 장에 겹쳐서 기록하는 것도 가능하다. 이것은 한 장의 홀로그램에 여러 개의 서로 다른 화상을 다중 기록하여 한꺼번에 재생할 수 있는 다중정보처리를 할 수 있는 기능이 있음을 의미한다. 이러한 특성을 이용하면 홀로그램을 이용한 데이터 저장장치는 용량면에서도 다른 메모리 매체에 비해 많은 가능성을 가지고 있으며, 미술 공예품이나 건축물 등 역사상 중요한 문화재라든가 심지어는 자연 경관 등을 간결하게 기록, 보존할 수가 있다.

스크린이 필요 없는 홀로그래피 영상

영상을 비추려면 스크린이 필수적으로 요구된다. 그래서 영화관에는 대형 스크린이 있고 더 큰 영상을 위해서는 시네마스코프라는 초대형 스크린을 사용한 영화도 상영한다. 그러나 홀로그래피는 빈 공간에도 실상이 맺히므로 스크린이 없어도 3차원 영상이 제공된다.

따라서 홀로그래피로 지구본의 영상을 재생시키면 마치 공중에 지구본이 떠 있는 것 같이 보이며 360° 모든 방향에서 지구본의 관찰이 가능하다. 최근에는 자동차 회사에서 신제품을 출시할 때 홀로그래피를 이용하여 3차원 영상을 보여주기도 하는데 스크린이 없는데도 자동차가 비쳐진다. 그리고 관중은 실제 자동차를 둘러보듯이 자동차의 앞, 뒤뿐 아니라 건너편 쪽도 둘러볼 수가 있다.

음악 콘서트에서는 대형 스크린에 가수가 비쳐지는 대신에 관중들 위에 입체 영상으로 등장하여 관중과 가수가 함께 동일 공간에서 어울릴 수도 있다.

홀로그래피
3차원 영상

홀로그래피
3차원 영상

홀로그래피
3차원 영상

홀로그래피 방송

3차원 홀로그램을 이용하면 상대방이 실제로 앞에 있는 것 같이 연출할 수도 있다. 영상의 주인공은 멀리 떨어져 있지만 마치 눈 앞에 있는 사람과 대화하듯이 할 수 있다.

이러한 홀로그래피 기법은 텔레비전 방송에도 시도된 바 있다. 미국의 한 방송국에서는 뉴욕 맨해튼 스튜디오에서 진행한 대선 개표 방송에 시카고에 있는 기자를 홀로그램으로 등장시켜 앵커와 마주보며 애기하는 장면을 방영하였다. 예전 같으면 화면이 둘로 나뉘면서 한 쪽에 다른 도시에 있는 기자가 나타나겠지만 여기서는 앵커 앞에 기자가 서 있으며 두 사람은 서로 마주보며 얘기를 나눈다.

홀로그래피 전화

홀로그래피를 이용한 홀로그램 전화기에서는 상대방의 모습이 전화기에 있는 작은 화면에 나타나는 대신에 화면 밖으로 입체 영상이 등장하여 대화를 나눌 수 있다. 이러한 전화기는 현재 시험 단계이며 머지 않아 상용화될 것이 확실시 되고 있다.

위조방지용 홀로그램

제품의 위조를 방지하기 위하여 고유의 홀로그램이 인쇄된 스티커가 사용되고 있으며, 신분증이나 크레디트 카드에도 여러가지의 홀로그램 스티커들이 사용되고 있다.

홀로그램의 분류

홀로그램은 기록 방식, 재생 방식, 그리고 용도에 따라 여러가지로 분류할 수 있다. 일반적으로 홀로그램은 은염 사진 건판에 기록되는데 사진 건판의 두께와 홀로그램의 간섭무늬 간격과의 비에 따라서 홀로그램의 특성에 차이가 생긴다.

일반적으로 홀로그램의 두께가 간섭무늬 간격의 10배 이상이면 체적형 홀로그램이라고 하며 그 이하이면 평면형 홀로그램이라고 한다. 평면형 홀로그램은 회절되어 나오는 빛의 방향이 여러 방향으로 나오므로 홀로그램의 상을 여러 방향에서 관찰할 수가 있지만 홀로그램에 입사된 빛이 여러 방향으로 쪼개져서 회절되므로 홀로그램의 상이 밝지 않은 단점이 있다.

반면에 체적형 홀로그램은 물체의 상이 한쪽 방향으로만 회절되어 나오므로 물체의 상이 대단히 밝다는 특징이 있다. 이러한 체적형 홀로그램은 두께가 크므로 여러 개의 홀로그램을 같이 기록할 수 있다는 장점이 있으며, 파장 선택성이 뛰어나 칼라 홀로그램을 제작할 경우 필수적이다.

기록 방식으로 분류할 경우, 홀로그램은 진폭형 홀로그램과 위상형 홀로그램으로 분류할 수 있다. 일반적으로 홀로그램을 제작하는 첫 단계는 물체의 상을 레이저 홀로그래피 장치로 감광재료인 홀로그래픽 은염 사진 건판에 노출과정을 통해 기록하게 되는데 노출이 끝난 사진 필름을 현상, 정착과정을 거쳐 물로 수세를 하게 된다. 이때 공기 중에서 건조된 후에 얻어진 홀로그램을 진폭형 홀로그램이라고 하는데, 이 홀로그램을 현미경으로 살펴보면 밝고 어두운 무늬로 이루어진 간섭무늬를 볼 수가 있다.

이때 밝은 무늬는 빛에 노출되지 않은 부분이며 어두운 부분은 빛에 노출된 부분이다. 빛에 노출되어 어둡게 된 부분은 금속 은으로 이루어져 있으며 밝은 부분은 은염이 씻겨나가서 젤라틴으로만 되어 있다. 이렇게 빛에 노출된 정도가 홀로그램에 그대로 반영되도록 화학처리 과정을 거쳐 얻어진 홀로그램을 진폭형 홀로그램이라고 한다. 위상형 홀로그램은 진폭형 홀로그램을 표백 과정이라고 하는 후처리 과정을 거치게 되면 얻어지는데, 이때 빛을 받아 어둡게 금속 은으로 남아 있던 부분이 투명한 은염으로 바뀌어 육안으로 관찰할 때 투명한 유리처럼 보인다.

이렇게 얻어진 위상형 홀로그램은 빛을 받은 부분은 은염으로 되어 있으며 빛에 노출되지 않은 부분은 젤라틴으로 남아 있어 두 부분간에 굴절률 차이가 생겨 결과적으로 위상차에 의한 회절 현상이 일어난다. 이 때문에 홀로그램의 상의 밝기가 대단히 뛰어나 현재 쓰이고 있는 홀로그램은 대부분 이 방식을 사용하고 있다.

재생 방식에 따라 분류할 경우, 반사형 홀로그램과 투과형 홀로그램으로 분류되는데, 사실상 이들은 홀로그램을 기록하는 방식에 의해 결정된다. 반사형 홀로그램은 재생시에 홀로그램의 앞에서 빛을 비추어 홀로그램을 반사하여 나온 상을 홀로그램의 앞에서 관찰하도록 제작된 것으로, 이것은 제작시에 물체광과 기준광의 방향을 감광재료의 반대 방향에서 서로 입사하도록 하여 얻게된다. 이때 간섭무늬는 사진필름의 젤라틴 면과 평행하게 형성되는데, 젤라틴 면에 평행한 간섭무늬의 면은 각각 파장을 선택하는 작용을 하게되어 칼라 홀로그램 제작시에 유용하게 사용된다.

반면에 투과형 홀로그램은 재생시에 홀로그램의 뒤에서 빛을 비추어 홀로그램을 투과하여 나온 상을 홀로그램의 앞에서 관찰하도록 제작된 것으로, 이것은 제작시에 물체광과 기준광을 같은 방향에서 사진필름에 입사시켜 노출시킨다. 이때 간섭무늬는 사진필름의 젤라틴 면에 수직으로 형성된다. 특히 체적형 반사형 홀로그램은 밝은 상의 칼라 홀로그램에 많이 응용된다.

용도에 따라 분류할 경우에는 무지개 홀로그램, 반사형 칼라 홀로그램, 그리고 스테레오 홀로그램으로 구분된다. 무지개 홀로그램은 일반적으로 대형 디스플레이 홀로그램의 제작에 많이 사용되는데, 간격이 작은 슬릿을 사용하기 때문에 상이 선명하며 밝다.

반사형 칼라 홀로그램은 무지개 홀로그램 보다 제작이 까다롭고 상이 다소 선명하지 않으며 밝지 않다는 점이 있으나 입체감이 뛰어난 특징이 있으며, 칼라 홀로그램 제작시에 대단히 뛰어난 능력을 발휘한다.

스테레오 홀로그램은 물체의 재생 각도를 넓게 한 방식으로, 일반적으로 물체의 상을 사진 카메라를 사용하여 여러 방향에서 촬영한 후에 이 사진을 합성하여 홀로그램 사진 건판에 기록하거나 또는 물체를 회전판 위에 올려놓고 물체를 조금씩 각도를 변화시키면서 홀로그램을 기록한다. 이러한 스테레오 홀로그램은 입체감이 매우 뛰어나 여러 방향에서 물체상을 재생하여 볼 수 있다

홀로그래피 간섭법을 이용한 정밀 계측

기계가 작동될 때는 갖가지 진동과 힘에 의하여 미세한 변형이 일어나는데, 홀로그래피 간섭법을 이용하면 이러한 변형을 정밀하게 계측할 수 있다. 홀로그래피 간섭법에서는 변형 전후의 측정 대상을 한 장의 홀로그램에 2중 기록한다. 이렇게 만들어진 홀로그램의 재생상에는 변형의 정도에 대응한 간섭 패턴이 나타나는데, 빛의 파장에 해당하는 정밀도로 변형의 양을 측정할 수 있다. 종래의 간섭 측정법에서는 매끈한 유리나 금속면과 같이 빛을 정반사하는 물체만 측정할 수 있었으나, 홀로그래피 간섭법에서는 빛을 난반사하는 물체도 측정할 수가 있다.

홀로그래피 간섭법을 이용하면 정적인 변형뿐만 아니라 움직이는

물체의 동적인 변화도 계측할 수 있다. 이때는 시간에 따른 물체의 형태 변화를 두 장의 홀로그램에 기록한다. 첫번째 홀로그램은 아무런 힘을 가하지 않은 물체를 대상으로 하고, 두 번째 홀로그램은 물체에 응력을 가한 상태에서 만든다. 그리고 두 홀로그램의 재생상을 중첩시키면 이중 노출에 의해 만들어지는 간섭무늬가 나타난다. 이러한 방법을 이용하면 진동판, 바이올린의 몸체, 증기 터빈의 날개 등과 같은 기계적 진동 시스템에 대해 연구할 수 있다.

아주 빠르게 움직이는 물체는 고광도인 섬광에 의해 정지 상태로 보일 수 있으므로 펄스 레이저를 사용하면 움직이는 물체도 3차원적으로 검사할 수 있다.

일반적으로 풍동실험처럼 물체 주변의 빠른 기체의 흐름은 광학 간섭계로 연구된다. 그런데 유체의 흐름 속에서 광학기기는 조정하기 어려울 뿐 아니라 안정성을 유지하기 힘들다. 또한 광학 실험에 이용되는 거울, 사진 건판 등의 광학 부품들은 고속의 기체 흐름에서 왜곡을 최소화하기 위해 충분히 견고하고 고도의 정밀성을 지니고 있어야 한다. 그러나 홀로그래피 시스템은 간섭계의 구성없이도 간섭무늬를 구할 수 있으므로 광학 간섭계의 필수적인 요구에 제약받지 않는다.

찾아보기

<ㅇ>

내가 깨달은 사物의 理치랑 현상들

1쇄 2012년 08월 31일
2쇄 2018년 10월 15일

지은이 : 김달우
펴낸이 : 손영일

펴낸 곳 : 전파과학사
출판등록 : 1956. 7. 23 (제10-89호)
주소 : 120-824 서울 서대문구 연희2동 92-18
전화 : 02-333-8855 / 333-8877
팩스 : 02-333-8092
홈페이지 : www.s-wave.co.kr
E-mail : chonpa2@hanmail.net
공식블로그 : http://blog.naver.com/siencia
ISBN : 978-89-7044-278-5 93420